Excel
商用統計分析入門

這些數字有根據嗎？
被這麼問也不再覺得頭痛！
讓簡報的說服力
躍升兩級的知識

前言

統計學從開始流行已經過了幾年，現在以資料作為論點基礎已經是理所當然的事，而這樣的主張也才有足夠的說服力。即便內心有些疑惑，資料藏著「只要提出資料，就能說服對方」這種平息反對意見的力量。大家應該都曾經以資料說服別人，也曾經被資料說服，所以應該很了解資料的威力。

統計的世界裡有這麼一句話：

「謊話有三種：謊話、大謊話與統計」

關於這句話的出處說法不一，但是讓這句話在全世界流傳的是美國作家馬克吐溫。他所說的統計不只是統計資料，還包含與資料息息相關的註解與考察結果。光是列出資料也只會讓別人覺得「？？？」，所以必須也應該同時陳列資料與考察結果。

不過，資料本身是沒有任何虛假的，如果有，就是收集資料的人引起的。收集資料的人一點也不打算說謊，也不想騙人，只是不了解該如何處理與觀察資料。當然，有些人很懂得操作資料，藉此做出有利自己的主張。

所以到了現在，那些覺得自己與資料或是數字無關，覺得統計是遙遠的存在的人才更需要接觸統計。乍聽之下，統計好像很難，但其實就只是正確了解資料、處理資料的方法。

本書的例題多以需要常常接觸資料的商場設計，也介紹了一些日常常見的資料，希望讓大家覺得統計沒那麼陌生。

資料就是數字，而說到數字，就免不了提及公式與計算。這些麻煩的公式與計算的部分就交給 Excel，我們才能把注意力放在觀察資料的方法。此外，大家在百忙之中願意抽空閱讀本書，當然不能只讓大家學會基本的知識。所以本書也介紹了許多邁向下個階段的解說以及提升 Excel 技巧的說明。

每章結尾都準備了練習問題，幫助大家確認自己的統計技巧，不過，報紙、雜誌、報導、電視廣告也都有助於確認統計技巧。如果本書能幫助大家培養出「正確觀察資料的眼力」，那將是我的榮幸。

最後，要藉此感謝原稿遲遲未有進度卻仍願意等待的平山總編輯，也要感謝在我閉門不出，待在電腦前面的日子裡，一句抱怨也沒有，還一直為我準備晚餐的家人。

日花弘子

閱讀本書的準備

本書需要使用「分析工具箱」與「規劃求解增益集」。預設是無法使用的，所以請透過下列的操作新增「分析工具箱」與「規劃求解增益集」。只要完成設定，「分析工具箱」與「規劃求解增益集」就會常駐於工具列，不需要每次啟動 Excel 都重新設定一次。

請先啟動 Excel。Excel 2013/2016 需先點選「空白活頁簿」之後開始操作。

Excel 2007

▶ 步驟 ❶ 先點選「Office 按鈕」，再從選單點選「Excel 的選項」。

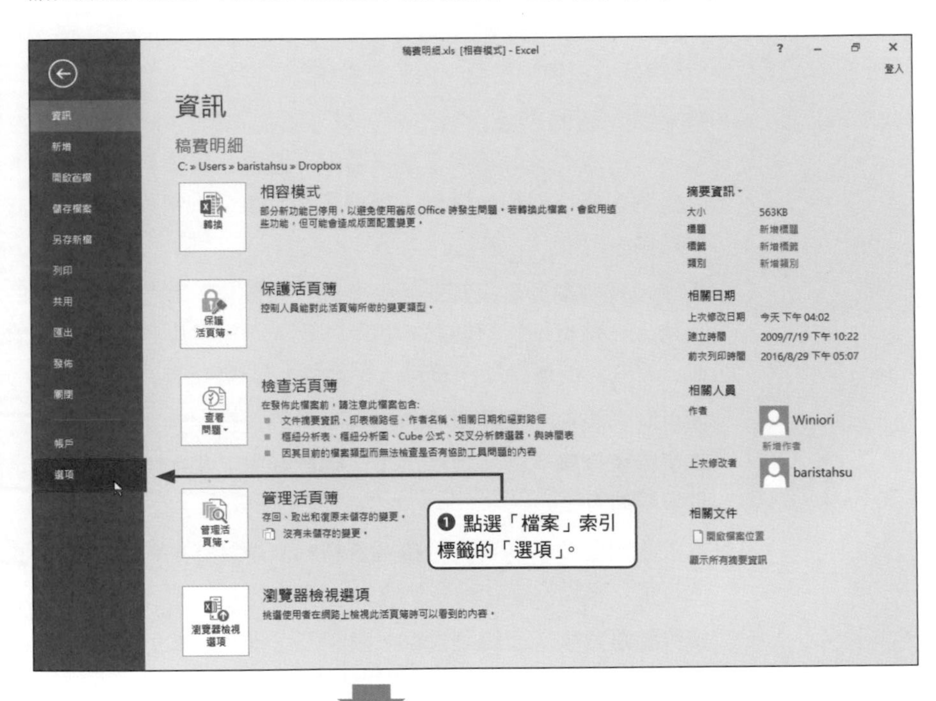

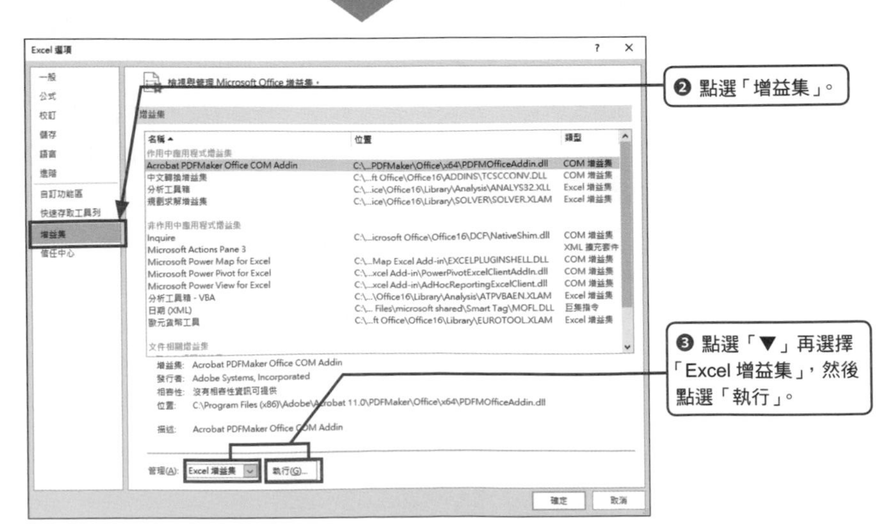

Excel 2007

▶在步驟❹點選「確定」鈕之後，若顯示訊息請點選「是」。此時將自動進行安裝。要追加「分析工具箱」與「規劃求解增益集」需重複執行兩次安裝的步驟。

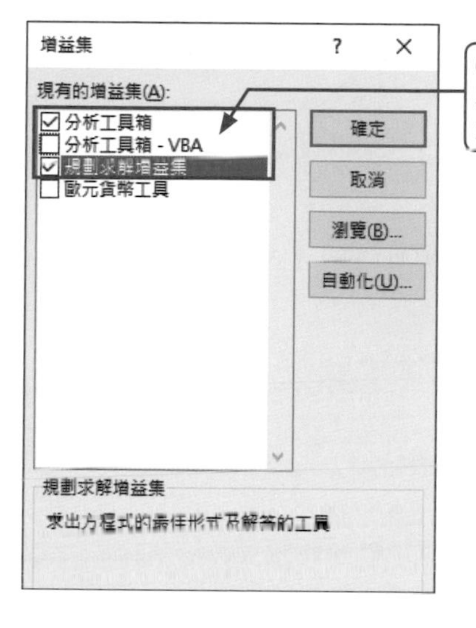

❹ 勾選「規劃求解增益集」與「分析工具箱」再點選「確定」。

❺「資料」索引標籤將顯示「規劃求解增益集」與「分析工具箱」。

◤範例下載

本書範例檔案請至碁峰網站 http://books.gotop.com.tw/download/ACI029500 下載。檔案為 ZIP 格式，讀者自行解壓縮即可運用。其內容僅供合法持有本書的讀者使用，未經授權不得抄襲、轉載或任意散佈。

CONTENTS

CHAPTER 01
以統計學培養觀察資料的眼力

CHAPTER 02

掌握資料全貌

CONTENTS

CHAPTER 04

掌握所有資料與局部資料之間的關係

CHAPTER 07

偶然與必然的分水嶺

CHAPTER

01

以統計學培養觀察資料的眼力

最近的統計學與資料分析算是形影不離，也是商場人士不可或缺的技術。這點雖然不容否定，但統計學不只商場人士需要，也是所有人都需要的知識。本書將以猜謎的形式解說統計學與日常生活的相關性。本書已盡力避免將「統計」的內容寫得太過艱澀，所以請大家放寬心閱讀吧！

01 為什麼現在需要學統計學？

我們每天主動收集各種資訊，卻也擺脫不了被動接收與自己無關的資訊。大部分的資訊都可透過資料與圖表提升說服力，但要判斷資訊的真偽，就必須具備統計學的知識。接下來就為大家解說為什麼我們需要學統計學。

導入 ▶▶▶

▶ 學習統計學的理由

學習統計學的理由在於可提升觀察資料的眼力，也能判斷根據資料製作的資訊的真偽。若是只論商場的實用性，要將不透明的未來（不確定性）變得更透明，就需要具備統計學的知識。

不過，所謂統計就是依照目的收集資料，再根據資料計算的加工資料。即便是依照目的收集資料，若不加工資料，就只是枯燥無味的資料排列。採用統計學整理資料，可了解資料整體的走向與特徵，進而找出有用的資訊。接著讓我們以具體的例子看看學習統計學的理由與必要性。

實踐 ▶▶▶

例題 1 **「請判讀問卷結果」**

下圖是某項問卷調查的註解與圓餅圖。請試著列出你了解並注意到的部分，以及看了註解與圖表之後的感覺。

● **顧客滿意度 95% ！擺脫 A、B 這兩間大型公司，登上第一名寶座！**

購買商品 A 的顧客都有很高的評價。大家都想再試用商品 X。只要購買一次，就能使用兩個月。

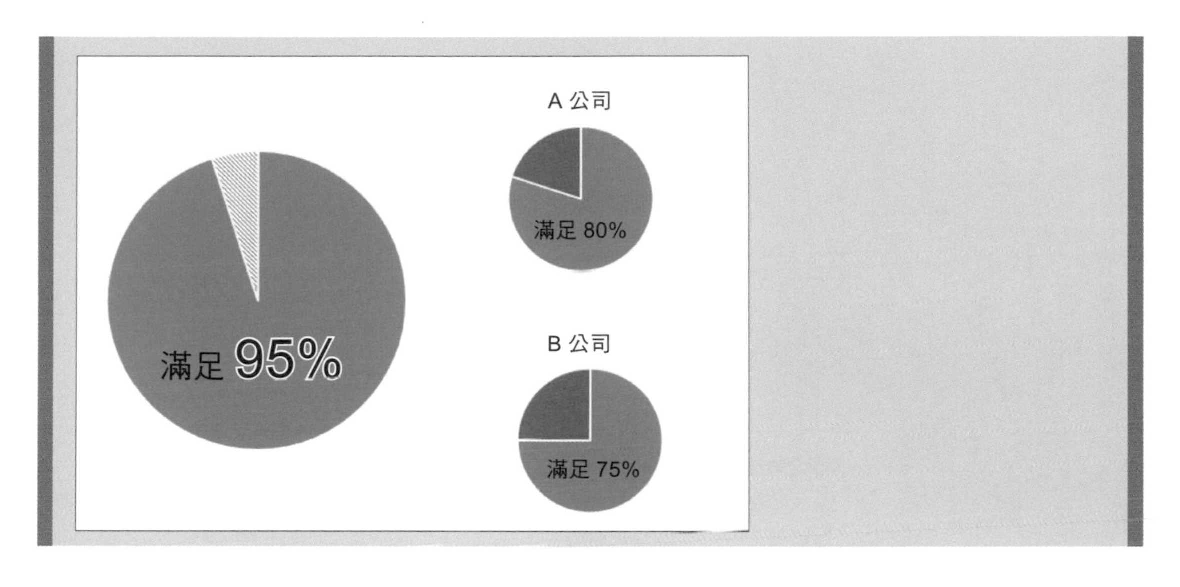

▶ 學習統計學的理由①：提升觀察資料的眼力

第一個學習統計學的理由就是培養觀察資料的眼力。例題 1 的問卷結果有幾個值得吐槽的部分。

- 所謂的 95% 是幾個人裡的 95% ？
- 是什麼時候的 95% ？問卷調查期間有多久？
- 完全不知道「顧客」的年層與性別這類資訊。
- 不想認為自己「買了虧到」的心理作祟，所以才回答「滿意」。
- 想回到「無所謂」，卻沒有這個選項，也因為沒有到不滿意的程度，所以只好回答「滿意」。

電視廣告大聲宣傳「顧客滿意度 95% ！」時，通常都會播放圓餅圖。這個圓餅圖就是在用數字說不清楚的時候，只以比率讓人一眼看懂是「多」還是「少」的圖表。對於提供資訊的人而言，圓餅圖是有助於提升訴求力的圖表。

其實圓餅圖就是一種比率，雖然能克服「用數字說不清楚」的問題卻無法說明規模。近年來，圓餅圖的旁邊都會附上「n= ○○」這種代表規模的字樣，不然就是會列出問卷調查的方法，但這些內容通常都寫得小小的，不然就寫在很遠的地方。此外，即便規模不同，但圓餅圖通常會畫得一樣大，有時候也會刻意調整圓餅的大小。例題 1 的圓餅圖將自家公司的部分畫得大一點，把別家公司畫得小一點，但一切只是比例，所以沒有半點虛假。

問題的圖表寫了小小的注意事項。請大家先看一下內容。

註）本公司問卷的有效回答數為80，於購買後一週內以電話進行採訪。採訪期間為X1年〇月〇日～〇月〇日。A公司與B公司的問卷結果是從〇〇調查公司取得。A公司：n=580、B公司n=360，是X0年〇月時的調查結果。

統計學常會注意資料從何時、何處取得、取得的數量以及條件，因此，長期學習統計學之後，與其看圓餅圖，更會將注意力放在「n= 〇〇」以及調查方法、調查期間這些內容。您應該已經注意到「回答的規模不同」、「與他社的調查結果、時期有出入」、「不知道調查公司的調查方法」這些部分了吧！

Column 圓餅圖是為了方便說明者而繪製？

圓餅圖的確是訴求力優異的圖表，若能活用圓餅圖，或許能應付對上司的說明以及簡報。舉例來說，「從這裡切入的話，論點就會有所偏差喔。這部分不是本質的內容，最好快點突破」時，使用圓餅圖或是比率會比使用長條圖更容易說明。即便在圓餅圖旁邊補說說明規模的「n= 〇〇」，也無法從圓形察知規模的大小。不過，如果能巧妙地利用圓餅圖或比率營造效果，的確能加強說服力。

例題 2 「請附上成績」

B 組的 Z 先生在英語這科考了 85 分。A 組的 X 先生也在英語這科考了 85 分，同時被評價為「優秀」。A 組、B 組的英語平均成績都在 50 分左右，所以 B 組的 Z 先生也能得到「優秀」的評價嗎？

▶▶學習統計學的理由②：了解資料的分佈（全貌）

「Z 先生也能得到優秀的評價。理由在於他跟得到優秀評價的 X 先生考了相同的分數」，上述的理由不足以證明 Z 先生足以得到優秀的評價。不過，如果只根據上述的資訊來打成績，那麼 Z 先生能得到的評價只有「優秀」。「與 X 先生的分數相同」不算充足的理由，必須明確列出「以全學年成績進行絕對評價」的這類條件。

一般來說，我們沒辦法逐一檢視每一筆為數眾多的資料，所以會採用能一語道盡資料性質的值，而能代表資料性質的值之一就是平均值。不過，單從平均值這個觀點是無法進行判斷的。所以例題 2 的答案是「若沒有列出打成績的條件或是與平均分數之外的分數有關的值，就無法打成績」。

▶平均值以及代表資料性質的代表值將在P.35之後說明。

學習統計學之後，會學到許多被稱為代表值的值，而這些代表值都能形容資料的特徵。看到這些代表值，就能在腦海裡想像資料的全貌，也能隨手把這些資料畫成圖。下圖就是從 A 組與 B 組的分數資料求出的各種值，以及從值類推分數分佈的概略圖。

●分數資料的代表值與類推所得的分數分佈

	D	E	F	G	H	I	J
1		A組			B組		
2		平均分數	50.0		平均分數	50.9	
3		中間值	48		中間值	37	
4		標準差	20.3		標準差	32.0	
5			48			25	
6		眾　數	48		眾　數	85	
7			48			#N/A	
8							
9							
10							
11							
12							
13							
14							
15							
16							

人數　A組　85分　得分

人數　B組　85分　得分

學過統計圖，就能從代表值推測資料的全貌（這張圖是隨手畫的）

Column 明明是同一所學校，但偏差值卻不同

「國中的偏差值是○○ ，高中的偏差值卻比國中高出 10。到了高中後，偏差值就上升，所以要不要在國中時，就參加考試？」我們常聽到這類說法。明明是同一間學校，偏差值卻會有落差，是因為參加國中考試的人數與參加高中考試的人數不一樣，成績的分佈也不同，而這也是學過統計學才能了解的事情。

● 國中的偏差值「換算」成高中的偏差值之後，高出 10 的示意圖

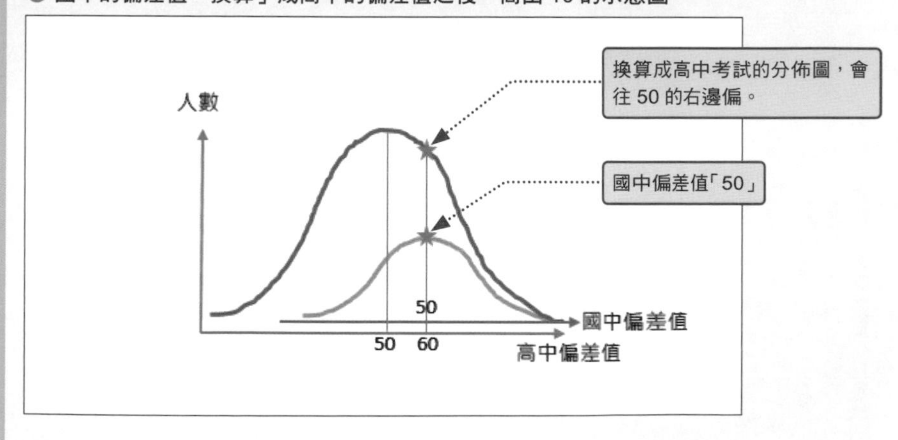

例題 3 「想提升咖哩粉的業績， 有什麼可用的戰略呢？」

現在是熱得食慾不振的夏天。目前已經把咖哩粉賣場移到顯眼的地方，也放了寫著「超消暑」的廣告牌，但是業績還是不上不下。有沒有什麼能提升業績的作戰策略呢？。

▶相關係數的說明將於 P.89介紹

▶ 學習統計學的理由③ ： 了解資料與資料的關聯性

「為什麼買尿布的人也會買啤酒？」這是非常著名的購物籃分析。設計購買組合時，統計學的相關係數分析就很有用。只要了解資料之間的關聯性，就能訂出將賣場位置不同的咖啡粉與夏季蔬菜放在一起，讓顧客被咖哩的香味吸引而購買的戰略。

此外，相關分析可利用 Excel 的分析工具輕鬆算出相關值，而相關值會介於 ±1 的範圍裡，這部分會在第 3 章進一步說明。簡單來說，以中間的 ±0.5 為分界，大於等於 0.5（或是小於等於 -0.5），即可判斷這兩組資料之間的關聯性很明顯（很強）。下圖的咖哩粉與香味的值為「0.83」，代表兩者之間有很強的關聯性，因此以香氣吸引顧客購買咖哩粉的作戰應該能提升業績。

● 分析工具「相關係數」的輸出範例

	A	B	C	D	E	F	G
1		茄子	青椒	秋葵	蕃茄	香味	咖哩粉
2	茄子	1					
3	青椒	0.477834	1				
4	秋葵	0.428885	0.288461	1			
5	蕃茄	0.306496	0.292997	0.21339	1		
6	香味	0.780796	0.569276	0.502699	0.328339	1	
7	咖哩粉	0.647906	0.334714	0.50482	0.280288	0.830814	1
8							

將夏季蔬菜的茄子與秋葵放在接近咖哩粉的位置，似乎有刺激咖哩粉銷路的效果

例題 4 「為什麼自信之作的商品賣得不好？」

明明是經過多次失敗與嘗試，總算得以銷售的自信之作，業績卻一直欲振乏力。檢討影響業績的因素時，發現可能是下列的因素。哪一個因素對業績的影響最大呢？

· 價格
· 電視廣告
· 網路廣告
· 傳單

▶多元迴歸分析將於P.107之後說明。

▶ 學習統計學的理由④ ： 立刻找出影響力最強的因素

列出所有與業績不振有關的因素雖然簡單，但要判斷這些因素的真假卻不容易。要找出真正有影響力的因素時，統計學的多元迴歸分析就能派上用場。使用 Excel 的分析工具可以更快找出具有影響力的因素。

● 分析工具「迴歸」的輸出範例

	A	B	C	D	E	F	G	H	I
1	摘要輸出								
2									
3	迴歸統計								
4	R 的倍數	0.8808							
5	R 平方	0.7758							
6	調整的 R 平方	0.7548							
7	標準誤	530.42							
8	觀察值個數	36							
9									
10	ANOVA								
11		自由度	SS	MS	F	顯著值			
12	迴歸	3	31158875	10386291.77	36.917	2E-10			
13	殘差	32	9002999.7	281343.74					
14	總和	35	40161875						
15									
16		係數	標準誤	t 統計	P-值	下限 95%	上限 95%	下限 95.0%	上限 95.0%
17	截距	11581	193.00284	60.00387506	2E-34	11188	11974	11188	11974
18	報紙折頁	189.53	43.818454	4.325320602	0.0001	100.27	278.78	100.27	278.78
19	電子郵件廣告	0.9628	0.4312638	2.232482359	0.0327	0.0843	1.8412	0.0843	1.8412
20	電視廣告	13.681	6.4522518	2.120407244	0.0418	0.5386	26.824	0.5386	26.824
21									

看到一堆瑣碎的數值常讓人覺得頭痛，但請您不要擔心，因為需要看的重點早已決定。只要熟悉這種分析，就能轉眼間判斷數值的優劣。

下圖是代表上圖「t」（儲存格範圍「D18:D21」）的圖表。

● 代表業績影響度的圖表

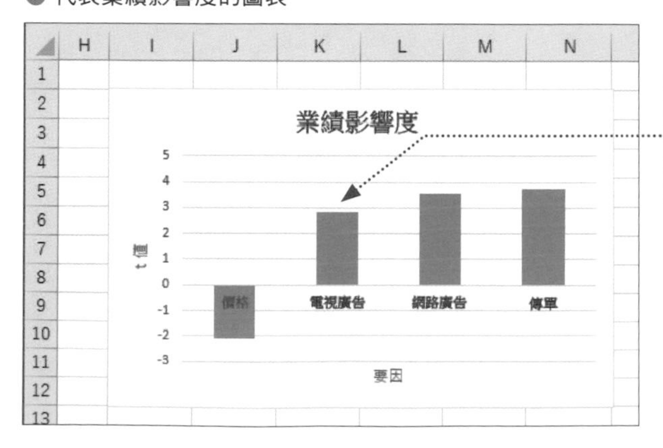

比起網路與傳單，電視廣告對業績的影響力較低。與其將宣傳重心放在電視，不如將重點放在網路與傳單。

例題5

「哪邊比較划算？」

A店與B店是位於同一商圈的超市，兩邊都舉辦了抽獎活動，發票金額每2000元就能抽一次獎。住在該商圈的X先生很常去這兩間店，但想在抽獎期間去比較划算的那邊。X先生認為「人人有獎的B店比較有魅力，獎品種類也比較多，所以去B店比較划算」。
大家會去哪邊呢？

● A店與B店的抽獎內容

	A	B	C	D
1	●A店的抽獎活動			
2	獎品等級	商品	金額	籤數
3	1	高級渡假村住宿券	100,000	10
4	2	禮券A	10,000	5
5	3	禮券B	1,000	20
6	4	謝謝惠顧	0	4,965
7			抽獎籤數	5,000
8				
9	●B店的抽獎活動			
10	獎品等級	商品	金額	籤數
11	1	溫泉旅行雙人套票	100,000	5
12	2	千元禮券10張	10,000	10
13	3	五百元禮券10張	5,000	20
14	4	百元禮券5張	500	30
15	5	參加獎	10	4,935
16			抽獎籤數	5,000
17				

▶ 學習統計學的理由⑤：能看出機率的高低

要判斷「划不划算」，統計學的機率與期望值絕對幫得上忙。以例題來說，A店抽獎活動的期望值為每抽一次獎平均可得214元，B點則為153元。這代表每花2000元買東西，A店會回饋現金214元，B店才回饋現金153元，而這也可解釋成每抽一次獎可得的金錢。乍看之下，B店的抽獎似乎比較有吸引力，但是看起來有吸引力跟「划算」是兩回事。可見統計學在日常生活裡也很有用。

例題6

「這一季的預算有多少？」

被公司高層問這一季的預算有多少時，到底該怎麼回答？是直接了當地回答：「是○○元」，還是該回答：「應該是○○元，但有可能得下修20%，所以設定為△△元比較好」呢？直接回答不太好，但是若報告得減少20%，結果與實際成績有一定程度的差距那就糟了，而且就算業績上升，也有可能會被批評「對預算的設定過於隨便」。到底該怎麼答才正確呢？

▶ 學習統計學的理由⑥：減少上修與下修的風險

理由⑥跟 P.4 的理由②算是異曲同工之妙。資料會有一定的變動，預算與實際成績當然也會有變動，而且要準確地說中預算這種屬於未來的推論實在不太可能。開始學習統計學就會學到機率的分佈與推測，也就能將討論中的案件以機率分佈的方式說明，也能以預算限縮在〇〇元 ± △元之內的範圍，會落在預測範圍內的機率有 70% 左右的方式回答。不是直接回答「點」的答案，而是回答「範圍」這種答案，可減輕上修與下修的風險。

下圖是根據過去與客戶交易的實際成績推測的下訂機率，以及下修之後的案件金額一覽表算出的預算金額（期望值），這個預算金額可當成需要直接回答金額時的答案，也利用機率分佈算出預算的範圍。

▶期望值與機率分佈會於P.178後說明，推測則會於P.216後說明。

● 正在討論的案件一覽表

	A	B	C	D	E
6	案件No	交易對象	接訂機率(%)	金額	期待值
7	1	A公司	90	61	54.9
8	2	B公司	60	74	44.4
9	3	C公司	20	82	16.4
65	59	B公司	50	61	30.5
66	60	B公司	60	40	24
67					

● 依照期望值與機率分佈設定的預算範圍

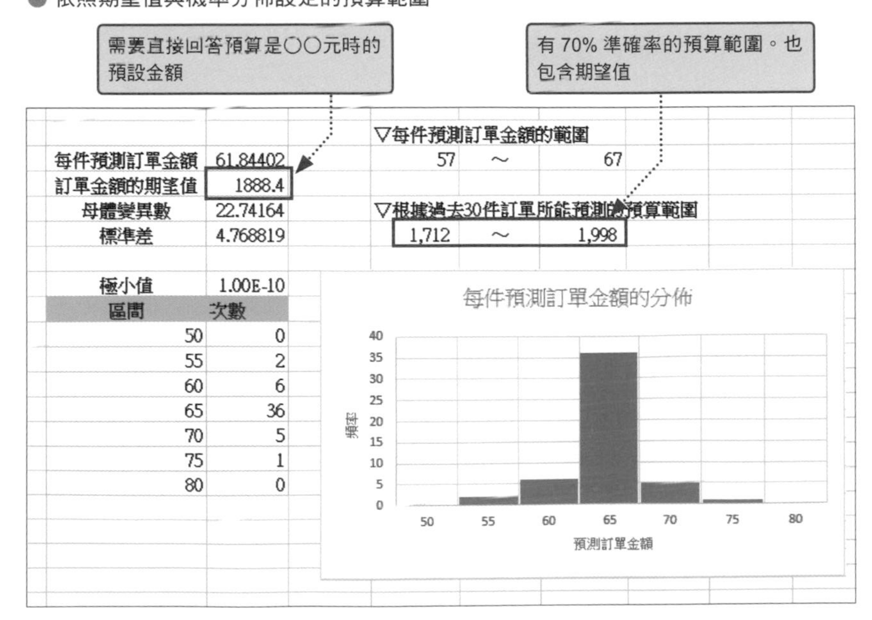

Column 想解開對常態分佈的誤解

統計學成為一股熱潮後，許多媒體都會介紹資料分析或統計資料的話題。其中最常聽到的就是「在多元化的時代裡，不可能出現如此工整的分佈，統計是中看不中用的學問。」。由於有些資料的確呈工整的鐘形分佈，所以很容易受到冷落。例題 6 的圖形就呈工整的鐘形，所以或許會有人以為「應該是為了寫書才把資料湊得這麼漂亮吧？」，但其實這是利用亂數產生的結果。不管是什麼原始資料，只要開始學統計學就會知道平均的分佈一定呈常態分佈。希望大家能體會常態分佈就是重要的機率分佈這點。

CHAPTER 01 CHAPTER 02 CHAPTER 03 CHAPTER 04 CHAPTER 05 CHAPTER 06 CHAPTER 07

例題 7 「景氣回復？」

在某項調查之中，對於「薪水比上次調查還高」的這個問題，回答「是」的人比例較高，回答「否」的人比例降低，所以做出景氣正在復甦的結論。佐證這項結論的資料如下，但景氣真的正在復甦嗎？

● 問卷調查結果

	A	B	C	D
1	薪水是否增加			
2	回答	前次調查	今次調查	合計問卷數
3	是	490	1015	1505
4	否	135	230	365
5	合計問卷數	625	1245	1870
6				
7	▽比率			
8	回答	前次調查	今次調查	成長率
9	是	78.40%	81.5	4.0%
10	否	21.60%	18.50%	-14.5%
11				

▶ 學習統計學的理由⑦ ： 不被資料耍得團團轉

以上例而言，雖然今年回答「薪水上漲」的人較多，但這有可能碰巧產生與仍在誤差範圍的結果。「這次回答薪水上漲的人比上次多」的結論是否成立，必須利用統計驗證看看。此外，就算驗證的結果真的證明這次回答薪水上漲的人比較多，能不能就此斷言景氣正在回復那就是另一回事了。

從統計資料與資料算出的值沒有絲毫虛假的成分。回答「是」的人的成長率為 4% 也是真的，但是之後從值讀取的「資訊」卻可隨個人解釋。要想判斷「資訊」有幾分真、幾分假，就必須學習統計學。

▶4%的薪水成長率是否在誤差範圍之內，還是真的比上次成長，必須利用卡方檢定驗證。→P.295

02 「資料」到底是什麼

左看右看都是資料、資料，現在的資料真的多到就像是被資料包圍一樣。此外，最常跟資料擺在一起使用的字眼就是「資訊」。讓我們一起定義所謂的資料與資訊，闡明資料與資訊之間的關係吧！立刻利用例題了解什麼是資料與資訊吧！

CHAPTER 01
CHAPTER 02
CHAPTER 03
CHAPTER 04
CHAPTER 05
CHAPTER 06
CHAPTER 07

導入 ▶▶▶

例題 1　「請試著從資料聯想」

請從下面的資料聯想資訊。

800　1000　　打工

▶ 資訊源自資料， 資料源自資訊

資料是根據某種目的收集的東西，其形態會是數字、符號、文字這類零件。例題 1 的「800」、「1000」、「打工」就是資料，只要對這些資料賦予意義，這些資料就會成為資訊。

舉例來說，可以聯想到下列這些資訊。例題 1 沒為資料設定主題，所以可自由地聯想，有些人會把數字看成金額，有些人則會看成人數。

- **打工的時薪從 800 元上升至 1000 元。**
- **從打工晉升為正職員工的人數從 1000 人減少至 800 人。**

例題 1 雖然是很極端的例子，但可以看出即使資料相同，每個人都可解釋成不一樣的資訊。如果在這道例題使用統計學。就能依照分析步驟取得資訊，也就能減少解釋上的出入。

此外，沒有資料就無法取得資訊嗎？資料與資訊是「資料→資訊」這種單行道的關係嗎？答案是 No。也可以從資訊得出資料。就日常生活的例子而言，我們常透過 Twitter 這類社群網站，從解釋各有不同的資訊裡篩選出共同的關鍵字，再將關鍵字整理成資料，也常將網路上的搜尋關鍵字整理成資料。所以資料與資訊是雙行道的關係。

例題 2 **「請將資料分成兩種」**

下例是將相當於「○○資料」的○○列出來的結果。請將下列的資料分成兩大類。此外，請回答是以什麼基準分類的。

品名資料　日期資料　每日業績資料
天氣資料　職種資料　薪水資料　成長記錄資料
身高資料　性別資料　人口資料　居住地資料
股價資料　氣溫資料　問卷資料

▶ 分成可量化與不可量化的資料

資料大致可分成兩種。將上述的資料分成兩種後，可分成數值資料與文字資料。

數值資料（量化資料）

日期資料　每日業績資料　薪水資料　成長記錄資料
身高資料　人口資料　股價資料　氣溫資料

文字資料（質化資料、定性資料）

品名資料　天氣資料　職種資料
性別資料　地址資料　問卷資料

統計學將數值資料稱為「量化資料」，文字資料稱為「質化資料（定性資料）」。兩者之間雖然存在數值與文字這種差異，但在「客觀的事實」（誰來看都一樣）這點卻是共通的。

▶名目尺度→P.14

MEMO **文字資料的量化**

文字資料無法直接相加、相減或是計算平均，但是將「成年」、「未成年」或是「有」、「無」、「是」、「否」這類資料換成「1」與「0」，就能進行統計分析。

▶順序尺度→P.14

MEMO **主觀性的資料**

所謂主觀性的資料指的是每個人的解釋都不同的資料。例如甜／鹹、熱／冷、濃／薄，都是這類資料之一。我們可利用「1～5」段這種數值的方式表現「甜～鹹」、「薄～濃」這類資料的程度。主觀性資料是問卷調查不可或缺的資料。依照順序排列性質並且量化，就能整理成統計分析所需的資料。

▶ 依照時間順序分類

若以不同的切入點將資料分類成兩種，還可分成與時間有關、無關的資料。統計學將與時間有關的資料稱為「時間序列資料」，將與時間無關的資料稱為「橫斷面資料」。

時間序列資料

日期資料　每日業績資料　每段時間的氣溫資料
依照日期順序排列的天氣資料　股價資料　成長記錄資料

橫斷面資料

品名資料　各地區的天氣資料／氣溫資料　職種資料　薪水資料
身高資料　性別資料　人口資料　地址資料　問卷資料

下列的表格是時間序列資料與橫斷面資料的範例。

● 新芽的成長記錄（時間序列資料）

天數	向陽	背陽
第 1 天	1cm	0.7cm
第 2 天	1.5cm	1.0cm
第 3 天	1.8cm	1.2cm
第 4 天	2.1cm	1.4cm
第 5 天	2.4cm	1.6cm

● 薪水資料（橫斷面資料）

姓名	部門	薪水
許郁文	總務	250,000
張瑋祁	會計	280,000
張銘仁	生產	220,000
王正陽	業務	290,000
李香香	設計	310,000

時間序列資料的每行資料都與上下列的資料有關。因此，表格上下列的資料不能調換，一旦調換就有損表格的本質。此外，計算整體的平均也得不到有用的資訊，還不如計算代表上下列資料關聯性的單日平均成長幅度還來得有意義。

橫斷面資料的每列資料是獨立的，上下列的資料之間沒有關聯性，所以就算調換順序，或是以姓名重新排列，也不會損及表格的本質。計算五個人的薪水平均可算出具有意義的薪水平均，但計算上下列的薪水差異卻得不到任何有用的資訊。以橫斷面資料而言，計算各列資料的上下列關係是毫無意義的。

實踐 ▶▶▶

▶ 收集資料與資料的尺度

收集資料時，要先注意資料的尺度。這裡所謂的「尺度」是指收集資料的基準。

▶有時會假設順序尺度的資料之間為等距，然後將順序尺度的資料當成區間資料使用。

● 資料的「尺度」的分類

尺度的分類	意義 說明	資料示例
名目尺度（質化資料）	區分資料的尺度 將資料置換成數字的尺度。這個數字與符號相同。如數值般比較大小（1>0）或是算出數值的間距（1-0=1）是沒有任何意義的。只是單純代表資料差異的尺度。	有無的區分→有：1、無：0 是、否的區分→是：1、否：0
順序尺度（質化資料）	替區分過的資料排出順序的尺度 區分之後的資料有順序，能比較大小的尺度。不過，相鄰的資料不能算是等距。一如右側的例子所示，「非常好」與「好」的落差或「好」與「普通」的落差不一定相同。	問卷調查→喜歡：3、普通：2、討厭：1 成績五段式評價→非常好:5、好:4、普通：3、差一點：2、要加油：1
區間尺度（量化資料）	排序完成的資料有一定間距的尺度 代表相鄰的資料落差相同的尺度。區間尺度的資料可利用數值推測，一如右側的例子所示，10 度與 20 度的氣溫差距為 10 度，20 度與 30 度的差距為 10 度，是擁有相同義意的「落差」。此外，20 度的氣溫度不代表比 10 度的氣溫暖和兩倍，所以區間尺度無法代表比率。	氣溫→ 10 度、20 度、30 度 零用錢→ 1 萬元、2 萬元、3 萬元 考試成績→ 10 分、20 分、30 分
比率尺度（量化資料）	代表等距落差或比率的尺度 除了相鄰的資料的落差有意義之外，其比率也有意義的尺度。一如右側的例子所示，1 公斤的兩倍可寫成 2 公斤。	重量→ 1 公斤、2 公斤、3 公斤 體重→ 10 公斤、20 公斤、30 公斤 速度→時速 10 公里、20 公里、30 公里

MEMO 區間尺度與比率尺度的差異

區間尺度沒有與數值的「0」（不存在）相同意義的「0」。區間尺度的「0」只是原點。舉例來說，氣溫「0℃」只是攝氏這種單位的原點，不代表沒有問溫。另一方面，比率尺度則有與數值的「0」相同意義的「0」。重量的「0」公斤代表「沒有」重量的意思。那麼，考試分數「0」分是代表沒分數還是有分數呢？或許大家會有這樣的疑惑，不過，「0」分的定義本來就不絕對，如果是一種相對評價的話，就能找出作為基準點的分數，所以應該算是區間尺度而非比率尺度。

本書的編排

接下來為大家介紹本書提及的統計分析概要以及編排方式。各章的概要會說明與 01 節介紹的例題的對應關係。

▶ 各章概要

各章概要如下：

章	統計分析	優點	例題編號
02	度數分佈與直方圖	可掌握資料的全貌。舉例來說，了解資料分析的資料特徵與分佈情況，就能在分析資料之前先推估分析結果。此外，也可根據結果發現特殊的資料。	①②
	一次代表值（平均值、中位數、頻率最高值）		
	二次代表值（變異數、標準差）		
	資料的標準化	一般來說，單位與規模不同的資料無法直接比較，但只要經過標準化，就能進行比較。舉例來說，可比較小店面與大店面的來客數。	
03	相關係數與迴歸分析	可找出乍看之下毫無關聯性的資料之間的關聯性。利用相關係數找出資料的關聯性之後，可透過迴歸分析算出預測值。	③④
04	母集團與樣本	在學習 Chapter06 之前需要的基礎知識，是進行統計分析不可或缺的知識。	⑤⑥
05	機率分佈		
06	推定	要進行正確的資料分析，常需要收集所有可能需要的資料，但也會因此耗費許多時間與費用。如果能先了解何謂推定，就能從少數的資料推測整體資料的特徵	⑥
07	檢定	實施檢定後，可了解變更前與變更後的差異	⑦

▶ 本書的編排方式

本書是以例題的方式編排。一開始是提出例題，之後是解決例題的實作，最後再針對結果進行考察，也會視情況解說後續發展的內容。

● ① 導入

依照統計析的主題提出例題以及介紹解決例題所需的基本統計知識。例題除了包含日常生活的範例以及在商場出現的範例，也有印證統計分析理論的範例。

● ②實踐

從使用 Excel 介紹例題的相關操作到判讀結果為止的流程。Excel 的操作雖然只針對統計分析所需的功能介紹，卻也包含許多日常實用的 Excel 技巧。

● ③發展

會視情況解說進一步了解統計知識的內容。

Column 大數據與統計學

最近流行的「大數據」是個不足以說明真實內涵的名詞。大數據的定義為「為了導出對事業有幫助的看法所需的資料」。光看這句話的確看不太懂，不過大概可解釋成大數據就是對工作有用的所有資料。大數據的特徵為「大量性（Volume）、多樣性（Variety）、即時性（Velocity）」。這三個特徵被統稱為 3V（取開頭字母）。在此之前，企業雖然累積了不少業務資料，但隨著智慧型手機的普及，推特這類社群網站的內容以及透過 GPS 讀取的資料也屬於 3V 的資料。

不過，即便是高性能電腦如此普及的時代，要一次處理大量而多元的資料仍不容易。所以我們才會有很多機會看到專家利用大數據進行分析的表格、圖表與考察結果。

我的意思不是「因為專家會幫我們處理，所以不用學什麼統計學」，因為我們仍然需要學習統計學，才能利用專家製作的表格或圖表，自行判讀資訊與結果的真偽。

CHAPTER

02

掌握資料全貌

本章介紹的是直條圖、平均值這類代表值與標準化資料，而介紹這些內容的目的之一就是希望讓大家「掌握資料全貌」。聽到平均值，大家可能會覺得這不是再基本不過的知識嗎？但這可是能幫助我們了解業績規模的重要指標。此外，本章介紹的內容也是下一章的基本知識。直條圖後續很常出現，請大家務必透過本章熟悉繪製的方法。

01 區分資料

統計學常需要一次處理許多數值資料，所以要先整理數值資料，藉此了解整體的樣貌。有助於我們整理資料的是次數分配與根據次數分配資料繪製的直方圖。直方圖是一種幫助我們了解數值資料整體的形狀與性質的圖表，接下來就為大家介紹資料的區分方法與直方圖的繪製方法。

導入 ▶▶▶

例題　「想一眼看出學習狀況」

目前手上有兩班期末考的成績，1班有45個學生。一開始想先了解成績的狀況。該如何才能一眼確認成績呢？

●各班成績資料

	A	B	C	D	E	F	G	H	I	J	K
1	成績資料										
2	A班						B班				
3	50	42	61	40	59		23	20	67	57	76
4	52	34	51	43	69		15	13	71	63	62
5	48	41	40	52	58		18	16	55	60	76
6	40	62	50	53	52		23	16	65	73	65
7	54	54	49	42	61		22	25	71	75	68
8	50	54	42	58	41		12	22	66	75	70
9	59	47	41	43	61		22	82	69	79	68
10	45	67	50	38	70		28	65	84	77	76
11	57	29	52	44	50		17	73	68	60	76
12											

這裡是以成績資料為例，但也可換成年、人口(人數)、重量、長度或金額。

▶ 利用直方圖說明整體資料

直方圖是觀察數值資料分佈狀況的圖表。橫軸是區分的數值範圍，會配置連續數值，直軸則是區分範圍內的數值資料的個數。

下圖代表的是根據資料繪製直方圖的過程。第一步先在輸入部分數值資料的儲存格範圍「A2:A17」依照 C 欄的「區分」繪製區分線（❶）。接著計算區分線之內的資料筆數，再輸入表格裡。整理這些資料筆數的表格稱為次數分配表（❷）。根據次數分配表插入長條黏在一起的長條圖就是直方圖（❸）。

●資料與直方圖

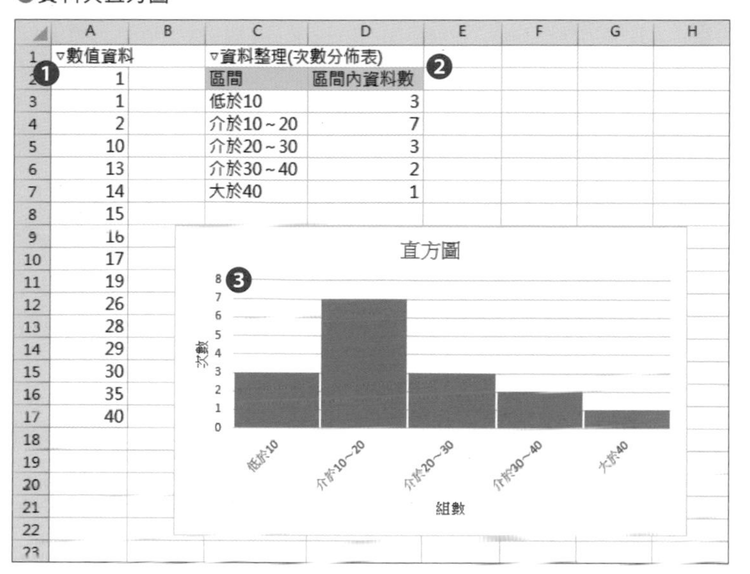

長條之所以黏在一起，是因為區分呈連續的變化。讓我們重新觀察 A 欄的數值。目前只利用線條區分而已。換言之，直方圖就是代表某部分資料的明細的圖表，所以直條不會分開。

根據上述的說法，如果只是要自用或是只需要暫時觀察資料的模樣，不一定要讓長條黏在一起。不過，若要做成簡報用的資料，就應該讓長條黏在一起。

▶ 繪製直方圖的重點

繪製直方圖的重點有兩個。一個是分成幾組，另一個是組距有多寬。讓我們先確認一下這些用語。區分的用語是「分組」，區分的數量是「組數」，區分的值範圍是「組距」，區分裡的資料筆數是「次數」。

舉例來說，下圖可利用「是組數 5、組距 10 的直方圖，分組「10 以上低於 20」的次數為 7」來形容。

●分成幾組

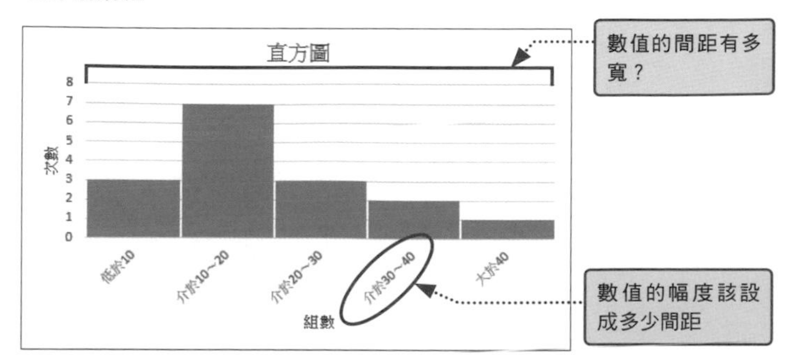

● 組數

決定組數時是有一定的參考值的。但麻煩的是，決定組數的方法有很多種，而且沒有絕對的答案。

本書是以下表的數值為參考值。

▶組數的相關內容
→ P.33

●組數的參考值

資料筆數	組數
～ 100	5 ～ 7
100 ～ 1000	8 ～ 10
超過 1000	11 ～ 15

● 組距

組距就是以組數除以資料的最小值與最大值的範圍。如果會出現餘數或是數字不夠工整，可稍微調整一下。如果調整時，組數會增減 1、2 個也沒關係。

資料的大值與最小值的範圍稱為全距。被問到：「資料的全距是？」的時候，可利用 MAX 函數與 MIN 函數算出最大值與最小值，再將兩者相減。

$$組距 = \frac{資料的最大值 - 資料的最小值}{組數} = \frac{資料的全距}{組數}$$

▶組距不一定都是由組數均除。若同時有多個組距，直方圖的次數就會利用各組的面積比較。本書都以均除的方式解說。

● 組別

組別為大於等於○○小於○○。下圖的組別「40 ～ 50」代表的是「大於等於 40 小於 50」。因此，數值「50」屬於組別「50 ～ 60」。

● 組別的形容方式

實踐 ▶▶▶

▶ Excel 的準備

為了達成目的，需要一邊問「需要什麼準備」，然後一邊建立需要的表格。這次的目的是要一眼了解成績，所以要繪製直方圖。要繪製直方圖就需要次數分配表。要製作次數分配表就需要知道組數與組距。要決定組數與組距，就必須了解全距。

讓我們根據上述步驟建立表格。範例檔為了方便指定範圍，將 A 組、B 組的成績列成一欄輸入。

2-01

●建立用來了解成績的表格

	A	B	C	D	E	F	G	H	I	J	K
1	成績資料				▿全距				▿組數與組距		
2	No	A班	B班		最高分	最低分	全距		組數	組距	
3	1	50	23								
4	2	52	15								
5	3	48	18		▿次數分配表		1.00E-10		▿直方圖		
6	4	40	23		組別	上限值	人數				
7	5	54	22								
8	6	50	12								
9	7	59	22								
10	8	45	28								
11	9	57	17								
12	10	42	20								

▶ Excel 的操作① ：決定組數與組距

為了最後能比較兩個班的直方圖，決定將兩個班設定為共通的分組。組距可先利用 MAX 函數與 MIN 函數算出全距，再利用組數均除全距求出。由於一班有 45 人，整體有 90 人，所以組數以 5 ～ 7 的範圍為基準。這裡只是先設定基準，實際上需要一邊觀察最大值、最小值、組數與組距再調整。

MAX ／ MIN函數 ➡ 計算指定範圍的最大值與最小值

格 式　=MAX(數值1, 數值2, …)

　　　　=MIN(數值1, 數值2, …)

解 說　數值可指定為數值、輸入數值的儲存格或是儲存格範圍，算出最大值與最小值。

計算資料的全距

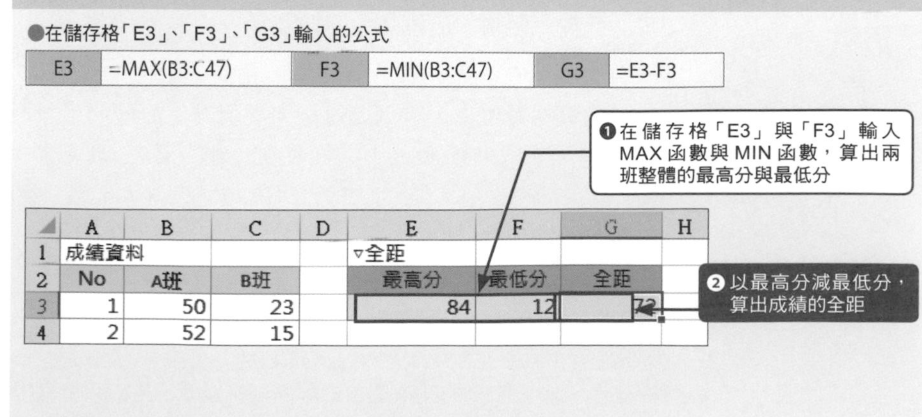

▶步驟❶可先拖曳選取儲存格範圍「B3:C3」，再按住 Ctrl+Shift+ ↓ 鍵，比較能快速選取儲存格範圍。

決定組數與組距

●在儲存格「J3」輸入的公式

J3	=G3/I3

	A	B	C	D	E	F	G	H	I	J
1	成績資料				▿全距				▿組數與組距	
2	No	A班	B班		最高分	最低分	全距		組數	組距
3	1	50	23		84	12	72		6	12
4	2	52	15							

❶ 組數設定為 6 階之後，組距就會設定為以 12 分為一單位。這個組距不夠工整，讓我們設定為 15 分。

❷ 以工整的組距輸入分組。此時需確認是否包含了最小值到最大值。

	A	B	C	D	E	F	G	H	I	J
1	成績資料				▿全距				▿組數與組距	
2	No	A班	B班		最高分	最低分	全距		組數	組距
3	1	50	23		84	12	72		6	12
4	2	52	15							
5	3	48	18		▿次數分配表		1.00E-10		▿直方圖	
6	4	40	23		組別	上限值	人數			
7	5	54	22		低於15	15				
8	6	50	12		介於15～30	30				
9	7	59	22		介於30～45	45				
10	8	45	28		介於45～60	60				
11	9	57	17		介於60～75	75				
12	10	42	20		介於75～90	90				
13	11	34	13				(Ctrl)			
14	12	41	16							

❸ 為了算出次數，輸入分組的上限值。

▶分組「低於 15」包含了最低分的 12 分。分組「介於 75 ～ 90」包含了最高分的84分，所以包含了兩班的整體成績。

Excel 2013 之後
▶步驟❸正確地輸入 2 ～ 3 個上限值之後，可使用 Excel 的快速填入功能自動在剩下的儲存格輸入上限值。

▶ Excel 的操作② ： 繪製次數分配表

Excel 內建了計算次數的 FREQUENCY 函數與分析工具的直方圖，但這兩種工具使用的分組都是「超過下限值與小於等於上限值」的模式，而不是「大於等於下限值，低於上限值」的模式。

要將分組設定為「大於等於下限值，低於上限值」，必須以上限值減去極小值。由於分數資料是整數，所以讓每個上限值減 1 分就夠了，但為了避免上限值的儲存格的顯示方式有所變更，這次在儲存格「G5」輸入了「1 的負 10 次方」（10 億分之 1）的極小值。雖然是有點誇張的極小值，不過只要讓 P.20 的圖的上限值從「●（包含值）」變成「○（不包含值）」就夠了。

FREQUENCY函數 ➡ 計算指定分組的次數

格　式	{=FREQUENCY(資料陣列,區間陣列)}
解　說	將輸入資料的資料範圍指定為資料陣列，再利用區間陣列算出每個分組的次數。區間陣列可指定為輸入分組上限值的儲存格範圍。分組的範圍是將區間陣列裡的前一個儲存格

設定為下限值，超過下限值，就視為是小於上限值的分組。

補　充　為了一次算出各分組的次數，可先選取要計算次數的範圍，再以陣列公式輸入函數。

設定大於等於下限值、 小於上限值的分組

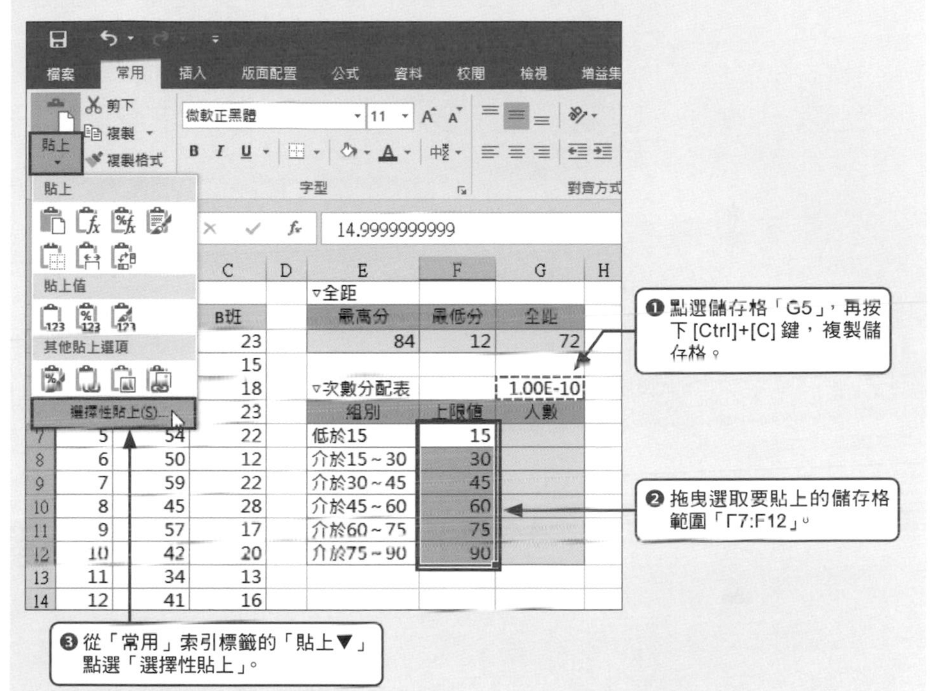

▶要減去極小值可利用複製＆貼上功能，指定貼上的方法。這次先複製極小值，再將極小值貼入上限值的儲存格範圍，然後將運算方式設定為減法。

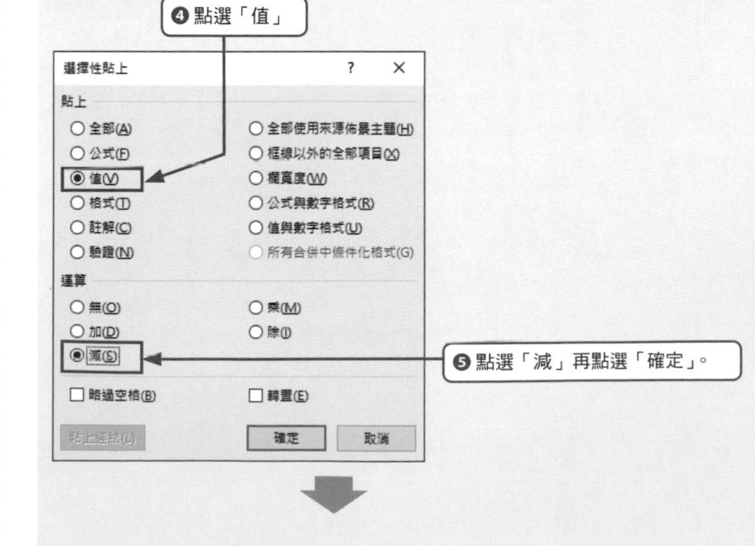

▶選取「值」之後，可保有框線的格式。

F7 | 14.9999999999

	A	B	C	D	E	F	G	H	I
4	2	52	15						
5	3	48	18		▿次數分配表		1.00E-10		▿直方圖
6	4	40	23		組別	上限值	人數		
7	5	54	22		低於15	15			
8	6	50	12		介於15～30	30			
9	7	59	22		介於30～45	45			
10	8	45	28		介於45～60	60			
11	9	57	17		介於60～75	75			
12	10	42	20		介於75～90	90			
13	11	34	13						

❻ 上限值減去極小值了。儲存格的內容雖然沒有變化，但可從資料編輯列確認減去極小值的事實。

利用FREQUENCY函數計各分組的次數

●在儲存格範圍「G7:G12」輸入的公式

G7:G12	=FREQUENCY(B3:C47,F7:F12)

►陣列公式是一種將資料儲存格範圍視為單一區塊的公式，可按下[Ctrl]+[Shift]+[Enter]鍵確定公式。

	A	B	C	D	E	F	G	H	I	J	K
1	成績資料				▿全距				▿組數與組距		
2	No	A班	B班		最高分	最低分	全距		組數	組距	
3	1	50	23		84	12	72		6	12	
4	2	52	15								
5	3	48	18		▿次數分配表		1.00E-10		▿直方圖		
6	4	40	23		組別	上限值	人數				
7	5	54	22		低於15	15	=FREQUENCY(B3:C47,F7:F12)				
8	6	50	12		介於15～30	30					
9	7	59	22		介於30～45	45					
10	8	45	28		介於45～60	60					
11	9	57	17		介於60～75	75					
12	10	42	20		介於75～90	90					
13	11	34	13								

❶ 拖曳選取儲存格範圍「G7:G12」，輸入函數後，按下 [Ctrl]+[Shift]+[Enter] 鍵。

G7 | {=FREQUENCY(B3:C47,F7:F12)}

	A	B	C	D	E	F	G	H	I	J
1	成績資料				▿全距				▿組數與組距	
2	No	A班	B班		最高分	最低分	全距		組數	組距
3	1	50	23		84	12	72		6	12
4	2	52	15							
5	3	48	18		▿次數分配表		1.00E-10		▿直方圖	
6	4	40	23		組別	上限值	人數			
7	5	54	22		低於15	15	2			
8	6	50	12		介於15～30	30	14			
9	7	59	22		介於30～45	45	14			
10	8	45	28		介於45～60	60	25			
11	9	57	17		介於60～75	75	25			
12	10	42	20		介於75～90	90	10			
13	11	34	13							
14	12	41	16							
15	13	62	16							

❷ 算出各分組的次數。

►以陣列公式輸入的公式前後會以大括號「{}」括住。

▶ Excel 的操作③：繪製直方圖

要繪製直方圖需要根據分組與次數插入直條圖，再編輯圖表，讓長條相黏。

插入「群組直條圖」

▶要同時選取不相鄰的儲存格範圍時，必須先按住 [Ctrl] 鍵再點選或拖曳選取第二個之後的儲存格範圍。

	A	B	C	D	E	F	G	H	I
1	成績資料				▿全距				▿組數與組距
2	No	A班	B班		最高分	最低分	全距		組數
3	1	50	23		84	12	72		6
4	2	52	15						
5	3	48	18		▿次數分配表		1.00E-10		▿直方圖
6	4	40	23		組別	上限值	人數		
7	5	54	22		低於15	15	2		
8	6	50	12		介於15～30	30	14		
9	7	59	22		介於30～45	45	14		
10	8	45	28		介於45～60	60	25		
11	9	57	17		介於60～75	75	25		
12	10	42	20		介於75～90	90	10		
13	11	34	13						
14	12	41	16						

❶ 拖曳選取儲存格範圍「E6:E12」，再按住 [Ctrl] 鍵，拖曳選取儲存格範圍「G6:G12」。

❷ 從「插入」索引標籤的「插入直條圖或橫條圖」點選「群組直條圖」。

▶步驟❷的按鈕名稱會因 Excel 的版本而不同，但按鈕的設計是相同的。請點選設計相同的按鈕，插入群組直條圖。

▶圖表繪製完成後，圖表項目會因 Excel 的版本而有所不同。

	A	B	C	D	E	F	G	H	I	J
1	成績資料				▿全距				▿組數與組距	
2	No	A班	B班		最高分	最低分	全距		組數	組距
3	1	50	23		84	12	72		6	1
4	2	52	15							
5	3	48	18		▿次數分配表		1.00E-10		▿直方圖	
6	4	40	23		組別	上限值	人數			
7	5	54	22		低於15	15	2			
8	6	50	12		介於15～30	30	14			
9	7	59	22		介於30～45	45	14			
10	8	45	28		介於45～60	60	25			
11	9	57	17		介於60～75	75	25			
12	10	42	20		介於75～90	90	10			
13	11	34	13							
14	12	41	16							
15	13	62	16							
16	14	54	25							
17	15	54	22							
18	16	47	82							
19	17	67	65							
20	18	29	73							
21	19	61	67							
22	20	51	71							

❸ 插入與分組的次數對應的直條圖

編輯長條的間隔

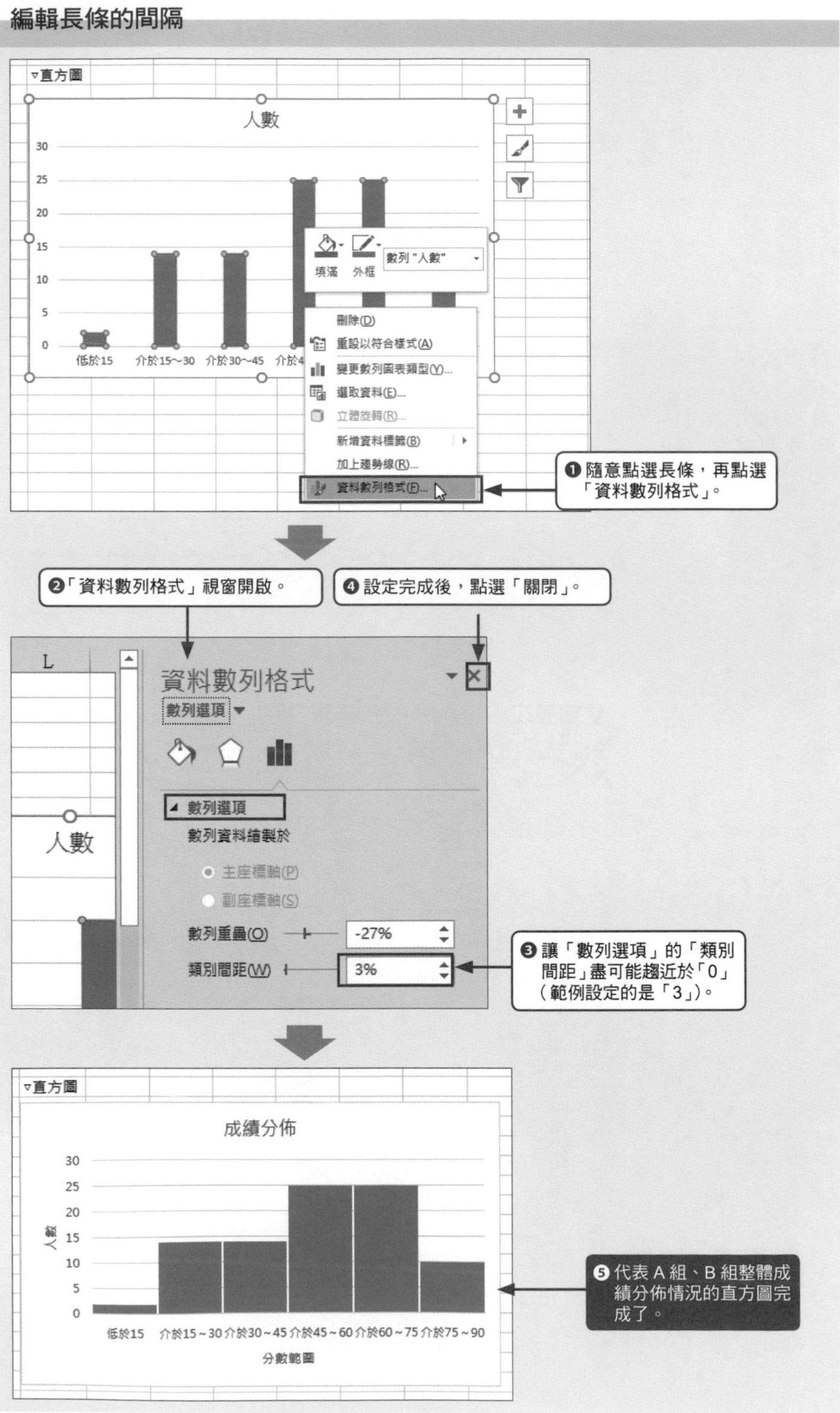

Excel 2007 / 2010

▶步驟❷之後顯示的不是視窗而是對話框。可在對話框完成相同的步驟。

▶為了忠實地保留直方圖的意義，而將步驟❸設定為「0」，就會變成同一顏色的色塊，分組之間的分界也將完全消失。為了看出分組的差異才保留一定程度的間隔。

▶適當地插入標題、座標軸標題與刻度。圖表的基本編輯方法請參考P.30 的 memo。

▶ Excel 的操作④ ： 將直方圖分解成不同班級

進行資料分析時，若已經能掌握資料的整體樣貌，就可根據某個觀點分解資料，進一步了解資料。此外，若是只得到一個結果，就看不出好壞，所以需要準備幾個比較對象。這次使用的是 A、B 班的次數分配表與直方圖，以班級的觀點將直方圖分解成兩個。

具體的做法就是複製兩張工作表，分別作為 A 班與 B 班的工作表使用，再變更 FREQUENCY 函數的資料陣列。

建立工作表

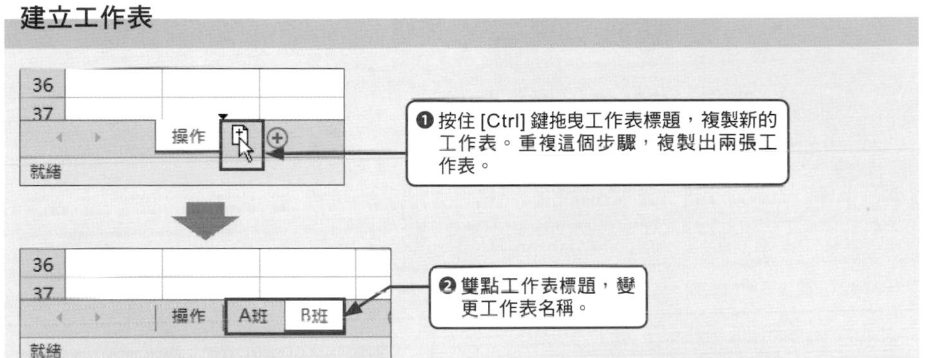

動手做做看！

更新各班的次數分配表與直方圖

▶以陣列公式輸入的公式或函數遇到需要以陣列為單位變更時，按下 [Ctrl]+[/] 鍵可選取該儲存格範圍

▶步驟❸可直接從資料編輯列將 FREQUENCY 函數的資料陣列變更為「B3:B47」。色框的範圍將自動變更。

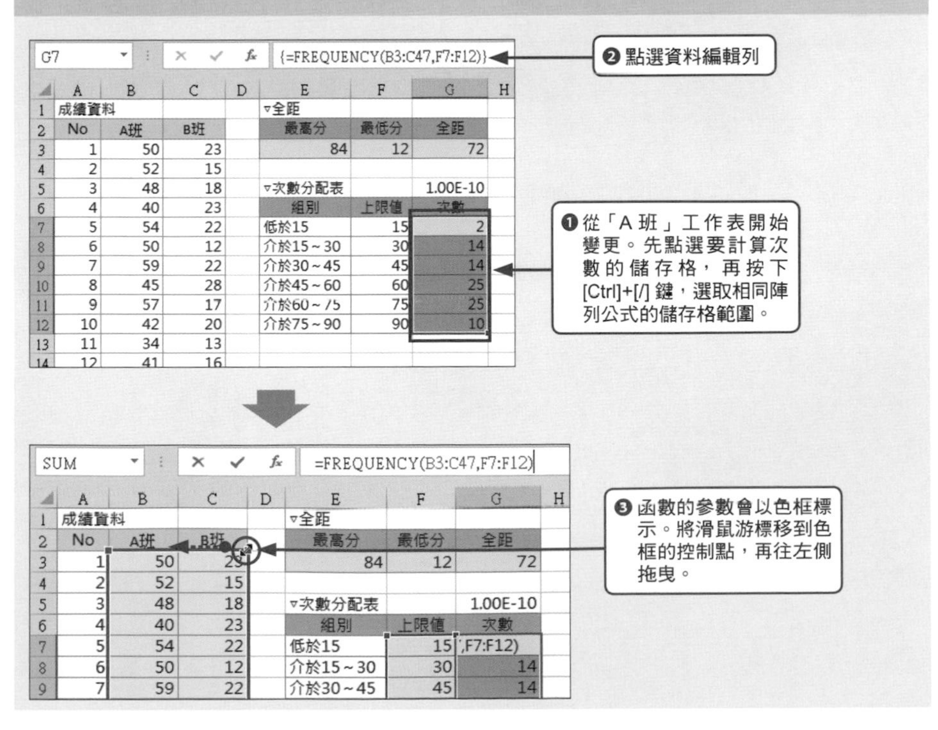

	A	B	C	D	E	F	G
1	成績資料				▿全距		
2	No	A班	B班		最高分	最低分	全距
3	1	50	23		84	12	72
4	2	52	15				
5	3	48	18		▿次數分配表		1.00E-10
6	4	40	23		組別	上限值	次數
7	5	54	22		低於15	15	2
8	6	50	12		介於15～30	30	14
9	7	59	22		介於30～45	45	14
10	8	45	28		介於45～60	60	25
11	9	57	17		介於60～75	75	25
12	10	42	20		介於75～90	90	10
13	11	34	13				
14	12	41	16				

▶適當地變更圖表的標題。

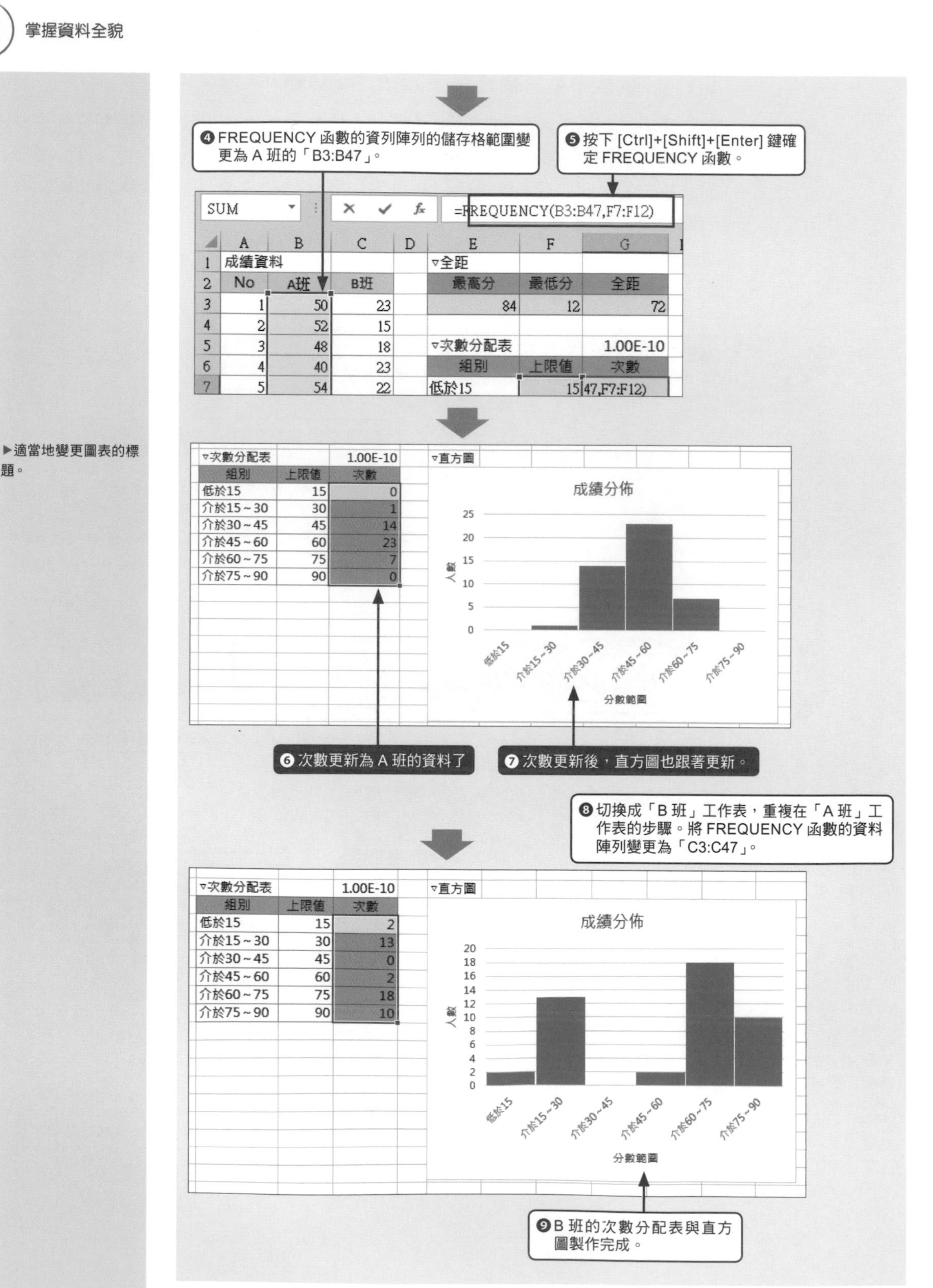
❹FREQUENCY 函數的資料陣列的儲存格範圍變更為 A 班的「B3:B47」。
❺按下 [Ctrl]+[Shift]+[Enter] 鍵確定 FREQUENCY 函數。
=FREQUENCY(B3:B47,F7:F12)
成績資料
全距
最高分 最低分 全距
84 12 72
次數分配表 1.00E-10
組別 上限值 次數
低於15 15 0
介於15～30 30 1
介於30～45 45 14
介於45～60 60 23
介於60～75 75 7
介於75～90 90 0
直方圖
成績分佈
人數
分數範圍
❻次數更新為 A 班的資料了
❼次數更新後，直方圖也跟著更新。
❽切換成「B 班」工作表，重複在「A 班」工作表的步驟。將 FREQUENCY 函數的資料陣列變更為「C3:C47」。
低於15 15 2
介於15～30 30 13
介於30～45 45 0
介於45～60 60 2
介於60～75 75 18
介於75～90 90 10
❾B 班的次數分配表與直方圖製作完成。

▶ 判讀結果

A 班、B 班、整體成績的直方圖如下。比較整體成績與各班級成績，就能得到新的資訊。

●整體的直方圖

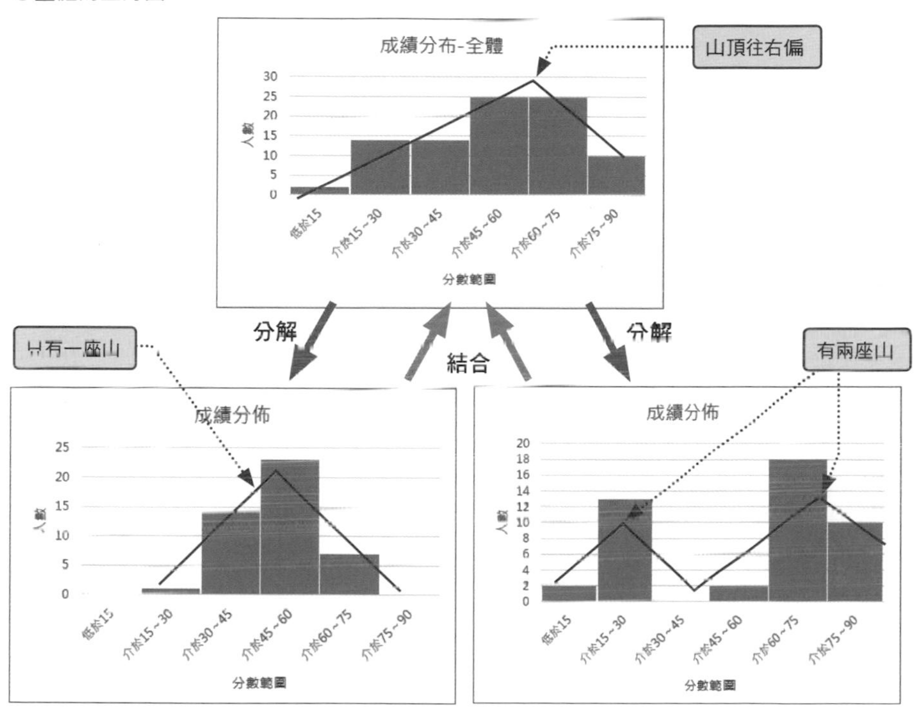

① 整體成績的直方圖

整體成績的直方圖的山頂是往右偏的，代表整體的期末考成績偏高。

② A班的直方圖

A 班的成績散佈在介於 45 ～ 60 分長條的左右。將長條的頂點以線連接後，就會變成一座山。A 班的平均分數約為 50 分（→參考旁注），但從平均分數位於山頂的「介於 45 ～ 60 分」這點來看 平均分數可用來說明 A 班的狀況。

▶ A 班與 B 班的平均分數可利用 AVERAGE 函數求得。此外，拖曳選取 A 班的資料範圍，狀態列就會顯示平均值。

③ B班的直方圖

B 班的成績分成兩層。與 A 班描繪一樣的線條後，會發現有兩個山頂。B 班的平均分數約為 53 分，但是包含平均分數的「介於 45 ～ 60 分」的組別裡，卻沒有對應的學生，這代表平均分數無法說明 B 班的狀況。

重新檢視整體成績的直方圖之後，會發現山頂之所以會往右靠，並不是因為 A 班與 B 班的比重均衡，而是因為 B 班有分數較高的一群學生。

MEMO 編輯圖表

接著要介紹如何新增、刪除圖表項目，以及設定圖表項目的格式。此外，在 Excel 2013 之後，圖表的編輯畫面就從對話框變更為作業視窗，編輯圖表的功能區也有所變更。雖然可編輯的內容相同，但是操作上的方便性卻有點不同，所以將說明不同版本的操作步驟。

Excel 2013/2016 的圖表項目的新增與刪除的操作

插入圖表後，點選顯示的「圖表項目」鈕，從中勾選需要的圖表項目。座標軸這類可輸入文字的項目可在點選標籤後，拖曳臨時的標籤名稱再覆寫。

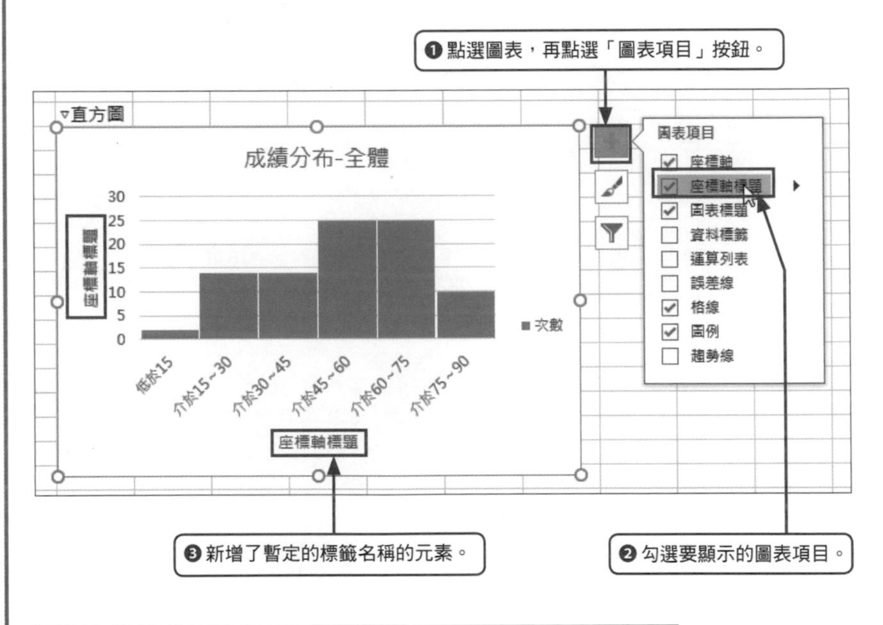

▶取消步驟❷裡的勾選，可刪除已顯示的圖表項目。

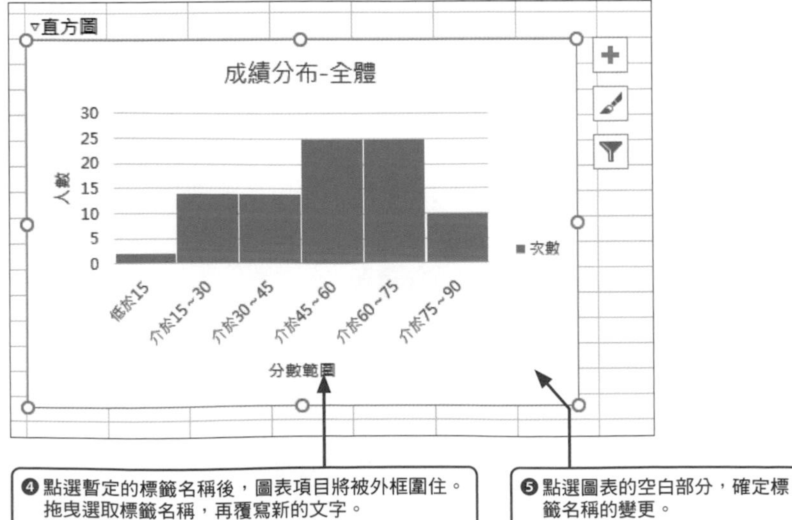

▶只要慢慢地點選兩次可輸入文字的圖表項目，滑鼠游標就會移入項目內，也就能直接輸入文字。

Excel 2007/2010 的圖表項目的新增與刪除

「版面配置」索引標籤裡內建了圖表項目的新增鈕，新增之後的編輯方式與 Excel 2013 相同。多餘的項目可在點選後，按下 [Delete] 鍵刪除。

●「版面配置」索引標籤

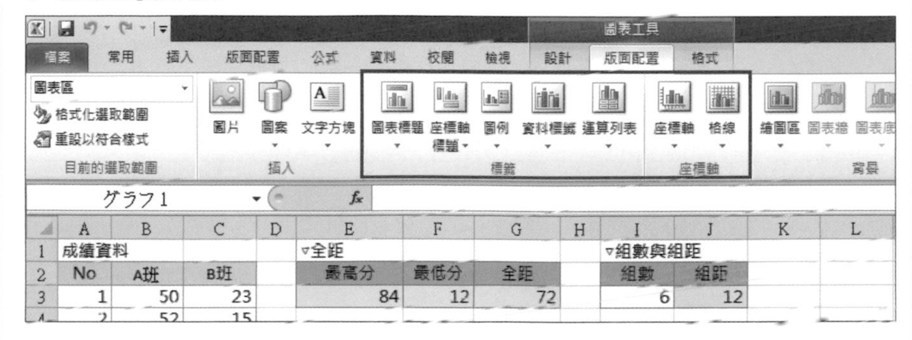

●「座標軸標籤」的設定範例

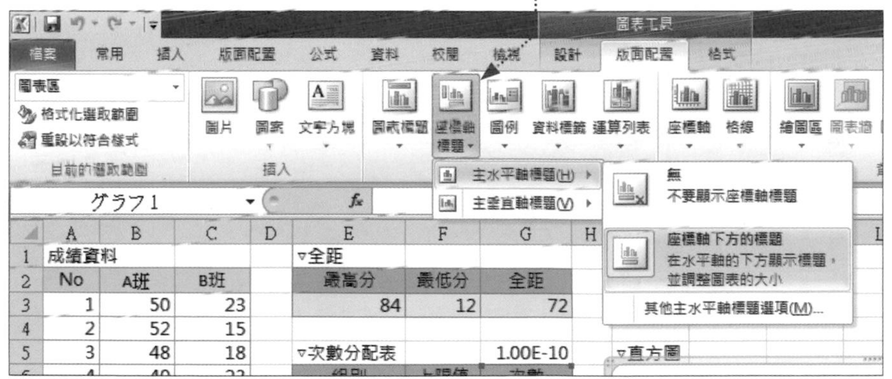

Excel 2013/2016 的格式設定

在作業視窗裡，可點選圖示切換格式設定的種類，如果設定內容是折疊的，可視情況展開。

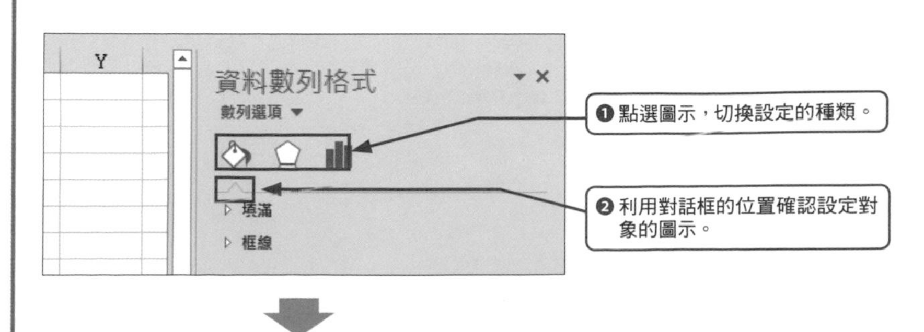

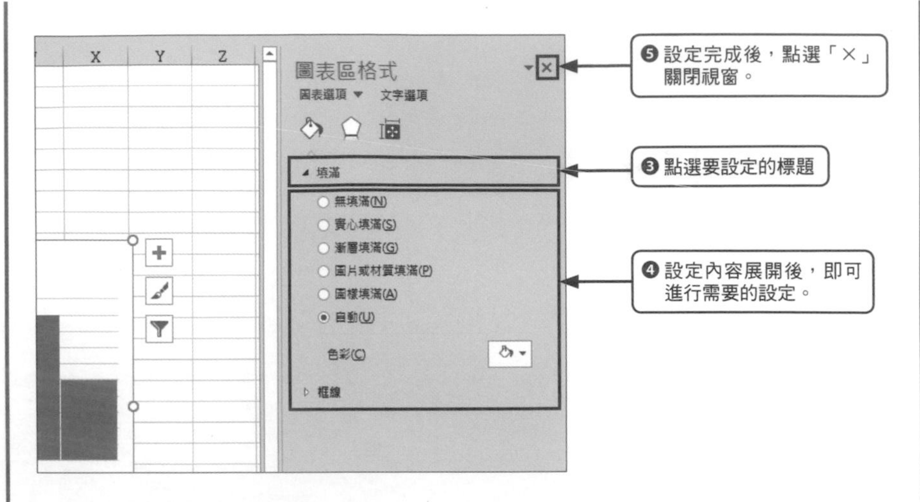

Excel 2007/2010 的格式設定

編輯畫面會顯示對話框。對話框左側可切換格式設定的種類，進行設要的設定，完成設定後，點選「關閉」鈕即可。下圖是「座標軸格式」的對話框。設定圖表刻度時，會常常使用這個對話框。一般而言，「刻度」會設定為「自動」，若變更為「固定」，在輸入欄裡設定數值。

●「座標軸格式」對話框的「座標軸選項」設定範例

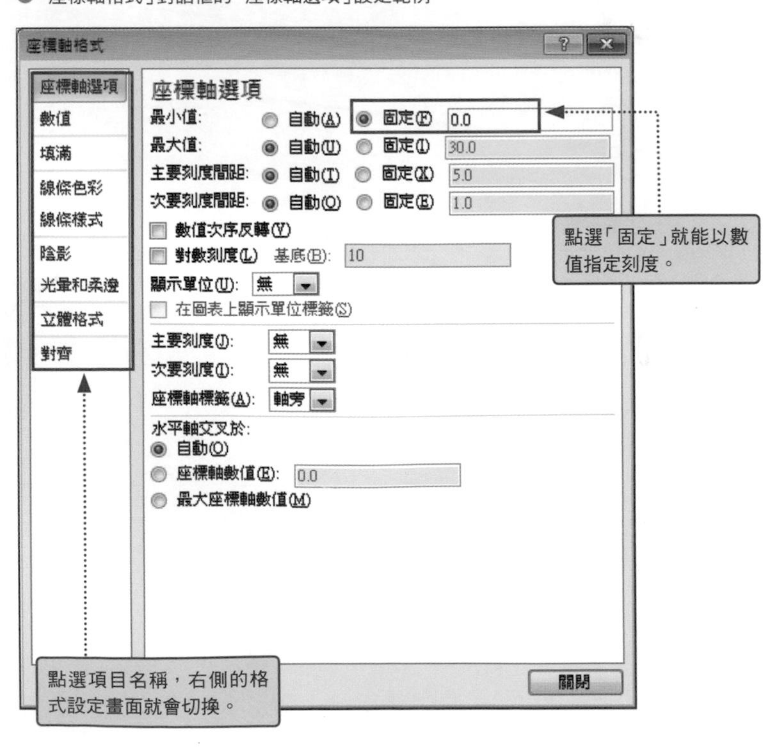

發展 ▶▶▶

▶ 組數的各種知識

不可或缺的組數最常使用「平方根」或「史特基公式」計算。其他還有「Scott's choice」、「Freedman–Diaconis' choice」這兩種公式。

每種公式都各有優缺點，而有這麼多種選擇也代表組數的確重要。不過，談生意或是向上司說明資料時，有可能會被問到組數是如何決定的，此時請記得，在相同資料內使用同一種方法決定組數。

● 平方根

▶ SQRT 函數若指定為「=SQRT(正數)」就會算出正的平方根。

在一般的辦公場合裡，只要使用電子計算機的「√」就能輕易算出「平方根」，所以也很常看到以這種方式決定組數。「平方根」可利用 Excel 的 SQRT 函數計算。「平方根」的缺點在於資料筆數一多，組數就必須跟著增加。

●以平方根決定的組數

$$組數 = \sqrt{資料筆}$$

●以平方根決定的組數與資料筆數的關係

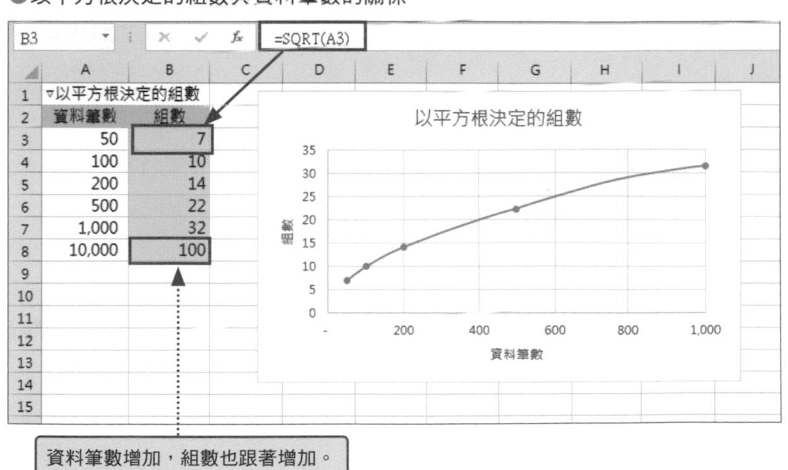

● 史特基公式

▶ LOG 函數的格式為「=LOG(數值 , 底數)」，可利用指定的底數算出資料的對數。本節說明的組數就是依據史特基公式算出。

文獻很常看到採用史特基公式的例子。雖然會用到對數，但只要利用 Excel 的 LOG 函數就能算出，所以也不算太困難。使用史特基公式時的重點在於資料必須呈左右對稱的鐘形，也就是所謂的常態分佈。我們明明就是不知道資料的分佈情況才繪製直方圖，結果這公式還真是倒因為果。不過，世界上的資料有很多都呈現常態分佈，所以史特基公式的確是可用來決定組數。此外，史特基公式的特徵在於使用的底數是 2，所以就算資料筆數呈 2 倍、4 倍、8 倍增加，組數也不會增加。

●史特基公式

組數 = 1 ＋ $\log_2$ 資料筆數

●以史特基公式算出的組數與資料筆數的關係

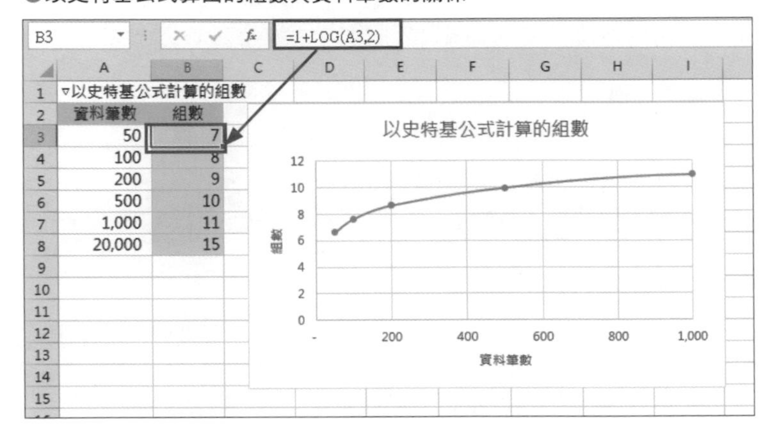

	A	B
1	以史特基公式計算的組數	
2	資料筆數	組數
3	50	7
4	100	8
5	200	9
6	500	10
7	1,000	11
8	20,000	15

MEMO 「Scott's choice」與「Freedman–Diaconis' choice」的公式

這兩個公式都有僅憑資料筆數無法決定組數的缺點。公式裡的四分位數範圍是將資料的全距切成四等分，再取中央兩等分的資料範圍。

Scott's choice 公式

組數 = 全距 /(3.5× 標準差 ×(資料筆數)^(-1/3))

Freedman–Diaconis' choice 公式

組數 = 全距 /(2× 四分位數範圍 ×(資料筆數)^(-1/3)

► Freedman–Diaconis' choice 的公式沒有資料必須呈常態分佈的前提。

MEMO 將營業成績與銷售額畫成直方圖的情況

只要依照目的收集資料，就能繪製需要的直方圖，但這不代表與目的有關的資料都可以收集。舉例來說，以「金額」區分全國業務的營業成績與全國門市的銷售額，可能不是太理想的做法，因為業績高低會受到設店位置、商圈人口、目標顧客層的影響。每個人都知道，都會的大型門市與郊外的小型門市無法一視同仁，所以硬是將每個門市的銷售額塞進一張表格，就等於忽略各門市條件不同這一點。

要將銷售額與營業成績畫成直方圖的時候，必須先找出相同的條件。例如，可將相同條件的門市或業務員挑成一組或是將門市規模與商圈環境算成比率。

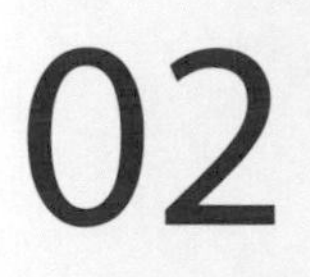

02 計算以超群平衡感自誇的平均值

即使是討厭計算的人，平常也會計算平均值吧！比方說，優惠包裝與一般包裝的每克價格計算、孩子們的五科成績平均分數、各付各的時候，每個人要付多少的計算，總之，計算平均值的機會真的很多。在職場也是一樣，需要算出大略的業績規模時，平均值是個很好用的數值。這節就帶大家重新思考一下熟悉的平均值。

導入 ▶▶▶

例題 「無法掌握業績規模」

年營業額2億元的A公司希望在東京銷售關西限定商品K，但是銷售時，想將商品改成商品T這個名稱。原本不是負責這項商品的X先生突然接到一個小時後要在會議報告東京的業績預測值的指示。只拿到紙本業績記錄與文件的X先生正在一籌莫展時，前輩Y先生與後進的Z先生幫忙，整理出以下的資料。

業績記錄包含銷售時間、銷售人員與售價這些內容，每件銷售數量都是一個。因此，隨機擷取出200筆商品K的售價，並且整理成適當的資料格式。此外，確認文件內容後，發現文件記載了候補店面的目標人口與預測的市佔率。

●商品 K 的售價摘要

	A	B	C	D	E
1	從業績記錄隨機擷取的銷售價格				
2	400	500	410	410	370
3	500	380	400	410	400
4	500	370	410	370	370
5	500	370	410	400	620
6	500	480	370	450	440
38	440	440	400	440	480
39	410	370	400	500	480
40	480	440	500	550	550
41	370	480	480	400	480
42					

●開店候選資料

	A	B
1	開店候選資料	
2	目標人口合計（人）	150,000
3	市佔率	5%
4	年平均預測購買個數/人	5.5
5		

▶ 將業績分解成平均價格與個數

業績可分解成價格 × 個數。像例題這種售價會浮動的情況，可先算出售價的平均值再使用。平均值就是讓浮動的數字變得扁平的計算。平均值可利用下列的公式表示。

$$\text{平均值} = \frac{\text{數值資料的合計}}{\text{數值資料的個數}}$$

在下面的左圖裡，橫軸是擷取的業績記錄的號碼，直軸是擷取的售價。擷取的號碼是一件商品只有一個的資料，所以橫軸的資料與個數相同。就正常的做法而言，要擷取 200 筆資料就應該讓橫軸擴張到 200 才對，但這裡只取到 10 個。圖表的一根直條代表的是一個商品的銷售量，將所有長條的高度加起來，就能算出 10 個商品的銷售量。

右圖是算出平均值，讓高度變得一致，再讓直條全部靠在一起的圖表。比平均值高的長條會彌補比平均值低的長條，所以才會畫成直軸是平均售價，橫軸是個數的長方形。長方形的面質就是左圖的銷售額。

▶右圖的橘色是比平均高的長條補足比平均低的長條的部分。

●銷售價格 10 筆資料

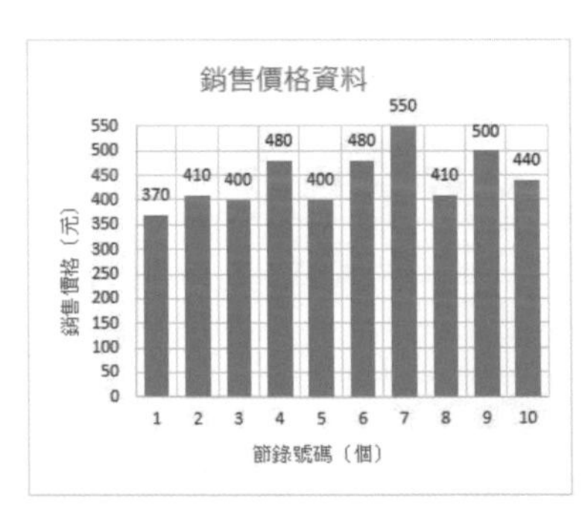

●以平均值彌補差距

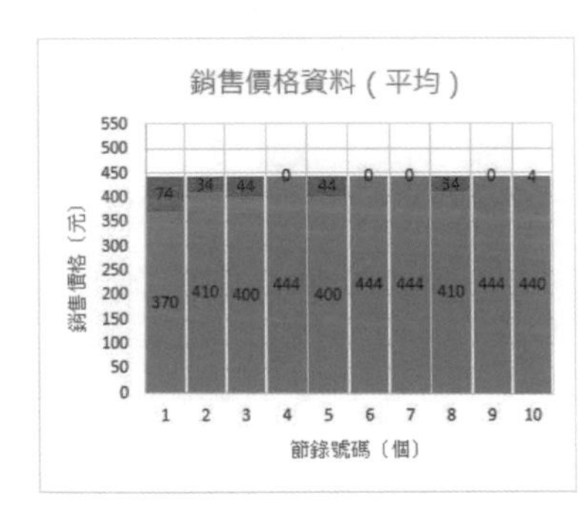

在東京銷售的預測銷售數量可利用「目標人口 × 市佔率 × 年平均預測購買個數」計算，所以只要決定平均售價，就能如上方右圖的長方形面積算出東京的業績規模。

● 平均的性質

既然本節將重點放在平均值，就讓我們透過上圖了解平均值的性質吧！每一條長條的合計等於以平均值扁化後的長方形面積，所以可讀出下列的結果。

10 根長條的合計＝ 370 ＋ 410 ＋ 400 ＋ 480 ＋ 400 ＋ 480 ＋ 550 ＋ 410 ＋ 500 ＋ 440 = 4440

長方形的面積 ＝ 444×10 ＝ 4440

1. 資料的平均值 × 個數等於每筆資料的合計。

▶ 顯示平均值的位置

從另外的視點也能導出平均值的性質。第一步，先拖曳選取例題的 200 筆售價資料，再確認狀態列的內容，會發現顯示了「平均值 445.5」。

▶在狀態列按下滑鼠右鍵，就能開啟狀態列的選單，決定要顯示的內容。假設「平均值」未被勾選，可自行勾選。

●確認平均值

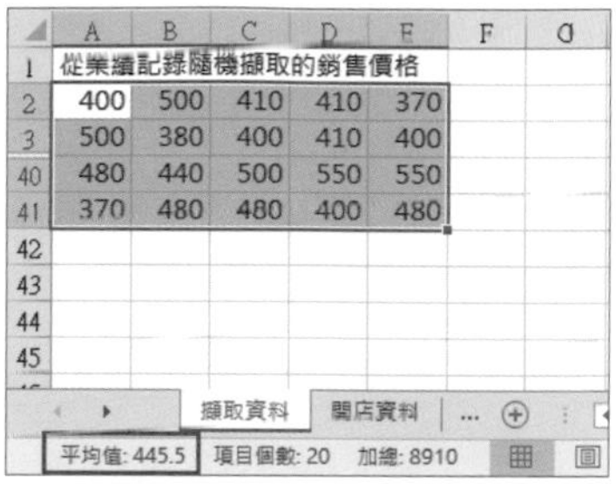

	A	B	C	D	E	F	G
1	從業績記錄隨機擷取的銷售價格						
2	400	500	410	410	370		
3	500	380	400	410	400		
40	480	440	500	550	550		
41	370	480	480	400	480		
42							
43							
44							
45							

擷取資料 | 開店資料

平均值: 445.5　項目個數: 20　加總: 8910

▶狀態列的平均值與 AVERAGE 函數算出來的結果相同。

接著根據擷取的售價資料繪製直方圖，算出平均值落在哪個分組。平均值「445.5」落在「大於等於 400，低於 450」的組別。

●根據擷取的售價資料繪製的直方圖

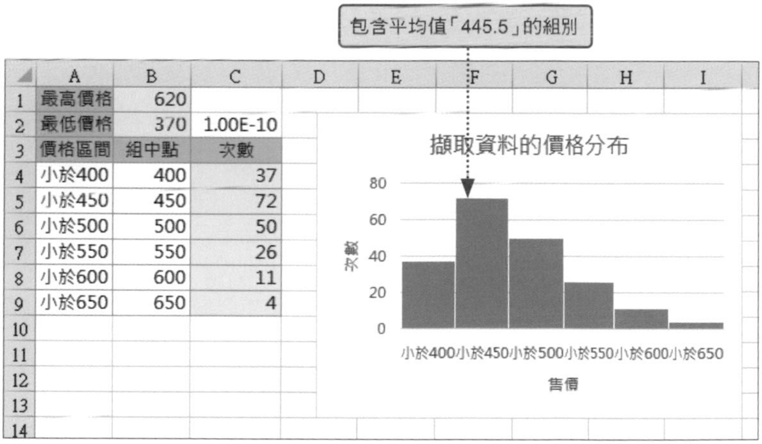

包含平均值「445.5」的組別

	A	B	C
1	最高價格	620	
2	最低價格	370	1.00E-10
3	價格區間	組中點	次數
4	小於400	400	37
5	小於450	450	72
6	小於500	500	50
7	小於550	550	26
8	小於600	600	11
9	小於650	650	4

▶右圖可於範例「2-02」的「直方圖」工作表確認。

▶右圖的價格區間「低於○○」可解釋成大於等於前一個儲存格的值，低於○○的意思。

從上圖可以了解下列的平均值性質。由於先前已經提到一個平均值的性質，所以這次從第二個開始介紹。

2. 平均值位於資料的最小值到最大值的內側。

3. 平均值位於平衡點，代表平均值就位於重心。

▶使用次數分佈表計算平均值的方法
→ P.41

想了解第三個性質時，大家不妨想一下翹翹板或是類似的玩具，應該就不難了解是什麼意思。翹翹板的中心軸就是左右比例均衡的位置。雖然某一方較重，就會往那一方傾倒，但只要左右移動軸心的位置，一樣能保持平衡。保持平衡的點就是重心，也就是平均值。一如下圖，重心不一定會位於中央。

●資料的重心

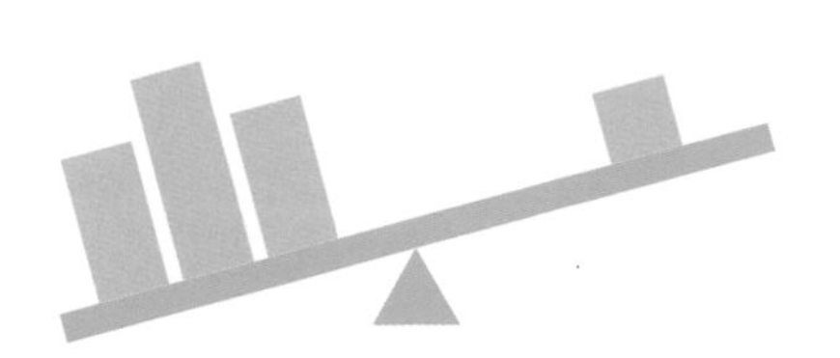

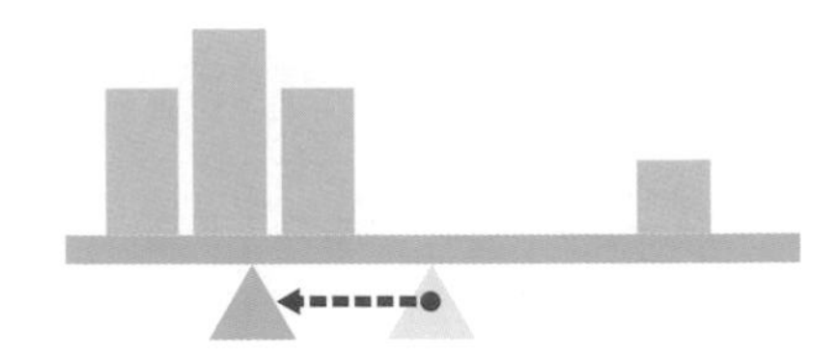

▶這裡所說的規則就是加總所有資料，再以資料筆數除之的意思。

若以另一個角度觀察，平均值就是能以一句話解釋整體資料的值。依照規則計算之後，能以一句話解釋資料的值可說是代表值。要解讀每一筆資料雖然很難，但只要說成「售價資料的平均值為 444 元」，盡管每個值都不同，只要沒有偏差的資料，就能想像資料集中在平均值附近。

實踐 ▶▶▶

▶ 建立 Excel 表格

先前雖然已隨機挑選了 200 筆售價資料，但後進的 Z 先生還進一步整理成下列的格式，同時也算出平均值。對 Z 先生難以啟齒的是，這麼做其實有點多餘。提到平均值，大部分的人會想到 AVERAGE 函數，但是，若整理成下圖的格式，就無法使用 AVERAGE 函數。

範例

2-02「操作」工作表

●根據售價資料統整的售價與出現次數（銷售次數）的表格

F6 =AVERAGE(A3:A12)

	A	B	C	D	E	F
1	▿200筆的資料明細				▿開店候補的資料	
2	售價	銷售數量			目標人口合計（人）	150,000
3	370	29			市佔率	5%
4	380	8			年平均預測購買個數/人	5.5
5	400	33				
6	410	18			平均售價/個	460
7	440	21			平均售價/個(以10元為四捨五入單位）	
8	450	7			業績規模的預測值	
9	480	43				
10	500	26				
11	550	11				
12	620	4				
13						
14						

後進的Z先生輸入「=AVERAGE(A3:A12)」的公式計算平均值

AVERAGE函數 ➡ 計算指定範圍的平均值

格 式　=AVERAGE(數值1, 數值2, …數值N)

解 說　將指定給數值N的數值總和以數值N的數值個數除之。數值N指定為數值的儲存格範圍時，將算出以儲存格範圍的儲存格個數除之的值。

● 思考平均值的單位

在計算銷售額時，若是連同單位也一併考慮，就會寫成下列的內容。要計算的是每一個的平均價格，卻不像前一張圖的 AVERAGE 函數，算出 370 元～ 620 元的價格模式的平均值。要計算平均值的時候，要先確認要平均的對象以及單位。

$$\text{銷售額（元）} = \frac{\text{平均售價（元）}}{\text{1（個）}} \times \frac{\text{目標人口（人）}}{\text{100（\%）}} \times \text{市佔率（\%）} \times \frac{\text{年平均預測購買個數（個）}}{\text{1（人）}}$$

▶ Excel 的操作① ： 預測銷售額

要根據整理好的表格算出每件商品的平均售價，可利用「價格 × 個數」算出每種價格模式的業績，加總後再以個數的總和除之。業績規模的預測值屬於預測的數值，因此每件商品的平均售價可利用 10 元為無條件捨去的單位計算，將無條件捨去算出的結果當成確實的預測值使用。

計算每件商品的平均售價

●在儲存格「C3」、「F6」輸入的公式

C3	=A3*B3	F6	=SUM(C3:C12)/SUM(B3:B12)

❶ 在空白的 C 欄以「售價 × 銷售數量」的公式計算。這次先在儲存格「C3」輸入算式，再利用自動填滿功能複製到儲存格「C12」為止。

	A	B	C	D	E	F	G
1	▿200筆的資料明細				▿開店候補的資料		
2	售價	銷售數量			目標人口合計（人）	150,000	
3	370	29	10730		市佔率	5%	
4	380	8	3040		年平均預測購買個數/人	5.5	
5	400	33	13200				
6	410	18	7380		平均售價/個	444.55	
7	440	21	9240		平均售價/個(以10元為四捨五入單位）		
8	450	7	3150		業績規模的預測值		
9	480	43	20640				
10	500	26	13000				
11	550	11	6050				
12	620	4	2480				
13							

❷ 以「銷售數量」的合計除以「售價 × 銷售數量」的合計，就能算出每件商品的平均售價。

▶步驟❷可先刪除儲存格「F6」再輸入。

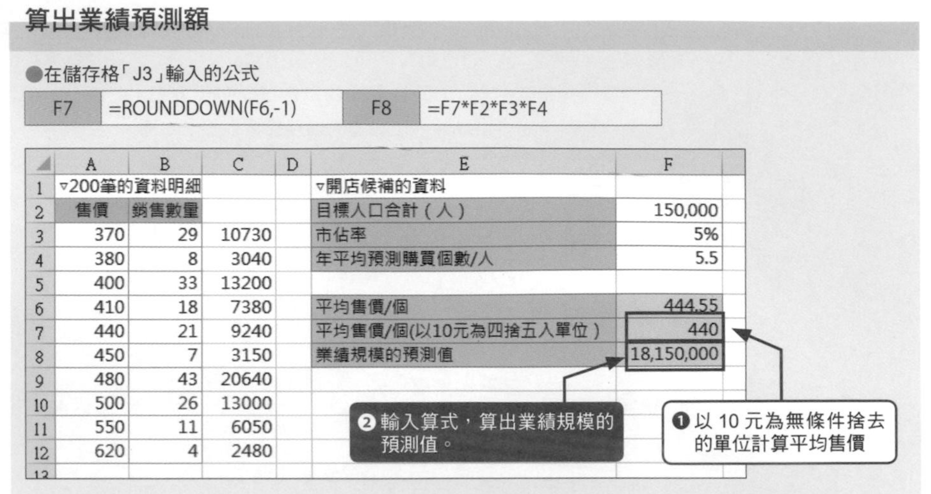

算出業績預測額

●在儲存格「J3」輸入的公式

F7	=ROUNDDOWN(F6,-1)	F8	=F7*F2*F3*F4

	A	B	C	D	E	F
1	▿200筆的資料明細				▿開店候補的資料	
2	售價	銷售數量			目標人口合計（人）	150,000
3	370	29	10730		市佔率	5%
4	380	8	3040		年平均預測購買個數/人	5.5
5	400	33	13200			
6	410	18	7380		平均售價/個	444.55
7	440	21	9240		平均售價/個(以10元為四捨五入單位）	440
8	450	7	3150		業績規模的預測值	18,150,000
9	480	43	20640			
10	500	26	13000			
11	550	11	6050			
12	620	4	2480			

▶儲存格「F7」使用了以指定位數無條件捨去計算數值的函數，但也可以根據儲存格「F6」，直接輸入以 10 元為無條件捨去計算單位的值。

▶ 判讀結果

東京的業績預測額結果為 1815 萬元。A 公司的年營業額為 2 億元，所以這個預測額相當於年營業額的一成，對 A 公司將有莫大貢獻。

再次回顧顧業績預測額的算式就會發現「每件商品的平均售價 × 每人的年平均預測購買數」就是每人的平均購買金額，也就是所謂的客單價。

由此可知，銷售額可分解成售價與個數，也可分解成客單價與人數。

●銷售額分解成售價與個數的情況

$$\text{銷售額（元）} = \frac{\text{平均售價（元）}}{\text{1（個）}} \times \frac{\text{年平均預測購買個數（個）}}{\text{100（\%）}} \times \text{市佔率（\%）} \times \frac{\text{目標人口（人）}}{\text{1（人）}}$$

●銷售額分解成客單價與人數的情況

$$\text{銷售額（元）} = \frac{\text{平均購入金額(元)}}{\text{1（人）}} \times \frac{\text{目標人口(人)}}{\text{100（\%）}} \times \text{市佔率（\%）}$$

從上述公式刪除市佔率之後的銷售額，也就是目標顧客整體的銷售額就是 A 公司的市場規模，換算之下，有 3 億 6300 萬元。

●未解決的疑問

這次算出業績預測額的方法雖然有點直接，但應該還不錯吧！作為業績根據的平均售價本來就是從業績記錄擷取的資料。即使趕得上一個小時之後的會議，但是擷取的資料筆數以及擷取的次數都還留有未解決的疑問。

要將銷售額設定為一個範圍，而非單一金額時，必須先了解售價的分佈情況。有關值的分佈情況將於本章 P.67 解說。此外，擷取的資料的性質將在第 4 章解說。

▶ 根據次數分配表計算平均值

分組有「大於等於〇〇，小於〇〇」的範圍，所以分組的平均值常當成分組的代表值使用。比方說，「大於等於 400，小於 450」的代表值就是「425」。這個值就稱為「組中點」。

$$組中點 = \frac{(分組的下限值 + 分組的上限值)}{2}$$

以開頭提到的「低於 400」而言，分組的範圍為 50，所以分組的範圍等於「大於等於 350，小於 400」，而組中點就是「375」。換言之，與 P.38 由 Z 先生整理的表格擁有一樣的格式。

「組中點 × 次數」的合計除以總次數「200」，就能算出每個商品的平均售價。

●根據次數分配表計算平均值

K4 =SUM(H4:H9)/200

	C	D	E	F	G	H	I	J	K
1		最大值	620						
2		最小值	370		極小值	1.00E-10			
3		分組	分組上限值	次數	組中點	組中點×次數		平均每個價值	444.55
4		低於400	400	37	375	13875		根據分組值求出的平均價格	453.5
5		介於400～450	450	72	425	30600			
6		介於450～500	500	50	475	23750			
7		介於500～550	550	26	525	13650			
8		介於550～600	600	11	575	6325			
9		介於600～650	650	4	625	2500			
10									

計算結果為「453.5」與 200 筆資料的平均值「445.5」有誤差。誤差的原因在於分組的範圍。分組的範圍越廣，每一組就會包含更多不同的值，誤差也會越明顯。要縮小誤差必須縮小分組範圍，但是，若只需要掌握粗略的平均值，這個結果已經很夠用了。

03 平均值的真面目

平均值雖然是代表資料的一種數值，但有時卻不一定知道它的真面目。原因在於，平均值是資料的重心，可用來維持資料整體平衡。用來保持左右平衡的重心不一定會位於中央。所以本節要為大家解說平均值與資料之間的關係。

導入 ▶▶▶

例題　想了解「平均月營業額、平均來客數與平均客單價」

開店經過半年以上的餐廳整理了月營業額、來客數與客單價。該怎麼做才能了解這間餐廳的平均月營業額、平均來客數與平均客單價呢？下表的No1是開店當時的資料。當時為了提升知名度而舉辦了活動，商品也幾乎都打對折，同時還發送了免費的優惠券。

●營業額

	A	B	C	D	E	F	G	H
1	▿營業額					▿平均值		
2	No	月營業額	來客數	客單價		平均值	有活動	無活動
3	1	1,080,000	720	1,500		平均月營業額		
4	2	550,000	208	2,644		平均來客數		
5	3	510,000	155	3,290		平均客單價		
6	4	560,000	166	3,373				
7	5	540,000	158	3,418				
8	6	580,000	166	3,494				
9	7	620,000	168	3,690				
10	8	630,000	166	3,795				
11	9	610,000	158	3,861				
12	10	620,000	155	4,000				
13								

▶ 平均值的弱點？

加總所有的數值資料再以資料總筆數除之就能算出平均值。這不代表了解每筆資料的性質。大家應該覺得數值就是數值，沒什麼不同，而在一般的情況下也的確如此，但是，如果數值之中出現明顯與其他大部分數值不同的數值時，為了取得平衡，平均值就會偏向這個特別的值。

尤其當資料的分佈呈現兩極化時，這問題就越加嚴重，因為為了取得平衡，平均值很可能落在沒有資料的區間裡，如此一來，平均值就不太能代表這些資料。

●平均值被特異值影響

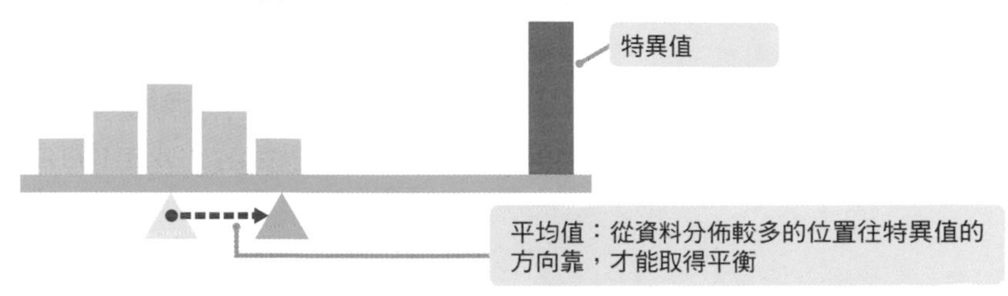

●在兩極化的資料，平均值的周圍沒有資料

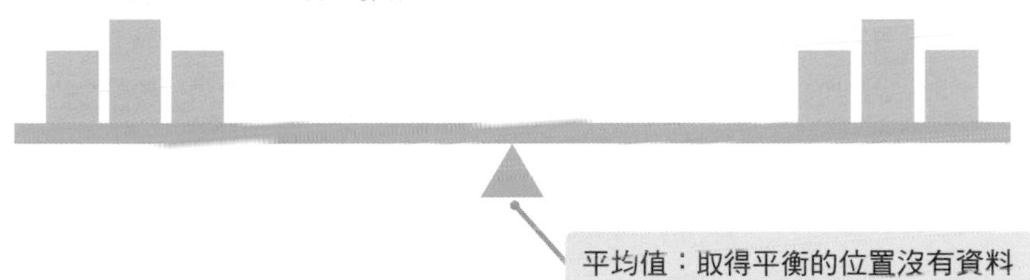

現在已是多元化的時代，計算平均值的時候，也常常會算出上述這種失準的平均值。不過，不管以前還是現在，平均值一定位於資料的平衡之處。之所以會讓人覺得失準，是因為我們總以為「平均值位於多數資料的中心點」。

今後如果算出失準的平均值，不妨先懷疑資料的分佈是否呈兩極化，又或者是不是挾雜的特異值。

▶ 特異值的處理

特異值有兩種，一種是不小心輸入錯誤，一種是因為某些原因而變得特異的值。例題的開店活動就屬於因為某些原因而變得特異的情況。輸入錯誤的值可排除在平均值的計算對象之外，但是因為某些原因而造成偏差的話，就必須視情況決定。要注意的是，就算是偏差的值，也不一定就能無條件排除。

● 特異值與偏差值

所謂的偏差值指的是極端遠離資料群的數值，算是特異值的一種。不過，特異的資料不一定就等於偏差值。偏差值的標準是位於 99.7% 資料範圍外側的值。這部分會在第 5 章解說，但所謂的「99.7% 資料範圍」就是「平均值 ±3× 標準差」的意思。不過這終究只是參考，要不要排除偏差值，還是得依照要計算的值（目的）決定。

Column 被當成壞人看待的平均值

最近平均值似乎很討人厭，很多人會說，平均值沒什麼用，算出平均值也無法得到任何資訊，但是，一如前述，平均值本身沒有不好。話雖如此，平均值旁邊沒有資料的現象越來越多，會覺得平均值越來越無法說明資料也是情有可原。問題在於，現在還是習慣只憑平均值解釋資料的全貌。下一節會提到，要解釋資料的全貌，需要中位數、眾數，最好還有標準差。當然，也少不了平均值。觀察多個代表值才能想像資料的特徵與分佈情況。偶爾會有人提到平均值、中位數與眾數，但現在平均值出現的頻率還是最高。等到大家覺得其他的代表值一起公佈才正常，平均值才有可能不再被當成壞人。

▶ 兩極化資料的平均值

面對兩極化的資料時，將資料分成兩群看待，就能避免平均值旁邊沒有資料的情況。資料之所以會變得兩極化，有可能是因為收集資料時，混入太多性質不同的資料。只要了解性質的差異，就能依照性質分類資料，再計算平均值，也通常能算出具代表性的平均值。此外，以性質分類資料的過程稱為分層。分層的常見範例有性別、年紀或地區。

下列的圖是 2-01 節的 B 組成績資料。B 組的平均分數附近幾乎沒有人，但是，若將資料分成低於 30 分以及大於等於 30 分的兩層，然後再計算平均分數，就會發現，平均值落在次數較高的組別裡。

●各層的平均值

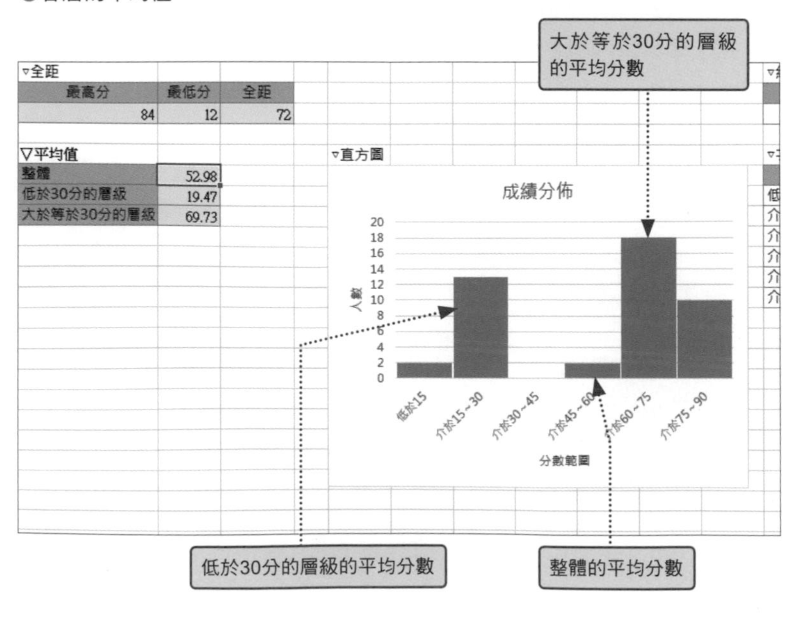

實踐 ▶▶▶

2-03

▶ Excel 的操作① ： 平均月營業額、 平均來客數

這次要利用 AVERAGE 函數計算月營業額、來客數、客單價的平均值，也要排除開店活動的資料，再計算上述各項目的平均值。

計算各平均值

●在儲存格「G3」～「H5」輸入的公式

G3	=AVERAGE(B3:B12)	G4	=AVERAGE(C3:C12)	G5	=AVERAGE(D3:D12)
H3	=AVERAGE(B4:B12)	H4	=AVERAGE(C4:C12)	H5	=AVERAGE(D4:D12)

	A	B	C	D	E	F	G	H
1	▿營業額					▿平均值		
2	No	月營業額	來客數	客單價		平均值	有活動	無活動
3	1	1,080,000	720	1,500		平均月營業額	630,000	580,000
4	2	550,000	208	2,644		平均來客數	222	167
5	3	510,000	155	3,290		平均客單價	3,307	3,507
6	4	560,000	166	3,373				
7	5	540,000	158	3,418				
8	6	580,000	166	3,494				
9	7	620,000	168	3,690				
10	8	630,000	166	3,795				
11	9	610,000	158	3,861				
12	10	620,000	155	4,000				
13								
14								

❶ 在儲存格「G3」～「H5」輸入 AVERAGE 函數，算出有活動與沒活動的各項目平均值。

▶ 判讀結果

在決定是否要以包含活動的金額與人數觀察今後能否穩定經營時，稍微低估平均月營業額、平均來客數、平均客單價可以避免風險。平均月營業額與平均來客數可在不包含活動的情況觀察，客單價則可從包含活動的狀態觀察。

發展 ▶▶▶

▶ 難以得知是否有特異質的情況

當眼前有一堆資料時，實在很難憑肉眼看出有沒有挾雜特異值。第一步，先計算最大值到最小值，也就是計算所有資料加總後的平均值。假設最大值或最小值含有特異值，則可探討特異值形成的理由，再決定是否要排除。

此外，再重提一次，了解值的範圍時，可將值的範圍當成條件，強制排除不符合條件的值。Excel 內建的 AVERAGEIF 函數與 AVERAGEIFS 函數都可計算有條件的平均值。

AVERAGEIF函數 ➡ 計算單一條件下的平均值

格 式　=AVERAGEIF(範圍,條件,計算平均值的目標範圍)

解 說　指定搜尋條件的範圍，針對符合條件的儲存格(目標範圍)，計算平均值。

AVERAGEIFS函數 ➡ 計算多重條件下的平均值

格 式　=AVERAGEIFS(計算平均值的目標範圍,條件範圍1,條件1,條件範圍2,條件…)

解 說　平均值的目標範圍可指定為要計算平均值的儲存格範圍，接著指定搜尋條件1的條件範圍1，再針對符合條件的數值計算平均值。條件範圍2與條件2的用途一樣，條件範圍與條件必須成對指定。增加條件會限縮要計算平均值的數值範圍。。

下面的例子是排除大於等於 6000 萬元以上的價格，再計算平均售價。排除大於等於 6000 萬元的意思就是以低於 6000 萬元的價格為計算平均值的對象。

●附帶條件的平均值

範例
可於 2-03- 發展確認公式。

	A	B	C	D	E	F	G	H
1	大樓價格(萬元)							
2	6,600	3,150	2,880	3,030	6,450		平均價格	3,373
3	3,020	3,150	2,950	3,250	3,250		除了大於等於6000	3,020
4	3,150	3,130	3,060	2,950	3,220			
5	2,750	2,950	2,800	3,380	3,200		大於等於6000的件數	5
6	6,800	2,740	2,790	2,950	2,760		最高價格	6,800
7	2,820	3,110	3,180	2,950	3,100		最低創格	2,740
8	3,260	3,150	3,320	3,150	2,950			
9	2,760	6,350	3,360	2,850	2,950			
10	2,840	3,210	3,150	2,950	2,810			
11	3,040	2,950	6,550	2,740	2,780			
12								
13								

輸入「=AVERAGE(A2:E11)」，算出整體的平均值

輸入「=AVERAGEIF(A2:E11,"<6000",A2:E11)」，計算低於6000的數值的平均價格

大樓整體的平均售價為「3373」萬元，但在排除大於等於 6000 萬元的價格之後，就會調整為「3020」萬元。被排除的大於等於 6000 萬元的件數是 50 件之中的 5 件。大於等於 6000 萬元的物件雖然只佔整體的一成，卻讓平均值往 6000 萬元的方向位移了 350 萬元之多。在上述的例子裡，排除 6000 萬元之後的「3020」才足以代表大樓的平均售價。

由於已經事先知道價格的區間，所以比起一堆資料而言，這次大樓價格算是比較容易排除特異值的情況。不過，有時候會遇到需要經驗才有辦法排除特異值的情況。

雖然 Excel 可輕鬆地在有條件的情況下計算平均值，但要排除／不排除特異值，或是要排除時，該設定多少上限值／下限值，仍必須自行斟酌。

04 了解資料的中位數

從最小或是最大開始數算資料，然後剛好位於正中央的值就稱為中位數，這也是資料的代表值之一。平均值有時會被認為是一種失準的值，但中位數卻是常常讓人恍然大悟的值。這節要透過平均值與中位數的計算說明中位數的性質，也要說明平均值與中位數能說明資料的哪些性質。

導入 ▶▶▶

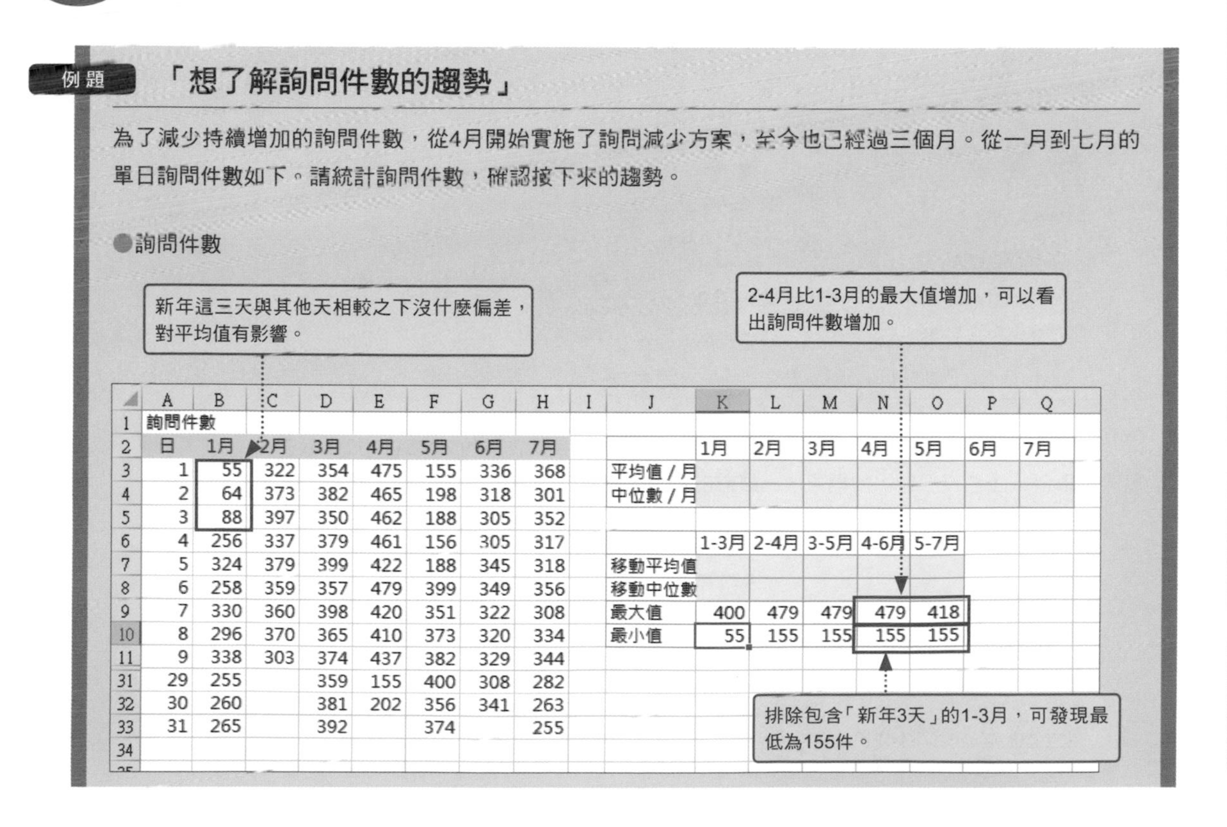

例題 「想了解詢問件數的趨勢」

為了減少持續增加的詢問件數，從4月開始實施了詢問減少方案，至今也已經過三個月。從一月到七月的單日詢問件數如下。請統計詢問件數，確認接下來的趨勢。

●詢問件數

	A	B	C	D	E	F	G	H
1	詢問件數							
2	日	1月	2月	3月	4月	5月	6月	7月
3	1	55	322	354	475	155	336	368
4	2	64	373	382	465	198	318	301
5	3	88	397	350	462	188	305	352
6	4	256	337	379	461	156	305	317
7	5	324	379	399	422	188	345	318
8	6	258	359	357	479	399	349	356
9	7	330	360	398	420	351	322	308
10	8	296	370	365	410	373	320	334
11	9	338	303	374	437	382	329	344
31	29	255		359	155	400	308	282
32	30	260		381	202	356	341	263
33	31	265		392		374		255
34								

	J	K	L	M	N	O	P	Q
2		1月	2月	3月	4月	5月	6月	7月
3	平均值 / 月							
4	中位數 / 月							
5								
6		1-3月	2-4月	3-5月	4-6月	5-7月		
7	移動平均值							
8	移動中位數							
9	最大值	400	479	479	479	418		
10	最小值	55	155	155	155	155		

▶ 不為特異值所惑的中位數

中位數是先由小至大，根據數值排列資料，剛好落在正中央位置的資料。假設資料是偶數，就取正中央兩個的平均值。為了取得整體資料的平衡，平均值會移動，但中位數不會移動，一開始就待在資料的正中央，只能看到位於正中央的值。

再者，由小至大排列數值之後，特異值會被趕到邊緣，所以絕對無法成為中位數。所以，就算資料摻雜了特異值，中位數也不會受到影響。

●平均值與中位數

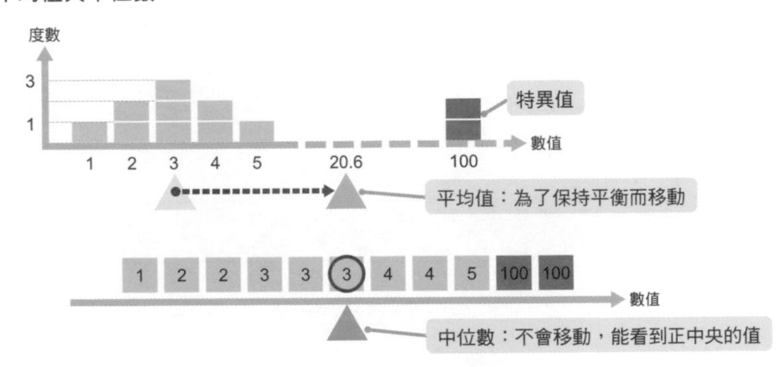

「不會被特異質干擾的中位數才是最適合代表資料的值。為什麼還要一味地計算平均值呢？」有些讀者會有這樣的疑問，但計算平均值的理由之一就是方便性。平均值只要加總所有數值，再除以資料筆數就能算出，所以若是對數字敏感的人，心算也能算出平均值。中位數的原理雖然只是「先排序，再觀察正中央的數值」，但是「排序」這個步驟無法用心算或電子計算機完成。

請試著以中位數代替餐費平付時使用的平均值。酒喝得不多、飯吃得很少的人或許可以接受這種算法，但結帳時錢一定會不夠，之後有可能會為了誰該付不足的部分而吵架。

平均值是「合計金額＝平均金額 × 人數＝個人餐費的總和」，所以就算有些人對平付的金額不滿意，但一定能結帳。

●以中位數計算分攤的餐費

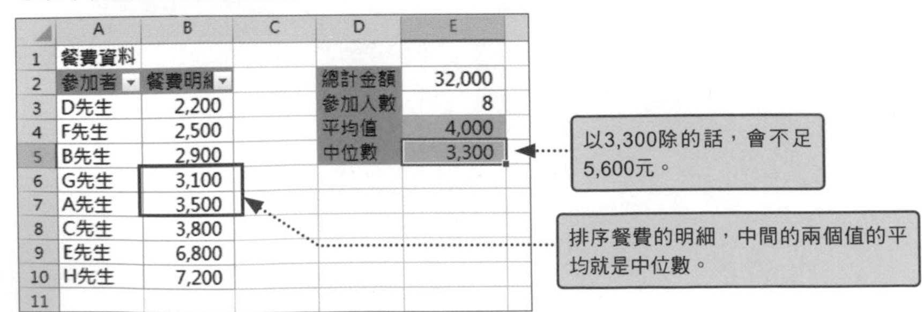

	A	B	C	D	E
1	餐費資料				
2	參加者	餐費明細		總計金額	32,000
3	D先生	2,200		參加人數	8
4	F先生	2,500		平均值	4,000
5	B先生	2,900		中位數	3,300
6	G先生	3,100			
7	A先生	3,500			
8	C先生	3,800			
9	E先生	6,800			
10	H先生	7,200			
11					

▶ 以移動平均值、 移動中位數消除變動

移動平均值指的是一邊讓日期或月份逐步移動，一邊計算平均值的方法。舉例來說，三個月的移動平均值就是讓起點的月份每次移動一個月，然後計算三個月的平均值。如此一來，可消除變動的部分，也能輕鬆地讀出變化的程度。移動中位數也同理可證。由於移動中位數不會受到特異值的影響，所以比起移動平均值更容易判讀變化的程度。

▶ 兩極化資料的中位數

▶資料的兩極化指的是以同一目的收集的資料分成兩種資料層的狀態。

若是從兩極化的資料取得中位數，就有可能會取得偏向某邊的值，而且在資料筆數為偶數時，就有可能會取得兩極化資料的平均值，出現中位數旁邊沒有資料的情況。舉例來說，若資料是「1,1,10」，中位數就會是「1」，若是「1,10,10」，中位數就是「10」，如果是「1,1,10,10」，中位數就是 5.5，中位數的旁邊不會有任何資料。解決方案就是與平均值一樣，先替資料分層。

實踐 ▶▶▶

▶ Excel 的操作① ： 計算每個月與三個月移動的平均值與中位數

2-04

先前提過，在比較中央值與平均值時，以無法心算或利用電子計算機排序的這點來看，平均值的確比較容易算，但這也僅止於手邊沒有 Excel 的情況。若要計算中位數，只要使用 MEDIAN 函數就能立刻得到答案。當然，也不需要排序資料。

MEDIAN函數 ➡ 計算資料的中位數

格式　=MEDIAN(數值1, 數值2, …, 數值N)

解說　數值N可指定為數值的儲存格或是儲存格範圍，算出中位數。

計算詢間件數的每月平均值與每月中位數

●在儲存格「K3」、「K4」輸入的公式

K3	=AVERAGE(B3:B33)	K4	=MEDIAN(B3:B33)

❷點選開頭的儲存格「B3」，按下 [Shift]+[Ctrl]+[↓]，選取到資料的結尾處為止。

❶在儲存格「K4」輸入「MEDIAN(」。

❸輸入結束括號後按下 [Enter] 鍵。

▶要選取大範圍儲存格可用鍵盤操作選取。

	A	B	C	D	E	F	G	H	I	J	K	L	M
1	詢問件數												
2	日	1月	2月	3月	4月	5月	6月	7月			1月	2月	3月
3	1	55	322	354	475	155	336	368		平均值 / 月	277.1		
4	2	64	373	382	465	198	318	301		中位數 / 月	=MEDIAN(B3:B33		
5	3	88	397	350	462	188	305	352			MEDIAN(number1, [nu		
6	4	256	337	379	461	156	305	317			1-3月	2-4月	3-5月
7	5	324	379	399	422	188	345	318		移動平均值			
8	6	258	359	357	479	399	349	356		移動中位數			
9	7	330	360	398	420	351	322	308		最大值	400	479	479
10	8	296	370	365	410	373	320	334		最小值	55	155	155
11	9	338	303	374	437	382	329	344					
21	29	255		350	155	400	308	282					

6月	7月			1月	2月	3月	4月	5月	6月	7月
336	368		平均值 / 月	277.1	354.3	372.1	379.6	347.4	338.4	312.7
318	301		中位數 / 月	292	360	374	379	373	339	317
305	352									
305	317			1-3月	2-4月	3-5月	4-6月	5-7月		
345	318		移動平均值							
349	356		移動中位數							
322	308		最大值	400	479	479	479	418		
320	334		最小值	55	155	155	155	155		
329	344									

❹ 同樣輸入 AVERAGE 函數之後，拖曳選取儲存格範圍「K3:K4」，利用自動填滿功能複製到七月的欄位，算出每月平均值與中位數。

計算詢問件數的三個月移動平均值與移動中位數

●在儲存格「K7」、「K8」輸入的公式

K7	=AVERAGE(B3:D33)	K8	=MEDIAN(B3:D33)

	1月	2月	3月	4月	5月	6月	7月
平均值 / 月	277.1	354.3	372.1	379.6	347.4	338.4	312.7
中位數 / 月	292	360	374	379	373	339	317
	1-3月	2-4月	3-5月	4-6月	5-7月		
移動平均值	333.8	369.0	366.2	355.0	332.8		
移動中位數	354.5	369.0	373.5	362.0	343.5		
最大值	400	479	479	479	418		
最小值	55	155	155	155	155		

❶ 在儲存格「K7」、「K8」計算三個月份的平均值與中位數，再拖曳選取儲存格範圍「K7:K8」，然後以自動填滿功能複製到「5-7」月的欄位，算出三個月移動平均值與移動中位數。

▶ Excel 的操作②：製作移動平均值與移動中位數的圖表

接著要根據三個月的移動平均值與移動中位數繪製折線圖，觀察變化量。折線圖很適合說明隨時間變化的資料，也可放大縱軸的刻度觀察變化。若使用 Excel 2013 之後的版本，在改變刻度時要注意沒有顯示「重設」就無法變更刻度這點。

插入含有資料標記的折線圖

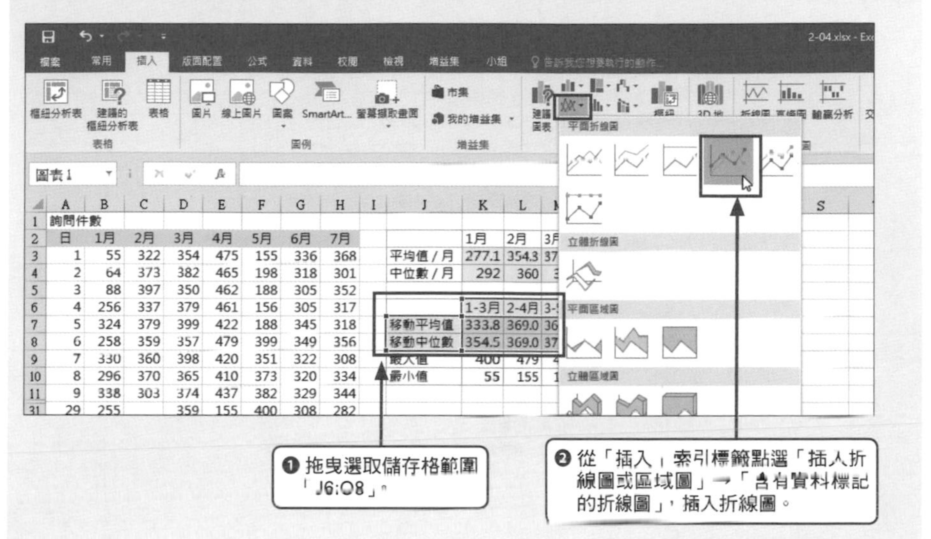

▶步驟❷的按鈕的名稱會因 Excel 的版本而不同，但可以點選相同設計的按鈕完成同樣的操作。

編輯刻度

Excel 2013/2016

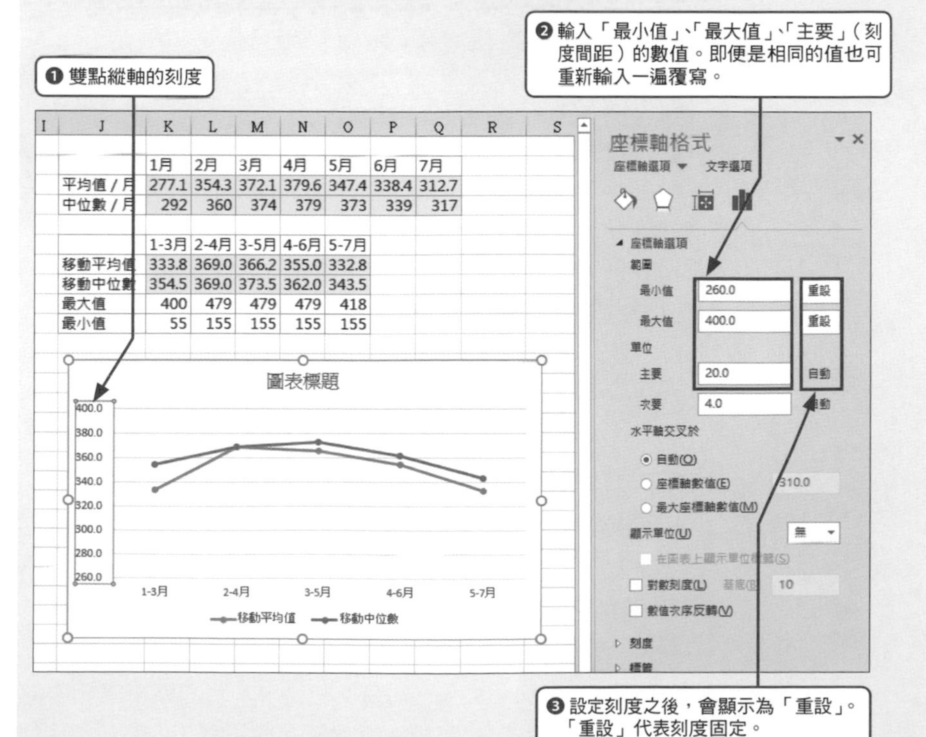

▶要固定圖表的刻度時，可重新輸入相同的值，或是點選框內其他位置，確認顯示了「重設」。

▶圖表的編輯方法
→ P.30

編輯刻度

Excel 2013/2016

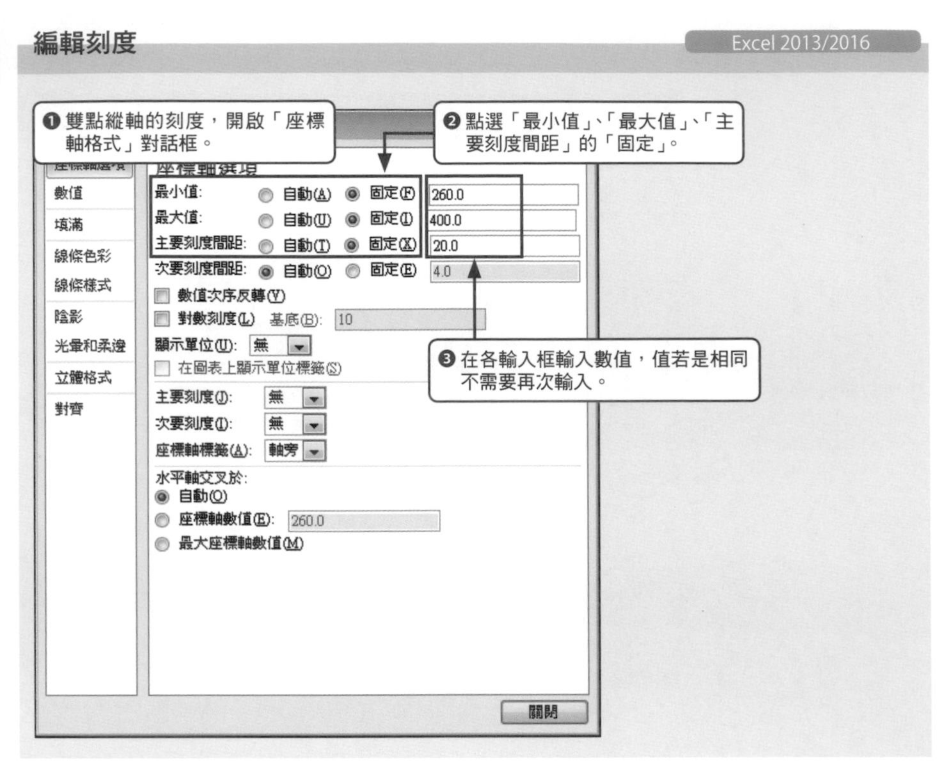

▶ 判讀結果

根據詢問件數的每月、三個月移動的平均值與中位數，可得出下列的結果。

● 每月平均值與每月中位數

1 月與 5 月受到新年連休與黃金週連休的影響，導致有些日子的詢問件數較少。相較於其他日子的資料算是特異值，所以平均值受到影響，但中位數未受影響。

排除 1 月與 5 月的資料後，平均值與中位數差不多，可推測詢問件數的資料以平均值為中心。

● 三個月移動平均值與移動中位數

▶每月趨勢圖表可根據儲存格範圍「J2:Q4」的資料，利用 051 的步驟製作。

每月趨勢與三個月的趨勢如下。為了方便比較，縱軸的刻度採取相同的設定。改成移動平均值、移動中位數之後，可以發現變化的趨勢變緩。

實施詢問件數減少方案的 4 月還沒看到效果，但可以發現 5 月之後，件數明顯下滑。

在每月趨勢方面，5 月的詢問件數的平均值明顯下降，但原因是黃金週的連休。光憑平均值觀察，有可能會誤會 4 月開始實施方案，5 月就有顯著效果，但是搭配中位數或是使用移動平均值與移動中位數，較能全面觀察。

▶觀察大小的長條圖將原點設定為「0」，必須輸入省略的波浪線，但是用來觀察變化（斜率）的折線圖，就不一定得將原點設定為「0」。

●詢問件數的趨勢

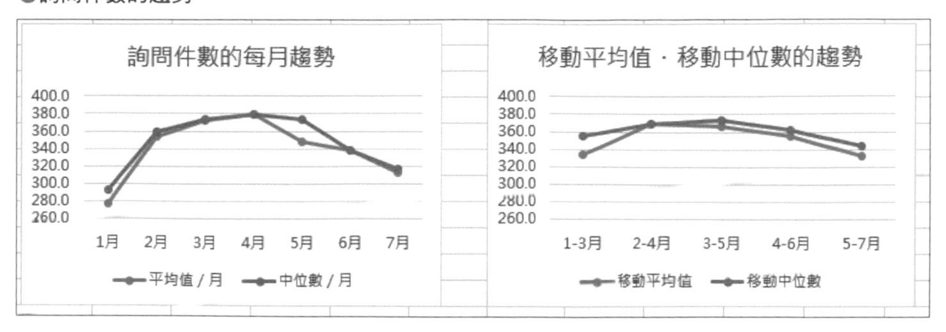

此外，實施方案前後的詢問件數平均值是否真的有落差，換言之，方案是否真有效果，必須透過 t 檢定驗證。有關檢定的部分將於第 7 章解說。

Column 以平均值與中位數了解業績動向

季節性明顯、難以掌握業績動向時，可利用平均值或中位數消除浮動。下圖為三年內的每月業績以及消除浮動之後的業績。其中計算了每個月平均業績佔全體平均值的比例（季節指數），再依照比例調整銷售額，藉此消除浮動。也可利用中位數取代每月的業績平均。

▶使用中位數時，至少需要三年份的資料。因外在因素而摻雜了較往年明顯不同的業績時，可使用這種算法。

●會隨季節變動的業績走向

	A	B	C	D	E	F	G	H	I
1	月／年	X1年	X2年	X3年	平均值	季節指數	調整X1年	調整X2年	調整X3年
2	1月	2,042	2,678	2,802	2,507	1.181	1,729	[illegible]	[illegible]
3	2月	2,512	3,084	3,569	3,055	1.439	1,745		
4	3月	2,131	2,820	3,569	2,840	1.338	1,593		
5	4月	1,577	2,332	2,388	2,099	0.989	1,595		
6	5月	1,497	1,866	2,338	1,900	0.895	1,672		
7	6月	1,275	1,629	1,948	1,617	0.762	1,673		
8	7月	1,042	1,517	1,872	1,477	0.696	1,497		
9	8月	1,042	1,281	1,421	1,248	0.588	1,772		
10	9月	1,497	1,978	1,948	1,808	0.852	1,758		
11	10月	1,577	1,752	2,063	1,797	0.847	1,862		
12	11月	1,761	2,239	2,168	2,056	0.969	1,818		
13	12月	2,828	2,842	3,526	3,065	1.444	1,958	[illegible]	2,442
14				全平均	2,123				
15									

使用平均值消除浮動，會比較容易掌握業績動向。根據這張圖可推測業績是上揚的趨勢。

了解資料的多數派

乍看很凌亂的資料，有可能會含有許多相同的資料，而最常出現的資料稱為眾數。眾數與平均值、中位數都是代表資料的數值之一，這節要一邊與平均值、中位數比較，一邊解說眾數。

導入 ▶▶▶

例題 **「想了解最常出現的詢問件數」**

為了參考必要的技術，求助部門的人員配置方式而整理了詢問件數。每天的詢問件數雖然不同，但還是想知道每天大概的件數，該怎麼做才好呢？

●詢問件數

	A	B	C	D	E	F	G	H	I
1	▿詢問件數								
2	日期	1月	2月	3月	4月	5月	6月	7月	
3	1	55	322	354	475	155	336	368	
4	2	64	373	382	465	198	318	301	
5	3	88	397	350	462	188	305	352	
6	4	256	337	379	461	156	305	317	
7	5	324	379	399	422	188	345	318	
8	6	258	359	357	479	399	349	356	
9	7	330	360	398	420	351	322	308	
31	29	255		359	155	400	308	282	
32	30	260		381	202	356	341	263	
33	31	265		392		374		255	
34									

想知道每月的詢問件數之中，佔多數的詢問件數與日數。

▶ 搜尋頻繁出現的值

眾數就是資料之中，最頻繁出現的值，也就是資料裡的多數派。繪製直方圖或是將資料與出現次數繪製成圖表時，眾數會出現在次數最多或是出現次數最多的位置，也可說是資料最集中的部分。少數派的資料會被排除在眾數的候選之外，所以眾數不會受到特異值或偏差值的影響，而且也因為是多數派，所以眾數比平均值或中位數更能代表資料。

▶ 眾數的問題

眾數的問題在於資料的數值若是太瑣碎，就很難找到相同的值。解決方案之一就是對資料進行四捨五入的計算，讓資料限縮在方便操作的範圍之內。

下列是一月的詢問件數與日數（出現次數）的散佈圖與將詢問件數四捨五入至十位數的散佈圖。直接使用資料時，出現相同詢問件數的日子只有兩天，但是統整資料之後，日數就增加了。

●以原始資料計算的眾數（左）與資料經過四捨五入之後的眾數（右）

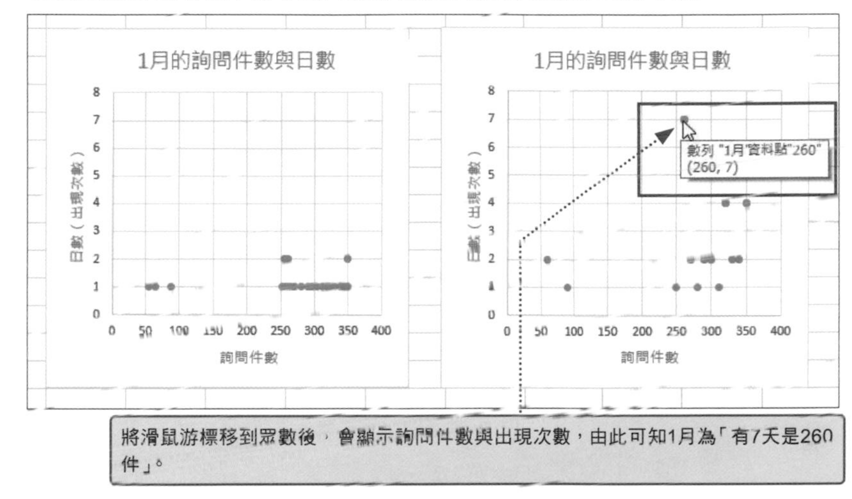

▶ 兩極化資料的眾數

▶資料的兩極化
指的是以同一目的收集的資料分成兩種資料層的狀態。

眾數雖然是最常出現的值，但不一定只有一個。如果有其他出現次數相同的資料，這些資料就全部都是眾數。當資料呈現兩極化的分佈，兩邊有出現次數相同的資料時，就會出現兩個以上的眾數。一如平均值與中位數的處理，在計算眾數時，如果資料也呈現兩極化的分佈，最好先替資料分層，才會比較方便判讀。

實踐 ▶▶▶

▶ Excel 的操作① ： 計算每月的眾數

範例
2-05「操作 2」工作表

這次要計算資料統整前與統整後的眾數。這次利用 ROUND 函數將資料四捨五入至十位數，眾數則是利用 MODE.MULT 函數計算。

▶若希望數值以指定的單位而非位數進行四捨五入計算，可改用MROUND函數。→P.60

ROUND函數 ➡ 依照指定的位數四捨五入數值

格　式　=ROUND(數值,位數)

解　說　數值可指定為要四捨五入的數值或是有數值的儲存格。位數則是以小數點為原點的「0」，小數點的部分可指定為正數，整數的部分可指定為負數。

補　充　針對整數的個位數進行四捨五入計算，讓數值限縮在十位數之內，必須把位數指定為「-1」。

▶利用其他方法計算眾數→ P.60（Excel 2007的操作可參考）。

MODE.MULT函數 ➡ 計算資料的多個眾數　Excel 2010 之後才有

格　式　=MODE.MULT(數值1, 數值2, …, 數值N)

解　說　為了要算出資料裡的多個眾數，必須先選取垂直方向的儲存格範圍再輸入函數。數值N可指定為要計算眾數的資料。

補 充1　要一次算出多個眾數，可採取陣列公式的方式數值。

補 充2　資料的眾數只有一個時，指定的儲存格範圍會顯示相同的值。眾數若比指定的儲存格範圍還少，多出來的儲存格就會顯示「#N/A」錯誤訊息。

動手做做看！

將資料四捨五入至十位數

●在儲存格「B3」輸入的公式

B3	=ROUND(操作1!B3,-1)

❶在「操作 2」工作表的儲存格「B3」輸入 ROUND 函數。

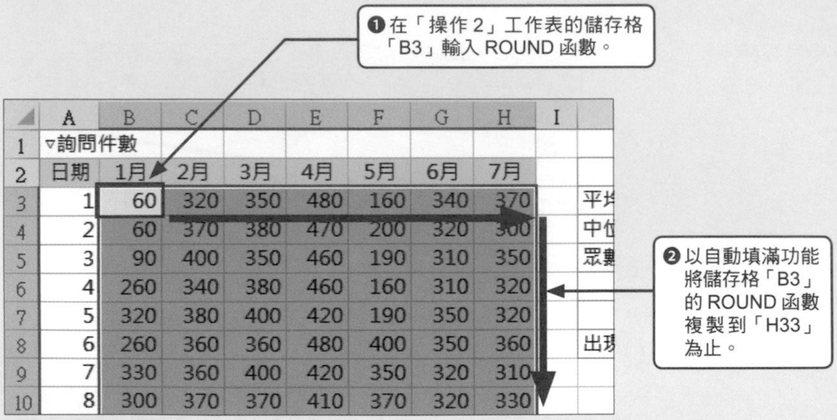

	A	B	C	D	E	F	G	H	I	
1	▿詢問件數									
2	日期	1月	2月	3月	4月	5月	6月	7月		
3	1	60	320	350	480	160	340	370		平
4	2	60	370	380	470	200	320	300		中
5	3	90	400	350	460	190	310	350		眾
6	4	260	340	380	460	160	310	320		
7	5	320	380	400	420	190	350	320		
8	6	260	360	360	480	400	350	360		出
9	7	330	360	400	420	350	320	310		
10	8	300	370	370	410	370	320	330		

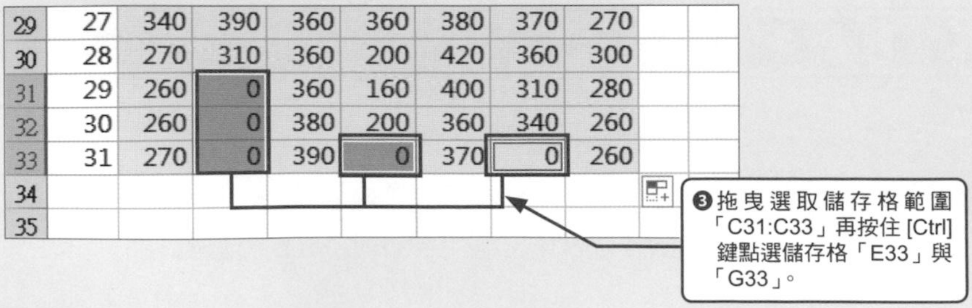

❷以自動填滿功能將儲存格「B3」的 ROUND 函數複製到「H33」為止。

▶步驟❷的垂直方向的自動填滿可在滑鼠移到填滿控制點時，連續點擊滑鼠左鍵，就會自動填滿至資料的結尾處。

29	27	340	390	360	360	380	370	270	
30	28	270	310	360	200	420	360	300	
31	29	260	0	360	160	400	310	280	
32	30	260	0	380	200	360	340	260	
33	31	270	0	390	0	370	0	260	
34									
35									

❸拖曳選取儲存格範圍「C31:C33」再按住 [Ctrl] 鍵點選儲存格「E33」與「G33」。

▶步驟❸❹是月底的處理，2 月 29 日之後與 4 月／6 月的 31 日都是為了避免「0」成為眾數的處理，也就是清除多餘的「0」的處理。

29	27	340	390	360	360	380	370	270
30	28	270	310	360	200	420	360	300
31	29	260		360	160	400	310	280
32	30	260		380	200	360	340	260
33	31	270		390		370		260
34								

❹ 按下 [Delete] 鍵清除數值。到此就算出四捨五入至十位數的資料了。

MEMO 如何清除多餘的0

若搭配 IF 函數使用 ROUND 函數，就能省略這道刪除 0 的步驟。公式如下。

在「操作 2」的儲存格「B3」輸入的公式：=IF(操作 1!B3="","",ROUND(操作 1!B3,-1))

動手做做看！ 同時算出兩張工作表的資料的眾數

●在儲存格範圍「K5:K7」輸入的公式

K5:K7	=MODE.MULT(B3:B33)

▶要同時於兩張工作表輸入 MODE.MULT 函數，所以設定了作業群組。

8	6	258	359	357	479	399
9	7	330	360	398	420	351
31	29	255		359	155	400
32	30	260		381	[illegible]	356

操作1　操作2

就緒

❶點選「操作 1」工作表，再按住 [Shift] 鍵點選「操作 2」工作表。

▶不知道會算出幾個眾數，所以要選取較寬廣的儲存格範圍。這次的範例選取了三個儲存格。此外，一定要指定為垂直方向的儲存格範圍。

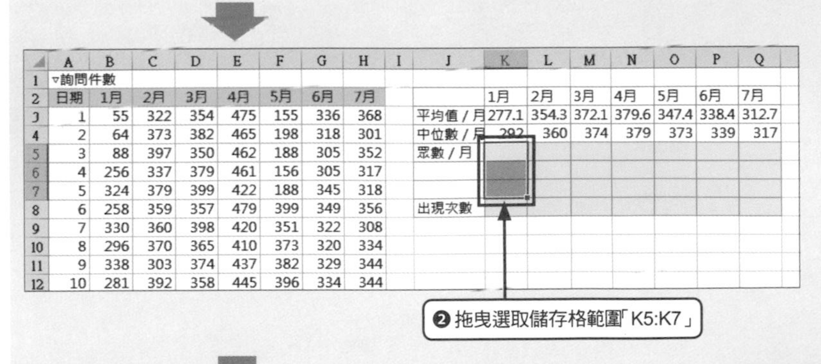

	A	B	C	D	E	F	G	H	I	J	K	L	M	N	O	P	Q
1	▿詢問件數																
2	日期	1月	2月	3月	4月	5月	6月	7月			1月	2月	3月	4月	5月	6月	7月
3	1	55	322	354	475	155	336	368		平均值 / 月	277.1	354.3	372.1	379.6	347.4	338.4	312.7
4	2	64	373	382	465	198	318	301		中位數 / 月	292	360	374	379	373	339	317
5	3	88	397	350	462	188	305	352		眾數 / 月							
6	4	256	337	379	461	156	305	317									
7	5	324	379	399	422	188	345	318									
8	6	258	359	357	479	399	349	356		出現次數							
9	7	330	360	398	420	351	322	308									
10	8	296	370	365	410	373	320	334									
11	9	338	303	374	437	382	329	344									
12	10	281	392	358	445	396	334	344									

	A	B	C	D	J	K	L	M	N
1	▿詢問件數								
2	日期	1月	2月	3月		1月	2月	3月	4月
3	1	55	322	354	平均值 / 月	277.1	354.3	372.1	379.6
4	2	64	373	382	中位數 / 月	292	360	374	379
5	3	88	397	350	眾數 / 月	=MODE.MULT(B3:B33)			
6	4	256	337	379					
7	5	324	379	399					
8	6	258	359	357	出現次數				
9	7	330	360	398					
10	8	296	370	365					
11	9	338	303	374					

❸在儲存格「K5」輸入 MODE.MULT 函數，按下 [Ctrl]+[Shift]+[Enter] 確認公式。

7月		1月	2月	3月	4月	5月	6月	7月
368	平均值 / 月	277.1	354.3	372.1	379.6	347.4	338.4	312.7
301	中位數 / 月	292	360	374	379	373	339	317
352	眾數 / 月	256						
317		349						
318		260						
356	出現次數							
308								

❹ 顯示多個眾數

	A	B	C	D	E	F	G	H	I	J	K	L	M	N	O	P	Q
1	▿詢問件數																
2	日期	1月	2月	3月	4月	5月	6月	7月			1月	2月	3月	4月	5月	6月	7月
3	1	55	322	354	475	155	336	368		平均值 / 月	277.1	354.3	372.1	379.6	347.4	338.4	312.7
4	2	64	373	382	465	198	318	301		中位數 / 月	292	360	374	379	373	339	317
5	3	88	397	350	462	188	305	352		眾數 / 月	256	359	350	350	188	305	318
6	4	256	337	379	461	156	305	317			349	360	357	350	373	378	344
7	5	324	379	399	422	188	345	318			260	301	365	350	382	302	295
8	6	258	359	357	479	399	349	356		出現次數							
9	7	330	360	398	420	351	322	308									

►原始資料很凌亂，所以除了 4 月之外，「至少」會找到三個眾數。

❺ 將儲存格「K5:K7」的函數以自動填滿功能複製到七月為止，算出各月份的眾數。

❼ 算出資料四捨五入之後的各月份眾數了。

	A	B	C	D	E	F	G	H	I	J	K	L	M	N	O	P	Q
1	▿詢問件數																
2	日期	1月	2月	3月	4月	5月	6月	7月			1月	2月	3月	4月	5月	6月	7月
3	1	60	320	350	480	160	340	370		平均值 / 月	277.7	320.0	372.6	368.7	348.4	327.7	312.9
4	2	60	370	380	470	200	320	300		中位數 / 月	290	360	370	380	370	340	320
5	3	90	400	350	460	190	310	350		眾數 / 月	260	360	380	370	360	310	320
6	4	260	340	380	460	160	310	320			260	360	360	350	360	310	320
7	5	320	380	400	420	190	350	320			260	360	#N/A	#N/A	360	310	320
8	6	260	360	360	480	400	350	360		出現次數							
9	7	330	360	400	420	350	320	310									

操作1　操作2

就緒　項目個數: 21

❻ 點選「操作 2」工作表

►經過四捨五入的資料會在 3、4 月找到兩個眾數，其他月份則只會找到一個眾數。

▶ Excel 的操作② ： 計算眾數的出現次數

接著要利用 COUNTIF 函數計算眾數的出現次數。在出現多個眾數的情況下，出現次數也會相同，所以讓我們挑選一個眾數當成 COUNTIF 函數的搜尋條件。

COUNTIF函數 ➡ 計算符合條件的儲存格的個數

格　式	=COUNTIF(範圍,搜尋條件)
解　說	範圍可指定為儲存格範圍，算出符合搜尋條件的儲存格的個數。
補　充	搜尋條件可指定為以MODE.MULT函數算出的眾數的其中一個。

同時算出兩張工作表的出現次數

▶若是已經設定了作業群組，可跳過步驟❶，直接進入步驟❷。

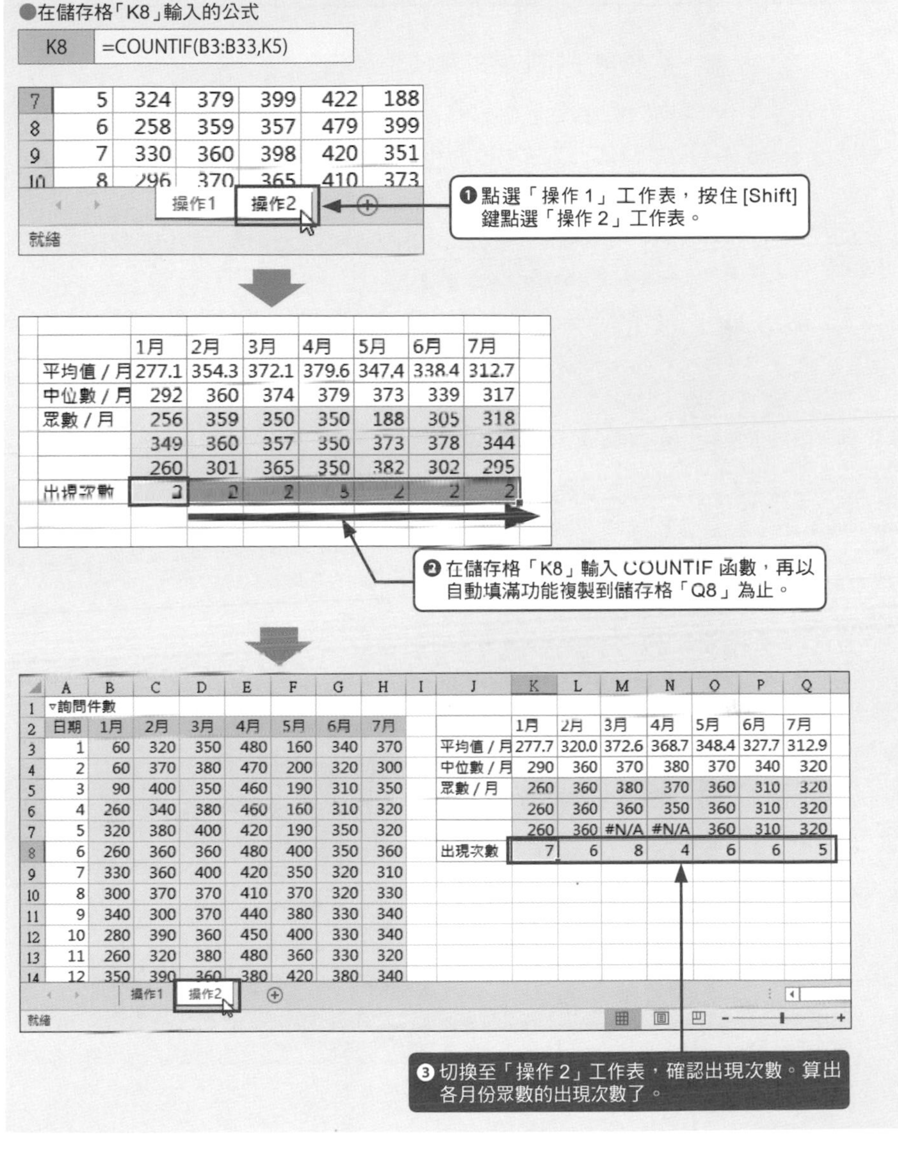

7	5	324	379	399	422	188
8	6	258	359	357	479	399
9	7	330	360	398	420	351
10	8	296	370	365	410	373

	1月	2月	3月	4月	5月	6月	7月
平均值 / 月	277.1	354.3	372.1	379.6	347.4	338.4	312.7
中位數 / 月	292	360	374	379	373	339	317
眾數 / 月	256	359	350	350	188	305	318
	349	360	357	350	373	378	344
	260	301	365	350	382	302	295
出現次數	2	2	2	5	2	2	2

	A	B	C	D	E	F	G	H
1	詢問件數							
2	日期	1月	2月	3月	4月	5月	6月	7月
3	1	60	320	350	480	160	340	370
4	2	60	370	380	470	200	320	300
5	3	90	400	350	460	190	310	350
6	4	260	340	380	460	160	310	320
7	5	320	380	400	420	190	350	320
8	6	260	360	360	480	400	350	360
9	7	330	360	400	420	350	320	310
10	8	300	370	370	410	370	320	330
11	9	340	300	370	440	380	330	340
12	10	280	390	360	450	400	330	340
13	11	260	320	380	480	360	330	320
14	12	350	390	360	380	420	380	340

J	K	L	M	N	O	P	Q
	1月	2月	3月	4月	5月	6月	7月
平均值 / 月	277.7	320.0	372.6	368.7	348.4	327.7	312.9
中位數 / 月	290	360	370	380	370	340	320
眾數 / 月	260	360	380	370	360	310	320
	260	360	360	350	360	310	320
	260	360	#N/A	#N/A	360	310	320
出現次數	7	6	8	4	6	6	5

▶點選範例檔案的「操作 1 完成」或「操作 2 完成」工作表，即可解除作業群組。

▶ 判讀結果

以原始的詢問件數資料計算眾數，大部分的月份都會算出三個眾數，出現次數也只有 2 ～ 3 次。

將詢問件數四捨五入至十位數，讓 245 ～ 254 件的這類資料統整至 250 件的程度，就能減少眾數的個數，出現次數也會增加至 4 ～ 8 次。將資料統整至容差範圍內，就能讓眾數減少，也比較容易算出眾數。

發展 ▶▶▶

▶ 如何依照指定的數值統整資料

由於數值是十進位的，所以 ROUND 函數指定的位數也是十進位的。若想更有彈性地指定這個數值的單位，可改用 MROUND 函數。

MROUND函數 ➡ 以數值指定的倍數進行無條件進位或無條件捨去的計算

格　式　=MROUND(數值, 倍)

解　說　以倍數除以數值時，若餘數超過倍數的0.5倍，就讓數值無條件進位，若餘數低於0.5倍，就以無條件捨去的方式計算數值。

下圖是以 15 為單位，對詢問件數的資料進行無條件進位或無條件捨去的範例。

舉例來說，在 MROUND 函數的結果為「360」時，雖然 15 的 0.5 倍為 7.5，但是資料只能化為整數，所以介於「360±7」的「353 ～ 367」範圍的資料會被整理成「360」。用來統整的單位越大，資料就越容易統整，眾數也會減少，出現次數也會增加。

範例
2-05「MROUND 函數」工作表

● MROUND 函數的應用

	A	B	C	D	E	F	G	H	I	J	K	L	M	N	O	P	Q
1	▿詢問件數																
2	日期	1月	2月	3月	4月	5月	6月	7月			1月	2月	3月	4月	5月	6月	7月
3	1	60	315	360	480	150	330	375		平均值 / 月	276.8	319.4	371.6	366.3	346.9	326.6	313.1
4	2	60	375	375	465	195	315	300		中位數 / 月	285	360	375	375	375	330	315
5	3	90	390	345	465	195	300	345		眾數 / 月	255	390	360	360	360	315	315
6	4	255	330	375	465	150	300	315			255	360	360	360	360	315	315
7	5	330	375	405	420	195	345	315			255	#N/A	360	360	360	315	315
8	6	255	360	360	480	405	345	360		出現次數	8	6	11	5	7	7	7
9	7	330	360	405	420	345	315	315									
10	8	300	375	360	405	375	315	330									

資料經過統整後，眾數也限縮至一個，出現次數也增加了（除了2月之外，其他月份的眾數都只有一個）。

▶ 計算多個眾數

範例
2-05「出現次數的排序」工作表

要計算所有資料的出現次數，再依照由大至小的順序排列每個月的出現次數，最開頭的資料就會是眾數。

這次使用的是四捨五入至十位數的資料，而 Excel 2007 無法使用 MODE.MULT 函數，所以要利用下列的方法算出眾數。

計算各資料的出現次數

●在儲存格「I3」輸入的公式

I3	=COUNTIF(B$3:B$33,B3)

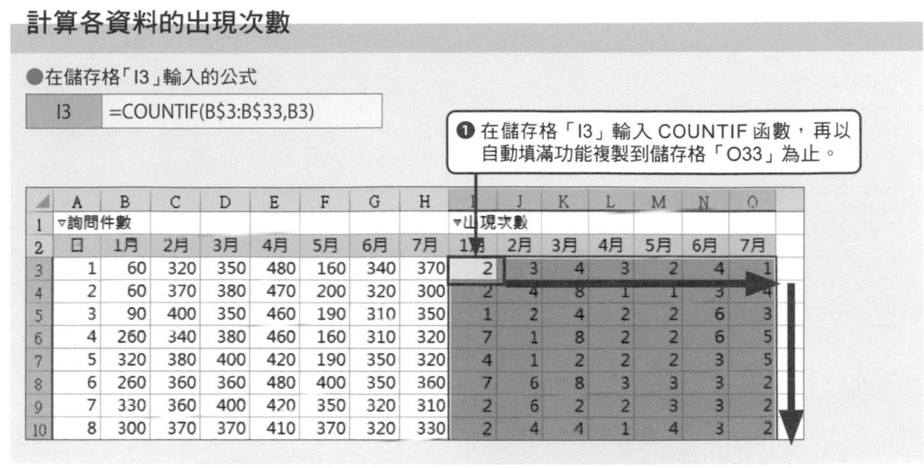

	A	B	C	D	E	F	G	H	I	J	K	L	M	N	O
1	▿詢問件數								▿出現次數						
2	日	1月	2月	3月	4月	5月	6月	7月	1月	2月	3月	4月	5月	6月	7月
3	1	60	320	350	480	160	340	370	2	3	4	3	2	4	1
4	2	60	370	380	470	200	320	300	2	4	8	1	1	3	4
5	3	90	400	350	460	190	310	350	1	2	4	2	2	6	3
6	4	260	340	380	460	160	310	320	7	1	8	2	2	6	5
7	5	320	380	400	420	190	350	320	4	1	2	2	2	3	5
8	6	260	360	360	480	400	350	360	7	6	8	3	3	3	2
9	7	330	360	400	420	350	320	310	2	6	2	2	3	3	2
10	8	300	370	370	410	370	320	330	2	4	4	1	4	3	2

排序各月份的出現次數， 確認眾數

▶要解除篩選可重新執行步驟❷。

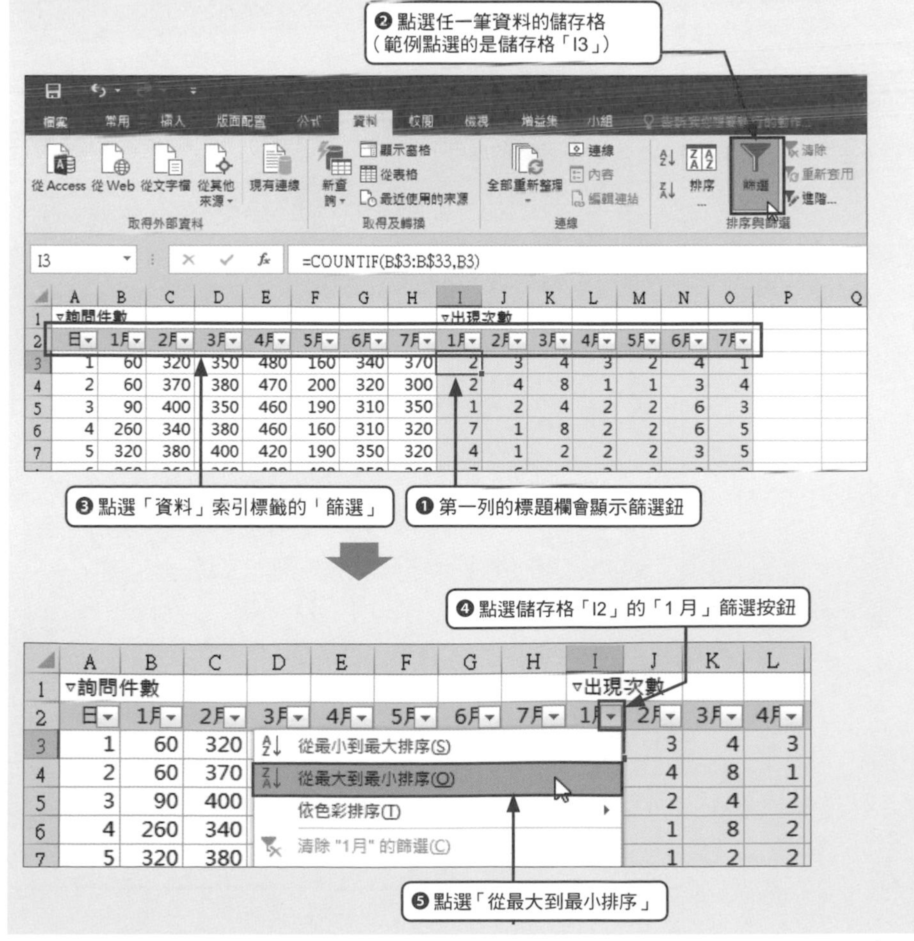

▶找到的眾數可轉錄至其他儲存格或是在儲存格套色，才會更顯眼。

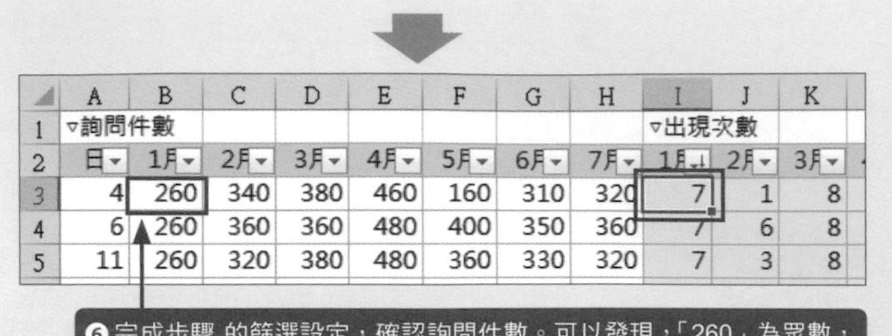

	A	B	C	D	E	F	G	H	I	J	K
1	▿詢問件數								▿出現次數		
2	日	1月	2月	3月	4月	5月	6月	7月	1月	2月	3月
3	4	260	340	380	460	160	310	320	7	1	8
4	6	260	360	360	480	400	350	360	7	6	8
5	11	260	320	380	480	360	330	320	7	3	8

為了只顯示出現次數的最大值而設定篩選功能之後，也可以更容易找到眾數。

	A	B	C	D	E	F	G	H	I	J	K	L
1	▿詢問件數								▿出現次數			
2	日	1月	2月	3月	4月	5月	6月	7月	1月	2月	3月	4月
3	4	260	340	380	460							2
4	6	260	360	360	480							3
5	11	260	320	380	480							3
6	21	260	360	390	350							4
7	22	260	370	360	370							4
8	29	260		360	160							1
9	30	260		380	200							2
10	5	320	380	400	420							2
11	12	350	390	360	380							2
12	13	350	310	360	370							4
13	16	320	300	350	380							2
14	17	320	390	380	370							4
15	18	320	300	350	400							1
16	23	350	400	390	360							3
17	25	350	370	380	350							4
18	1	60	320	350	480							3
19	2	60	370	380	470							1
20	7	330	360	400	420							2
21	8	300	370	370	410							1
22	9	340	300	370	440	380	330	340	2	3	4	1

從最小到最大排序(S)
從最大到最小排序(O)
依色彩排序(T)
清除 "3月" 的篩選(C)
依色彩篩選(I)
數字篩選(F)
搜尋
(全選)
2
4
5
8
確定 取消

勾選最大的數值再點選「確定」。

	A	B	C	D	E	F	G	H	I	J	K
1	▿詢問件數								▿出現次數		
2	日	1月	2月	3月	4月	5月	6月	7月	1月	2月	3月
						160	310	320	7	1	8
						400	350	360	7	6	8
						360	330	320	7	3	8
						370	380	270	7	4	8
						400	310	280	7	0	8
						360	340	260	7	0	8
						420	380	340	4	5	8
						390	370	320	4	2	8
						420	300	360	4	5	8
						420	380	260	4	4	8
						200	320	300	2	4	8

從最小到最大排序(S)
從最大到最小排序(O)
依色彩排序(T)
清除 "3月" 的篩選(C)
依色彩篩選(I)
數字篩選(F)
搜尋
(全選)
360
380

點選對應的月份的篩選按鈕，就會顯示篩選過的詢問件數。

06 繪製資料的全貌

若能掌握資料的全距、平均值、中位數、眾數，就能粗略地想像資料的分佈狀況。這節要介紹的是能從平均值、中位數、眾數的關係想像的資料分佈全貌。

導入 ▶▶▶

例題 1 「商品A的內容量的分佈情況」

隨機挑選了45袋商品A，記錄了商品A的內容量。資料與各代表值如右。商品A的眾數是以四捨五入至小數點第一位的資料計算。請試著隨手繪製商品A的內容量的分佈狀況。

資料可於範例2-06的「範例1」工作表確認。

●的內容量與代表值

	A	B	C	D	E	F	G	H
1	▽商品A的內容量						▽代表值	
2	51.10	50.13	50.44	48.69	47.96		最大值	52.29
3	49.86	50.42	50.61	50.10	49.59		最小值	47.96
4	48.91	52.29	51.76	49.16	49.60		全距	4.33
5	50.93	50.42	50.89	49.68	48.74		平均值	50.11
6	50.84	49.19	50.15	50.14	50.03		中位數	50.13
7	51.67	50.63	48.75	49.54	50.67		眾數	50.1
8	50.10	50.12	48.61	48.96	51.80			50.1
9	49.32	49.06	50.41	49.88	50.59			50.1
10	49.43	52.22	50.49	50.70	50.57			50.1
11								

例題 2 「員工的年齡分佈狀況」

這次收集了員工的年齡資料，資料與各代表值如右。請隨手繪製年齡資料的分佈情況。

資料可於範例2-06的「範例2」工作表確認。

●員工的年齡資料

	A	B	C	D	E	F	G	H
1	▽員工的年齡資料						▽代表值	
2	42	25	30	43	65		最大值	65
3	58	25	50	30	30		最小值	20
4	20	35	48	25	50		全距	45
5	40	25	20	25	45		平均值	38
6	55	30	30	45	35		中位數	35
7	40	55	25	20	58		眾數	30
8	25	35	45	48	45			30
9	48	30	30	30	30			30
10	20	65	35	35	65			30
11								

例題 3 「手機月租費的分佈情況」

這次收集了手機月租費的資料，資料與各代表值如右。請隨手繪製手機月租費的分佈情況。
資料可於範例2-06的「範例3」工作表確認。

●手機月租費資料

	A	B	C	D	E	F	G	H
1	▿手機的月租費						▿代表值	
2	2,980	5,800	6,600	5,000	3,200		最大值	8,400
3	6,600	5,000	4,400	1,780	5,000		最小值	1,780
4	1,980	4,400	6,800	7,200	4,400		全距	6,620
5	7,800	2,380	5,600	4,000	5,200		平均值	5,500
6	5,600	6,400	5,400	6,800	4,800		中位數	5,800
7	5,800	6,800	6,600	6,400	5,800		眾數	6,800
8	7,400	3,600	6,800	7,800	6,400			6,800
9	1,970	6,000	5,800	6,800	8,400			6,800
10	7,800	5,600	5,200	4,800	6,600			6,800
11								

實踐 ▶▶▶

▶ 平均值 ≒ 中央值 ≒ 眾數的資料分佈

例題 1 的平均值、中位數、眾數幾乎是相同的值。資料的特徵如下：

①從容易被特異值或偏差值拉攏的平均值與眾數幾乎相同這點可看出資料裡沒有特異值與偏差值。
②從相當於資料正中位置的中位數與頻率最高的眾數相同這點可得知資料的正中央落在鐘頂。

綜上所述，隨手繪製的資料分佈圖，應該是下圖這種左右對稱的形狀。

●例題 1：資料分佈的推測

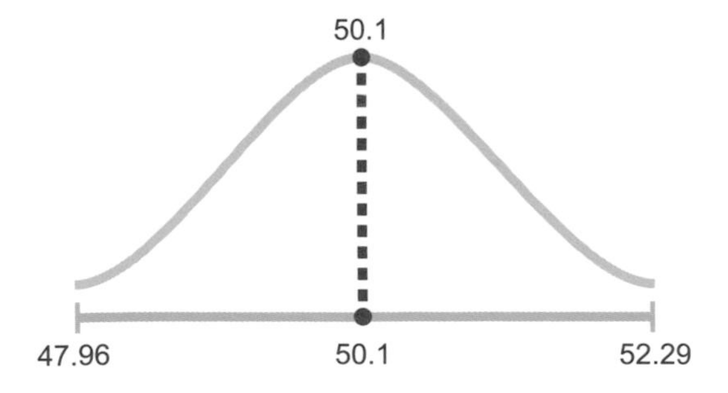

▶ 平均值 > 中位數 > 眾數的資料分佈

例題 2 是平均值、中位數、眾數彼此有落差的資料。資料的特徵如下：

①平均值大於中位數代表平均值的一大部分資料偏向某方。
②眾數是三個代表值之中最小的一個這點，代表鐘頂位於資料的中央位置左側。

綜上所述，隨手繪製的資料分佈圖，應該是下圖這種左踞右伏的形狀。

●例題 2：資料分佈的推測

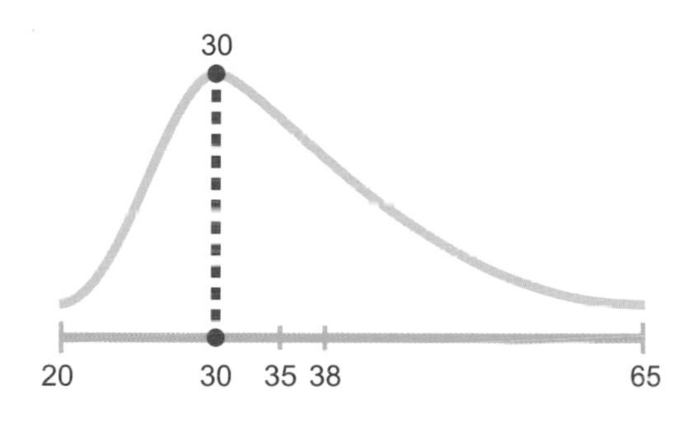

▶ 平均值 < 中位數 < 眾數的資料分佈

例題 3 是平均值、中位數、眾數依序放大的資料。資料的特徵如下：

①平均值小於中位數代表平均值的小部分資料偏向某方。
②眾數是三個代表值之中最大的一個這點，代表鐘頂位於資料的中央位置右側。

綜上所述，隨手繪製的資料分佈圖，應該是下圖這種左伏右踞的形狀。

●例題 3：資料分佈的類推

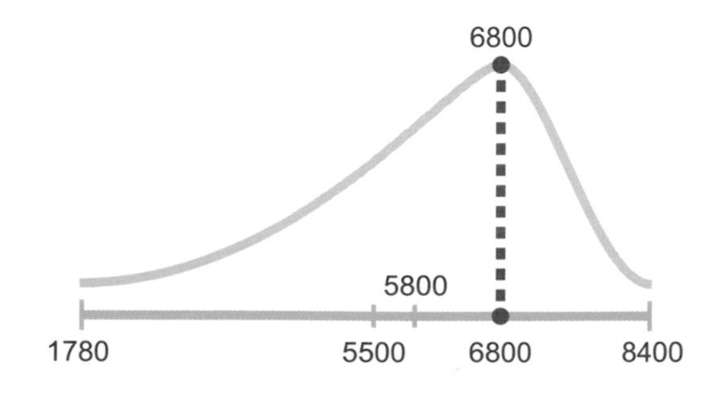

▶ 透過平均值、 中位數、 眾數了解的事

平均值、中位數與眾數的計算方法非常簡單，前者是加總後除之，其次的中位數則是排序後看正中央的數字，後者則是挑出多數派的資料而已，算是很方便使用的代表值。筆者將它們三個命名為代表值三兄弟，只要一拿到資料，就會先算出這三個值，推測一下資料的全貌。

可根據平均值、中位數、眾數的大小關係推測的分佈特徵有下列兩點。

①資料的左右對稱性
②資料分佈的鐘頂位置

之後若能了解鐘頂是很尖還是平緩，就能更具體想像資料的分佈情況。鐘形往外敞開的程度就是資料的散佈程度。算出變異數與標準差這兩個代表值就能了解資料的分佈情況。變異數與標準差將於下節說明。

▶看起來雖然碰到橫軸，但嚴格來說，沒接觸到橫軸。

Column 資料分佈的急緩

資料分佈的邊緣有許多形容，本節以「左踞右伏」的方式形容下列橘色的分佈，也就是資料的右側快要接觸到橫軸的樣子。其他還有左伏右踞，或是右側偏重的形容方式。藍色的分佈比橘色更快接觸到橫軸，所以相較之下，右側的比例較少。

●資料分佈的比重

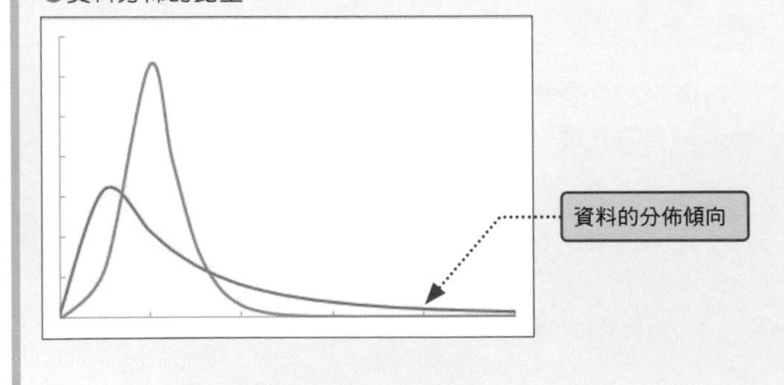

07 了解資料的分佈情況

雖然可從資料的平均值、中位數與眾數推測資料分佈的形狀，但是卻缺少分佈有多麼傾斜的觀點，所以，就算能預測是左右對稱的鐘形分佈，也無從得知斜率是陡是緩。這節要計算說明資料分佈程度的變異數與標準差，加入斜率的概念。要先預告的是，變異數與標準差不像剛剛三種代表值那麼單純，計算方法算是有點複雜難解，所以會連同變得複雜難解的理由一併解說變異數與標準差。

例題 「競爭對手之間的熾烈戰火」

商圈人口、門市規模、開店時間這類條件皆相近的A店與B店是彼此競爭的對手。每個月的店長會議都爭相主張自己負責的門市是成績最優異的門市。因此決定比較兩店的業績資料，也擷錄了A店與B店三個月份的單日業績資料。計算資料的代表值，看起來差距不大。有沒有什麼特徵能了解A店與B店的差異呢？

● A 店與 B 店的三個月業績資料與代表值

	A	B	C	D	E	F	G	H	I	J	K	L
1		業績資料										
2		▿A店				▿B店				▿資料統計		
3		473	557	452		578	557	545		統計值	A店	B店
4		485	547	430		491	439	438		銷售合計金額	45,696	45,035
5		459	453	415		432	523	461		平均銷售額 /	508	500
6		643	686	469		581	528	488		中位數	513	496
7		484	236	462		512	509	480		眾數	450	470
8		594	509	392		482	504	501			450	470
9		640	539	512		558	498	446			450	470
32		328	524	548		567	527	456				
33												
34	合計	16,152	15,250	14,294		15,715	15,315	14,005				
35	平均值	538.4	508.33	476.47		523.83	510.5	466.83				
36	中位數	532	514.5	474.5		528.5	511	466.5				
37	眾數	590	540	530		580	560	470				
38		450	490	530		530	560	470				
39		#N/A	#N/A	530		470	560	470				
40												

一個月的代表值

三個月的代表值。眾數是以四捨五入至十進位計算銷售金額的結果。

了解資料的分佈程度

平均值、中位數與眾數的差距不大時，可看看資料的分佈程度。要了解分佈程度的最簡單的方法就是計算全距。實際計算之後，得到的結果如下：

● A 店與 B 店的銷售額全距

▽資料的分佈

	A店	B店
最大值	840	623
最小值	222	407
全距	618	216

看得出來 A 店的分佈狀況比 B 店更加廣泛。換言之，A 店與 B 店在業績規模或是三個代表值雖然相近，但可以推測 A 店的業績比 B 店的更為多元。只不過，只憑全距解釋資料的分佈情況稍嫌不足，因為只能知道所有的資料分佈在何處這種理所當然的結果而已。

比起分佈於何處這點，有幾筆資料限縮在一定範圍之內，或是七成資料限縮於○○～○○範圍之內的結果更能說明分佈情況。次數也是問題所在。下圖是 A 店的銷售額直方圖，資料約有七成集中在一起，而對分佈情況造成深刻影響的邊緣資料卻被忽略，讓人不禁覺得怪怪的。

武斷地以主觀判斷的分佈情況無法得到所有人的認同。要得到所有人的認同，就必須利用手邊的資料算出分佈的情況。

● A 店銷售額的直方圖

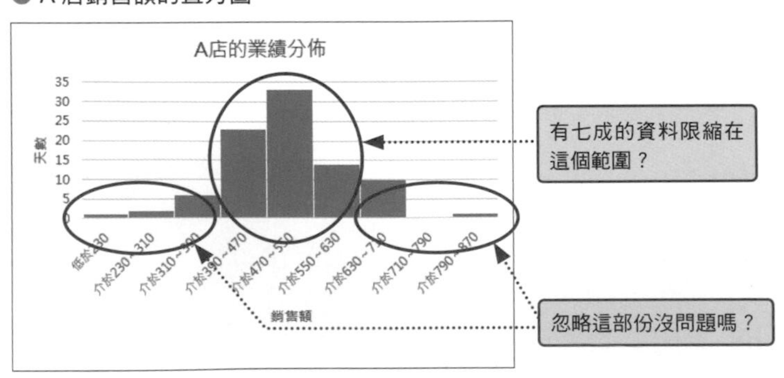

與平均值的距離能知道什麼嗎？

所謂的分佈就是散佈在基準附近的意思。一聽到基準兩字，第一個想到的就是平均值。資料與平均值的距離會隨著散佈的範圍越大而變得越遠，散佈的範圍越小則越近。而且，只要算出所有資料與平均值的距離，就不會有資料被忽略。不過，有幾筆資料，就會算出幾個與平均值的距離，所以要整理成一個代表值才方便使用。

提到整理成一個代表值這件事，首先會想到合計，但是合計無法算出需要的值。請大家仔細想一下平均值位於何處。平均值位於資料比例均衡之處。所謂比例均衡就是與平均值的正向距離的合計以及與平均值的負向距離的合計是相同的。正向距離與負向距離兩者相加時，結果一定為 0。

接下來讓我們確認一下術語與資料分佈的特徵。

- **距離與平均值的距離稱為偏差值。可利用資料的數值減平均值算出。**
- **不管分佈的情況為何，偏差的合計必定為 0。**

下圖是 B 店的業績資料與偏差值。若是列出 90 天的資料，圖表會變得很混雜，所以只列出一週的資料。將右向與左向的箭頭的長度加總後，會彼此抵銷，得出 0 的結果。

● B 店的一週業績資料

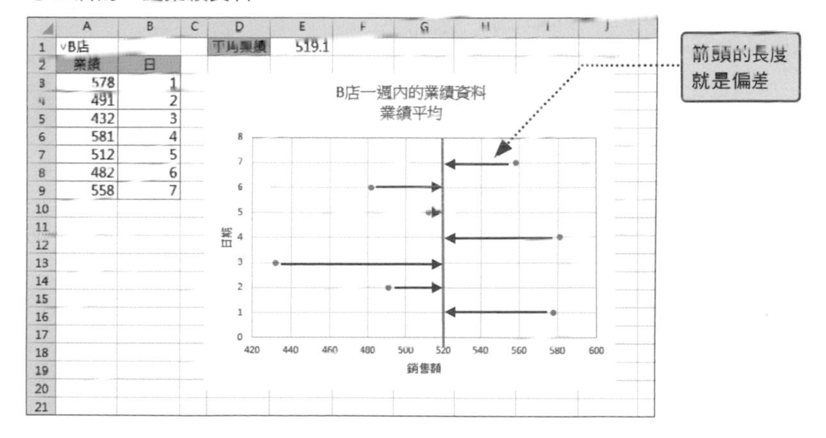

要利用所有的資料求出分佈情況而計算了偏差，但是卻只能導出偏差值的合計為 0 的結果。偏差值的合計為 0 只不過是平均值位於比例均衡的位置的另一種說法，但不管如何，至少我們已經知道偏差值的合計無法代表資料的分佈程度。

▶ 花點心思讓結果不為 0

偏差值的合計雖然是 0，但是利用與平均值的距離測量分佈情況是沒錯的。所以可試著想想看以偏差值測量時，如何不會算出 0 的方法。

答案就是讓偏差值乘上偏差值。重點在於，負值乘以負值會變成正值這點。如此一來，就算相加，也不會出現正負互相抵銷的結果。

以 B 店一週資料計算的結果如下。偏差值的合計雖然是 0，但是偏差值乘以偏差值的合計卻不會是 0。此外，偏差值乘以偏差值可寫成偏差值 2，讀成偏差值的平方。

接著讓我們確認一下術語。

· **偏差值的平方的總和稱為偏差平方和。偏差平方和越大，代表資料越分散。**

● B 店業績的偏差值、偏差值合計與偏差值平方和

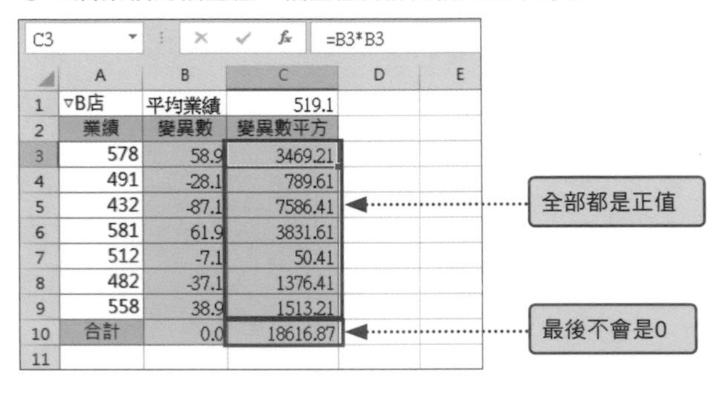

C3 =B3*B3

	A	B	C	D	E
1	B店	平均業績	519.1		
2	業績	變異數	變異數平方		
3	578	58.9	3469.21		
4	491	-28.1	789.61		
5	432	-87.1	7586.41		
6	581	61.9	3831.61		
7	512	-7.1	50.41		
8	482	-37.1	1376.41		
9	558	38.9	1513.21		
10	合計	0.0	18616.87		
11					

改異數似乎可當成代表資料分散程度的指標使用，但還是藏有讓人不安的一面。明明上圖裡的 B 店業績資料只有七筆，卻算出很大的值。位數越多的數字越難閱讀，所以採用平均值的「全部加總後，再以資料筆數除之」的做法，以資料筆數除以偏差平方和。「18616.86÷7」的結果大約是 2660。其實這個 2660 就是所謂的變異數。

· **以資料筆數除以偏差平方和的結果稱為變異數。變異數就是偏差平方和的平均值。**

▶ 變異數與標準差

變異數雖然比偏差平方和小，但還算是大的值。話雖如此，變異數的單位到底是什麼？我們明明要求的是分散的程度，卻在想資料與平均值的距離（偏差值），然後遇到正向距離與負向距離會彼此抵銷的災難，只好計算偏差值乘以偏差值，最後甚至算到變異數。若畫成圖，偏差值是直線，而偏差值乘以偏差值則是正方形的面積。

● B 店的一週業績、偏差值與偏差值平方

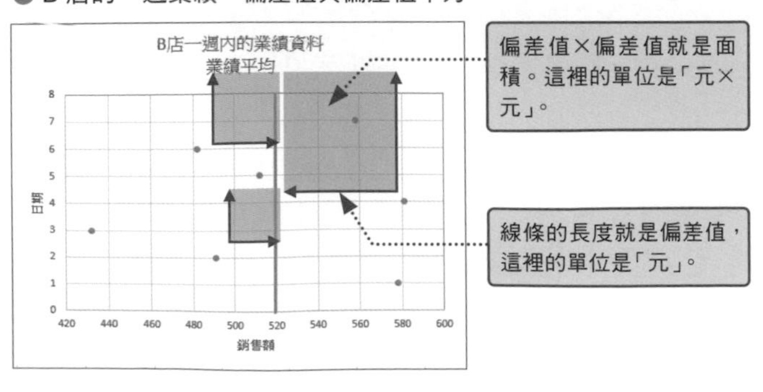

▶應該以所有的資料製作偏差值與面積的圖才對，但這樣會讓圖變得很混亂，所以只畫了部分。

從上圖來看，變異數就是加總所有正方形面積，再除以資料筆數的值。雖然我們不知道邊長，但是變異數也會是正方形。由於線條變成面積，所以變異數會比偏差值大也不意外。此外，變成面積後，變異數的單位也變成原本的單位的平方。要還原成原本的單位必須算出變異數的正方形的邊長，也就是開根號或計算平方根。變異數的正平方根就是所謂的標準差。標準差是正方形的邊長，單位也是原始資料的單位。

- **變異數的單位是資料的平方，所以算出正的平方根，就能還原次數資料的單位。**
- **變異數的正平方根就是標準差。標準差的單位就是資料的單位。**

之所以會算出變異數與標準差，主要是為了避免偏差值的合計為 0，而刻意乘以平方，然後為了還原次數原本的單位，才計算平方根。值得繞遠路的變異數與標準差不會忽略任何一筆資料，是代表所有資料分佈程度的代表值。

此外，變異數就是偏差平方和的「平均值」，所以開根號之後的標準差就是資料整體分佈的平均值。

●變異數與標準差

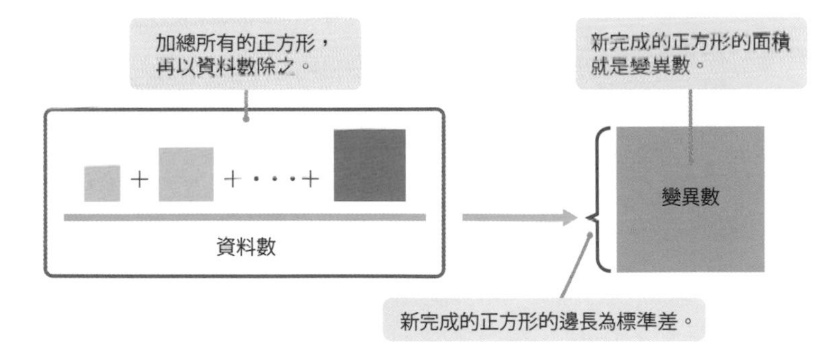

實踐 ▶▶▶

▶ Excel 的操作① ： 計算偏差值與偏差值的合計

範例
2-07「操作 1」工作表

計算 A 店與 B 店的偏差值與偏差值的合計，確認偏差值的合計會是 0。

計算偏差值

●在儲存格「K1」、「I3」輸入的公式

K1	=AVERAGE(A3:C32)	I3	=A3-$K$1
O1	=AVERAGE(E3:G32)	M3	=E3-$O$1

▶步驟❶的參數可拖曳選取開頭列的「A3:C3」，再按下Ctrl+Shift+↓，選取至最後一列。

	A	B	C	D	H	I	J	K	L
1						A店平均值		507.733	
2	▿A店					▿A店偏差			
3	473	557	452			-34.7	49.3	-55.7	
4	485	547	430			-22.7	39.3	-77.7	
5	459	453	415			-48.7	-54.7	-92.7	
6	643	686	469			135.3	178.3	-38.7	
7	484	236	462			-23.7	-271.7	-45.7	

❶在儲存格「K1」輸入AVERAGE函數，算出A店的平均業績。

❷在儲存格「I3」輸入公式，再利用自動填滿功能將公式複製到儲存格「K32」為止，算出A店的業績偏差值。

❸在B店進行與A店相同的計算。

計算偏差值的合計

●在儲存格「K34」「O34」輸入的公式。

K34	=SUM(I3:K32)	O34	=SUM(M3:O32)

▶這次的計算包含小數點，所以SUM函數的結果有可能不是0，而是指數的「1E-12」。「1E-12」代表的是1億分之一，所以可視為是0。

	H	I	J	K	L	M	N	O
1		A店平均值		507.73		B店平均值		500.4
2		▿A店偏差				▿B店偏差		
3		-34.7	49.3	-55.7		77.6	56.6	44.6
4		-22.7	39.3	-77.7		-9.4	-61.4	-62.4
5		-48.7	-54.7	-92.7		-68.4	22.6	-39.4
6		135.3	178.3	-38.7		80.6	27.6	-12.4
30		102.3	-143.7	62.3		48.6	-66.4	-18.4
31		-50.7	146.3	22.3		-3.4	2.6	-9.4
32		-179.7	16.3	40.3		66.6	26.6	-44.4
33								
34		偏差合計		0		偏差合計		0
35								
36								

❶在儲存格「K34」與「O34」輸入SUM函數，確定偏差值的合計的確為0。

實踐 ▶▶▶

▶ Excel的操作② ： 計算變異數與標準差

接著要利用在「操作1」的工作表計算的偏差值計算變異數與標準差。變異數可利用偏差平方和除以資料筆數求出，但A店與B店的業績資料只是局部的資料，並不是所有的資料。第4章也將會說明的是，若使用的是局部的資料，必須減少一筆資料再除，所以這次為89筆資料。

範例

2-07「操作2」工作表

SQRT函數 ➡ 計算數值的正平方根

格　式	=SQRT(數值)
解　說	計算數值的正平方根。

將公式變更為偏差值平方， 再確認合計

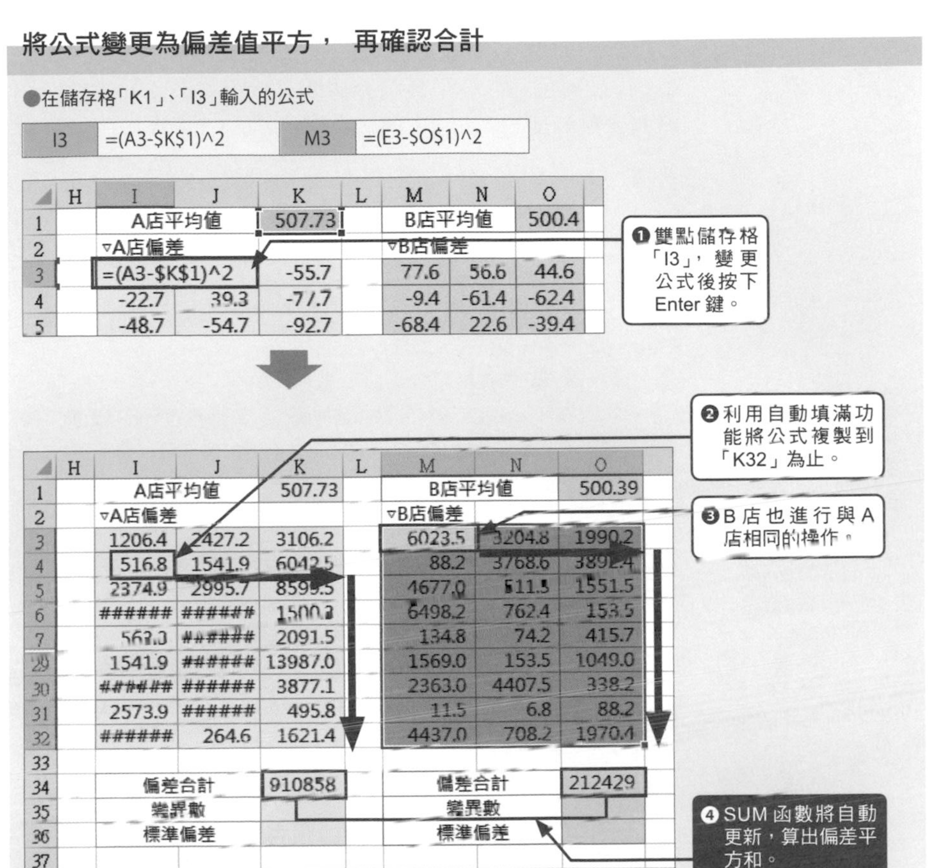

	H	I	J	K	L	M	N	O
1		A店平均值		507.73		B店平均值		500.4
2		▿A店偏差				▿B店偏差		
3		=(A3-$K$1)^2		-55.7		77.6	56.6	44.6
4		-22.7	39.3	-77.7		-9.4	-61.4	-62.4
5		-48.7	-54.7	-92.7		-68.4	22.6	-39.4

	H	I	J	K	L	M	N	O
1		A店平均值		507.73		B店平均值		500.39
2		▿A店偏差				▿B店偏差		
3		1206.4	2427.2	3106.2		6023.5	3204.8	1990.2
4		516.8	1541.9	6042.5		88.2	3768.6	3892.4
5		2374.9	2995.7	8599.5		4677.0	511.3	1551.5
6		######	######	1500.3		6498.2	762.4	153.5
7		563.3	######	2091.5		134.8	74.2	415.7
29		1541.9	######	13987.0		1569.0	153.5	1049.0
30		######	######	3877.1		2363.0	4407.5	338.2
31		2573.9	######	495.8		11.5	6.8	88.2
32		######	264.6	1621.4		4437.0	708.2	1970.4
33								
34		偏差合計		910858		偏差合計		212429
35		變異數				變異數		
36		標準偏差				標準偏差		
37								

▶顯示為「####」的部分代表用於顯示數值的欄寬不足。放寬欄寬即可完整顯示。

計算變異數與標準差

●在儲存格「K35」、「K36」、「O35」、「O36」輸入的公式

K35	=K34/89	K36	=SQRT(K35)
O35	=O34/89	O36	=SQRT(O35)

	H	I	J	K	L	M	N	O
1		A店平均值		507.733		B店平均值		500.39
2		▿A店偏差				▿B店偏差		
3		1206.4	2427.2	3106.2		6023.5	3204.8	1990.2
4		516.8	1541.9	6042.5		88.2	3768.6	3892.4
5		2374.9	2995.7	8599.5		4677.0	511.3	1551.5
30		10458.5	20659.3	3877.1		2363.0	4407.5	338.2
31		2573.9	21393.9	495.8		11.5	6.8	88.2
32		32304.1	264.6	1621.4		4437.0	708.2	1970.4
33								
34		偏差合計		910858		偏差合計		212429
35		變異數		10234.4		變異數		2386.8
36		標準偏差		101.165		標準偏差		48.855
37								
38								

❶在儲存格「K35」、「K36」、「O35」、「O36」輸入公式，算出A店與B店的業績的變異數與標準差。

▶ Excel 的操作③：以函數計算變異數與標準差

Excel 依照用途內建了多種計算變異數與標準差的函數。像 A 店與 B 店這種只有局部資料的情況，可使用 VAR.S 函數與 STDEV.S 函數計算。

若採用的是所有資料，則可改用 VAR.P 函數與 STDEV.P 函數。VAR.P 函數與 VAR.S 函數的差異在於是以全資料筆數除之，還是以「全資料筆數 -1」除之。

VAR.S ／ VAR.P函數 ➡ 計算資料的不偏變異數／變異數

格式	=VAR.S(數值1, 數值2, …, 數值N)
格式	=VAR.P(數值1, 數值2, …, 數值N)
解說	在數值N指定資料的儲存格範圍，計算資料的不偏變異數／變異數。
補充	變異數是以數值N指定的儲存格範圍的個數除以偏差平方和，不偏變異數則是以儲存格範圍的個數減1再除以偏差平方和。

Excel 2007
▶ VAR.S ／ VAR.P 函數是 VAR ／ VARP 函數，STDEV.S ／ STDEV.P 函數是 STDEV ／ STDEVP 函數。

STDEV.S ／ STDEV.P函數 ➡ 計算資料的樣本標準差／標準差

格式	=STDEV.S(數值1, 數值2, …, 數值N)
格式	=STDEV.P(數值1, 數值2, …, 數值N)
解說	在數值N指定資料的儲存格範圍，計算資料的樣本標準差／標準差。
補充	STDEV.S函數的結果是VAR.S函數的正平方根，STDEV.P函數的結果是VAR.P函數的正平方根。

利用函數計算A店與B店的變異數與標準差

●在儲存格「C35」、「C36」、「G35」、「G36」輸入的公式

C35	=VAR.S(A3:C32)	C36	=STDEV.S(A3:C32)
G35	=VAR.S(E3:G32)	G36	=STDEV.S(E3:G32)

	A	B	C	D	E	F	G	H	I
1									A店
2	▿A店				▿B店				▿A店偏
3	473	557	452		578	557	545		1206.
4	485	547	430		491	439	438		516.
31	457	654	530		497	503	491		2573.
32	328	524	548		567	527	456		#####
33									
34	▿函數				▿函數				偏
35	變異數		10234		變異數		2387		變
36	標準偏差		101.2		標準偏差		48.86		標
37									

❶在儲存格「C35」、「C36」、「G35」、「G36」輸入函數，算出 A 店與 B 店的業績的變異數與標準差。

MEMO **變異數與不偏變異數、標準差與樣本標準差的名稱**

介紹的 VAR.S 函數記載為不偏變異數，STDEV.S 函數記載為樣本標準差，但內容介紹的是 A 店與 B 店的變異數與標準差。或許有讀者會因此覺得混亂，但請想成函數的「不偏變異數」與「樣本標準差」是為了與整體資料的 VAR.P 函數與 STDEV.P 函數有所區別。

內文提到 A 店與 B 店的業績資料時，不斷地提及「局部」這個字眼。由於是局部的資料，所以若以函數而言，計算的就是「不偏變異數」，也就是「樣本標準差」。其實這裡說的「不偏」或是「樣本」不只是為了「區分函數」，而是代表資料是在毫無偏頗的情況下擷取，也就是從所有的資料裡擷取樣本的意思。

MEMO **VAR.P與VAR.S函數、STDEV.P函數與STDEV.S函數**

我常被問到 VAR.P 函數與 VAR.S 函數還有 STDEV.P 函數與 STDEV.S 函數該如何分開使用的問題。從結論來看，若是在職場使用時，請毫不猶豫地使用 VAR.S 函數與 STDEV.S 函數。理由有三，第一個，職場拿得到的資料幾乎都是樣本資料。所謂的母體，指的是目標對象的所有資料，每五年一次的國情調查就是母體資料的一種。不過，母體與樣本的區分有其曖昧之處，舉例來說，可把學校的所有班級當成母體看待，但如果考慮班級的背後還有學年這個因素的話，也可以把班級視為是樣本，而這就是到底要視為是母體還是樣本的麻煩。

第二個理由是，資料越多，結果也不會改變這點，最後的理由是，以樣本（局部）計算的變異數與標準差，也包含了母體資料的變異數與標準差。

●VAR.P函數與STDEV.P函數的情況

	A	B	C	D	E	F	G	H
33								
34	▿函數				▿函數			
35		變異數	10234			變異數	2387	
36		標準偏差	101.2			標準偏差	48.86	
37								
38	▿參考							
39		VAR.P函數	10121			VAR.P函數	2360	
40		STDEV.P函數	100.6			STDEV.P函數	48.58	
41								
42								

上圖是利用 VAR.P 函數與 STDEV.P 函數計算 A 店與 B 店的變異數與標準差的結果。兩者的差異只有是以 90 筆資料除之，還是以 89 筆資料除之，所以數值幾乎相同，但仔細一看會發現，有「P」的函數算出來的值還是比較小。值比較小的意思代表散佈的範圍越小。在商場裡，為了因應不確定的因素，有時候會把分散的程度稍微放大來看。資料數增加後，「P」與「S」的結果幾乎沒什麼差異，所以放大來看，差距也不明顯，但是，使用有「S」的函數計算還是比較保險。

▶ 判讀結果

根據 A 店與 B 店的業績資料求出的代表值如下。A 店與 B 店的業績平均值幾乎相同，但標準差卻有很大的差異。A 店業績的變動是 B 店的兩倍以上。

門市名稱	平均業績	標準差
A 店	507.73	101.16
B 店	500.39	48.855

與 B 店相較之下，A 店有業績長紅的日子，卻也有業績不佳的日子，業績的變動幅度較大。如果這個「變動」都是因為「業績長紅的日子」所造成的，A 店的業績肯定是第一名。簡單來說，A 店就是高風險的門市。

B 店與 A 店剛好相反，雖然不像 A 店能把業績衝高，每天賣的業績卻差不多，屬於業績穩定的門市。「到底哪間店比較優秀？」這個問題得看評估者個人的喜好決定。

● 進入平均值±標準差的資料

「平均值 ± 標準差」指的是讓每筆資料變得一致以及抹去每筆資料的變動的值，兩者都是平均值。此外，個別的變動可利用與平均值的距離測量。如果平均值沒被特異值影響，分佈的情況呈現左右對稱的鐘形，進入平均值 ± 標準差的範圍的資料，「就結果而言」，應該會有很多 P.68 的直方圖的多數派資料。之所以特別加上一句「就結果而言」，是因為在目標的是計算標準差的前提下，不會忽略對分散程度有莫大影響的邊緣資料，計算時是使用所有的資料。

下圖是各種書籍與文獻最常出現的常態分佈與平均值「m」、標準差「s」的相對位置關係圖。

●平均值 m：500 標準差 s：50 的常態分佈

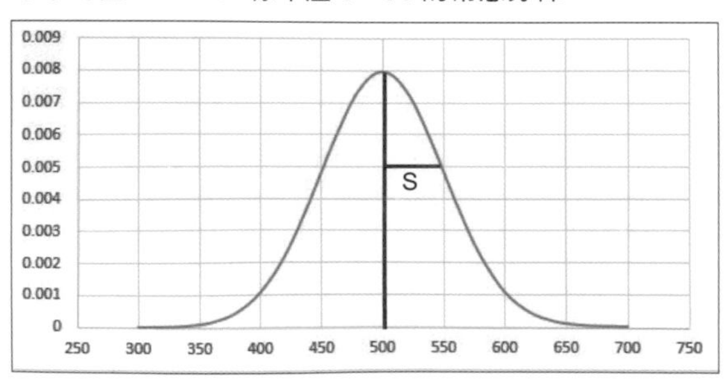

08 比較度量衡不同的資料

平均值與標準差會因資料內容而改變，所以單位不同的資料，例如來店次數的單位是「次」、購買金額的單位是「元」，所以來店次數與購買金額無法直接比較。因此，為了讓平均值變成「0」，標準差變成「1」，必須先換算兩方的資料，才能在忽略單位的差異之下進行比較。這節要為大家介紹單位不同的資料該如何經過標準化之後再進行比較。

導入 ▶▶▶

例題　**「找出優良顧客」**

這裡說的優良顧客是指常來店裡，每次消費金額較高的人。針對每位顧客的來店次數與購買金額進行統計後，整理出下列的表格。來店次數的單位為「次」，購買金額的單位是「元」。該如何才能比較單位不同的資料，從中找出優良顧客呢？

●每位顧客的來店次數與購買金額

	A	B	C	D
1	來店次數與購買金額		統計期間：X/1～Y/底	
2	顧客姓名	來店次數	購買金額	
3	許郁文	10	220,090	
4	張瑋礽	7	146,000	
5	張銘仁	6	166,190	
6	陳勝朋	13	249,550	
7	高美雪	5	230,630	
8	蔣至愛	13	50,050	
9	游心寧	12	267,630	
10	王勝利	9	72,060	
11	孫正義	1	77,070	
12	何鴻明	13	100,320	
13	平均值	8.9	157,959	
14	標準差	4.1	80,731	
15				
16				

▶ 標準化資料

要比較單位不同的資料，就必須先標準化資料。資料的標準化是指將平均值換算為「0」，以及將標準差換算為「1」。

● 將平均值換算為0

該如何才能要將資料的平均值換算為 0 呢？讀過前一節的讀者應該已經有線索了吧！計算分散程度時遇到的困難是「偏差值的合計會是 0」。只要合計是 0，不管分母是多少，除出來的平均值一定都是 0。要讓平均值換算為 0，只需要將資料換算成偏差值。

● 將標準差換算為1

要將標準差換算為 1，只需要讓原始資料成為標準差分之 1。例題的來店次數的標準差為「4.1」次，因此若以 4.1 除以每一筆來店次數，標準差應該就會是 1。實際的結果如下。對購買金額實施相同的計算，的確得到標準差為 1 的結果。

●將標準差換算為 1

F14 =STDEV.S(F3:F12)

	A	B	C	D	E	F	G
1	來店次數與購買金額				▿以標準差除之的數值		
2	顧客姓名	來店次數	購買金額		顧客姓名	來店次數	購買金額
3	許郁文	10	220,090		許郁文	2.442174	2.72622
4	張瑋礽	7	146,000		張瑋礽	1.709522	1.80848
5	張銘仁	6	166,190		張銘仁	1.465305	2.05857
6	陳勝朋	13	249,550		陳勝朋	3.174826	3.09114
7	高美雪	5	230,630		高美雪	1.221087	2.85678
8	蔣至愛	13	50,050		蔣至愛	3.174826	0.61996
9	游心寧	12	267,630		游心寧	2.930609	3.3151
10	王勝利	9	72,060		王勝利	2.197957	0.8926
11	孫正義	1	77,070		孫正義	0.244217	0.95466
12	何鴻明	13	100,320		何鴻明	3.174826	1.24265
13	平均值	8.9	157,959		平均值	2.173535	2
14	標準差	4.1	80,731		標準差	1	1
15							
16							

輸 入「=B3/B$14」，以標準差「4.1」除以來店次數。

以各自的標準差除以資料，就能將標準差換算為「1」。

● Z值

▶沒有單位的數值稱為無量綱數值。

標準化的資料稱為 Z 值。將平均值換算為 0 以及將標準差換算為 1 之後，得到的 Z 值如下。偏差值的單位與標準差的單位都是資料的單位。分母與分子的單位會互相抵消，所以 Z 值是沒有單位的數值。

$$Z = \frac{\text{偏差值}}{\text{標準差}}$$

雖然在資料未經過標準化的情況下，還是能看出資料的大小關係以及分散程度，但是使用標準化的資料，才能超過單位的範疇比較值。

●專用的度量衡與標準度量衡

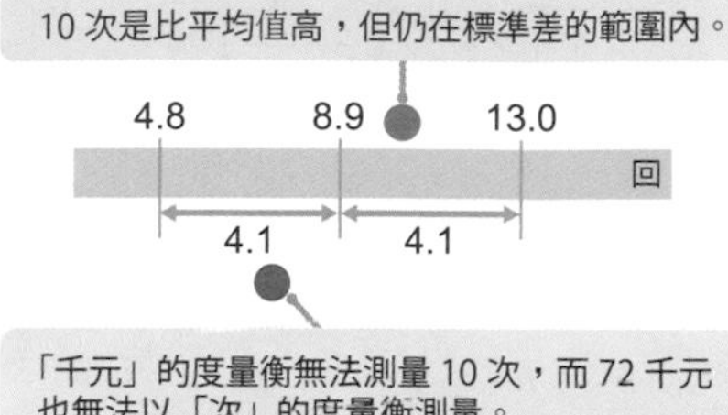

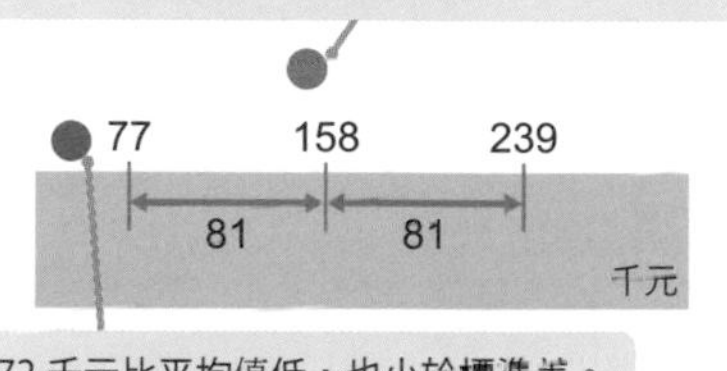

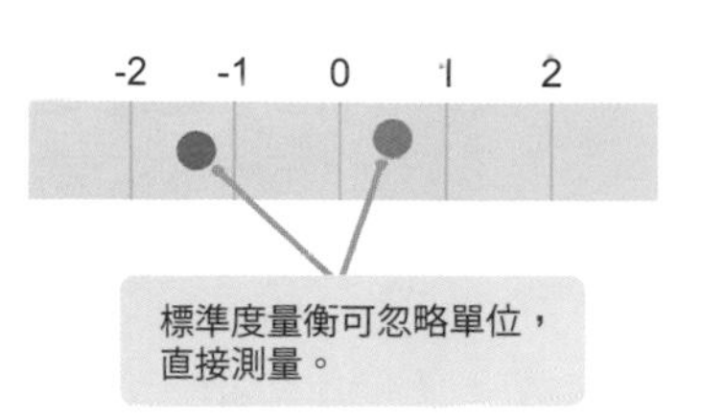

▶ 判讀標準化資料（Z 值）的方法

Z 值是將原始資料的平均值換算為「0」，以及將標準差換算為「1」得到的換算值。所以，當 Z 值大於 0，代表原始資料是比平均值大的值，若是小於 0，原始資料就小於平均值。此外，Z 值大於 1 的話，代表原始資料不僅大於平均值，還大於標準差。Z 值的判讀方式如下表：

● Z 值的判讀方式

標準化資料(z)	原始資料的值
z = 0	資料與平均值相等
0 < z < 1	資料大於平均值，但仍在標準差的範圍內
z > 1	資料超出標準差的範圍，也比平均值大
-1 > z > 0	資料小於平均值，但仍在標準差的範圍內
z < -1	資料小於平均值，甚至超出標準差範圍

例題要尋找的是來店次數較高，購買金額也較高的顧客，所以要尋找來店次數與購買金額的 Z 值至少超過 0 的顧客，若能超過 1 則更好。

實踐 ▶▶▶

範例 2-08

▶ Excel 的操作①：計算來店次數與購買金額的標準化資料

來店次數與購買金額的平均值與標準差可利用 AVERAGE 函數與 STDEV.S 函數計算，所以套入 Z 值的公式，即可算出來店次數與購買金額的標準化資料。

計算每位顧客的來店次數與購買金額的Z值

●在儲存格「F3」輸入的公式

F3	=(B3-B$13)/B$14

	A	B	C	D	E	F	G
1	來店次數與購買金額		統計期間：X/1～Y/底		▿標準化資料		
2	顧客姓名	來店次數	購買金額		顧客姓名	來店次數	購買金額
3	許郁文	10	220,090		許郁文	0.2686	0.7696
4	張瑋礽	7	146,000		張瑋礽	-0.464	-0.148
5	張銘仁	6	166,190		張銘仁	-0.708	0.102
6	陳勝朋	13	249,550		陳勝朋	1.0013	1.1345
7	高美雲	5	230,630		高美雲	-0.952	0.9002
8	蔣至愛	13	50,050		蔣至愛	1.0013	-1.337
9	游心寧	12	267,630		游心寧	0.7571	1.3585
10	王勝利	9	72,060		王勝利	0.0244	-1.064
11	孫正義	1	77,070		孫正義	-1.929	-1.002
12	何鴻明	13	100,320		何鴻明	1.0013	-0.714
13	平均值	8.9	157,959				
14	標準差	4.1	80,731				
15							

❶在儲存格「F3」輸入的公式。

❷以自動填滿功能將儲存格「F3」的公式複製到儲存格「G12」為止，算出來店次數與購買金額的標準化資料。

▶為了避免平均值與標準差在以自動填滿功能複製公式時有偏差，只有儲存格「B13」與「B14」的列設定為絕對參照。

▶ 判讀結果

將來店次數的「次」與購買金額的「元」標準化之後，就能以相同的角度比較來店次數與購買金額。

● 來店次數＞1 購買金額＞1的顧客

來店次數與購買金額都超過平均值，而且還高於標準差。是很常來店裡，又肯在店裡花大錢的顧客人。對應的顧客就是「陳勝朋」。

● 來店次數＞0 購買金額＞1的顧客

是來店次數與購買金額都超過平均值的顧客。相較之下，來店次數多，購買金額也高，是相對優良的常客。對應的顧客是「許郁文」與「游心寧」。

● 來店次數＜-1 購買金額＜-1的顧客

來店次數與購買金額都低於平均值，而且也低於標準差。是偶爾來逛逛的顧客，或是剛好有想買的商品而進來購買一次的顧客，對應的顧客是「孫正義」。

● 來店次數＞0 購買金額＜0的顧客

「蔣至愛」、「王勝利」、「何鴻明」來店次數雖高，但購買金額卻低於平均值。由於是常來店裡的客人，只要努力讓他們覺得店裡的商品不錯，就能培養成優良顧客。

● **來店次數＜ 0 購買金額＞ 0的顧客**

「張銘仁」、「高美雪」是與前述顧客相反的顧客。在不同時期統計之後，發現來店次數的 Z 值有減少傾向時，有可能已經去別間店光顧。

最後一位的「張瑋礽」的來店次數與購買金額雖然低於平均值，卻仍在標準差的範圍內，有必要實施相同的調查，觀察 Z 值的變化。

發展 ▶▶▶

▶ 將優良顧客繪製成圖表

範例
2-08- 發展
Excel 2007 / 2010 版本可使用 2-08- 發展 -2007-2010

要比較的資料若有兩種，將標準化的資料繪製成散佈圖，就能一眼比較。繪製的步驟如下。在圖表裡顯示顧客姓名，將可更清楚資料的散佈情況。若使用不同的 Excel 版本，在圖表裡顯示顧客姓名的步驟也會不同。

插入散佈圖

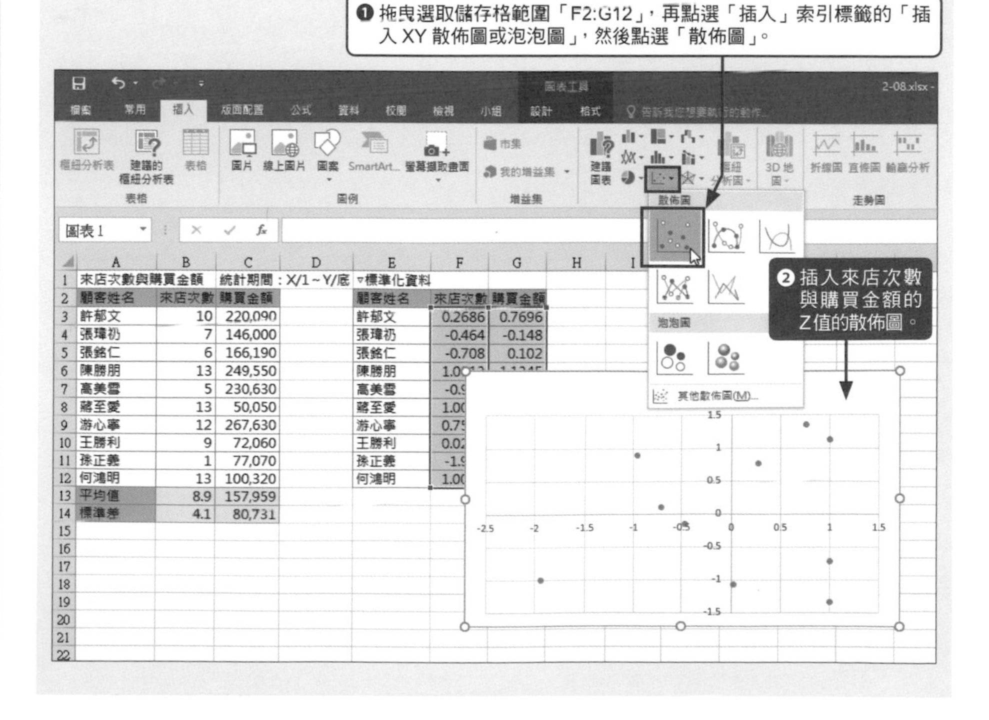

▶按鈕名稱會因 Excel 的版本而改變，所以請點選設計相同的按鈕。

▶請適當地設定圖表的標題、座標軸標題。

在圖表裡新增資料標籤

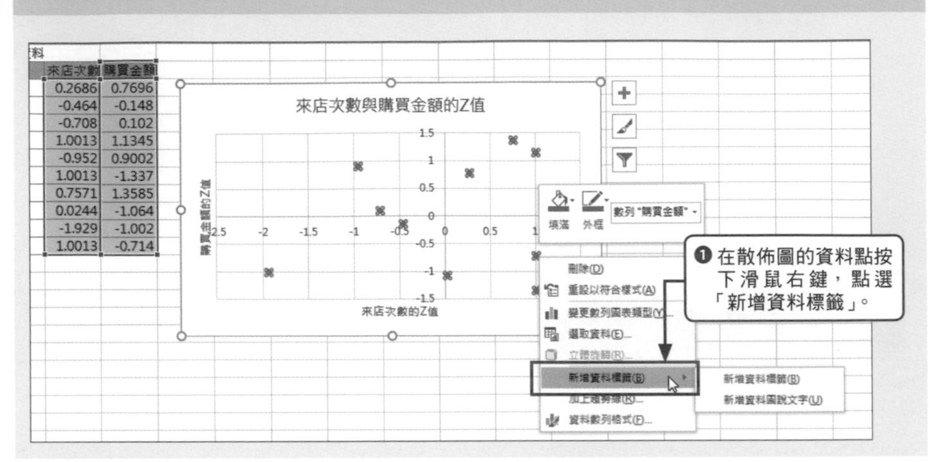

在圖表裡顯示顧客姓名

Excel 2013/2016

▶ Excel 2007/2010 的步驟請參考 P.84。

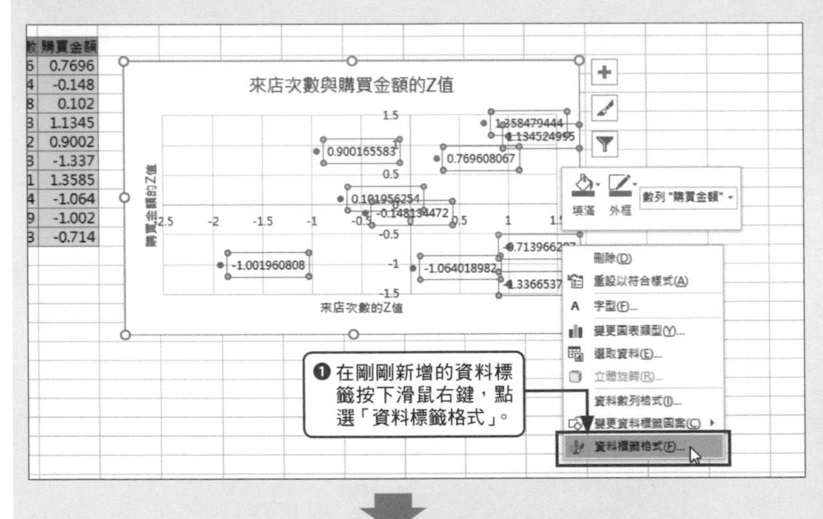

▶若取消「Y 值」，資料標籤會消失，也就無法編輯，所以可在顯示顧客姓名之後再取消。

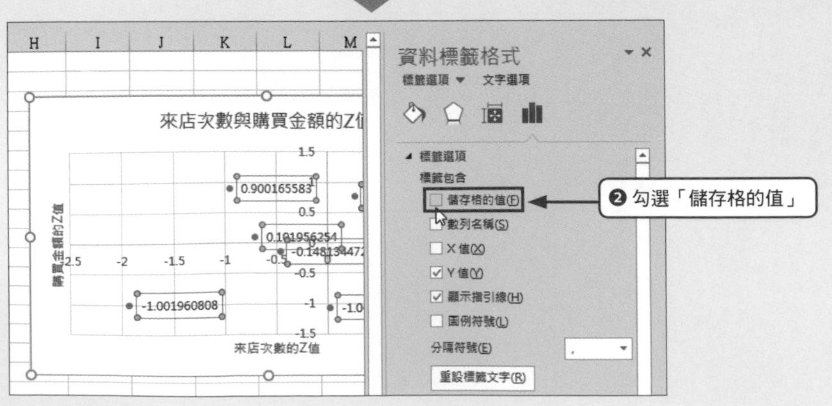

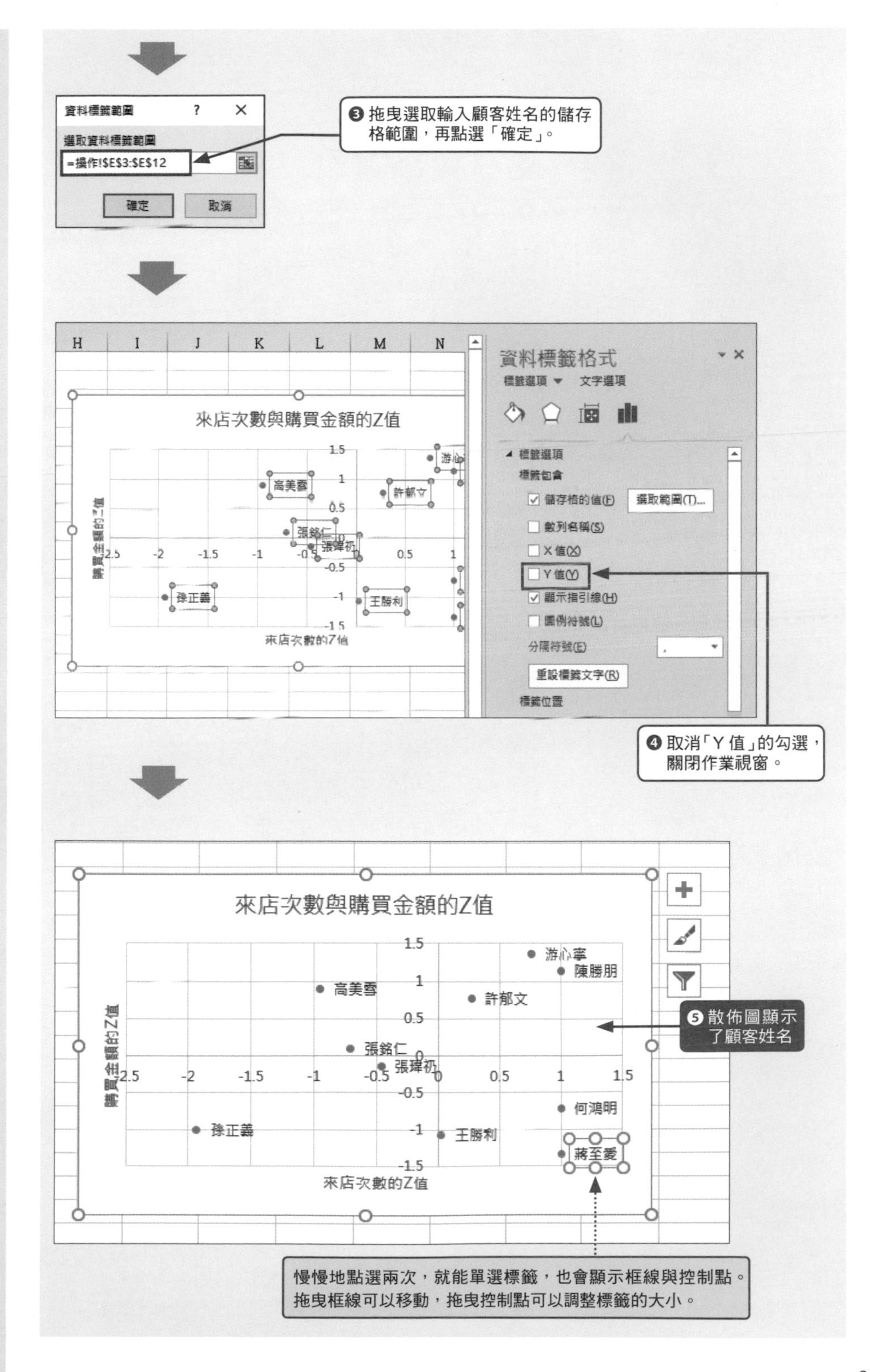
資料標籤範圍
選取資料標籤範圍
=操作!$E$3:$E$12
確定
取消
❸ 拖曳選取輸入顧客姓名的儲存格範圍，再點選「確定」。
資料標籤格式
標籤選項
文字選項
標籤包含
儲存格的值(F)
選取範圍(T)...
數列名稱(S)
X 值(X)
Y 值(Y)
顯示指引線(H)
圖例符號(L)
分隔符號(E)
重設標籤文字(R)
標籤位置
來店次數與購買金額的Z值
購買金額的Z值
來店次數的Z值
❹ 取消「Y 值」的勾選，關閉作業視窗。
游心寧
陳勝朋
高美雪
許郁文
張銘仁
張瑋礽
何鴻明
孫正義
王勝利
蔣至愛
❺ 散佈圖顯示了顧客姓名
慢慢地點選兩次，就能單選標籤，也會顯示框線與控制點。
拖曳框線可以移動，拖曳控制點可以調整標籤的大小。

在圖表裡顯示顧客姓名

Excel 2007/2010

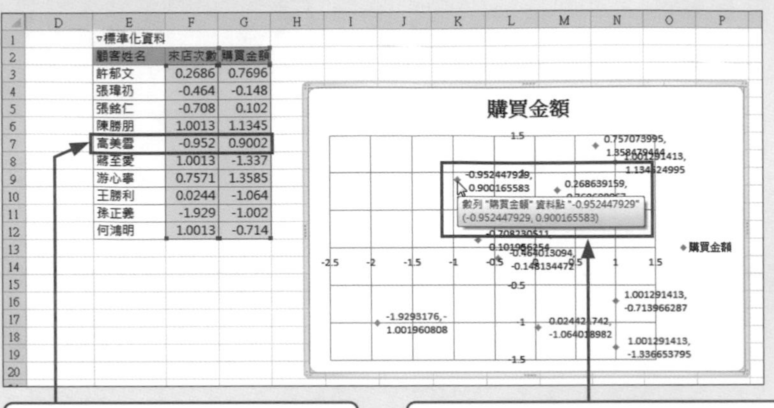

顧客姓名	來店次數	購買金額
許郁文	0.2686	0.7696
張瑋礽	-0.464	-0.148
張銘仁	-0.708	0.102
陳勝朋	1.0013	1.1345
高美雲	-0.952	0.9002
賭至愛	1.0013	-1.337
游心寧	0.7571	1.3585
王勝利	0.0244	-1.064
孫正義	-1.929	-1.002
何鴻明	1.0013	-0.714

❶ 將滑鼠游標移至散佈圖的資料確認內容。

❷ 根據步驟❶的資料確認顧客姓名與儲存格（範例確認的是儲存格「E7」）。

❸ 慢慢地點選兩次資料標籤，單獨選取一個資料標籤。

❹ 點選資料編輯列，輸入「=」，點選儲存格「E7」，再按下 Enter 鍵。

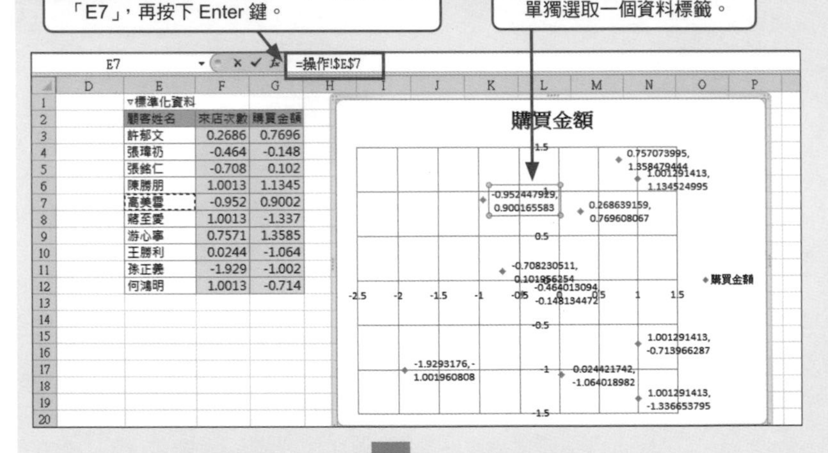

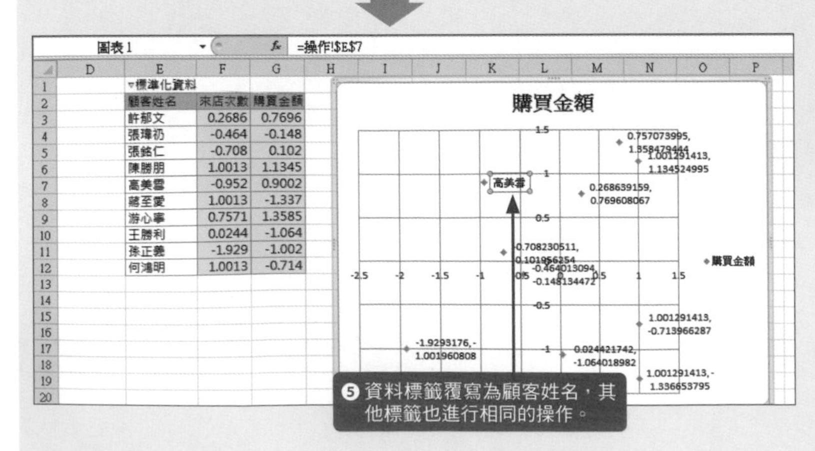

❺ 資料標籤覆寫為顧客姓名，其他標籤也進行相同的操作。

● **圖表的判斷方式**

以十字畫分為四個區域之中，右上角屬於平均以上的區域。此外，若以「0」為中心，±1 的範圍內屬於標準差的範圍。以顧客分析此種例題而言，應該要定期分析，觀察標準值範圍內的顧客的動向，並且擬訂將顧客誘導至右上角區域的計算。

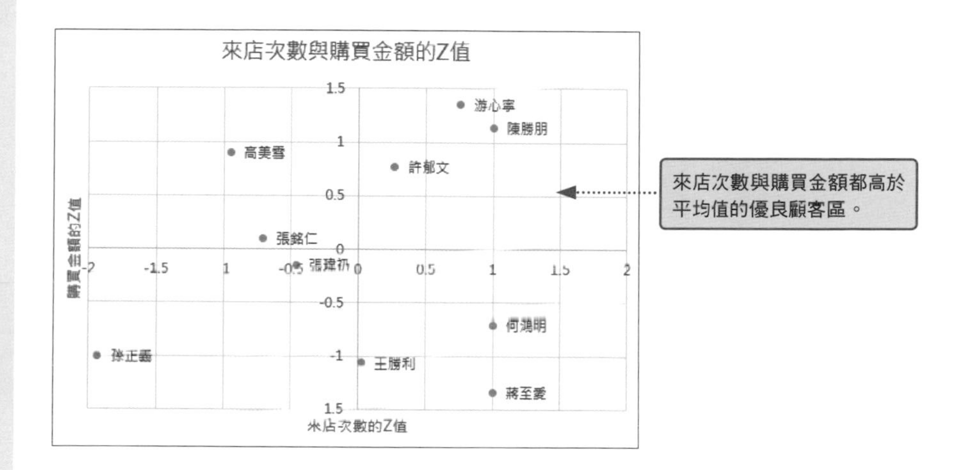

MEMO 以函數標準化資料

要標準化資料可使用 Excel 的 STANDARDIZE 函數。

STANDARDIZE函數 ➡ **換算為標準化資料**

格　式	=STANDARDIZE(x, 平均, 標準差)
解　說	**根據多個數值算出的**平均值與標準差，**標準化指定的資料x。**

●利用函數標準化資料

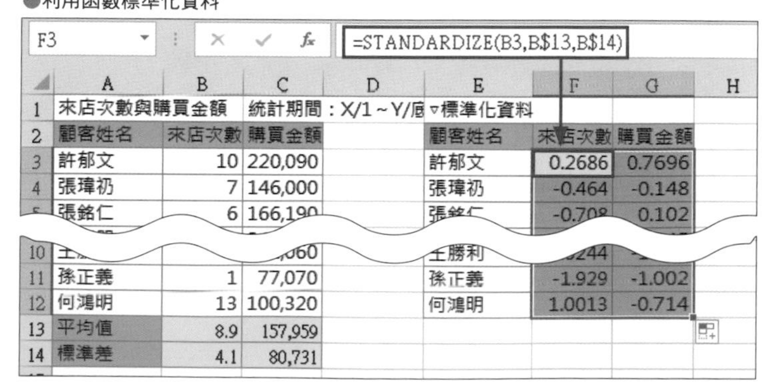

F3 =STANDARDIZE(B3,B$13,B$14)

	A	B	C	D	E	F	G	H
1	來店次數與購買金額		統計期間：X/1～Y/底		▼標準化資料			
2	顧客姓名	來店次數	購買金額		顧客姓名	來店次數	購買金額	
3	許郁文	10	220,090		許郁文	0.2686	0.7696	
4	張瑋礽	7	146,000		張瑋礽	-0.464	-0.148	
5	張銘仁	6	166,190		張銘仁	-0.708	0.102	
10	[illegible]		[illegible]060		王勝利	[illegible]244	[illegible]	
11	孫正義	1	77,070		孫正義	-1.929	-1.002	
12	何鴻明	13	100,320		何鴻明	1.0013	-0.714	
13	平均值	8.9	157,959					
14	標準差	4.1	80,731					

本書之後會一直提到資料的標準化，但使用的都是 P.78 的算式。理由是因為使用算式比較單純，而且還能注意到，標準化的流程是將資料的平均值換算成 0，標準差換算為 1 這件事。不過，知道這個標準化函數也沒有損失。有時間的讀者不妨試著將算式換成函數吧！

練習問題

問題❶ 確認內容量的資料分佈

請根據2-06節的範例1 ～ 3製作次數分配表與直方圖。請繪製圖表確認資料的分佈程度與整合性。

範例
練習：2-renshu1
完成：2-kansei1

●例 1

	A	B	C	D	E	F	G	H	I	J	K	L	M
1	▿商品A的內容量						▿代表值			▿次數分配表		1.00E-10	
2	51.10	50.13	50.44	48.69	47.96		最大值	52.29		分組	上限值	次數	
3	49.86	50.42	50.61	50.10	49.59		最小值	47.96		低於48.65			
4	48.91	52.29	51.76	49.16	49.60		全距	4.33		介於48.65～49.30			
5	50.93	50.42	50.89	49.68	48.74		平均值	50.11		介於49.30～49.95			
6	50.84	49.19	50.15	50.14	50.03		中位數	50.13		介於49.95～50.60			
7	51.67	50.63	48.75	49.54	50.67		眾數	50.1		介於50.60～51.25			
8	50.10	50.12	48.61	48.96	51.80			50.1		介於51.25～51.90			
9	49.32	49.06	50.41	49.88	50.59			50.1		介於51.90～52.55			
10	49.43	52.22	50.49	50.70	50.57			50.1					

上圖為「例1」工作表。請於「例2」、「例3」工作表製作同樣格式的資料。請參考各工作表J欄的分組輸入上限值。

問題❷ 計算偏差值

利用2-08節介紹的標準化資料概念算出下列成績資料的標準化分數。標準化分數的時候，請設計成平均值「50」與標準差「10」。此外，請列出國語與數學都優秀的應試編號。已詳讀P.81發展的讀者請繪製散佈圖，確認兩科目都優秀的區域。

範例
練習：2-renshu2
完成：2-kansei2

●國語與數學的成績資料

	A	B	C	D	E	F	G
1	▿分數資料		各科滿分為100分		▿標準化得分		
2	應試編號	國語	數學		應試編號	國語	數學
3	A001	58	42		A001		
4	A002	65	60		A002		
5	A003	83	92		A003		
6	A004	82	43		A004		
7	A005	51	76		A005		
8	A006	37	46		A006		
9	A007	58	23		A007		
10	A008	94	72		A008		
11	A009	100	95		A009		
12	A010	60	41		A010		
13	平均分數				平均分數		
14	標準差				標準差		

這是計算偏差值的問題。若以平均值「50」、標準差「10」標準化分數資料，就能在忽略科目差異的情況下比較成績。

CHAPTER

03

掌握資料之間的關係

本章要介紹的是相關分析與迴歸分析。這些內容雖然需要用到多筆資料，但可喜的是，現在許多公司或機關行號都會累積許多資料，所以能進行精確度較高的分析。本章介紹的內容在統計分析之中，是與商業特別有關的資料分析，請大家務必熟悉相關的分析方法。

01 兩種資料之間的意外關係

「尿布的業績提升，啤酒的業績也會跟著提升」是找出看似毫無關聯的資料的關聯性，讓業績因此提升的經典案例。這節將為大家解說兩種資料的關聯性與關聯性的強度。

導入 ▶▶▶

例題　「想了解橘子跟暖桌的關係、售價與銷售數量的關係」

調查橘子與暖桌的出貨量之後，整理出下列的資料。下列的資料之間存在著何種關聯性呢？

●橘子與暖桌的年度資料

	A	B	C	D	E
1	年度	橘子的10a的平均出貨量(t)		年度	暖桌
2	民國99年產	1,005,000		民國99年度	713,000
3	民國100年產	743,200		民國100年度	511,596
4	民國101年產	950,500		民國101年度	268,498
5	民國102年產	807,800		民國102年度	322,292
6	民國103年產	893,400		民國103年度	296,456
7	民國104年產	700,100		民國104年度	283,087
8	民國105年產	828,600		民國105年度	241,870
9	民國106年產	757,300		民國106年度	195,931
10	民國107年產	804,400		民國107年度	174,622
11	民國108年產	782,000		民國108年度	201,800
12					
13	出處（左）：	從農林水產省農作調查(果樹)節錄「橘子」的資料再加工			
14	出處（右）：	經濟產業省生產動態統計年報 纖維、生活用品統計篇			
15		節錄「暖桌」資料再加工			

接著是將商品 A 與商品 B 的二十天份售價、銷售數量的資料整理成表格。此外，商品 A 是老字號 A 社的商品，商品 B 是與商品 A 同類的自選商品。商品 A 與商品 B 的價格與數量有何關係存在呢？

●商品 A 與商品 B 的售價與銷售數量

	A	B	C	D	E
1	▿商品A			▿商品B	
2	售價	銷售數量		售價	銷售數量
3	711	15		441	54
4	320	138		544	74
5	602	14		579	72
6	662	27		400	62
18	503	95		526	64
19	503	54		589	70
20	765	18		404	52
21	646	26		466	53
22	362	125		550	92
23					

▶ 繪製散佈圖， 具體呈現資料

要了解兩種資料的關聯性，繪製成散佈圖，「用眼睛直接觀察」是最基本的做法。橘子與暖桌的出貨數量關係以及商品 A 的售價與銷售數量的散佈圖如下：

●橘子與暖桌的關係

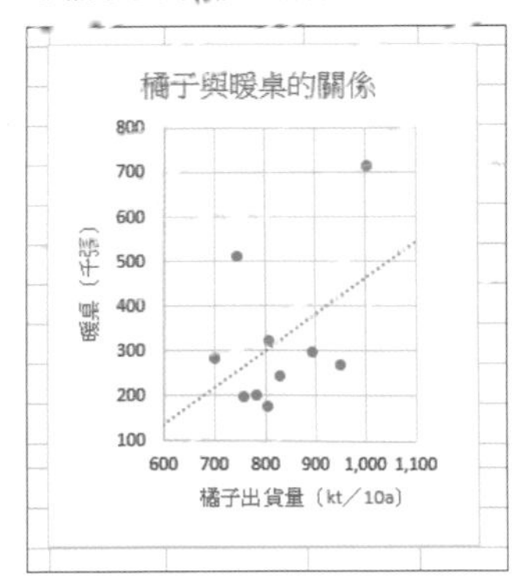

●商品 A 的銷售與銷售數量的關係

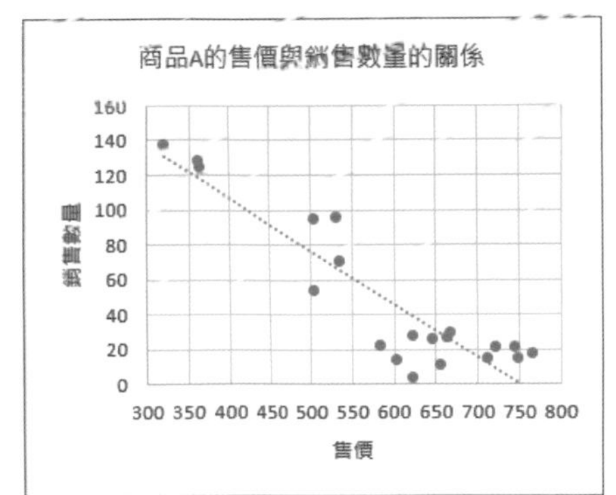

● 正相關與負相關

橘子與暖桌的出貨量隱約呈現往右上角攀升的關係。往右上角攀升的意思代表橘子的出貨量增加，暖桌的出貨量就會增加，相對的，某方面減少，另一方面也會減少，而這種關係稱為「正相關」。

商品 A 的售價與銷售數量則呈現價格下滑，銷售數量就增加的關係，也就是往右下角滑落的關係。這種一邊增加，另一邊就減少的關係稱為「負相關」。

● 相關與因果

橘子與暖桌似乎存在著相互影響的關係，但這能代表橘子熱賣，暖桌就跟著熱賣嗎？還是說，暖桌熱賣，所以橘子才熱賣呢？哪邊是起因，哪邊又是被影響的一邊，無法就此下定論。儘管這兩種資料存在著關聯性，卻無法了解因果關係。這就是有關聯性，卻無法斷定有因果關係的例子之一。

一般來說，兩種資料若有因果關係，原因應該會先於結果。以價格與數量而言，售價通常會先決定，而消費者是看了價格才購買，所以因果關係會成立。

Column 要注意間接相關

間接相關是指表面上的相關關係，稱為虛假相關。

下例是 20 歲的人口推移與啤酒銷售量的關係。看起來很像是正相關。人口對啤酒的銷售量會產生影響是很自然的邏輯，所以也會覺得有因果關係存在。可是，啤酒的銷量資料應該是以 20 歲以上的成人為目標才對。所以，要調查人口與啤酒銷量的關聯性，至少該調查以 20 歲為對象的銷售量，或是各年層與啤酒銷量的關聯性，而這也是因為我們根本不知道 20 歲的人口與啤酒的銷量有何關係，也有可能是因為其他年齡層的飲酒量下滑，說不定下圖只是剛好看起來有相關而已。

一般來說，大型的資料，例如全國資料、以年為單位的資料都會挾雜各種因素，所以有可能會產生間接相關。就這層面而言，剛剛提到的橘子與暖桌也有可能出現間接相關的問題。暖桌的減少有可能是因為人們的生活方式改變，橘子也可能是因為與水果完全無關的因素而減少。如果太過在意間接相關，就無法有新的發現，所以只要手邊有在意的兩種資料，不妨調查看看兩者之間的關聯性。

▶右圖雖然沒有清楚地說明是間接相關，但也不能就表面的結果照單全收。

● 20 歲人口與啤酒銷量的關係

年度	20歲人口	啤酒
2000年	1,582	5,185
2001年	1,513	4,622
2002年	1,489	4,132
2003年	1,491	3,783
2004年	1,472	3,617
2005年	1,421	3,408
2006年	1,373	3,305
2007年	1,341	3,215
2008年	1,300	2,986
2009年	1,258	2,844
2010年	1,201	2,764
2011年	1,190	2,690
2012年	1,205	2,685
2013年	1,189	2,665

出處：根據「人口推算」(總務省統計局)(http://www.stat.go.jp)修訂
根據「酒的書籤」(國稅廳(jttp://www.nta.go.jp)修訂

20歲人口與啤酒銷量的關係
啤酒（千kl）
20人口（千人）

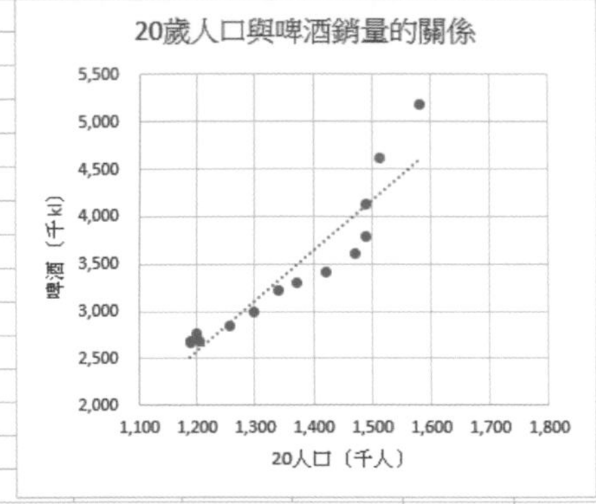

▶ 以相關係數說明相關性強烈的數值

根據兩種資料繪製散佈圖之後，會出現明確地或隱約地呈線性的分佈情況。不過，是否呈線性，線性是否明確或隱約，都是「肉眼的主觀判斷」，每個人都有不同的結論。所以，需要佐以能達成共識的客觀數值。相關係數就是代表兩種資料的結合度，也就是以 ±1 的範圍代表相關性強度的數值。

下圖的①②③是可解讀為朝右上發展的正相關。相關係數為正，越是明確地朝右上發展的話，數值越接近 1。⑤⑥⑦則可解讀為往右下發展的負相關，越是明確地往右下發展，相關係數就越接近負 1。④可解讀為毫無相關，相關係數也接近 0。看起來毫無相關，所以可稱為無相關。

●關聯性的強度

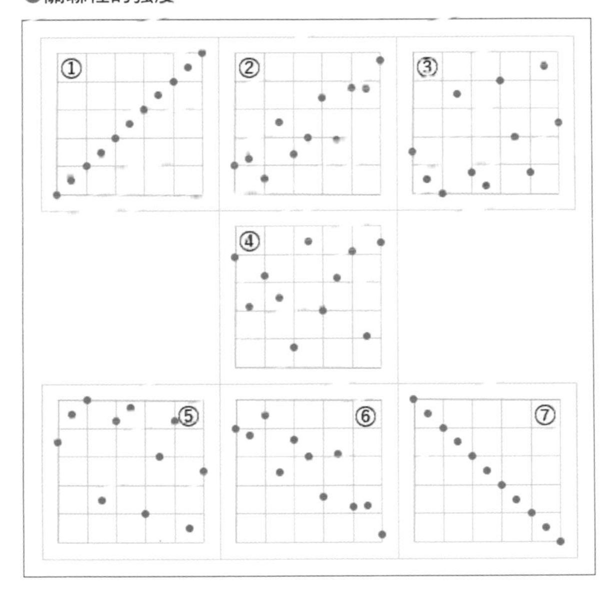

▶相關係數的導出請參考 P.94。

相關係數與相關性強度的參考標準如下。每一種文獻裡的係數臨界值都不同，有的也很曖昧不明，但本書是根據下列表格的標準分析。此外，相關係數以「R」或「r」標記。

●相關係數與相關性強度

正相關	負相關	相關性強度
0 ≦ R < 0.2	-0.2 < R ≦ 0	無相關
0.2 ≦ R < 0.5	-0.5 < R ≦ -0.2	低度相關
0.5 ≦ R < 1	-1 < R ≦ -0.5	高度相關
R=1	R=-1	完全相關

實踐 ▶▶▶

▶ Excel 的操作① ： 繪製散佈圖

範例

3-01「商品 A」工作表

一般來說，圖表的橫軸是原因，直軸是結果。Excel 的散佈圖會將表格的左側（上方）當成橫軸。這次要繪製商品 A 與商品 B 的價格與數量的散佈圖，直接確認相關性與相關性的強度。為了方便比較商品 A 與商品 B，我們要先利用商品 A 的資料繪製散佈圖，再將散佈圖複製到商品 B 的工作表。

繪製商品A的散佈圖

❶ 選取儲存格範圍「A2:B22」，再從「插入」索引標籤點選「插入 XY 散佈圖或泡泡圖」，然後點選「散佈圖」。

❷ 插入散佈圖

▶進行步驟❶的時候，按鈕名稱會因 Excel 的版本而不同，請點選設計相同的按鈕。

	A	B
1	▿商品A	
2	售價	銷售數量
3	711	15
4	320	138
5	602	14
6	662	27
7	532	96
8	722	21
9	534	71
10	667	30
11	656	11
12	361	128
13	745	21
14	623	4
15	583	22
16	623	28
17	748	15
18	503	95
19	503	54
20	765	18
21	646	26
22	362	125

D2：相關係數　D4：▿散佈圖　圖表標題：銷售數量

●圖表的編輯

圖表標題	商品 A 的售價與銷售數量的關係
座標軸標題	直軸標題：銷售數量
	橫軸標題：售價
刻度	直軸刻度：0 ～ 160 單位 20
	橫軸刻度：300 ～ 8000 單位 50

▶圖表的編輯
→ P.30
為了避免圖表刻度變動，Excel 2007／2010 請選取「固定」，Excel 2013／2016 請設定成顯示「重設」的狀態。

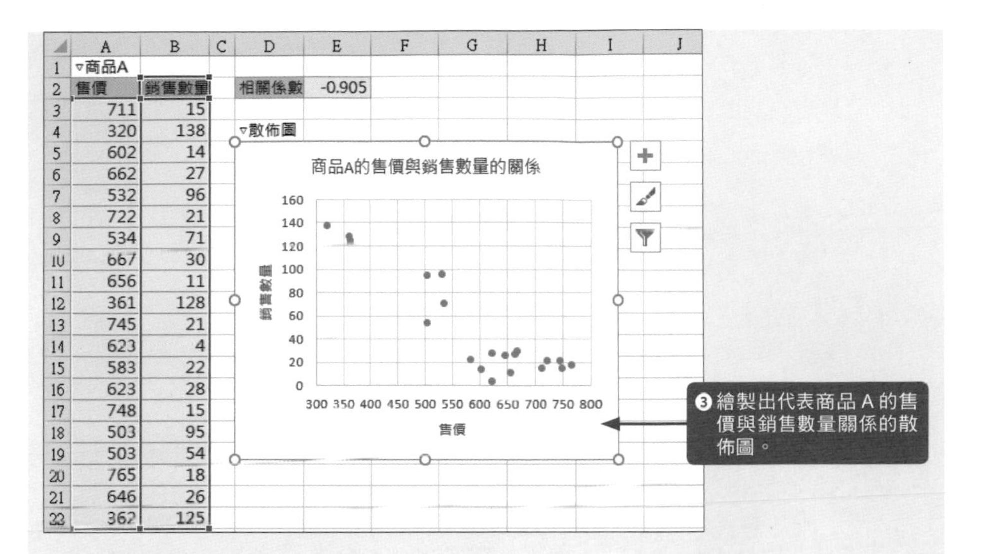

繪製商品B的散佈圖

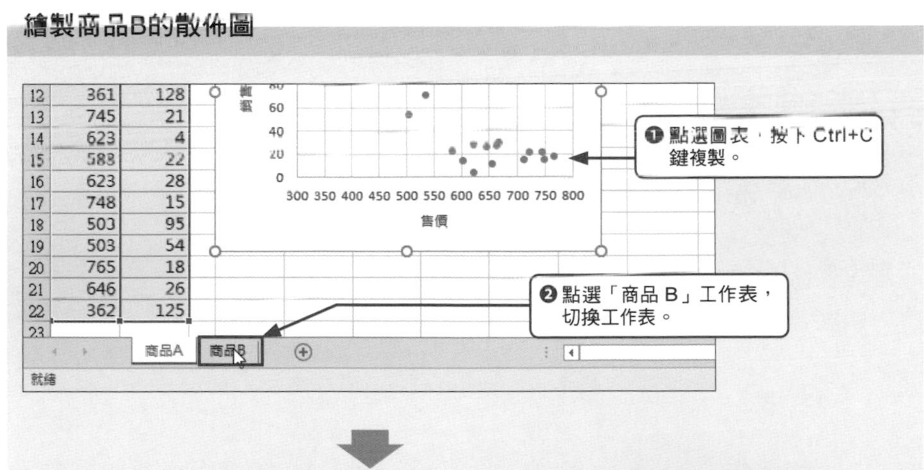

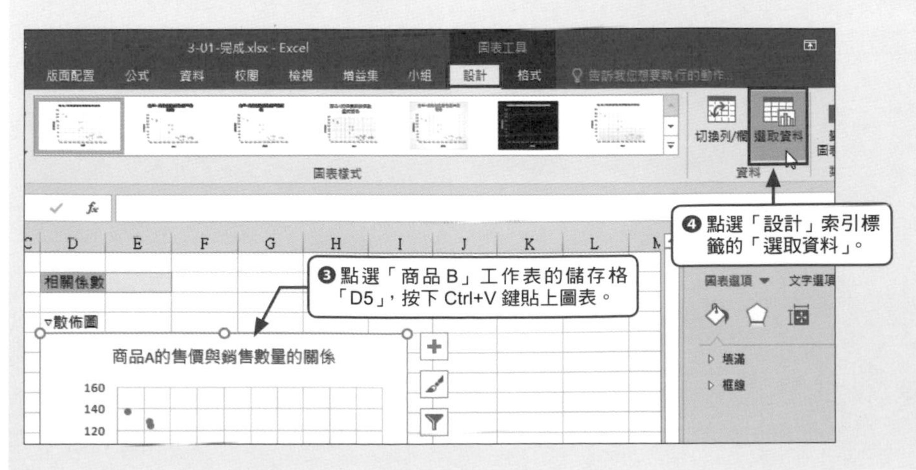

Excel 2007/2010
▶「選取資料」位於功能區從左數來第四個的位置。

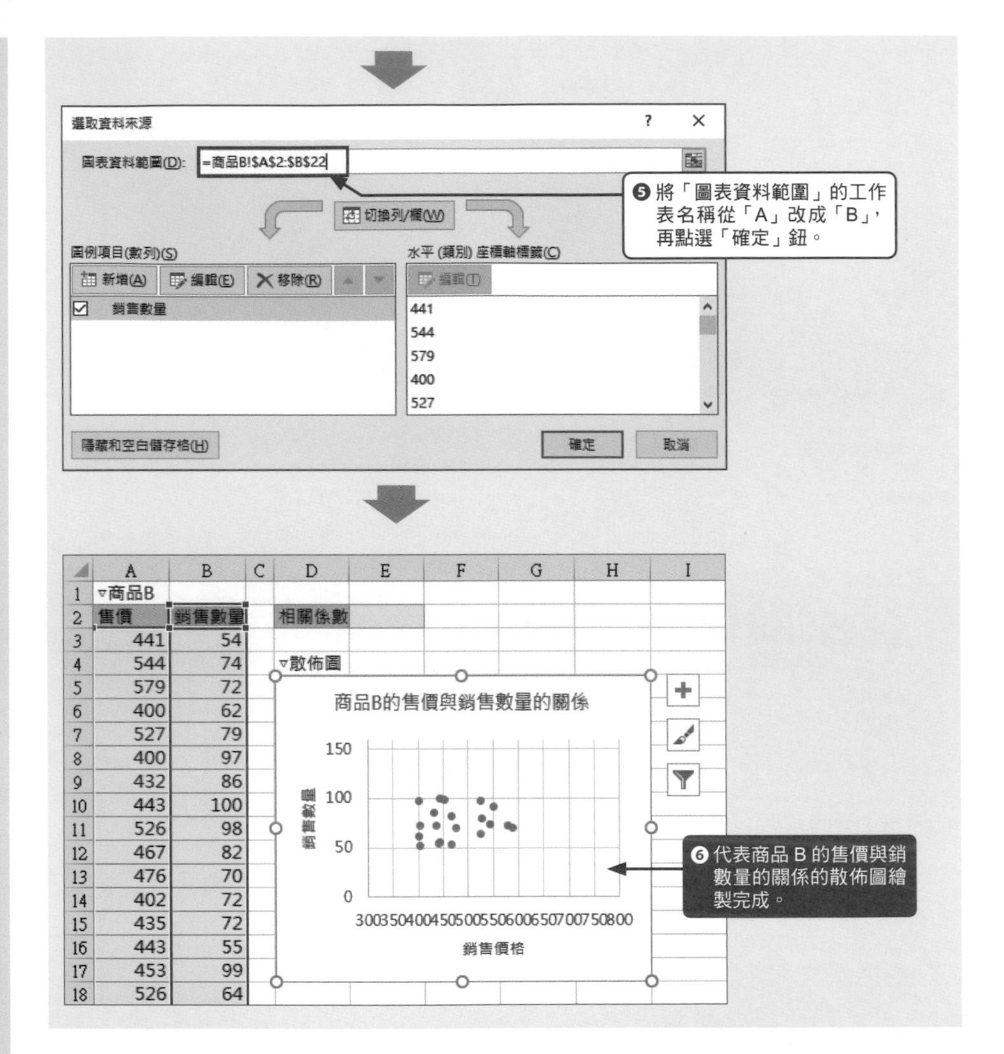

▶將圖表標題變更為「商品 B」。

▶圖表刻度會自行變動時，有可能是因為複製來源的商品 A 圖表的刻度不固定。不需要重新操作，只需要以設定商品 A 的方式重新設定一次即可。

▶ Excel 的操作② ： 計算相關係數

接著要計算商品 A 與商品 B 的相關係數。相關係數可利用 CORREL 函數計算。函數可同時於多個工作表輸入，所以請先選取「商品 A」與「商品 B」工作表再輸入。

CORREL函數 ➡ 計算兩種資料的相關係數

格　式	=CORREL(陣列1, 陣列2)
解　說	將輸入兩種資料的儲存格範圍指定給陣列1、陣列2參數，算出相關係數。
補 充1	為了讓儲存格範圍裡的儲存格能互相對應，陣列1與陣列2的欄數×列數必須一致。
補 充2	由於是以不知道原因與結果的關係為前提，所以就算把陣列1與陣列2指定的儲存格範圍互換，也會得出相同的結果。

計算售價與銷售數量的相關係數

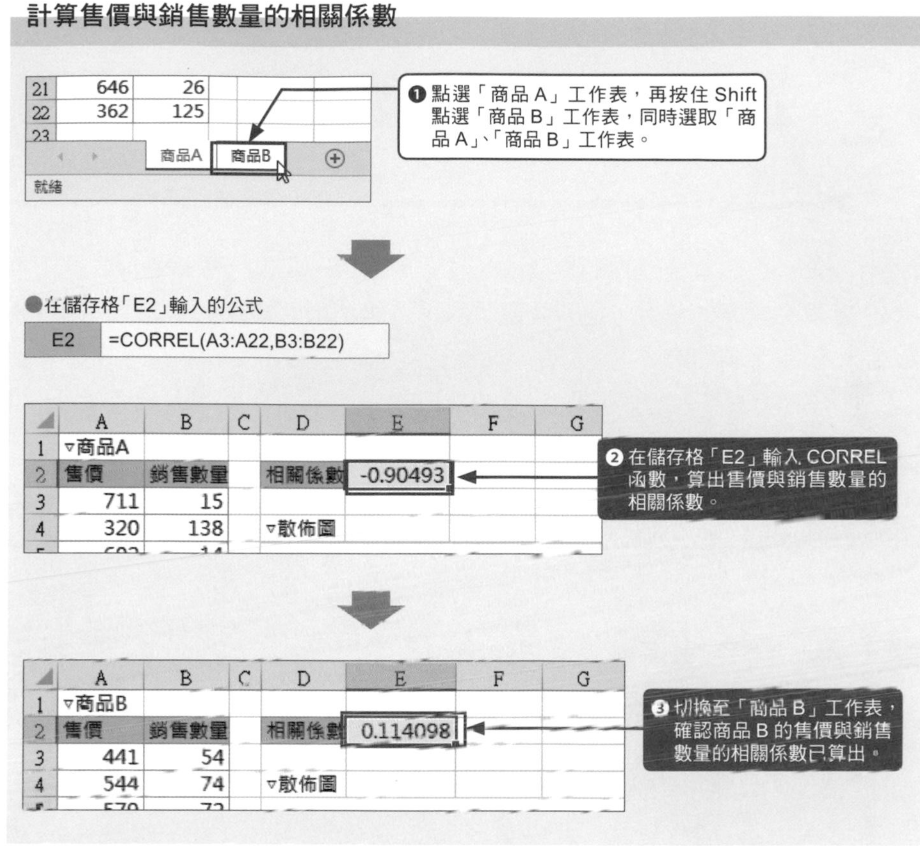

▶點選「商品 B」工作表標題就能解除工作群組。此外，在工作表標題按下滑鼠右鍵，選擇「取消工作群組設定」也能解除工作群組。

▶ 判讀結果

從散佈圖可以得知，老字號的商品 A 呈現向右下角下滑的負相關，相關係數也是「-0.9」，屬於高度相關。由此可知，老字號的商品 A 的銷售數量與售價的變化息息相關。

在經濟學的領域裡，銷售數量與價格的變化息息相關也就是需要價格彈性很高的商品。此類商品是適合打折扣特賣的商品。如果將老字號的商品 A 當成招牌商品打廣告，很有機會招攬更多的客人。

銷售數量與價格的變化沒什麼關聯時，稱為需要價格彈性較低的商品。此時，就算降價，銷售數量也不會因此增加，漲價也不會導致銷售數量下滑。就散佈圖而言，自選品牌的商品 B 的資料看不出相關性，相關係數也是「0.11」，所以售價與銷售數量的關係為無相關。價格的變化不會造成銷售數量的增減，所以商品 B 是價格彈性較低的商品。這種商品不需降價，以一般的價格銷售才能對業績有所貢獻。

02 利用手邊的資料計算預測值

兩種資料之間呈現線性的相關關係時，可繪製一條逼近資料的線條，根據繪製線條的公式計算沒有資料的位置。這節挑選了兩種透過企業活動收集，能說明線性相關關係的資料，介紹預測業績的方法。

導入 ▶▶▶

例題 「想根據廣告費預測營業額」

下圖是過去三年內的每月廣告費與營業額資料。根據這些資料繪製散佈圖之後，發現廣告費的多寡與營業額呈正相關。

該如何根據廣告費預測營業額呢？

●每月廣告費與營業額資料

▿營業額與廣告費資料

年	月	廣告費	營業額
X0年	1月	3,400	13,838
X0年	2月	1,097	11,025
X0年	3月	1,067	12,525
X0年	4月	473	12,225
X0年	5月	848	12,675
X0年	6月	531	12,413
X0年	7月	3,358	13,425
X0年	8月	4,010	13,500
X0年	9月	862	12,413
X0年	10月	1,108	12,638
X0年	11月	1,519	12,000
X0年	12月	1,454	12,938
X1年	1月	1,118	11,625
X1年	2月	1,025	10,838
X1年	3月	908	12,225
X1年	4月	945	12,075
X1年	5月	488	12,563
X1年	6月	864	12,563
X1年	7月	2,562	13,800
X1年	8月	2,945	13,913
X1年	9月	3,746	14,288
X1年	10月	1,041	12,225
X1年	11月	503	12,413
X1年	12月	2,738	13,613

▿散佈圖與趨勢線

廣告費與營業額的關係

營業額（千元）

廣告費（千元）

往右上角揚升的正相關

▶ 選擇要預測的資料與說明預測的資料

以發現新事物為目的時，可調查各種資料的相關性，但是像例題這種要透過資料計算預測值導候，就必須挑選出要預測的資料以及說明預測的資料。例題是以廣告費說明營業額，想以廣告費預測營業額。

在統計學裡，要預測（想知道）的資料稱為目標變數，說明預測值的資料稱為解釋變數。之所以是變數，是因為這些變數並非常數。常數就是不管發生什麼事都恆定的數值，但營業額會隨著廣告費變動，所以是變數，廣告費的值也不一定。如果是固定的費用，就不需要預測了。雖然公式裡面會出現常數，但這世界裡的大部分資料應該都是變數才對。

▶ 有無特異值可利用散佈圖確認

預測值可透過計算求出。要計算就需要公式。公式就是在根據兩種資料繪製而成的散佈圖繪製一條逼近資料的直線，求出代表直線的算式。因此，散佈圖之中若有特異值，就會對逼近資料的直線帶來不良的影響。

在 P.43 說明的是，要不要排除偏差值這類特異值得視情況而定，而且偏差值不一定非得排除。不過，計算預測值的時候，這類特異值會造成不良的影響，所以可在確認偏差的原因之後排除。此時，若想讓相關係數接近 ±1，就不必刻意將不是偏差的資料排除。話說次數來，有些資料的確很難判斷是否為偏差值，而這時候就能利用「殘差」判斷。殘差將在 P.105 與 P.116 說明。

▶ 利用迴歸分析計算預測值

迴歸分析是將資料的關聯性化為具體的公式，再從公式計算預測值的分析手法。資料的關聯性是以目標變數與解釋變數呈現直線關係為前提，這種直線關係又稱為線性關係，代表直線關係的公式又稱為迴歸公式。當目標變數只有一個時，稱為單元迴歸分析。迴歸公式如下：

單元迴歸分析的迴歸公式：$y = ax+b$　y: 目標變數　x: 解釋變數

以例題而言，在迴歸公式的 x 輸入廣告費，就能算出營業額預測值 y。

● 迴歸曲線的繪製方法

迴歸曲線是逼近兩種資料的曲線（本節是直線）。之所以寫成曲線，是因為直線只是變得筆直的曲線，這跟正方形與長方形都是四邊形的一種是同樣的道理。迴歸曲線雖然可目測繪製，但一般來說，需要符合兩項規則。

① **迴歸曲線必須通過平均值。**

以例題而言，線性的迴歸曲線會通過營業額平均值與廣告費平均值。

② **繪製迴歸曲線時，必須讓散佈圖裡的每項資料與迴歸曲線之間的距離縮至最小。**

資料與迴歸曲線之間的距離稱為殘差。殘差就是直軸資料，也就是目標變數的資料與迴歸曲線上的預測值「y」之間的差距。

●迴歸曲線與殘差

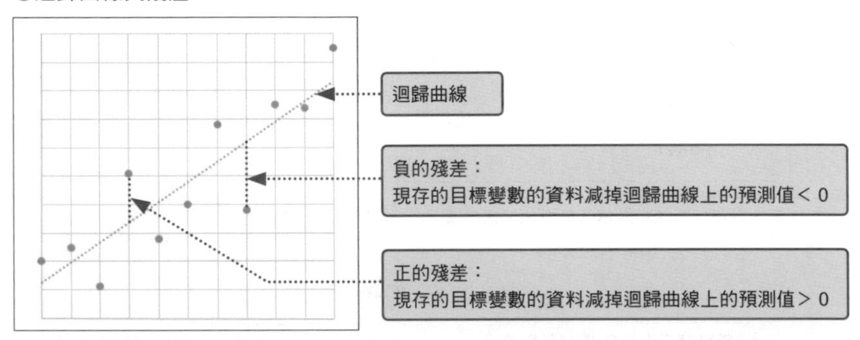

▶ 判斷迴歸曲線能不能用於預測

▶嚴格來說，繪製曲線時，必須讓殘差的平方和縮至最小。

即使遵守上述規則，繪製了殘差為最小值的迴歸曲線，迴歸曲線的預測精確度仍會受到相關性的強弱而影響。直覺上，相關係數的絕對值（無符號的大小）越接近 1，精確度有可能越高。這個直覺基本上是正確的，在迴歸分析裡，會利用相關係數乘以平方的決定係數判斷。相關係數的範圍介於 -1 ～ 1，而乘以平方代表不再會有負數，所以決定係數的範圍會在 0 ～ 1 之間。越接近 1 代表預測的精確度越高，但只要超過 0.5，就代表迴歸公式可用於預測。決定係數「0.5」代表迴歸公式可說明 50% 的資料。此外，決定係數是相關係數的平方，所以又寫成「R 平方值」或「R^2」。

實踐 ▶▶▶

▶ Excel 的操作① ： 在散佈圖裡繪製趨勢線

範例 3-02

Excel 可在代表兩種資料相關係的圖表裡繪製各種趨勢線、代表趨勢線的公式以及追加決定係數。這次使用的是迴歸分析，所以趨勢線也選用能說明直線關係的「線性」。此外，可確認迴歸曲線通過資料的平均值。

繪製散佈圖

請參考 P.92 的步驟，繪製廣告費為橫軸、營業額為直軸的散佈圖。此外，請在儲存格「G2」輸入 CORREL 函數，算出相關係數。

Excel 2007/2010

▶直軸的刻度線可點選「版面配置」索引標籤→「格線」→「主垂直格線」→「次要格線」。

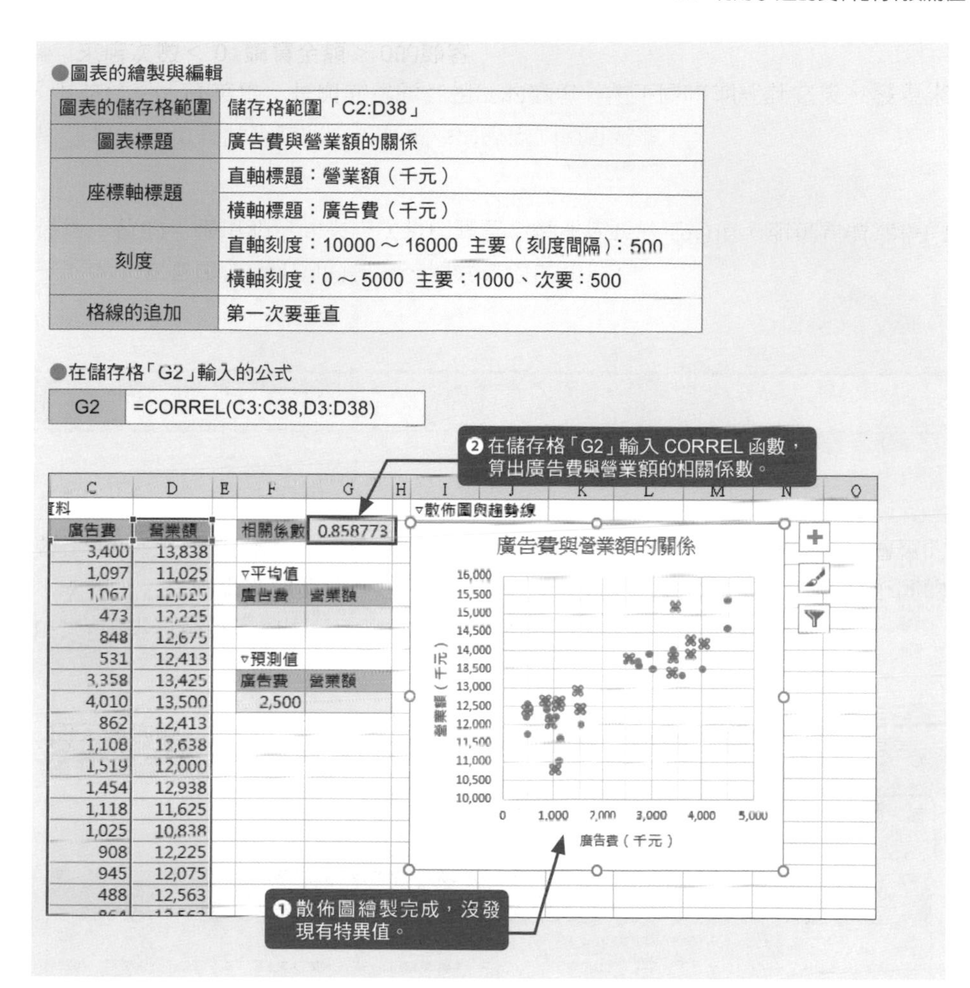

●圖表的繪製與編輯

圖表的儲存格範圍	儲存格範圍「C2:D38」
圖表標題	廣告費與營業額的關係
座標軸標題	直軸標題：營業額（千元）
	橫軸標題：廣告費（千元）
刻度	直軸刻度：10000～16000 主要（刻度間隔）：500
	橫軸刻度：0～5000 主要：1000、次要：500
格線的追加	第一次要垂直

●在儲存格「G2」輸入的公式

G2	=CORREL(C3:C38,D3:D38)

追加趨勢線

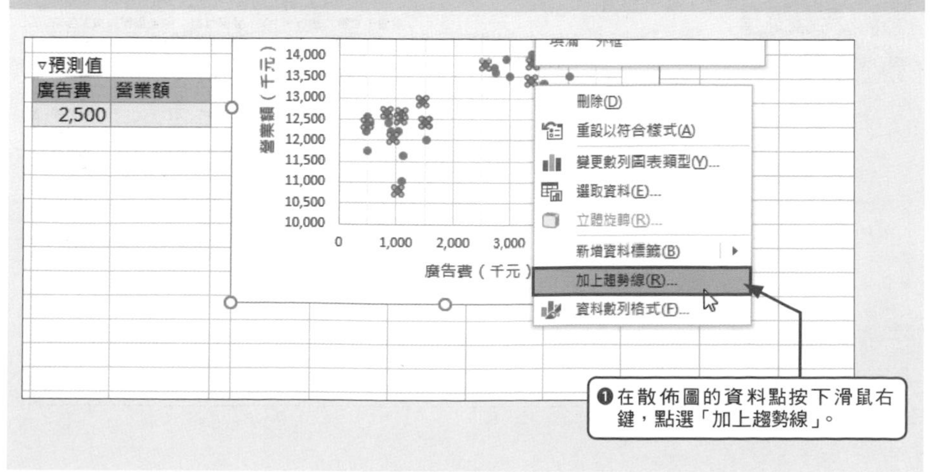

Excel 2007/2010
▶步驟❷❸可於對話框操作。

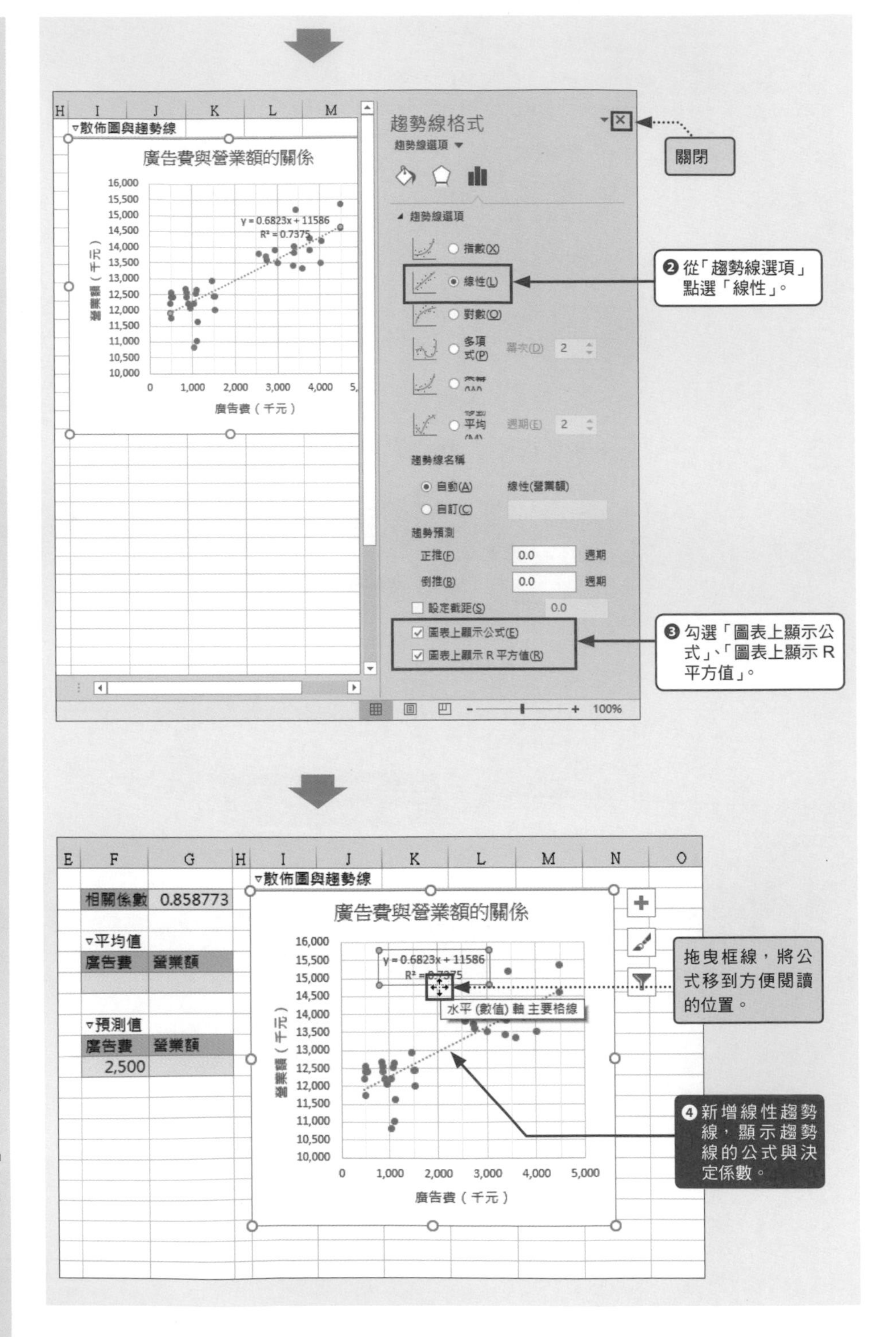

▶公式與 R 平方值也能以平常編輯文字的方式編輯。可從「常用」索引標籤的「字型大小」調整文字大小。請適當地調整大小，以便更容易閱讀。

確認迴歸曲線通過資料的平均值

●在儲存格「F6」輸入的公式

F6	=AVERAGE(C3:C38)

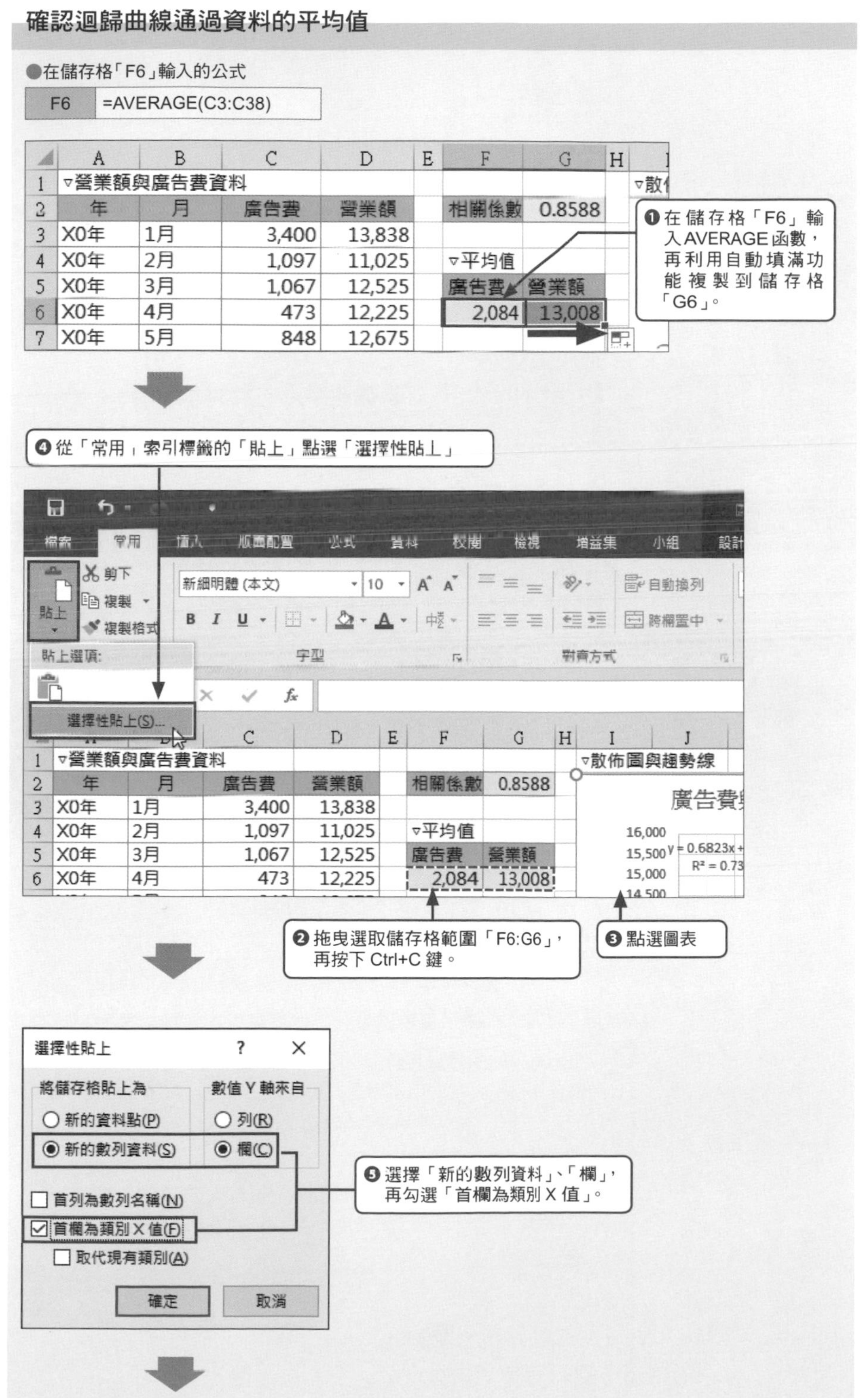

►「首欄為類別X值」的意思就是將「廣告費」當成橫軸資料使用。

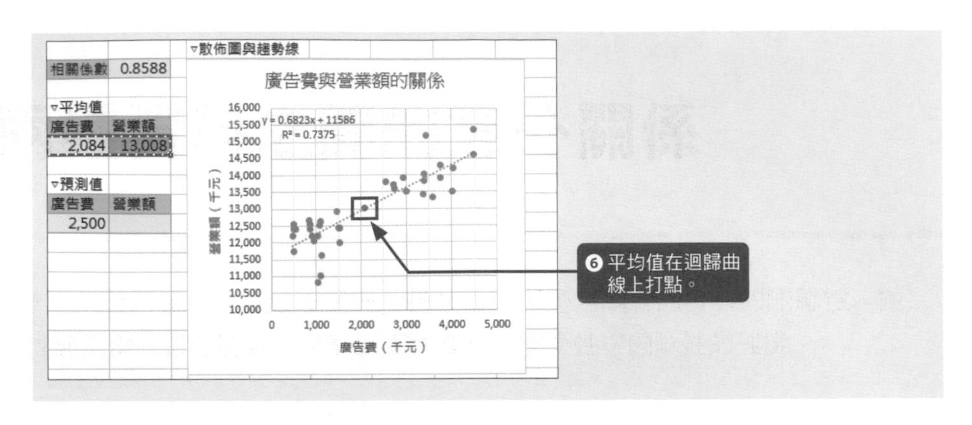

▶ Excel 的操作②：根據迴歸公式計算預測值

接著要利用圖表裡的迴歸公式計算預測值。

根據廣告費計算營業額預測值

●在儲存格「G10」輸入的公式

G10	=0.6823*F10+11586

	A	B	C	D	E	F	G	H	I
1	▿營業額與廣告費資料								▿散佈圖與趨
2	年	月	廣告費	營業額		相關係數	0.8588		
3	X0年	1月	3,400	13,838					
4	X0年	2月	1,097	11,025		▿平均值			
5	X0年	3月	1,067	12,525		廣告費	營業額		
6	X0年	4月	473	12,225		2,084	13,008		
7	X0年	5月	848	12,675					
8	X0年	6月	531	12,413		▿預測值			
9	X0年	7月	3,358	13,425		廣告費	營業額		
10	X0年	8月	4,010	13,500		2,500	13,292		
11	X0年	9月	862	12,413					
12	X0年	10月	1,108	12,638					
13	X0年	11月	1,519	12,000					
14	X0年	12月	1,454	12,938					

❶ 在儲存格「G10」輸入計算預測值的公式，算出營業額的預測值。

MEMO 迴歸公式顯示為指數時

有時圖表裡的迴歸公式會如下圖般以指數格式顯示。指數格式是數值簡化的格式，無法於計算預測值的公式使用。若是以指數格式顯示，請試著變更顯示格式。

●以指數格式顯示的迴歸公式

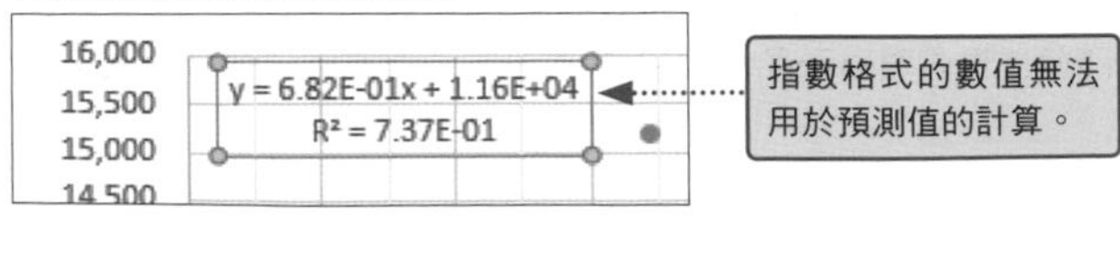

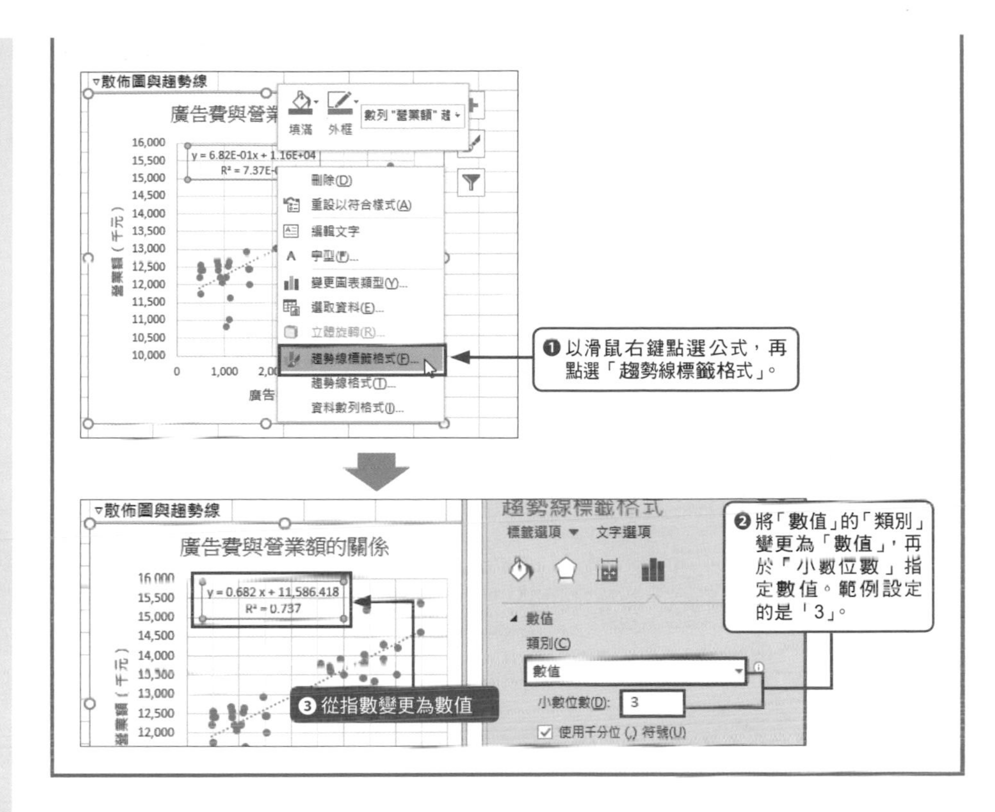

▶ 判讀結果

這次在廣告費與營業額的散佈圖繪製線性趨勢線，根據迴歸公式算出預測值。追加趨勢線的時候，與迴歸公式一同顯示的 R 平方值約為「0.74」，代表迴歸公式可說明約 74% 的資料。超過 0.5 就代表迴歸公式可用於預測，所以這個迴歸公式可說是高精確度的公式。

不過，相關係數與決定係數是「相關係數的平方 = 決定係數」以及「決定係數的平方根 = 相關係數」的關係，所以將用於預測的迴歸公式的決定係數「0.5」換算為相關係數後，大概是「±0.7」。相關係數「±0.7」算是高度相關，大概是目測就能看出散佈圖的資料呈現高度相關的程度。如果要用於預測的話，就必須是高度相關。

再者，例題只將廣告費設定為說明營業額的變數，但也可以利用多個解釋變數預測營業額。有多個解釋變數的迴歸分析稱為多元迴歸分析，我們也將在下一節為大家解說。

● 計算目標營業額所需的廣告費

迴歸公式是「y=ax+b」，所以只要先決定「y」的營業額，符合「y」的廣告費「x」就能以「x=(y-b)/a」這種來自「y=ax+b」的公式算出。舉例來說，若希望營業額能達到「12000」，可利用下列的公式算出廣告費。算出的廣告費為「606.77」，大約是花費 61 萬的費用就能達到目標營業額。

12000 = 0.6823 × 廣告費 + 11586

● 迴歸公式的斜率與截距

單元迴歸分析的迴歸公式是「y=ax+b」，其中的「a」稱為斜率，「b」稱為截距。在廣告費與營業額的關係之中，相當於「b」的「11586」是廣告費為「0」之際的營業額，可解釋成不打廣告，營業額也有「11586」，但是不代表什麼都不做就能有「11586」的營業額。

營業額本來就無法只憑廣告費說明，而是以各種解釋變數組成的金額，所以應該解釋成截距「b」是即使不花廣告費，利用其他的解釋變數也能預測出營業額為「11586」的結果。

相當於「a」的「0.6823」千元可解釋成從各種說明營業額的資料之中挑出廣告費時，每一千元廣告費的營業額貢獻度，或是對營業額的影響力。

●說明營業額的資料範例

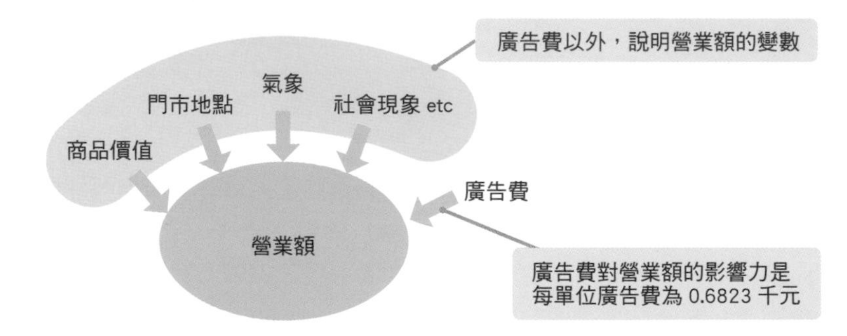

發展 ▶▶▶

▶ 可用於單元迴歸分析的函數

接著要介紹可用於單元迴歸分析的函數。計算預測值時，用於計算的數值位數比圖表裡的迴歸公式還多，可算出更為精確的值。不過，預測值終究只是預測，再怎麼精確也沒什麼意義。使用函數的優點在於原始資料有所變更時，算出來的值也會跟著變更。

RSQ函數 ➡ 計算線性趨勢線的決定係數

格 式　=RSQ(已知的y、已知的x)

解 說 以已知的y與已知的x為線性近似關係為前提，計算迴歸曲線的適用性，並於0 ～ 1的範圍顯示結果。已知的x為解釋變數，已知的y為目標變數。

FORECAST函數 ➡ 計算線性趨勢線的預測值

格 式 =FORECAST(x, 已知的のy, 已知的のx)

解 說 以已知的y與已知的x為線性近似關係為前提，計算指定的x的預測值。是以已知的x說明已知的y的關係，x與已知的x是同一種資料。

補 充1 從Excel 2016之後，此函數就更名為FORECAST.LINE，但Excel 2016仍舊能使用FORECAST函數。

SLOPE函數 ➡ 計算線性單元迴歸公式的斜率
INTERCEPT函數 ➡ 計算線性單元迴歸公式的截距

格 式 =SLOPE(已知的のy, 已知的のx)

格 式 =INTERCEPT(已知的のy, 已知的のx)

解 說 以已知的y與已知的x為線性近似關係為前提，利用SLOPE函數計算迴歸公式「y=ax+b」的斜率a，利用INTERCEPT計算截距b。已知的x為解釋變數，已知的y為目標變數。

利用函數導出迴歸公式與計算預測值

▼在儲存格「F14」、「G14」、「G17」、「G21」輸入的公式

F14	=SLOPE(D3:D38,C3:C38)	G14	=INTERCEPT(D3:D38,C3:C38)
G17	=RSQ(D3:D38,C3:C38)	G21	=FORECAST(F21,D3:D38,C3:C38)

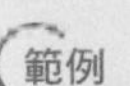

範例

輸入的函數可於3-02「發展」工作表確認。

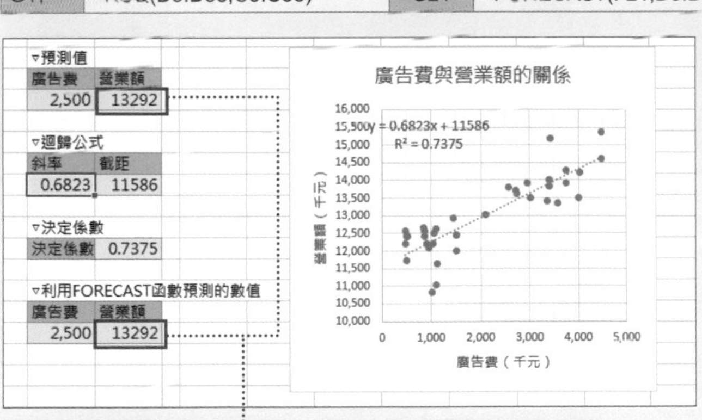

利用圖表裡的迴歸公式與FORECAST函數分別計算的預測值。嚴格來說還是有點出入，但可視為相同。

▶ 迴歸曲線的決定原理

迴歸曲線的規則是必須通過資料的平均值，各資料與迴歸曲線之間的距離必須盡可能縮小。資料與迴歸曲線的距離稱為殘差「ε」。殘差就是目標變數的資料與迴歸公式算出來的預測值的差距。若是以圖表解釋，就是要注意直軸方向的差距，而不是注意橫軸方向的差距。

●迴歸曲線與殘差

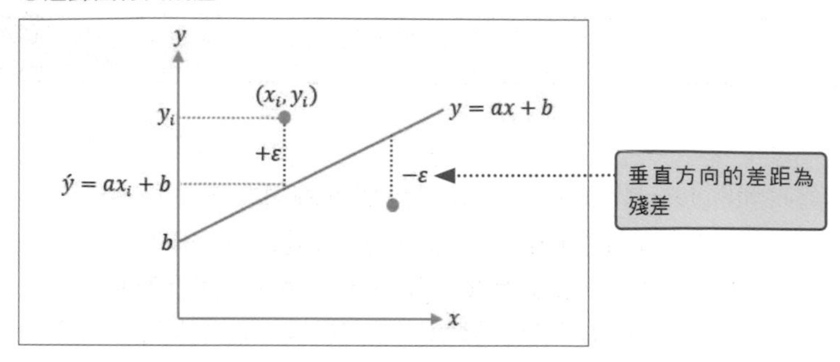

之所以設定殘差這項規則，是因為如果只有通過平均值這個規則，就可能會劃出很多不同的線，預測也變得太過自由，所以需要利用殘差這項規則限縮繪製線條的方法。

●只有平均值這項規則的情況

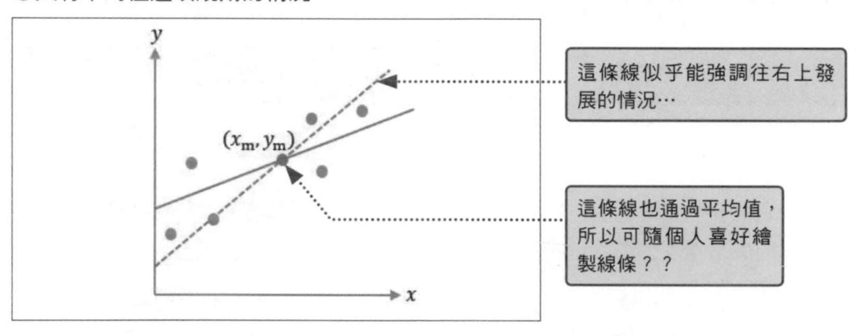

既然設定了殘差這項規則，該怎麼繪製高精確度的迴歸曲線就是問題所在。要繪製高精確度迴歸曲線，只需要將殘差縮至最小，但是，有幾筆資料就有幾個殘差，我們無法確認各殘差的狀況，所以必須濃縮成一個值，所謂的濃縮就是合計，但有時候負殘差與正殘差會兩相抵消，所以我們採用「先乘以平方再合計」的手法。這就稱為殘差平方和。接著就是找出能讓這個殘差平方和縮至最小的「a」與「b」，就能找出迴歸公式。一般來說，這種為了讓殘差平方和縮至最小而決定迴歸公式的「a」與「b」的手法稱為最小平方法。

●最小平方法

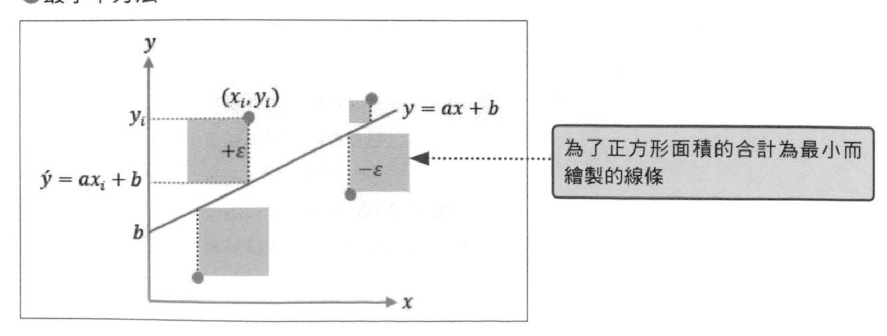

03 找出影響業績的因素

若要有效率地提升營業額與來客數，就得挑出能解釋金額與人數的要因，查出哪些要因特別有影響力，掌握該努力的關鍵。這節要說明的是如何測量要因對目標的影響力。舉例來說，在網路廣告花了不少預算，但業績卻遲遲不成長的時候，可檢視要因的影響力，了解紙本媒體比網路廣告對業績更有影響力。

導入 ▶▶▶

例題 「想了解各種廣告媒體對營業額的影響力」

下圖是廣告媒體與營業額的資料。該如何從廣播廣告、網路廣告、報紙折頁、電子郵件廣告、電視廣告之中，找出對營業額有影響力的媒體呢？此外，各廣告媒體的資料都是不同的單位。

●每月各種廣告媒體與營業額資料

	A	B	C	D	E	F	G
1	單位	千元	次數	點擊數	次數	千元	秒
2	No	營業額	廣播廣告	網路廣告	報紙折頁	電子郵件廣告	電視廣告
3	1	13,838	3	3415	10	630	15
4	2	11,025	1	2864	2	0	15
5	3	12,525	0	4490	2	0	15
6	4	12,225	0	3717	2	0	0
35	33	14,025	1	3242	8	0	45
36	34	14,213	1	3516	8	630	45
37	35	13,725	2	3858	4	0	45
38	36	14,625	2	3549	10	630	45
39							

單位各有不同

▶ 利用迴歸分析測量要因的影響力

前一節（→ P.96）調查了廣告費與營業額的關係，也得到了下列的迴歸公式。

營業額 = 0.6823 × 廣告費 + 11586（單位：千元）

每單位廣告費對營業額的影響力為「0.6823」，廣告費是營業額的解釋變數，也是營業額來源的要因。這次的例題是同時有多個解釋變數，也就是要因存在的例子。即便要因的數量增加，目標變數與解釋變數仍呈現線性關係，所以邏輯是相同的。以一個解釋變數說明目標變數稱為單元迴歸分析，若是以多個解釋變數說明就稱為多元迴歸分析。

單元迴歸分析的迴歸公式：$y = ax + b$

多元迴歸分析的迴歸公式：$y = a_1x_1 + a_2x_2 + a_3x_3 \cdots + a_nx_n + b$

▶ 利用 t 值比較影響力

在說明 t 值之前，先想想測量對目標的影響力。單元迴歸分析的迴歸公式的斜率「a」就是對目標的影響力，而多元迴歸分析也一樣嗎？其實解釋目標的要因若都是同樣的單位，就能以斜率「a」的值比較影響力。不過，單位不同時，就無法利用斜率「a」比較。以例題而言，將各種廣告媒體視為解釋變數的迴歸公式如下：

營業額 ＝ a_1（千元／次數）× 廣播廣告（次數）＋
a_2（千元／點擊數）× 網路廣告（點擊數）＋
a_3（千元／次數）× 報紙折頁（次數）＋
a_4（千元／千元）× 電子郵件廣告（千元）＋
a_5（千元／秒）× 電視廣告（秒）

a_1 ～ a_5 的單位都不同，有的是一次，有的是一秒，無法直接以斜率比較。不過，應該已經有些讀者發現該怎麼做了。要比較單位不同的數值，可以先「標準化資料」。P.78 計算了 Z 值，P.94 則計算了相關係數。進行迴歸分析時，標準化的迴歸公式的斜率就是 t 值。說得更仔細一點，t 值就是以標準差除以斜率「a」得到的結果。不過，若使用 Excel 的分析工具，就能直接輸出 t 值，不需要再行計算。

▶ 在分析工具 「迴歸」 注意的數值

執行 Excel 的分析工具「迴歸」，可輸出下圖的結果。雖然會輸出很多種數值，但要注意的部分是固定的，也會輸出上述的 t 值。

●廣告費與營業額的迴歸分析輸出結果

	A	B	C	D	E	F	G	H	I
3	迴歸統計								
4	R 的倍數	0.858772552							
5	R 平方	0.737490296							
6	調整的 R	0.729769423							
7	標準誤	556.8525497							
8	觀察值	36							
9									
10	ANOVA								
11		自由度	SS	MS	F	顯著值			
12	回歸	1	29618993	29618993	95.51902158	2.09E-11			
13	殘差	34	10542882	310084.8					
14	合計	35	40161875						
15									
16		係數	標準誤	t 統計	P-值	下限 95%	上限 95%	下限 95.0%	上限 95.0%
17	截距	11586.41844	172.5699	67.14044	9.92548E-38	11235.71	11937.12	11235.71422	11937.12267
18	廣告費	0.682270346	0.069809	9.773383	2.09123E-11	0.540401	0.824139	0.540401341	0.82413935
22	殘差輸出								
23									
24	觀察值	預測為 營業額	殘差	標準化殘差					
25	1	13906.39347	-68.8935	-0.12553					
26	2	12334.5961	-1309.6	-2.38612					
27	3	12314.57147	210.4285	0.383406					

●分析工具的數值與數值的判讀方法

No	指標名稱	內容
①	調整的 R 平方	以 0 ～ 1 代表迴歸公式的適用性。數值是能以迴歸公式說明的資料比例。調整的 R 平方若是 0.5，代表迴歸公式可說明資料的一半。 一般來說，解釋結果的要因種類增加，決定係數 R 就更容易接近 1，也就更容易做出錯誤的判斷。所以在多元迴歸分析之中，需要根據調整的 R 平方判斷迴歸公式的適用性。
②	顯著值	知道分析結果可能有錯的機率為 5% 時使用時，稱為顯著水準 5% 或危險率 5%。顯著值若是小於 0.05，在顯著水準 5% 的情況下，可判定為顯著結果。單元迴歸分析的顯著值與要因的 P- 值是一致的。
③	標準誤	殘差的標準差。值越小代表變動的程度越小，精確度也越高。
④	係數	迴歸公式的係數。與趨勢線的公式的對應關係相同。
⑤	t 統計	代表要因的影響度。正相關時為正，負相關時為負，所以 t 值看的是大小（絕對值）。t 值大於 2 的要因可視為是有影響力的要因。
⑥	P 值	各要因的顯著值。觀察的是各要因的 P- 值是否低於顯著水準。假設顯著水準為 5%，而要因的 P- 值高於 0.05，代表這個要因用於說明結果時，危險率也很高。
⑦	預測值	觀察值與迴歸分析指定的解釋變數的儲存格範圍第一列的資料相對應。 預測值是將各列解釋變數輸入迴歸公式之後算出的值。
⑧	標準殘差	殘差是迴歸分析裡指定的目標變數的儲存格範圍資料減去預測值之後的值。殘差具有目標變數的單位，但是標準殘差則是沒有單位的標準化資料。標準殘差的絕對值大於等於 2 的資料在 5% 之內，大於等於 2.5 小於 3 的資料在 1% 之內的話，代表此項資料可以使用。此外，標準殘差的絕對值大於 3 的資料則是需要排除的偏差值。

▶偏差值與標準差的說明 ▶P.118

▶分析工具會標記為「P- 值」，但這裡只標記為「P 值」。

▶ 找出可使用的解釋變數與不可使用的解釋變數

多元迴歸分析有許多解釋目標的變數，所以一般都認為比單元迴歸分析更能清楚說明目標。這種直覺一半正確，一半不正確。就結果而言，解釋變數不是越多越好。

▶即便是不同的要因，相關係數也有可能很高，此時可拿掉某一邊的解釋變數。

多元迴歸分析的迴歸公式之中，解釋變數 $X_1 \sim X_N$ 必須是不同的要因，也就是以互相毫無關聯為前提。

看似毫無關聯的要因有可能本質是相同的，極端地說，迴歸公式若是「$Y=X\times A_1\times X_1+B$」這類格式，造成相同的要因產生多重影響時，這項迴歸分析就失去可信度。

因為解釋變數之間的相關性很高，而對分析造成不良影響稱為多元共線性。是否發生多元共線性的問題可根據解釋變數之間的相關係數確認。相關係數達 0.9 以上，可視為發生多元共線性的問題，此時必須排除某邊的解釋變數。若是在發生多元共線性的狀態下進行迴歸分析，可能會出現下列的徵狀。

- **要因明明可視為正（負）相關，係數的符號卻相反**
- **調整的 R 平方明明是良好的結果，但是 t 值卻太小**
- **可使用的解釋變數的 P 值超過 5%**

實踐 ▶▶▶

▶ Excel 的操作①：調查解釋變數之間的相關性

3-03

要確認有無發生多元共性線的問題可使用分析工具的「相關係數」，算出解釋變數之間的相關係數。如果只是為了了解有沒有發生多元共線性的問題，只需要針對解釋變數調查，但這次的範例連同目標變數的相關係數也一併計算。

進行相關分析

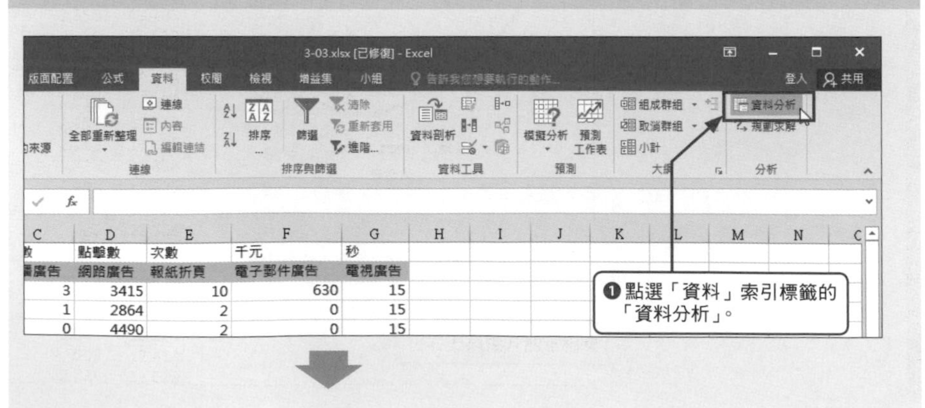

▶步驟❶會顯示作為分析對象的工作表，所以不需計較啟用中儲存格的位置。

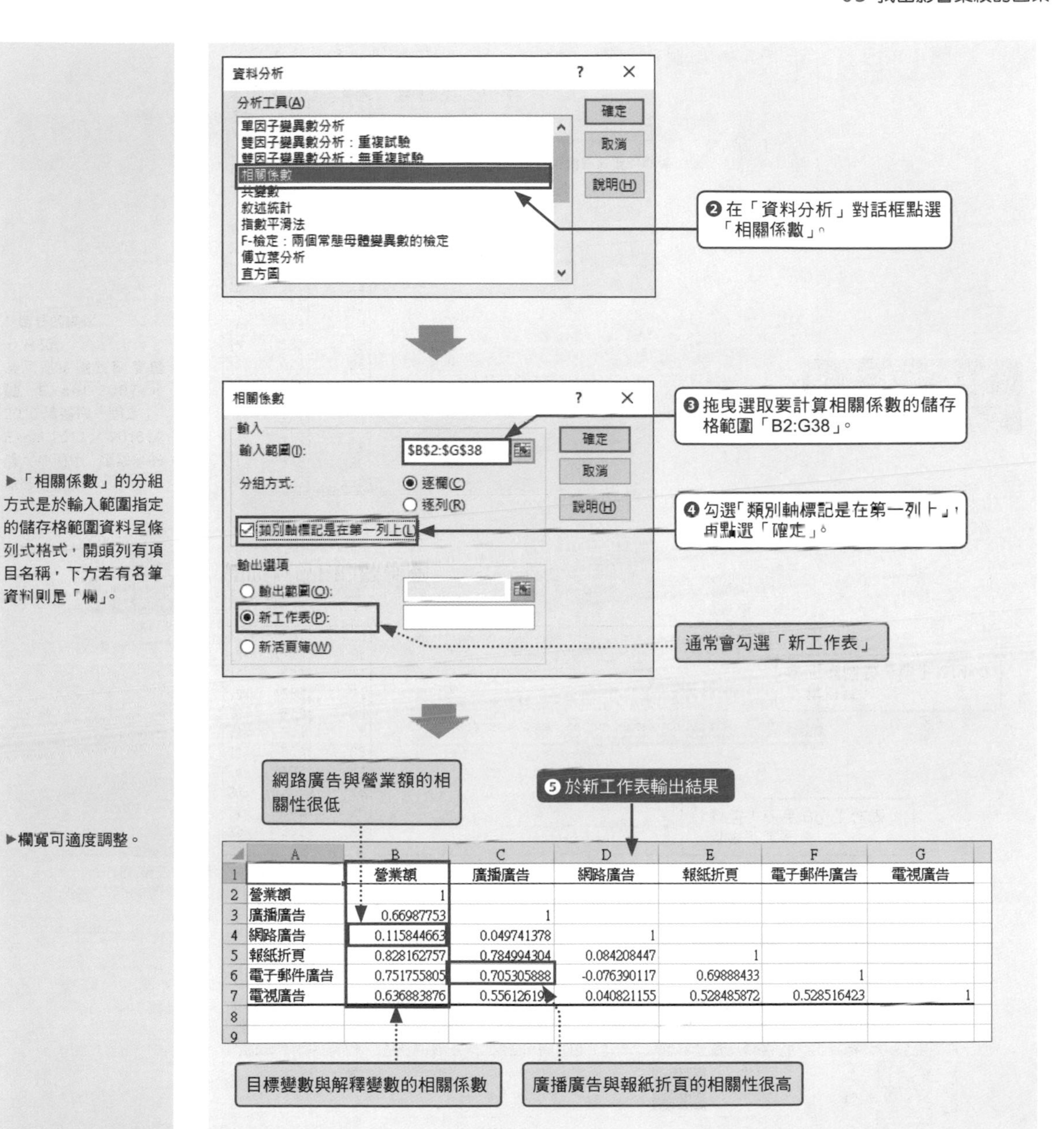

	A	B	C	D	E	F	G
1		營業額	廣播廣告	網路廣告	報紙折頁	電子郵件廣告	電視廣告
2	營業額	1					
3	廣播廣告	0.66987753	1				
4	網路廣告	0.115844663	0.049741378	1			
5	報紙折頁	0.828162757	0.784994304	0.084208447	1		
6	電子郵件廣告	0.751755805	0.705305888	-0.076390117	0.69888433	1	
7	電視廣告	0.636883876	0.55612619	0.040821155	0.528485872	0.528516423	1
8							
9							

▶「相關係數」的分組方式是於輸入範圍指定的儲存格範圍資料呈條列式格式，開頭列有項目名稱，下方若有各筆資料則是「欄」。

▶欄寬可適度調整。

▶ Excel 的操作② ： 實施迴歸分析

從相關分析調查多元共線性的結果來看，「廣播廣告」與「報紙折頁」的相關係數雖高，但沒有高到必須在第一次分析時排除。此外，在目標變數的相關性調查中，「網路廣告」的相關性較低，卻也不需要在第一次分析就排除。只要不是相關係數高到「0.9」以上，就不一定得在第一次進行迴歸分析時排除。這裡雖然說是「第一次」，但其實迴歸分析很少只分析一次，通常會不斷地重複分析。

使用所有的解釋變數進行分析

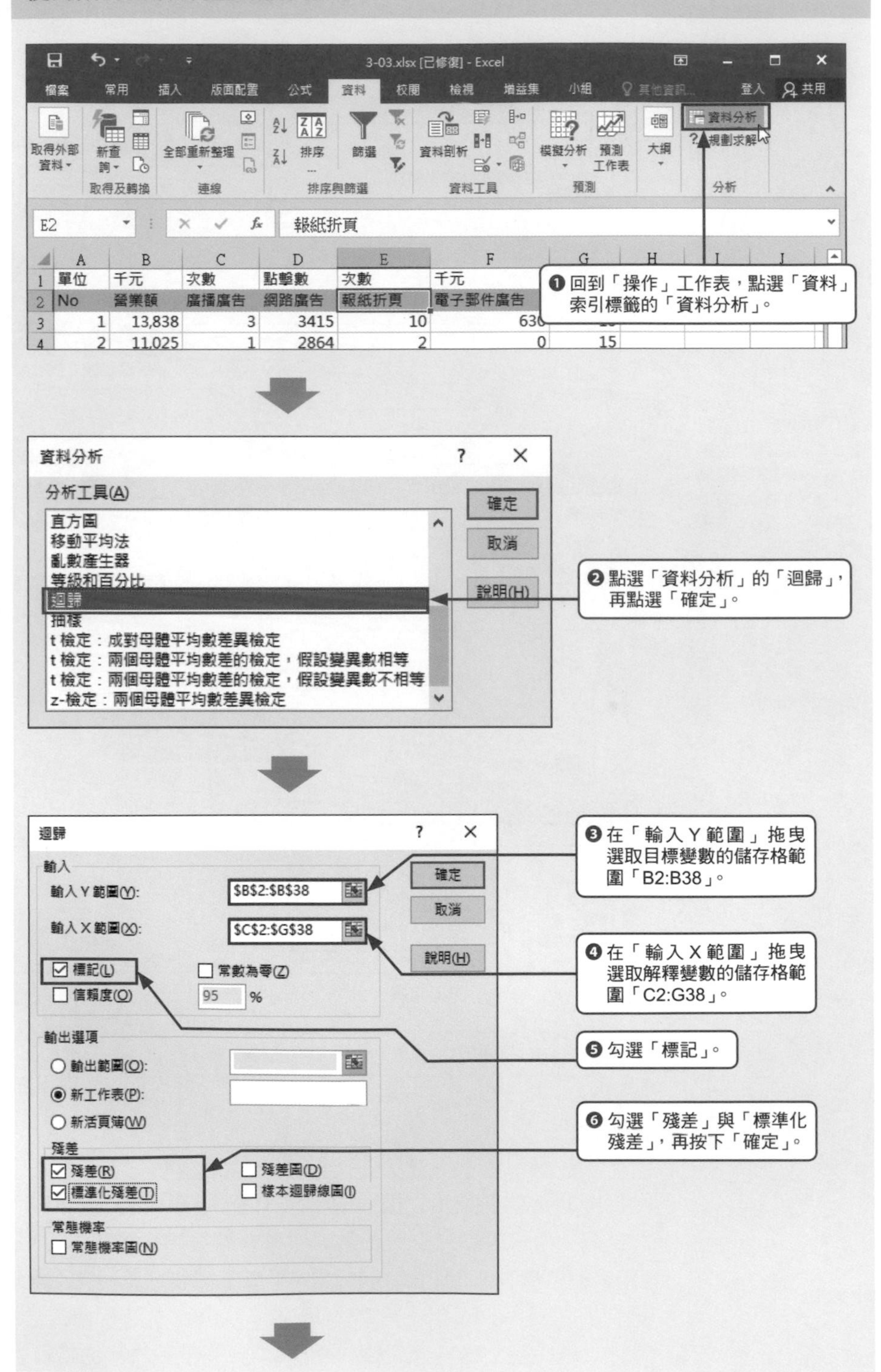

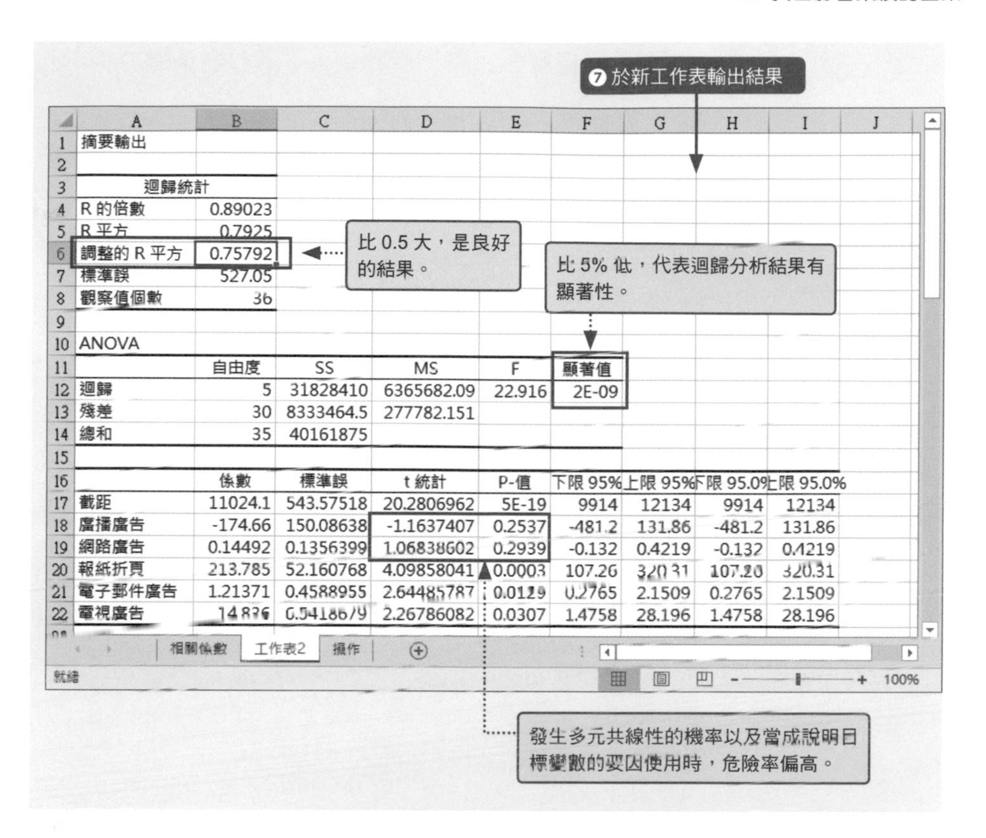

	A	B	C	D	E	F	G	H	I
1	摘要輸出								
2									
3	迴歸統計								
4	R 的倍數	0.89023							
5	R 平方	0.7925							
6	調整的 R 平方	0.75792							
7	標準誤	527.05							
8	觀察值個數	36							
9									
10	ANOVA								
11		自由度	SS	MS	F	顯著值			
12	迴歸	5	31828410	6365682.09	22.916	2E-09			
13	殘差	30	8333464.5	277782.151					
14	總和	35	40161875						
15									
16		係數	標準誤	t 統計	P-值	下限 95%	上限 95%	下限 95.0%	上限 95.0%
17	截距	11024.1	543.57518	20.2806962	5E-19	9914	12134	9914	12134
18	廣播廣告	-174.66	150.08638	-1.1637407	0.2537	-481.2	131.86	-481.2	131.86
19	網路廣告	0.14492	0.1356399	1.06838602	0.2939	-0.132	0.4219	-0.132	0.4219
20	報紙折頁	213.785	52.160768	4.09858041	0.0003	107.26	320.31	107.26	320.31
21	電子郵件廣告	1.21371	0.4588955	2.64485787	0.0129	0.2765	2.1509	0.2765	2.1509
22	電視廣告	14.836	6.5418679	2.26786082	0.0307	1.4758	28.196	1.4758	28.196

▶適當地調整欄寬。

▶ Excel 的操作③ ： 進行第二次的迴歸分析

在這次的迴歸分析發現，調整的 R 平方、顯著值都是良好的結果，但廣播廣告與網路廣告的 P 值卻超過 5%，廣播廣告的係數也是負的。廣告通常不會讓業績變差，所以這種情況可視為是發生了多元共線性的現象。共線性的對象是相關係數偏高的「報紙折頁」。此時雖然得排除某一邊，但這次排除的是係數為負的「廣播廣告」。

此外，網路廣告在相關分析裡屬於與營業額相關性低的解釋變數。t 值也低於 2，所以「網路廣告」也要排除。

再者，「迴歸分析」的「輸入 X 範圍」必須指定為連續的儲存格。要排除的解釋變數以及要使用的解釋變數混在一起時，可將要排除的解釋變數先移到不會干擾分析的欄位。

排除「廣播廣告」與「網路廣告」再進行迴歸分析

回到「操作」工作表，參考 P.112 的說明開啟「迴歸分析」對話框。連續分析時，前一次的內容會保留。只需操作變更的部分。

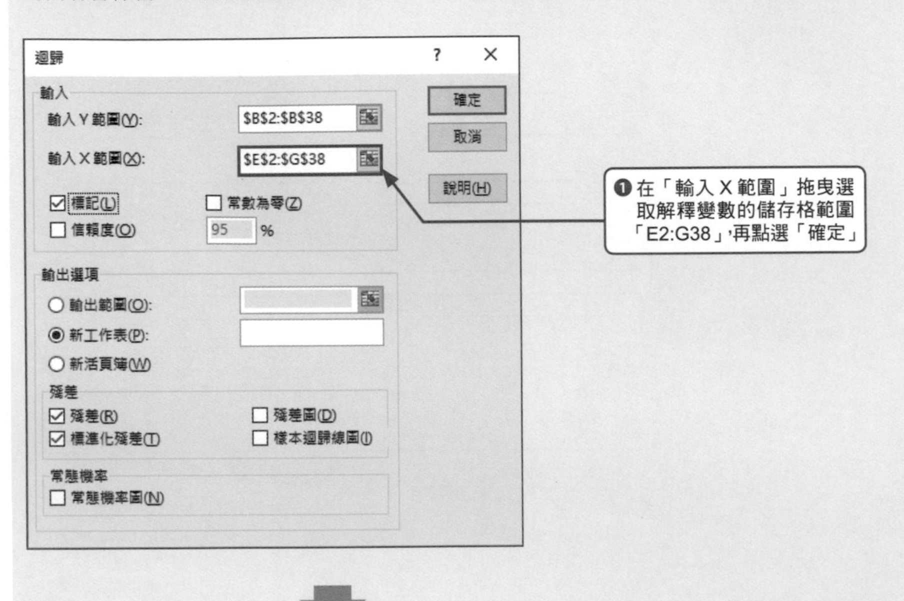

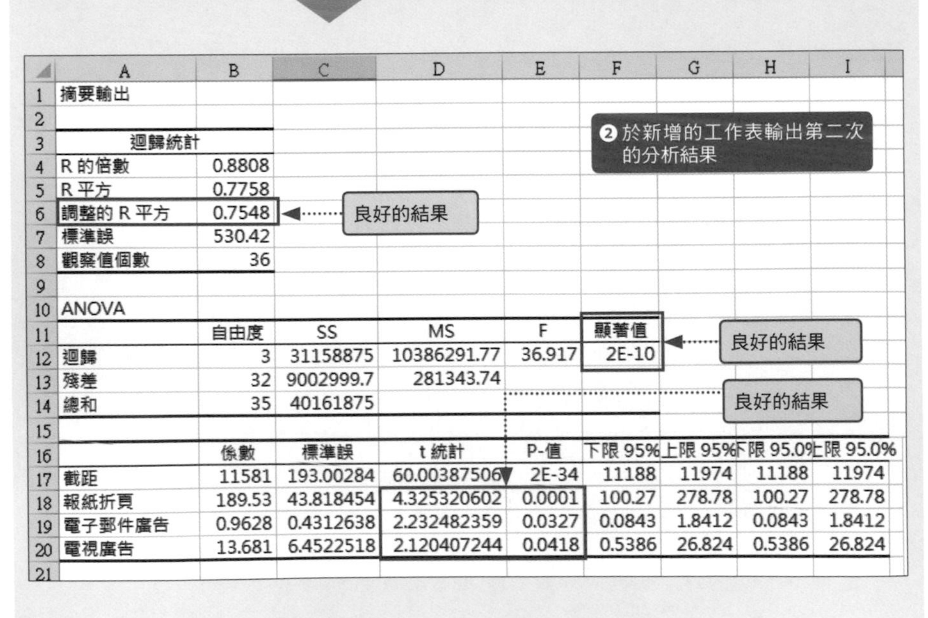

	A	B	C	D	E	F	G	H	I
1	摘要輸出								
2									
3	迴歸統計								
4	R 的倍數	0.8808							
5	R 平方	0.7758							
6	調整的 R 平方	0.7548							
7	標準誤	530.42							
8	觀察值個數	36							
9									
10	ANOVA								
11		自由度	SS	MS	F	顯著值			
12	迴歸	3	31158875	10386291.77	36.917	2E-10			
13	殘差	32	9002999.7	281343.74					
14	總和	35	40161875						
15									
16		係數	標準誤	t 統計	P-值	下限 95%	上限 95%	下限 95.0%	上限 95.0%
17	截距	11581	193.00284	60.00387506	2E-34	11188	11974	11188	11974
18	報紙折頁	189.53	43.818454	4.325320602	0.0001	100.27	278.78	100.27	278.78
19	電子郵件廣告	0.9628	0.4312638	2.232482359	0.0327	0.0843	1.8412	0.0843	1.8412
20	電視廣告	13.681	6.4522518	2.120407244	0.0418	0.5386	26.824	0.5386	26.824
21									

將解釋變數的影響力繪製成表格

由於排除了有問題的解釋變數，接下來就是要將解釋變數的影響力繪製成圖表。

Excel 2007/2010
▶步驟❶請點選設計相同的按鈕。

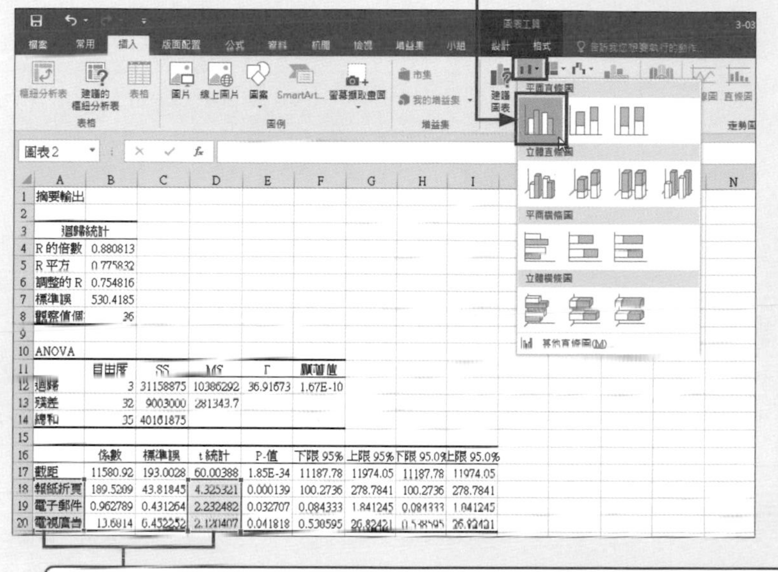

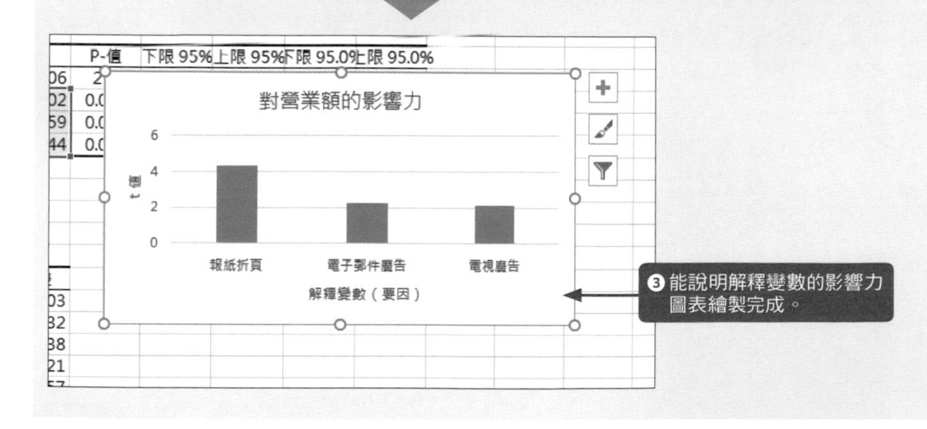

▶請適當地輸入圖表標題與座標軸標題。

▶ 判讀結果

這次為了了解各種廣告媒體對營業額的影響，挑出「廣播廣告」、「網路廣告」、「報紙折頁」、「電子郵件廣告」、「電視廣告」這些要因，進行了迴歸分析。

從相關係數分析與第一次的迴歸分析來看，「廣播廣告」有多元共線性的問題，「網路廣告」對目標變數的影響不大，所以也將這兩個要因排除在解釋變數之外，然後再次進行了迴歸分析。

從第二次的分析結果與 t 值的圖表來看，「報紙折頁」對營業額的影響最深，大概是「電子郵件廣告」與「電視廣告」的 2 倍。

想要有效率地提振營業額，可將花在「廣播廣告」與「網路廣告」的預算挪到「報紙折頁」的廣告。

發展 ▶▶▶

▶ 利用標準殘差調查偏差值

單多迴歸分析可在繪製散佈圖之後，以目測的方式找出偏差值，但是多元迴歸分析這種變數超過三個以上的情況，就無法繪製散佈圖，不過，可分別繪製各解釋變數與目標變數的散佈圖，所以也可分別確認偏差值。

這節要利用標準殘差這種數值判斷偏差值。P.109 的表格也有提到，判斷為偏差值的標準殘差臨界值為 ±2、±2.5、±3，尤其是在出現 ±3 以上的標準殘差時，更是要當成偏差值排除。

標準化資料是將平均值調整為「0」、將標準差調整為「1」的無單位資料。標準化資料 ±3 的意思代表這筆資料是遠離標準差 3 倍的資料。第五章會說明的是，資料距離標準差 3 倍的機率在 0.3% 以下。0.3% 代表的是很少會出現的資料，所以當成偏差值排除也無妨，這也是為什麼以 ±3 為排除基準的原因。

下圖是第二次迴歸分析的輸出結果。

●第二次迴歸分析的殘差

	A	B	C	D	E
22					
23					
24	殘差輸出				
25					
26	觀察值	測為 營業	殘差	標準化殘差	
27	1	14288	-450.485	-0.8882203	
28	2	12165	-1140.197	-2.24812432	
39	13	12165	-540.1971	-1.0651055	
40	14	12165	-1327.697	-2.6178177	
41	15	12339	-114.0338	-0.22484016	
42	16	12339	-264.0338	-0.52059487	
43	17	11960	602.52395	1.187995299	
44	18	12339	223.46623	0.440607927	
45	19	13530	270.1305	0.53261577	

±2 以上的
標準殘差

標準殘差大於等於 ±2 的資料有兩筆，大於等於 ±2.5 的有一筆，資料共有 36 筆，所以兩筆佔整體的比例為 5.6%，一筆也佔了整體比例 2.8%。沒有大於等於 ±3 的資料。

▶偏差值的處理有很多種方式，也有必須大於 ±3 的處理方式。

±2 的意思代表距離標準差 2 倍的資料，發生機率為小於等於 5%。資料越多，就越可能摻雜特異值，但是距離標準差 2 倍的資料發生機率為 5% 的話，代表在整體資料的 5% 之前都算是正常的資料。

同樣的，±2.5 的資料發生機率為 1%，所以在整體資料的 1% 之前都還在容許範圍之內。

以例題而言，大於等於 ±2 的資料佔整體的 5.6%，未滿足小於等於 5% 這個條件，不過這也讓我們知道是否該排除觀察值「2」與觀察值「14」的資料，然後再次進行迴歸分析。

因為，排除觀察值「2」、「14」，重新進行迴歸分析之後，原始資料的數量較少，對排除兩筆資料之後的迴歸公式影響也變大。迴歸公式若產生變化，在前次分析之前屬於容許範圍的資料也變得有可能是新的偏差值，簡單來說，會變成顧此失彼的狀況。

一般來說，距離標準差 ±2 以上的資料的發生機率為 5% 這件事，是以資料呈常態分佈為前提，需要的資料筆數雖然有各種標準，但是通常都會以「50 筆 + 解釋變數」作為標準。不過，如果是每日資料可能會比較容易收集到 50 筆以上，如果是每月資料就得收集四年以上，通常很難等待這麼久。因為資料筆數較少而很難符合標準差的判斷值時，不妨先排除 ±3 以上的資料，±2 以上的資料若只稍微超過整體的 5%，就判斷為尚可容忍的結果。

●計算預測值

這次 ±2 以上的資料為 5.6%，±2.5 的資料為 2.8%，並未符合所謂的判斷值，但因為這次沒有 ±3 以上的資料，所以還算是可容忍的情況。從第二次的迴歸分析導出的迴歸公式如下：

營業額預測值 =189.53× 報紙折頁（次數）+0.96279× 電子郵件廣告（千元）
　　　　+ 13.681× 電視廣告（秒）+ 11581

舉例來說，報紙折頁的廣告進行 10 次，電子郵件廣告耗費 50 萬的預算，電視廣告打 15 秒，營業額的預沒值就會是「14163」千元。

營業額預測值 ＝ 189.5 × 10 ＋ 0.9623 × 500 ＋ 13.68 × 15 ＋ 11581 ＝ 14163

04 沒有綜合評估的問卷會有什麼下場

顧客滿意度問卷可透過綜合滿意度或商品／服務內容的滿意度，改善或管理影響綜合評估的商品功能／服務內容。綜合評價通常會利用問卷調整綜合滿意度，或是利用評估的總分／平均分數、營業額／來客數這些具體呈現的結果。這次要介紹的是不使用這些直接的綜合評估，而是解說以新觀點建立綜合評價的主成分分析。

例題 「哪一間門市可作為模範門市？」

下圖是各門市的顧客滿意度統計結果。各項目都以滿分十分評估，也以平均值統計。目前雖然以問卷結果替門市的綜合成績排名，希望從中找出模範門市，但是沒有問到綜合滿意度，所以評估的總分只能是門市的得分。依照得分排名之後，看不出太明顯的差異。

●門市的評估：待客 + 品項 + 結帳速度 + 鮮度 + 整潔

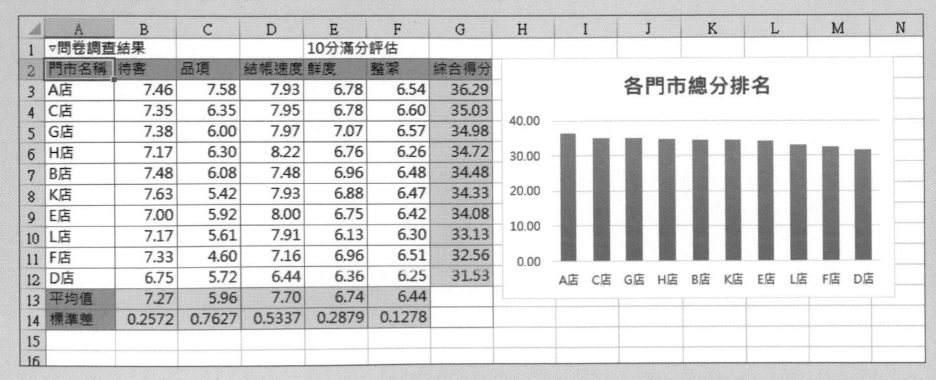

▿問卷調查結果　10分滿分評估

門市名稱	待客	品項	結帳速度	鮮度	整潔	綜合得分
A店	7.46	7.58	7.93	6.78	6.54	36.29
C店	7.35	6.35	7.95	6.78	6.60	35.03
G店	7.38	6.00	7.97	7.07	6.57	34.98
H店	7.17	6.30	8.22	6.76	6.26	34.72
B店	7.48	6.08	7.48	6.96	6.48	34.48
K店	7.63	5.42	7.93	6.88	6.47	34.33
E店	7.00	5.92	8.00	6.75	6.42	34.08
L店	7.17	5.61	7.91	6.13	6.30	33.13
F店	7.33	4.60	7.16	6.96	6.51	32.56
D店	6.75	5.72	6.44	6.36	6.25	31.53
平均值	7.27	5.96	7.70	6.74	6.44	
標準差	0.2572	0.7627	0.5337	0.2879	0.1278	

接著想依照問卷題目的重要度設定比重。舉例來說，希望待客的分數是其他評估項目的兩倍，重新計算總分，算出重視待客的評估結果。不過，還是看不出任何差異。

●待客分數增加至兩倍之後的情況：2× 待客 + 品項 + 結帳速度 + 鮮度 + 整潔

	A	B	C	D	E	F	G
1	▿問卷調查結果				10分滿分評估		
2	門市名稱	待客	品項	結帳速度	鮮度	整潔	綜合得分
3	A店	7.46	7.58	7.93	6.78	6.54	43.75
4	C店	7.35	6.35	7.95	6.78	6.60	42.38
5	G店	7.38	6.00	7.97	7.07	6.57	42.36
6	H店	7.17	6.30	8.22	6.76	6.26	41.89
7	B店	7.48	6.08	7.48	6.96	6.48	41.96
8	K店	7.63	5.42	7.93	6.88	6.47	41.97
9	E店	7.00	5.92	8.00	6.75	6.42	41.08
10	L店	7.17	5.61	7.91	6.13	6.30	40.30
11	F店	7.33	4.60	7.16	6.96	6.51	39.89
12	D店	6.75	5.72	6.44	6.36	6.25	38.28
13	平均值	7.27	5.96	7.70	6.74	6.44	
14	標準差	0.2572	0.7627	0.5337	0.2879	0.1278	
15							
16							

該重視的項目也不只有待客之外，若主觀地決定要重視的項目，評估就有可能偏頗。到底該怎麼做能才替評估項目設定合理的比重以及排名呢？

▶目標變數就是想了解、想預測的資料，解釋變數就是說明目標變數的資料。以例題來說，綜合評估就是目標變數，待客、品項以及其他三個問卷評估項目都是解釋變數。

▶ 以主成分分析建立新的綜合評估

主成分分析就是整理多個解釋變數，建立新綜合指標的分析手法。以另外的角度觀察後，就能不使用目標變數或是在沒有目標變數的狀態下，以新的觀點建立目標變數。

一如這次例題，決定綜合評估的方式有很多，可以計算總分或是平均分數，也可提高某個項目的比重，但還是遇到各項目差異不明顯或是不夠客觀的問題。主成分分析就是替決定綜合評估的方式設下規則，並且替解釋變數設定合理的比重。這個規則只有一個。

・主成分分析的規則：為了能觀察每一筆資料而合計

依照規則算出的新合計可利用下列的公式說明。在此之前，目標變數都以 y 標記，但是為了讓新的目標變數有所區隔，改以「u」標記，x 則是解釋變數。例題的解釋變數有 5 個，所以分別寫成五個。主成分分析可說是依照規則設定 a、b、c、d、e 的分析手法。

$$u = ax_1 + bx_2 + cx_3 + dx_4 + ex_5$$

「能觀察所有資料」的這項規則指的就是改變觀點。如果想要觀察每一筆資料，只需要避開看起來疊在一起的部分，只針對看起來分散的部分觀察就好。這種邏輯就像是從上方看疊成一堆的商品時，只看得到最上面的商品，但是從旁邊看，就能確認每一個顏色不同的商品。

●改變觀察方式，就能看得更全面

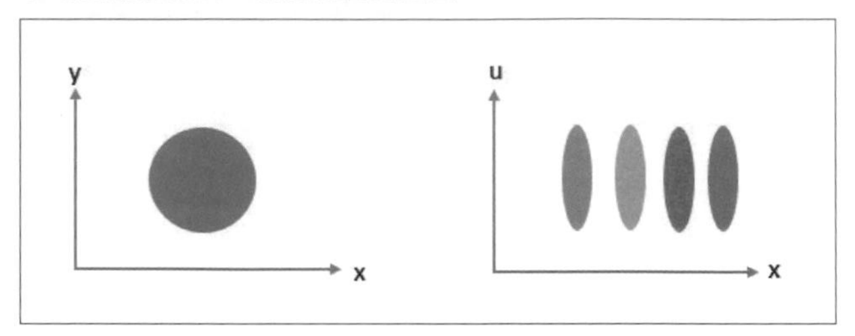

聽到針對分散的部分觀察，大概就會聯想到代表分散程度的變異數。因此，主成分分析的規則以及遵守規則的方法可以利用下面這句話換句話說。

・主成分分析的規則：為了讓新變數「u」的變異數達到最大而合計
・分析的手段：為了讓 u 的變異數達到最大而設定 a、b、c、d、e。

先確認一下用語。新的目標變數「u」稱為主成分，與各解釋變數相乘的係數稱為主成分負荷量。所謂的負荷量就是比重的意思。此外，解釋變數又稱為觀測變數，但不同的分析手法有不同的稱呼，所以本節僅以解釋變數標記。這裡雖然用到一些很難的用語，但常用的合計或平均值也都是主成分的一種。合計與平均值的主成分負荷量都是「1」或是「1／解釋變數的個數」。

●設定比重的條件

以合計與平均值而言，與解釋變數相乘的係數都是相同的值，合計的係數為「1」，平均的係數則是「1／解釋變數的個數」，所以不用擔心合計與平均值的係數會無限放大。不過，以主成分分析找到的新變數「u」在決定係數時，是以算出最大的變異數為目標，所以若不限制分散程度，就有可能無限擴散。因此這次設定的條件為係數的平方和為 1，例題有五個解釋變數，所以條件如下。

主成分的制約條件：$a^2 + b^2 + c^2 + d^2 + e^2 = 1$

▶ 求出主成分說明的資訊量

進行主成分分析時，為了觀察每一筆資料而決定了新的合成變數的主成分，但是否真的觀察了每一筆資料則不得而知。以迴歸分析而言，迴歸公式到底能說明多少資料是以決定係數說明，而主成分分析也為了了解與資料的相關性，而以客觀的貢獻率進行判斷。

$$貢獻率 = \frac{主成分\ u\ 的變異數}{各解釋變數的變異數合計}$$

若以分散的資料比較常見以及比較常見的資料能得到較多的資訊來看。變異數的確能了解資料的資訊量。貢獻度本來就代表觀點改變後，能從某項資訊（解釋變數的資料）取得的資訊量（主成分）的比例。

▶ 擷取多到滿出來的資訊

▶各主成分之間的關係
→ P.135

主成分是一邊遵守分散的限制，一邊為了能觀察每一筆資料而新增的目標變數，但既然在分散加了限制，就一定會有多出來的資訊。為了進一步保留多出來的資訊而建立的主成分成為第 2 主成分，於是最先建立的主成分就稱為第 1 主成分。第 2 主成分與第 1 主成分一樣，都受到比重係數（主成分負荷量）的平方和為 1 的限制。此外，第 2 主成分的目的在於保留第 1 主成分錯過的資料，所以會設定成與第 1 主成分毫無關聯的主成分，所以與第 1 主成分無關的這點也是條件之一。若將第 2 主成分的係數設定為 f、g、h、i、j，制約條件的公式如下。a・f 的「 ·」代表的是，計算時，可直接解讀為乘法的「 × 」。

第 2 主成分的制約條件：

$$f^2 + g^2 + h^2 + i^2 + j^2 = 1$$

$$a\ \ f + b\ \ g + c\ \ h + d\ \ i + e\ \ f = 0$$

● 要掌握多少資訊才夠？

第 2 主成分也可以在計算貢獻率之後，了解掌握的資訊量。如果資訊量不足，還可以設立第 3 主成分、第 4 主成分，但是主成分的數量最多不會超過解釋變數的數量，以例題而言，最多能設立到第 5 主成分。不過，從第 2 主成分之後，都是保留前面的主成分錯過的資料，所以能保留的資訊量只會越來越少，換言之，貢獻率會逐步下滑。到底資訊該掌握至何種程度，目前沒有明確的指標，但一般而言，從第 1 主成分開始累計的貢獻率若超過 60%，就代表已經足以說明資料。此外，主成分的變異數超過 1 這點也可當成主成分的判斷材料。

● 主成分的命名

仔細觀察就會發現，以新觀點建立的主成分都沒有名字。到目前為止，合計與平均值這類名稱從一開始就存在，所以不需要去想要如何命名，但主成分可另外命名，可在觀察主成分的係數，徹底掌握主成分的特徵之後再行命名。

實踐 ▶▶▶

▶資料的標準化 → P.77

▶ 先建立 Excel 的表格

問卷的問題都是以 10 分滿分評估，但是平均值與標準差有些不一致，簡單來說，即使同是五分，在某些評估內容下，有時會被認為是好評估或壞評估。為了弭平這類差異，必須先標準化資料。

範例 3-04

▶右圖可於範例「3-04」的「原始資料」工作表確認。

●問卷統計結果

	A	B	C	D	E	F	G
1	▿問卷調查結果				10分滿分評估		
2	門市名稱	待客	品項	結帳速度	鮮度	整潔	綜合得分
3	A店	7.46	7.58	7.93	6.78	6.54	36.29
4	C店	7.35	6.35	7.95	6.78	6.60	35.03
5	G店	7.38	6.00	7.97	7.07	6.57	34.98
6	H店	7.17	6.30	8.22	6.76	6.26	34.72
7	B店	7.48	6.08	7.48	6.96	6.48	34.48
8	K店	7.63	5.42	7.93	6.88	6.47	34.33
9	E店	7.00	5.92	8.00	6.75	6.42	34.08
10	L店	7.17	5.61	7.91	6.13	6.30	33.13
11	F店	7.33	4.60	7.16	6.96	6.51	32.56
12	D店	6.75	5.72	6.44	6.36	6.25	31.53
13	平均值	7.27	5.96	7.70	6.74	6.44	
14	標準差	0.2572	0.7627	0.5337	0.2879	0.1278	
15							

整潔的「6.6」是整潔評估的第 1 名

待客評價的「6.6」是低於最後一名的評價

●問卷評估的標準化

輸入「(原始資料 !B3- 原始資料 !B$13)/ 原始資料 !B$14」，標準化資料。

建立轉換為之前的「合計」與「平均值」的新評價。

	A	B	C	D	E	F	G	H
1	▿偏差值（評估的標準化）						▿主成分分數	
2	門市名稱	待客	品項	結帳速度	鮮度	整潔	第1主成分	第2主成分
3	A店	0.72	2.12	0.44	0.13	0.80		
4	C店	0.30	0.52	0.47	0.11	1.25		
5	G店	0.41	0.06	0.50	1.13	1.01		
6	H店	-0.39	0.46	0.97	0.06	-1.40		
7	B店	0.80	0.16	-0.41	0.75	0.31		
8	K店	1.40	-0.71	0.44	0.49	0.21		
9	E店	-1.06	-0.05	0.56	0.02	-0.18		
10	L店	-0.39	-0.46	0.40	-2.13	-1.06		
11	F店	0.23	-1.78	-1.01	0.77	0.54		
12	D店	-2.03	-0.31	-2.35	-1.33	-1.49		
13	平均值	0.00	0.00	0.00	0.00	0.00	#DIV/0!	#DIV/0!
14	變異數	1	1	1	1	1	#DIV/0!	#DIV/0!

▶資料經過標準化之後，平均值會為「0」、標準差會為「1」，但這次要計算貢獻率，所以利用變異數代替。標準差為 1 的話，1 的平方也是 1。

▶ Excel 的操作① ： 計算臨時的主成分得分與貢獻

主成分得分就是根據主成分計算的各門市新評估。主成分的係數雖然還未知，但是先輸入臨時的係數，完成公式就能顯示臨時的得分。

只要有臨時的得分，就能先顯示主成分的臨時變異數與臨時的貢獻率。只要能找出讓主成分的變異數達最大的係數，得分、變異數與貢獻率就會自動更新。

$$u = ax_1 + bx_2 + cx_3 + dx_4 + ex_5$$

一如公式所示，主成分是每個解釋變數乘上個別的係數之後合計的值。要乘上對應的值再合計可使用 SUMPRODUCT 函數。

SUMPRODUCT函數 ➡ 讓對應的儲存格相乘再加總

格　式　=SUMPRODUCT(陣列1, 陣列2, …)

解　說　陣列需指定相同列數與欄數的儲存格範圍。讓儲存格範圍內相同位置的儲存格相乘再加總結果。

計算臨時的主成分得分

●在儲存格「G3」～「K3」輸入的公式

G3	=SUMPRODUCT($B3:$F3,$B$20:$F$20)
H3	=SUMPRODUCT($B3:$F3,$B$21:$F$21)
I3	=SUMPRODUCT($B3:$F3,$B$22:$F$22)
J3	=SUMPRODUCT($B3:$F3,$B$23:$F$23)
K3	=SUMPRODUCT($B3:$F3,$B$24:$F$24)

❶ 在儲存格「G3」輸入乘上門市的各評估與臨時係數再加總的 SUMPRODUCT 函數。

	A	B	C	D	E	F	G	H	I	J	K
1	▿偏差值（評估的標準化）						▿主成分分數				
2	門市名稱	待客	品項	結帳速度	鮮度	整潔	第1主成分	第2主成分	第3主成分	第4主成分	第5主成分
3	A店	0.72	2.12	0.44	0.13	0.80	=SUMPRODUCT($B3:$F3,$B$20:$F$20)				
4	C店	0.30	0.52	0.47	0.11	1.25					
5	G店	0.41	0.06	0.50	1.13	1.01					
6	H店	-0.39	0.46	0.97	0.06	-1.40					
7	B店	0.80	0.16	-0.41	0.75	0.31					
8	K店	1.40	-0.71	0.44	0.49	0.21					
9	E店	-1.06	-0.05	0.56	0.02	-0.18					
10	L店	-0.39	-0.46	0.40	-2.13	-1.06					
11	F店	0.23	-1.78	-1.01	0.77	0.54					
12	D店	-2.03	-0.31	-2.35	-1.33	-1.49					
13	平均值	0.00	0.00	0.00	0.00	0.00	2.10	#DIV/0!	#DIV/0!	#DIV/0!	#DIV/0!
14	變異數	1	1	1	1	1	#DIV/0!	#DIV/0!	#DIV/0!	#DIV/0!	#DIV/0!
15						貢獻率					
16						累計貢獻率					
17											
18		▿以規劃求解功能最佳化					▿制約條件				
19		待客	品項	結帳速度	鮮度	整潔	●平方和=1		●彼此直交：內積=0		
20	比重係數1	0.5	0.5	0.5	0.5	0.5					
21	比重係數2	0.4	0.4	0.4	0.4	0.4					
22	比重係數3	0.3	0.3	0.3	0.3	0.3					
23	比重係數4	0.2	0.2	0.2	0.2	0.2					
24	比重係數5	0.1	0.1	0.1	0.1	0.1					

在各主成分的係數輸入臨時的值

▶解釋變數的儲存格範圍只有欄位是以絕對參照的方式設定，以免向右複製時，欄位會產生位移。

▶比重係數 1～5 就是第 1 成分到第 5 成分的主成分負荷量。

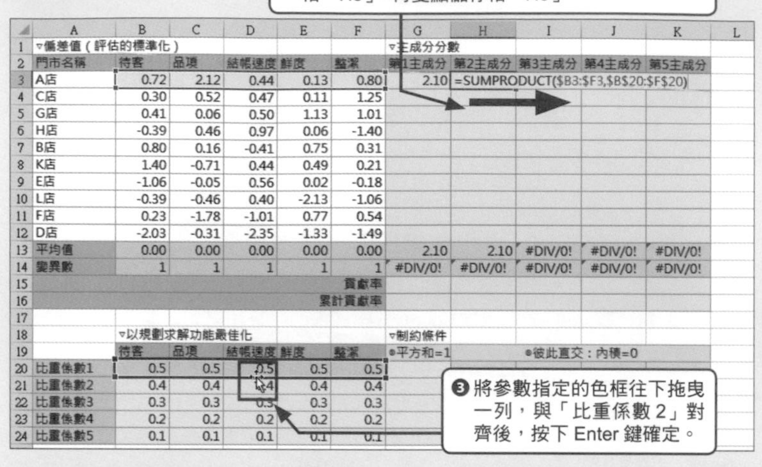

	A	B	C	D	E	F	G	H	I	J	K	L
1	▿偏差值（評估的標準化）						▿主成分分數					
2	門市名稱	待客	品項	結帳速度	鮮度	整潔	第1主成分	第2主成分	第3主成分	第4主成分	第5主成分	
3	A店	0.72	2.12	0.44	0.13	0.80	2.10	=SUMPRODUCT($B3:$F3,$B$20:$F$20)				
4	C店	0.30	0.52	0.47	0.11	1.25						
5	G店	0.41	0.06	0.50	1.13	1.01						
6	H店	-0.39	0.46	0.97	0.06	-1.40						
7	B店	0.80	0.16	-0.41	0.75	0.31						
8	K店	1.40	-0.71	0.44	0.49	0.21						
9	E店	-1.06	-0.05	0.56	0.02	-0.18						
10	L店	-0.39	-0.46	0.40	-2.13	-1.06						
11	F店	0.23	-1.78	-1.01	0.77	0.54						
12	D店	-2.03	-0.31	-2.35	-1.33	-1.49						
13	平均值	0.00	0.00	0.00	0.00	0.00	2.10	2.10	#DIV/0!	#DIV/0!	#DIV/0!	
14	變異數	1	1	1	1	1	#DIV/0!	#DIV/0!	#DIV/0!	#DIV/0!	#DIV/0!	
15						貢獻率						
16						累計貢獻率						
17												
18		▿以規劃求解功能最佳化					▿制約條件					
19		待客	品項	結帳速度	鮮度	整潔	◉平方和=1		◉彼此直交：內積=0			
20	比重係數1	0.5	0.5	0.5	0.5	0.5						
21	比重係數2	0.4	0.4	0.4	0.4	0.4						
22	比重係數3	0.3	0.3	0.3	0.3	0.3						
23	比重係數4	0.2	0.2	0.2	0.2	0.2						
24	比重係數5	0.1	0.1	0.1	0.1	0.1						

	F	G	H	I	J	K
1		▿主成分分數				
2	整潔	第1主成分	第2主成分	第3主成分	第4主成分	第5主成分
3	0.80	2.10	1.68	1.26	0.84	0.42
4	1.25	1.32	1.06	0.79	0.53	0.26
5	1.01	1.55	1.24	0.93	0.62	0.31
6	-1.40	-0.15	-0.12	-0.09	-0.06	-0.03
7	0.31	0.81	0.65	0.49	0.32	0.16
8	0.21	0.91	0.73	0.55	0.37	0.18
9	-0.18	-0.36	-0.28	-0.21	-0.14	-0.07
10	-1.06	-1.82	-1.45	-1.09	-0.73	-0.36
11	0.54	-0.63	-0.50	-0.38	-0.25	-0.13
12	-1.49	-3.75	-3.00	-2.25	-1.50	-0.75
13	0.00	0.00	0.00	0.00	0.00	0.00
14	1	3.11224	1.99183	1.1204	0.49796	0.12449

❹ 依照步驟 算出第 5 成分的得分，再利用自動填滿功能將公式複製到儲存格「K12」為止，算出所有主成分的臨時得分。

算出臨時分時之後，平均值與變異數的錯誤訊息就會消失。

在儲存格「G14」輸入「=VAR.S(G3:G12)」，再將公式複製到儲存格「K14」為止，算出各主成分得分的變異數。

動手做做看!

計算主成分的貢獻率與累計貢獻率

●在儲存格「G15」、「G16」輸入的公式

G15	=G14/SUM($B$14:$F$14)	G16	=SUM($G$15:G15)

▶計算累計貢獻率可先固定 SUM 函數儲存格範圍的開頭，再利用自動填滿功能複製公式，讓加總範圍慢慢擴張。

	A	G	H	I	J	K
13	平均值	0.00	0.00	0.00	0.00	0.00
14	變異數	3.11224	1.99183	1.1204	0.49796	0.12449
15		62%	40%	22%	10%	2%
16		62%	102%	124%	134%	137%
17						
18		▿制約條件				
19		◉平方和=1		◉彼此直交：內積=0		

❶ 在儲存格「G15」、「G16」輸入貢獻率與加總各貢獻率的累計貢獻率的公式，再利用自動填滿功能複製公式。如此即可算出臨時的貢獻率與累計貢獻率。

▶ Excel 的操作② ： 建立制約條件

接著要建立計算主成分所需的制約條件。要加總係數的平方可使用 SUMPRODUCT 函數，然後將參數的陣列 1 與陣列 2 指定為相同的儲存格範圍。

從第 2 主成分之後，各成分的係數相乘再相加的計算流程都透過 SUMPRODUCT 函數完成，此外，係數相乘再相加的結果稱為內積。

計算係數的平方和

●在儲存格「G20」輸入的公式

G20	=SUMPRODUCT(B20:F20,B20:F20)

	A	B	C	D	E	F	G	H	I	J	K
16						累計貢獻率	62%	102%	124%	134%	137%
17											
18		▿以規劃求解功能最佳化					▿制約條件				
19		待客	品項	結帳速度	鮮度	整潔	●平方和=1		●彼此直交		
20	比重係數1	0.5	0.5	0.5	0.5	0.5	1.25				
21	比重係數2	0.4	0.4	0.4	0.4	0.4	0.8				
22	比重係數3	0.3	0.3	0.3	0.3	0.3	0.45				
23	比重係數4	0.2	0.2	0.2	0.2	0.2	0.2				
24	比重係數5	0.1	0.1	0.1	0.1	0.1	0.05				
25											
26											

❶ 在儲存格「G20」輸入公式，再利用自動填滿功能將公式複製到儲存格「G24」為止。如此一來，就算出係數的平方和。

動手做做看!

計算係數的內積

●在儲存格「H21」、「I22」、「J23」、「K24」輸入的公式

H21	=SUMPRODUCT(B20:F20,B21:F21)
I22	=SUMPRODUCT(B20:F20,B22:F22)
J23	=SUMPRODUCT(B20:F20,B23:F23)
K24	=SUMPRODUCT(B20:F20,B24:F24)

	A	B	C	D	E	F	G	H	I	J	K
16						累計貢獻率	62%	102%	124%	134%	137%
17											
18		▿以規劃求解功能最佳化					▿制約條件				
19		待客	品項	結帳速度	鮮度	整潔	●平方和=1		●彼此直交：內積=0		
20	比重係數1	0.5	0.5	0.5	0.5	0.5	1.25				
21	比重係數2	0.4	0.4	0.4	0.4	0.4	0.8	1			
22	比重係數3	0.3	0.3	0.3	0.3	0.3	0.45	0.6	0.75		
23	比重係數4	0.2	0.2	0.2	0.2	0.2	0.2	0.3	0.4	0.5	
24	比重係數5	0.1	0.1	0.1	0.1	0.1	0.05	0.1	0.15	[illegible]	0.25
25											

❶ 在儲存格「H21」輸入計算內積的公式，再以自動填滿功能將公式複製到儲存格「H24」為止。

❷ 一樣在其他儲存格輸入公式，然後複製到 24 列為止，設定計算係數內積的公式。

▶第 3 主成分除了儲存格「G22」的平方和限制還有「係數 2」與「係數 3」以及「係數 1」與「係數 3」的內積（儲存格「H22」與「I22」）的限制。其他的成分也是一樣。

▶ Excel 的操作③ ： 利用規劃求解功能最佳化主成分的係數

計算讓第 1 主成分的變異數（儲存格「G14」）達最大的各係數（儲存格範圍「B20:F20」）。計算時，需要遵守儲存格「G20」的制約條件。即便自行變更係數，也很難算出最佳值，所以我們要使用規劃求解功能，請 Excel 幫我們算。

規劃求解是逆推答案的功能，可在指定有可能成為答案的目標值（這次的範例就是最大化的變異數），依照制約條件算出數值的組合（這次的範例是五個係數）。規劃求解功能跟我們一樣會不斷地嘗試著在係數輸入值，算出符合條件的最佳值，所以需要一點時間才能輸出最佳結果，也是以最初輸入的臨時值開始計算，所以若是超過計算次數，就有可能無法求出解答。

如果無法算出解答，就需要變更計算起點的臨時值。以例題而言，這次是要算出平方和為 1 的係數，所以一開始可輸入接近 1 的值臨時值。不過，若能順利輸出解答，就不太需要調整臨時值。

雖然有點偏離主題，不過，若無法利用規劃求解算出解答，又或者每次利用規劃求解算出的答案都不一樣時，有可能問題出在制約條件的設定，此時不妨重新檢視條件。

利用規劃求解功能計算第1成分的係數

►進行步驟❶時，只要顯示了使用規劃求解的工作表，就不用管啟用中儲存格的位置。

Excel 2007
►規劃求解的設定畫面雖有不同，但操作的方式是一樣的。

►在步驟❷❹點選或拖曳對應的儲存格，都會自動以絕對參照的方式設定。

►若有多個條件，可點選「新增」追加條件。

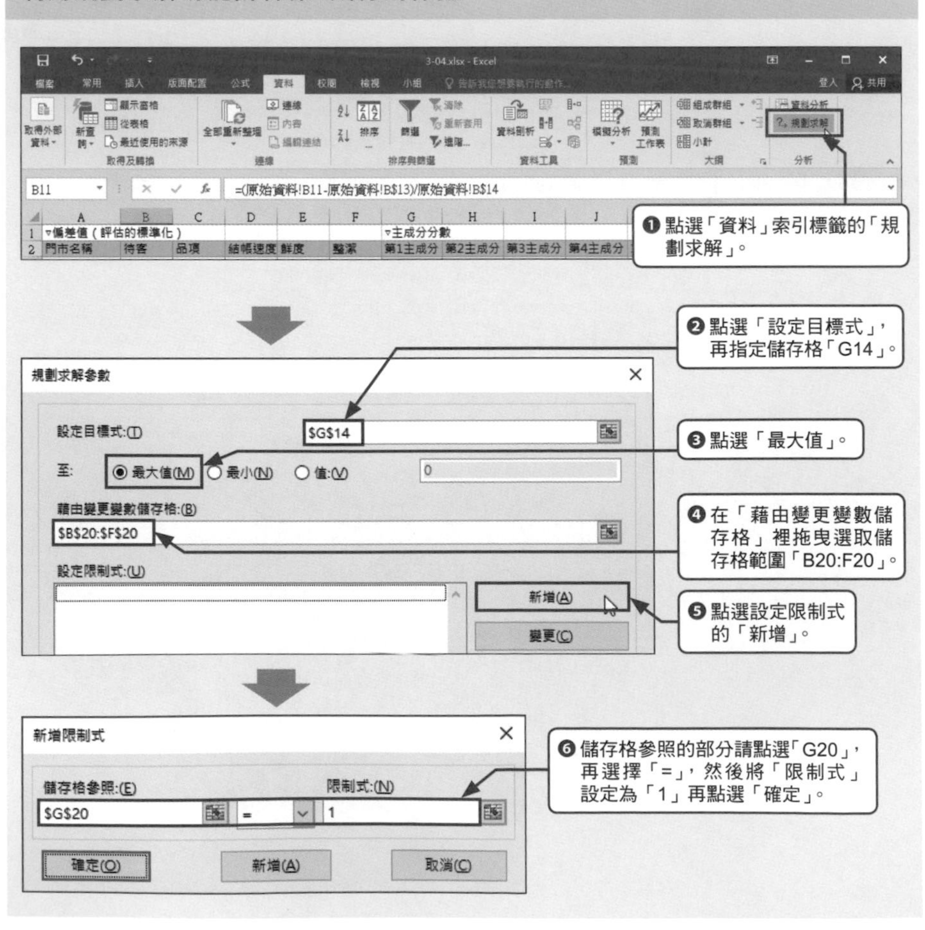

Excel 2007
▶步驟❽執行步驟 8 的時候，點選「選項」鈕就會顯示設定畫面，確認是否勾選了「假設為非負數」。

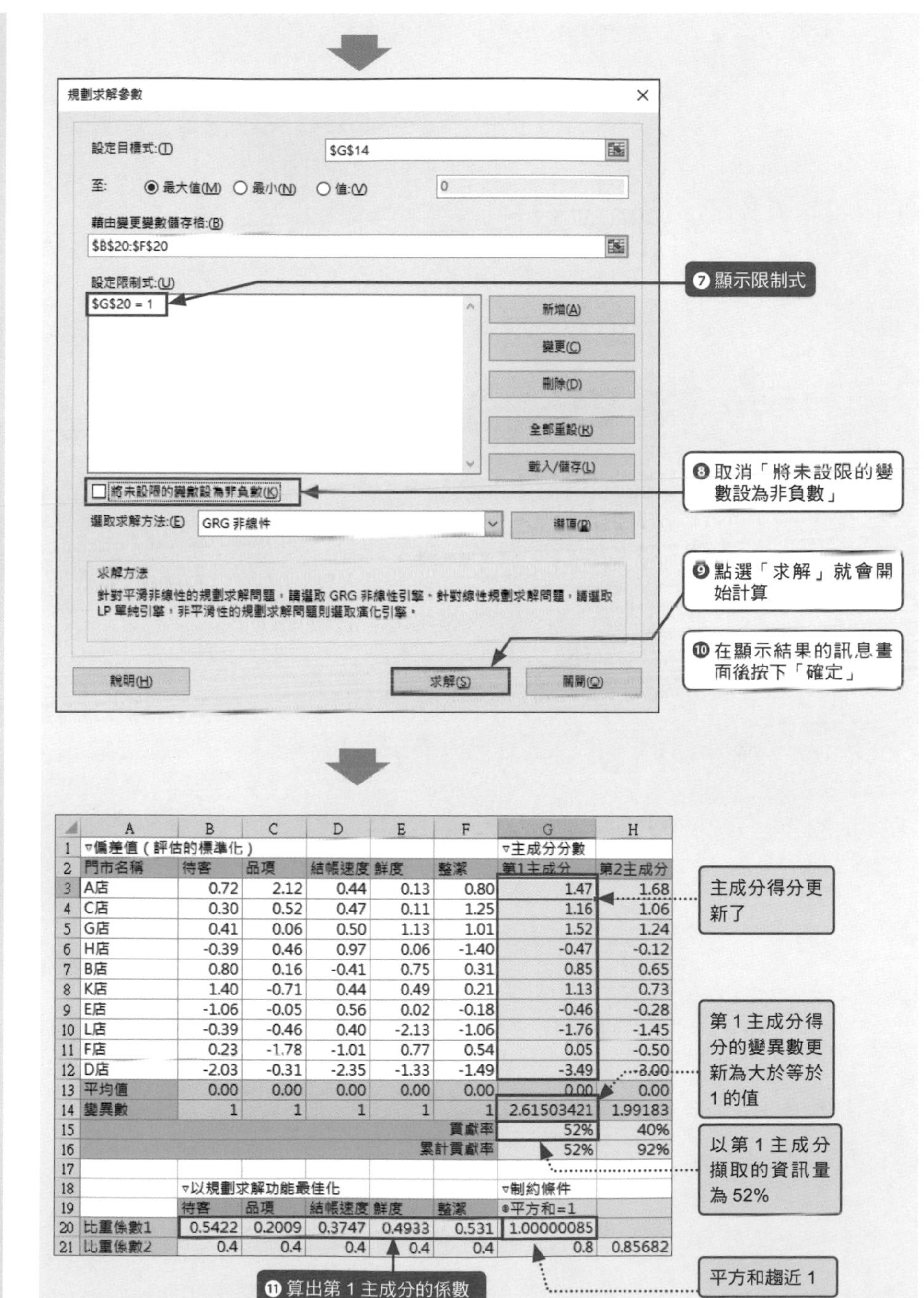

	A	B	C	D	E	F	G	H
1	▿偏差值（評估的標準化）						▿主成分分數	
2	門市名稱	待客	品項	結帳速度	鮮度	整潔	第1主成分	第2主成分
3	A店	0.72	2.12	0.44	0.13	0.80	1.47	1.68
4	C店	0.30	0.52	0.47	0.11	1.25	1.16	1.06
5	G店	0.41	0.06	0.50	1.13	1.01	1.52	1.24
6	H店	-0.39	0.46	0.97	0.06	-1.40	-0.47	-0.12
7	B店	0.80	0.16	-0.41	0.75	0.31	0.85	0.65
8	K店	1.40	-0.71	0.44	0.49	0.21	1.13	0.73
9	E店	-1.06	-0.05	0.56	0.02	-0.18	-0.46	-0.28
10	L店	-0.39	-0.46	0.40	-2.13	-1.06	-1.76	-1.45
11	F店	0.23	-1.78	-1.01	0.77	0.54	0.05	-0.50
12	D店	-2.03	-0.31	-2.35	-1.33	-1.49	-3.49	-3.00
13	平均值	0.00	0.00	0.00	0.00	0.00	0.00	0.00
14	變異數	1	1	1	1	1	2.61503421	1.99183
15						貢獻率	52%	40%
16						累計貢獻率	52%	92%
17								
18		▿以規劃求解功能最佳化					▿制約條件	
19		待客	品項	結帳速度	鮮度	整潔	●平方和=1	
20	比重係數1	0.5422	0.2009	0.3747	0.4933	0.531	1.00000085	
21	比重係數2	0.4	0.4	0.4	0.4	0.4	0.8	0.85682

以規劃求解功能計算第2主成分的係數

與計算第 1 主成分時一樣啟動規劃求解。規劃求解的設定內容會儲存在工作表裡，所以會保留先前的設定。這次不會用到相同的設定，所以需要清除畫面的設定。重設時會顯示訊息，按下「確定」之後繼續操作。

●重設時的訊息畫面

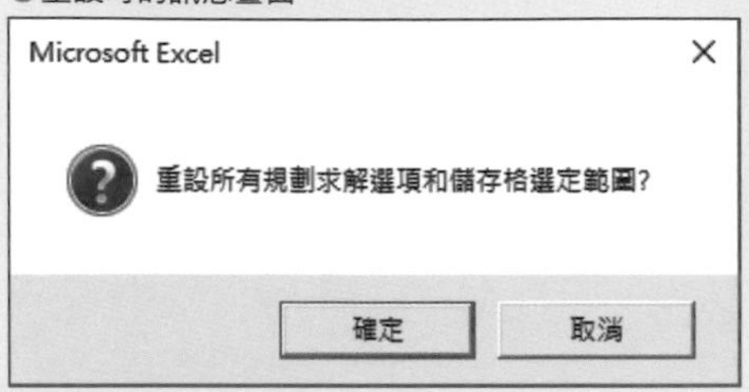

●第2主成分的規劃求解設定內容

目標式	儲存格「H14」
至：	最大值
藉由變更變數儲存格	儲存格範圍「B21:F21」
取消勾選	將未設限的變數設定非負數
限制式	儲存格「G21」=1、儲存格「H21」=0

規劃求解參數

設定目標式:(T) $H$14

至: ◉最大值(M) ○最小(N) ○值:(V) 0

藉由變更變數儲存格:(B) $B$21:$F$21

設定限制式:(U)
$G$21 = 1
$H$21 = 0

新增(A) 變更(C) 刪除(D) 全部重設(R) 載入/儲存(L)

☐ 將未設限的變數設為非負數(K)

選取求解方法:(E) GRG 非線性 選項(P)

求解方法
針對平滑非線性的規劃求解問題，請選取 GRG 非線性引擎。針對線性規劃求解問題，請選取 LP 單純引擎，非平滑性的規劃求解問題則選取演化引擎。

說明(H) 求解(S) 關閉(O)

❶點選「全部重設」，顯示訊息後按下「確定」，然後進行第 2 主成分的設定。

❷點選「求解」，顯示輸出結果的訊息後，按下「確定」。

Excel 2007
▶在步驟❶點選「重設」。

▶第 2 主成分的變異數（儲存格「H14」）也超過 1。

❹ 算出係數後，各值都更新了

	A	B	C	D	E	F	G	H
1	▿偏差值（評估的標準化）						▿主成分分數	
2	門市名稱	待客	品項	結帳速度	鮮度	整潔	第1主成分	第2主成分
3	A店	0.72	2.12	0.44	0.13	0.80	1.47	1.51
4	C店	0.30	0.52	0.47	0.11	1.25	1.16	0.20
5	G店	0.41	0.06	0.50	1.13	1.01	1.52	-0.36
6	H店	-0.39	0.46	0.97	0.06	-1.40	-0.47	1.15
7	B店	0.80	0.16	-0.41	0.75	0.31	0.85	-0.51
8	K店	1.40	-0.71	0.44	0.49	0.21	1.13	-0.66
9	E店	-1.06	-0.05	0.56	0.02	-0.18	-0.46	0.39
10	L店	-0.39	-0.46	0.40	-2.13	-1.06	-1.76	0.89
11	F店	0.23	-1.78	-1.01	0.77	0.54	0.05	-2.26
12	D店	-2.03	-0.31	-2.35	-1.33	-1.49	-3.49	-0.45
13	平均值	0.00	0.00	0.00	0.00	0.00	0.00	0.00
14	變異數	1	1	1	1	1	2.61503421	1.19837779
15						貢獻率	52%	24%
16						累計貢獻率	52%	76%
17								
18		▿以規劃求解功能最佳化					▿制約條件	
19		待客	品項	結帳速度	鮮度	整潔	◎平方和=1	
20	比重係數1	0.5422	0.2009	0.3747	0.4933	0.531	1.00000085	
21	比重係數2	-0.104	0.7414	0.5186	-0.356	-0.21	1.00000039	1.551E-12
22	比重係數3	0.3	0.3	0.3	0.3	0.3	0.45	0.17714351

❸ 算出第 2 主成分的係數。

符合平方和與內積的條件。

第 2 主成分的貢獻率為 24%，與第 1 主成分加起來，擷取了 76% 的資訊量。

以規劃求解計算第3主成分之後的係數

第 3 主成分之後的操作步驟與第 2 主成分完全相同，但是內積的限制條件卻逐一增加。此外，從第 3 主成分之後的貢獻率就逐漸下滑。這次雖然算到第 5 主成分的貢獻率，但是在主成分的變異數低於 1 時，就可以停止使用規劃求解計算。

●第3主成分之後的規劃求解設定內容

設定	第 3 主成分	第 4 主成分	第 5 主成分
目標式	儲存格「H14」	儲存格「J14」	儲存格「K14」
至：	最大值		
藉由變更變數儲存格	儲存格範圍「B22:F22」	儲存格範圍「B23:F23」	儲存格範圍「B24:F25」
取消勾選	將未設限的變數設定非負數		
限制式	儲存格「G22」=1 儲存格「H22」= 0 儲存格「I22」=0	儲存格「G23」=1 儲存格「H23」= 0 儲存格「I23」=0 儲存格「J23」=0	儲存格「G24」=1 儲存格「H24」=0 儲存格「I24」=0 儲存格「J24」=0 儲存格「K24」=0

❷ 第 3 主成分之後的主成分得分、變異數、貢獻率都更新了。

變異數低於 1

	A	B	C	D	E	F	G	H	I	J	K
1	▿偏差值（評估的標準化）						▿主成分得分				
2	店鋪名	待客	品項	結帳速度	鮮度	整潔	第1主成分	第2主成分	第3主成分	第4主成分	第5主成分
3	A店	0.72	2.12	0.44	0.13	0.80	1.47	1.51	-1.09	-0.42	0.23
4	C店	0.30	0.52	0.47	0.11	1.25	1.16	0.29	-0.37	-0.34	-0.69
5	G店	0.41	0.06	0.50	1.13	1.01	1.52	-0.36	-0.14	0.42	-0.31
6	H店	-0.39	0.46	0.97	0.06	-1.40	-0.47	1.15	0.73	0.94	0.56
7	B店	0.80	0.16	-0.41	0.75	0.31	0.85	-0.51	-0.39	-0.10	0.60
8	K店	1.40	-0.71	0.44	0.49	0.21	1.13	-0.66	0.92	-0.37	0.48
9	E店	-1.06	-0.05	0.56	0.02	-0.18	-0.46	0.39	0.18	0.81	-0.66
10	L店	-0.39	-0.46	0.40	-2.13	-1.06	-1.76	0.89	1.17	-0.92	-0.27
11	F店	0.23	-1.78	-1.01	0.77	0.54	0.05	-2.26	0.15	0.00	-0.13
12	D店	-2.03	-0.31	-2.35	-1.33	-1.49	-3.49	-0.45	-1.15	-0.02	0.18
13	平均	0.00	0.00	0.00	0.00	0.00	0.00	0.00	0.00	0.00	0.00
14	變異數	1	1	1	1	1	2.61503	1.19838	0.62362	0.33271	0.23027
15						貢獻率	52%	24%	12%	7%	5%
16						累計貢獻率	52%	76%	89%	95%	100%
17											
18		▿以規劃求解功能最佳化					▿制約條件				
19		待客	品項	結帳速度	鮮度	整潔	◉平方和=1		◉互相直交：內積=0		
20	比重係數1	0.5422	0.200916	0.3747	0.4933	0.531	1				
21	比重係數2	-0.104	0.741441	0.5186	-0.356	-0.21	1	-1.6E-12			
22	比重係數3	0.2632	-0.59908	0.6523	-0.174	-0.34	1	-6.1E-12	-9.1E-12		
23	比重係數4	-0.552	0.003468	0.2633	0.7311	-0.303	1	-2.1E-12	-2.4E-12	3.7E-12	
24	比重係數5	0.5668	0.22581	-0.31	0.2555	-0.683	1	-8.3E-17	-7.8E-16	-8.9E-16	1.4E-15

❶ 算出第 3 主成分之後的係數。

滿足平方和為 1 的條件

滿足係數內積為 0 的條件

Column 內積為0的意義

主成分的內積為 0 代表主成分之間為直交關係。一如圖表的座標軸有箭頭一般，主成分的座標軸也有箭頭。箭頭代表的是方向性。有方向的量成為向量，沒方向的量稱為純量。假設向量 a、b 分別是第 1 主成分與第 2 主成分，向量的內積將定義為 $a \cdot b = |a||b|\cos\theta$，向量的內積也是純量。主成分彼此直交時，θ 為 90，θ 為 90 度時的 cosθ 為 0，換言之內積等於 0。

●直交關係與向量的內積

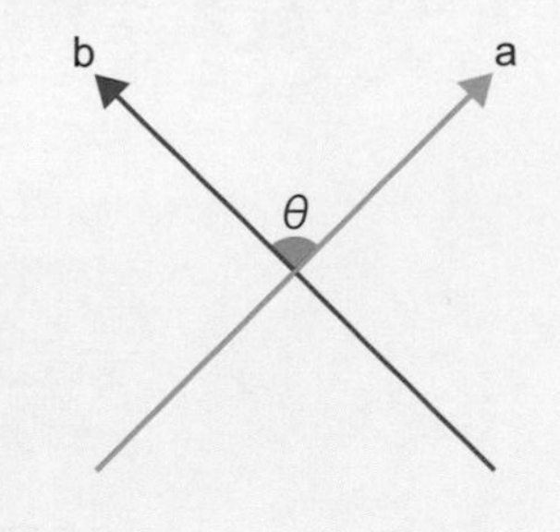

▶代表向量時，量的上面必須畫上箭頭。

▶ Excel 的操作④ ：繪製第 1 主成分與第 2 主成分的係數圖表

使用規劃求解最佳化係數之後，到第 2 主成分為止的累計貢獻率達 76%，第 3 主成分之後的主成分變異數也低於 1，所以決定以第 1 主成分與第 2 主成分說明資料。在此要根據各評價相乘的係數繪製橫條圖，根據係數的狀況設定主成分的名稱。這次希望以由大往小的順序排列係數，所以要使用空白的儲存格，讓係數的顯示方向改成欄方向。

▶主成分會於判讀結果的 P.134 頁命名。

建立係數圖表所需的表格

Excel 2007
▶步驟❸可點選「貼上▼」選單裡的「轉置」。

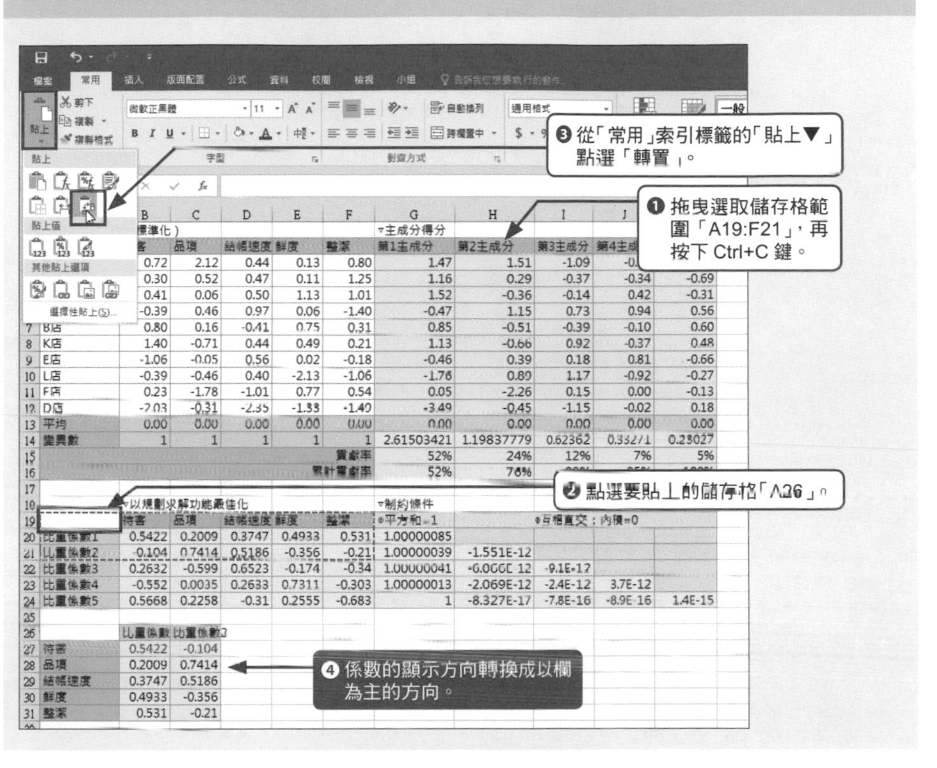

繪製第1主成分的係數圖表

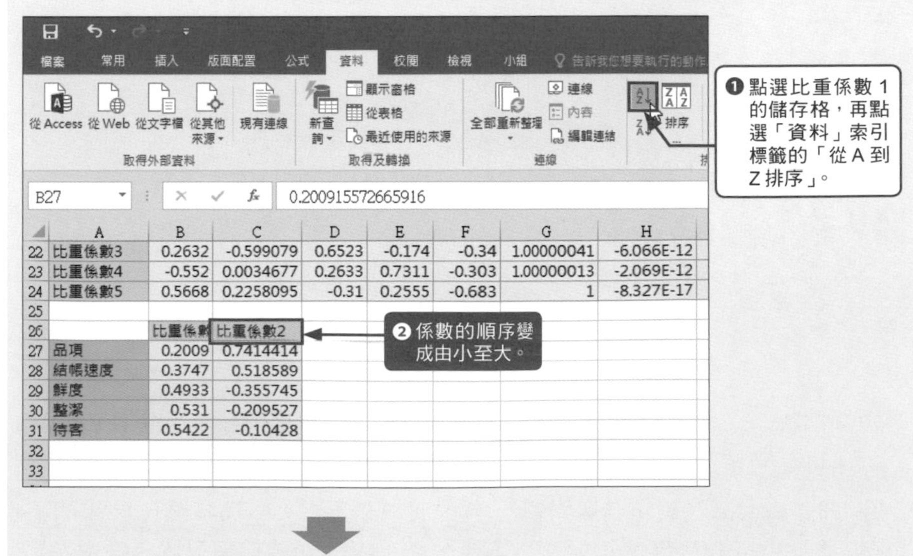

▶橫條圖的排列順序與表格的順序相反，所以希望以由大至小的順序顯示值，就必須先讓表格的資料以由小至大的順序排列。

Excel 2007/2010/2013
▶步驟❶可點選「插入」索引標籤的「橫條」，再從中點選「群組橫條圖」。

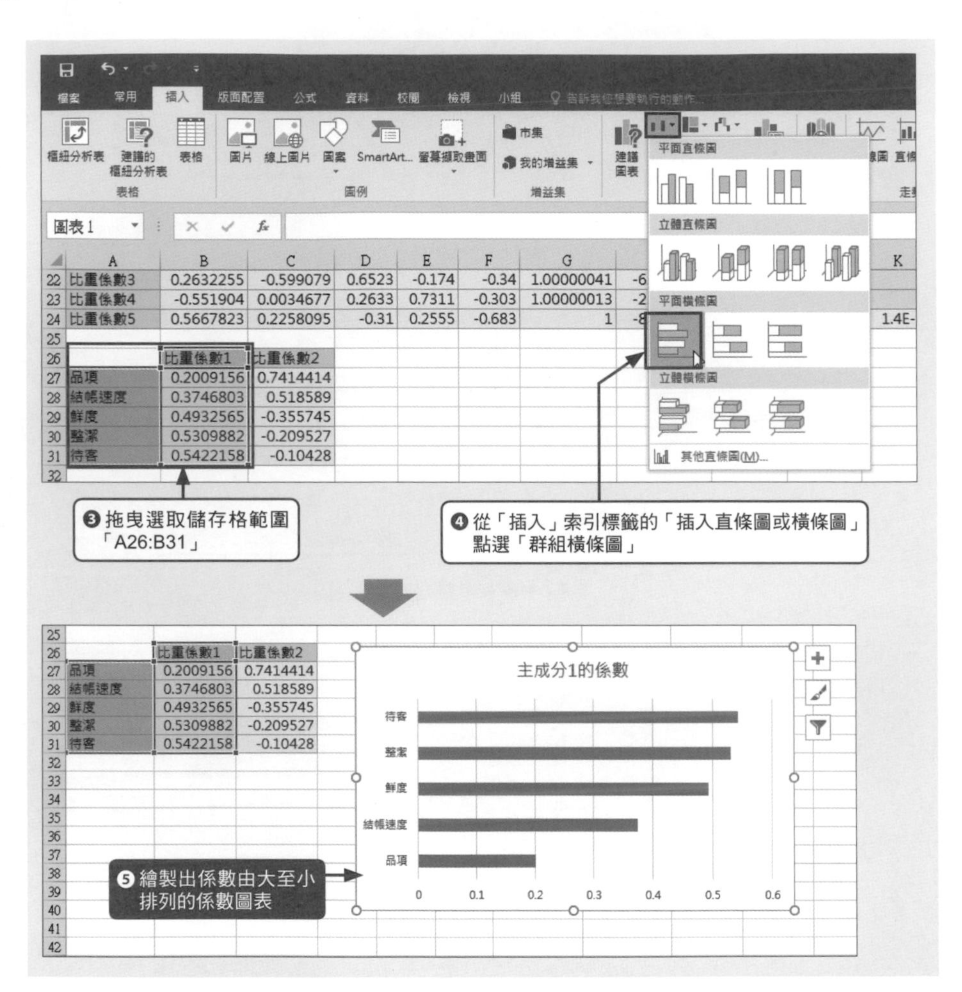

繪製第2主成分的係數圖表

拖曳儲存格範圍「A26:A31」之後，按住 Ctrl，再拖曳選取儲存格範圍「C26:C31」，然後依照第 1 主成分的係數圖表的步驟插入群組橫條圖。此外，不需要重新排序資料。

▶輸入適當的圖表標題。

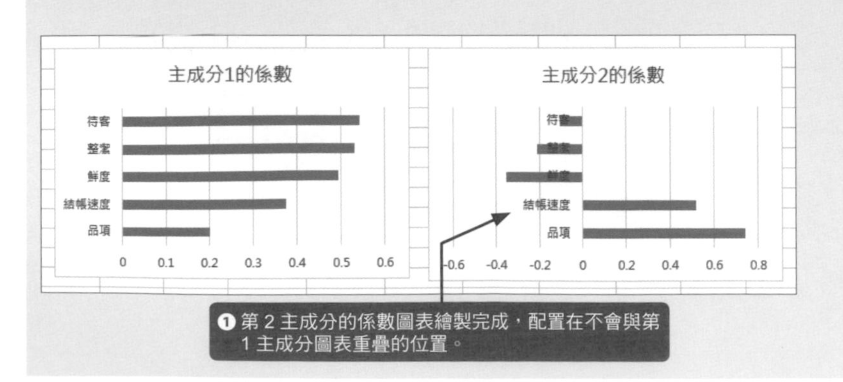

▶ Excel 的操作⑤ ： 繪製門市的定位圖

在決定主成分的係數時，為了能保留多出來的資料，設定了主成分彼此不相關的條件。一如 P.130 的 Column 的介紹，決定毫無關聯性的主成分時，主成分的座標軸是彼此相交的，所以我們可將第 1 主成分當成橫軸，第 2 主成分當成直軸，然後配置各門市的主成分得分。

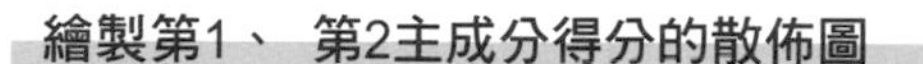

繪製第1、 第2主成分得分的散佈圖

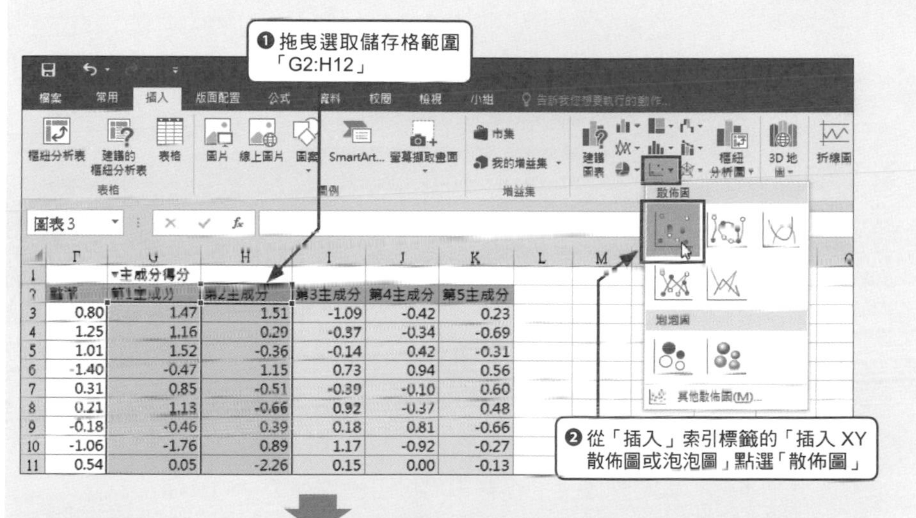

●圖表的編輯

標題	第 1、2 主成分得分
座標軸標題	橫軸標題：第 1 主成分 直軸標題：第 2 主成分
刻度	橫軸刻度：-4 ～ -2 刻度 0.5
	直軸刻度：-2.5 ～ 2 刻度 0.5
資料標籤	參考 P.82 的步驟，加上門市名稱的標籤

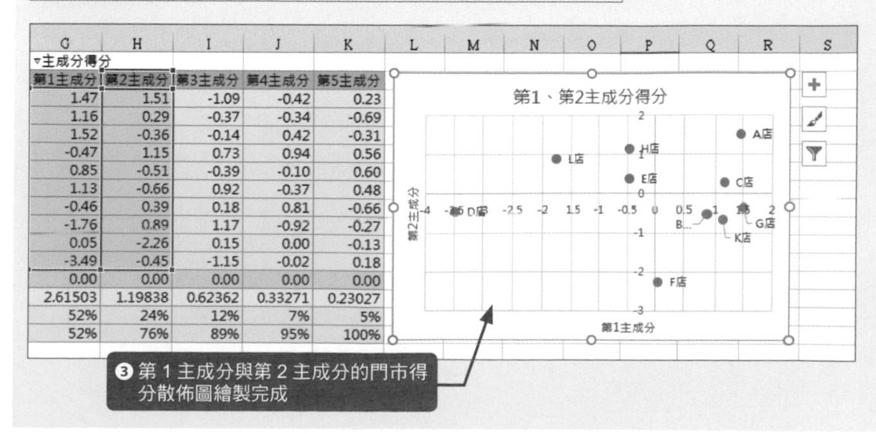

▶ 判讀結果

接著利用第 1 主成分與第 2 主成分的係數圖表解釋係數以及替主成分命名。

● 主成分的名稱

待客的係數最高，比重也最重，所有的係數都是正值。主成分得分越高，代表所有的評估項目都得到不錯的分數，所以我們將第 1 成分命名為門市的「綜合力」。

●係數圖表

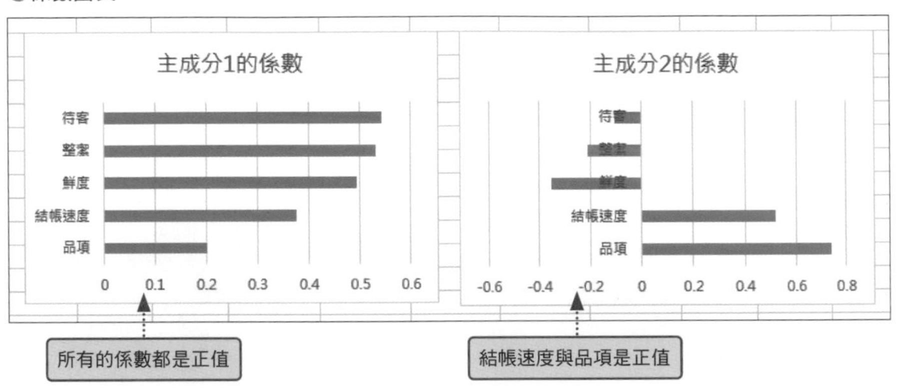

第 1 主成分的貢獻率為 52%，所以未能顧及的部分有 48%。第 2 主成分的品項與結帳速度的係數很高，可解釋第 2 主成分彌補了第 1 主成分不足的部分。至於第 2 主成分的命名，由於第 2 主成分的品項得分不錯，結帳速度也很快，所以可解釋去到店裡，什麼都可以買得到，也不用花太多時間等結帳，所以可將第 2 主成分命名為「方便性」。第 2 主成分的待客、整潔、鮮度都是負分，如果這些評估的分數下滑，整體得分也會下滑，所以可解釋成平日就要注意的部分，因此將第 2 成分的負分部分命名為「日常管理」。

一般而言，如果所有的係數都是正的，就能代表綜合評價。此外，如果發現主成分的係數難以解釋，就不一定非得替主成分點。

這次雖然只使用了第 1 主成分與第 2 主成分，但是，如果第 3 主成分之後的變異數也超過 1，就可判斷成係數是具有意義的，此時可試著研究第 1 與第 3 主成分這種組合。如果很難替第 2 主成分做出解釋，也可試著解釋第 3 主成分的係數。

● 門市的店位

接著要再次探討主成分命名之後的散佈圖。下列是分成四塊區域解釋。例題要尋找的「模範門市」就是 A 店與 C 店。

●依照主成分得分繪製的門市定位圖

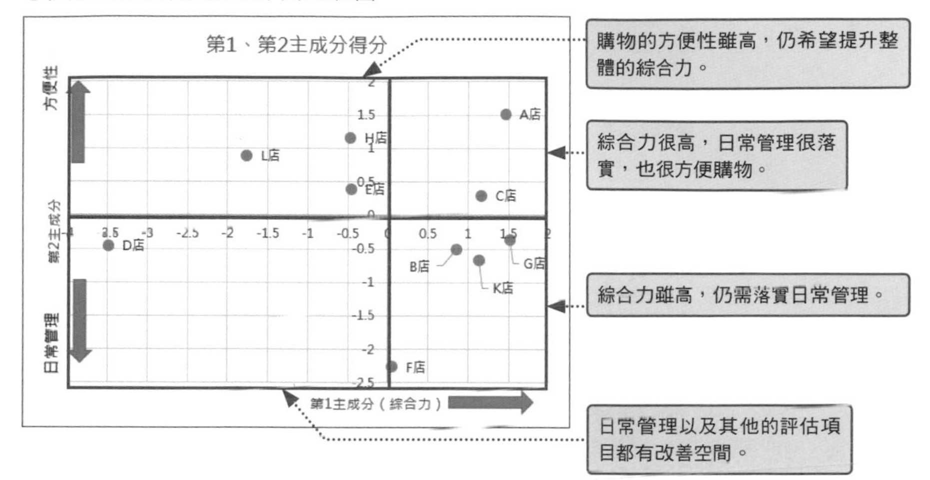

發展 ▶▶▶

▶ 主成分之間的關係

進行主成分分析之際，第 1 主成分未能掌握的資訊會由第 2 主成分掌握。要想掌握最多未能掌握的資訊，就必須讓擷取資訊的方向徹底轉向，不能只是憑直覺或只是稍微轉向，我發現，轉 90 度角是最有效率的做法。此時，彼此呈 90 度直角交叉的座標軸之間稱為直交或是直交關係。這也代表主成分的內積為 0（P.130）。此外，座標軸之間沒有關聯性這點可解釋成主成分的座標軸之間彼此獨立。

要確認主成分的座標軸是否彼此獨立可調查主成分得分的相關係數。利用分析工具的「相關係數」調查第 1 主成分得分到第 5 主成分得分的相關係數之後，得到的結果如下。第 1 ～第 5 的主成分得分的相關係數幾乎為「0」，代表主成分的座標軸彼此獨立。

範例

3-05「主成分得分的相關係數」確認。

●主成分之間的相關係數

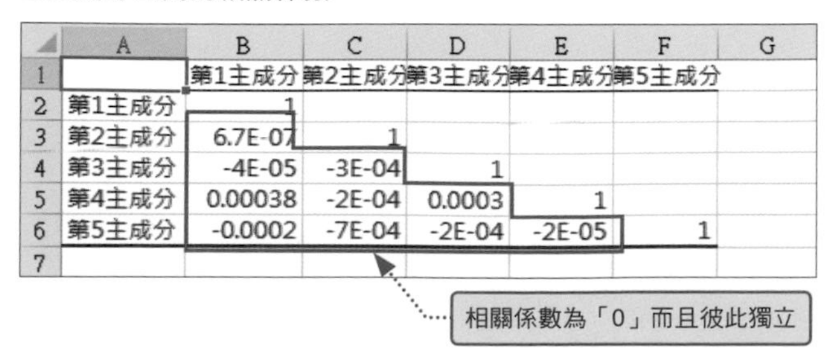

	A	B	C	D	E	F	G
1		第1主成分	第2主成分	第3主成分	第4主成分	第5主成分	
2	第1主成分	1					
3	第2主成分	6.7E-07	1				
4	第3主成分	-4E-05	-3E-04	1			
5	第4主成分	0.00038	-2E-04	0.0003	1		
6	第5主成分	-0.0002	-7E-04	-2E-04	-2E-05	1	
7							

練習問題

問題 想了解自己的定位

B先生在自己的家鄉經營個人補習班「B補習班」，一年前出現小班制補習班這個競爭對手後，就沒辦法順利地招攬學生。因此B先生針對在地補習班的學費、時間彈性、照顧程度進行10分滿分的評估，也將評估結果整理成表格。請實施主成分分析，建立新的評估。

範例
練習：3-renshu
完成：3-kansei

●評估表

	A	B	C	D
1	▿補習班比較			
2	補習班	學費	時間彈性	照顧程度
3	B補習班	4.2	5.2	7.2
4	家庭教師	4.8	6.8	7.8
5	遠距教學	7.5	7.5	5.2
6	升學班	5.5	3.2	5.8
7	小班制	6.8	8	8.5
8	平均值	5.76	6.14	6.90
9	標準差	1.37	1.95	1.37
10				

① 標準化補習班的評價資料，再於「操作」工作表輸入。

② 完成主成分分析的準備。

請算出臨時的主成分分數、貢獻率、累計貢獻率與制約條件。

③ 請最佳化臨時的主成分係數(主成分負荷量)。

・隨著剩下的資料越來越少，越來越不可能利用規劃求解算出最佳解答。若出現累計貢獻率超過 100%（若能全部說明所有資料就是 100%，所以超過 100% 是很奇怪的）這類奇怪的現象，就算真的算出解答也不可使用。

④ 將算出來的主成分係數繪製成橫條圖，同時為主成分命名。

⑤ 以算出來的主成分繪製四象限的定位圖，確認B補習班的定位。

⑥ 讀過P.135的發展的讀者請確認主成分的直交關係。

CHAPTER

04

掌握所有資料與局部資料之間的關係

本章要解說的是母體與樣本的關係以及中央極限定理。與其他章節比較起來，這章的內容比較偏學術，但是中央極限定理是商業資料分析的基礎定理，也是因為有這項定理，平均值才不會被資料干擾，完美扮演資料分佈的核心角色。此外，為了讓大家充分了解定理，也準備了很多有關 Excel 的操作，請務必實際操作體會。

01 從局部資料了解真正的平均值

要收集所有的資料通常是困難的，因為需要耗費不少費用，也需要不少時間分析，所以通常只會挑選對應的資料而已。話說回來，還是希望能得到以所有資料分析時的高精確度分析結果。這一節要將焦點放在樣本資料的平均值，解說樣本資料與整體資料的關聯性。

導入 ▶▶▶

例題 想了解「真正的平均銷售價格」

A 公司的 X 先生在前幾天接到了針對在西部地區限定商品 K，預測在東部地區銷售之際的營業額（→ P.35）。雖然在同事的協助之下，當場得以平安過關，但還是覺得很不安。

收到的紙本資料有所有西部門市的一萬筆售價資料。時間不足的狀況下，能當成資料使用的只有 200 筆。200 筆的平均售價約為「444 元」（→ P.37）。

A 先生輸入了一萬筆資料，算出平均售價。但令他驚訝的是，一萬筆資料的平均售價居然是「約 448 元」，幾乎與 200 筆資料相同。

●商品 K 的全門市售價資料

E2 =AVERAGE(B3:B10002)

	A	B	C	D	E	F
1	▿價格資料					
2	No	價格		平均售價	448.171	
3	1	560				
4	2	410				
5	3	400				
6	4	610				
7	5	560				
9998	9996	370				
9999	9997	430				
10000	9998	320				
10001	9999	480				
10002	10000	420				

就在 A 先生鬆了一口氣之後，他又擔心，這該不會只是「巧合」吧，也擔心今後若遇到類似的情況該怎麼應對，一想到這，就讓他心情變得很灰暗。

A 先生挑出的 200 筆資料的平均售價與一萬筆的平均售價接近是否只是巧合呢？原始資料與摘要的資料之間又有何關聯？

▶ 從整體資料抽出樣本

除了全國性的普查之外，所謂的「整體」指的就是「要了解某種內容所需的所有資料」，舉例來說，若想知道期末考的班級平均分數，「全班的期末成績資料」就是必須的資料。因此，X 先生手上的「西部地區全門市售價資料」可視為是了解西部地區平均售價所需的整體資料。接著讓我們先確認一下用語。

了解某種內容所需的所有資料稱為母體，從母體採樣的資料稱為樣本。

●母體與樣本的範例

想了解的內容（調查目的）	母體	樣本
期末考班級平均分數	全班的期末考成績	班級內的局部成績
XX 期間的西部地區平均售價	XX 期間的西部地區平均售價資料	XX 期間的西部地區局部售價資料
XX 選區的當選資訊	XX 選區的選舉人全體投票資料	部分選舉人的投票資料（出口民調）

● 樣本的抽選方法

盡管為了節省時間與費用而採用樣本統計的方法，但如果沒有辦法算出足以與整體資料匹敵的結果，採用樣本統計就毫無意義。所以真正的重點在於抽選樣本的方法。規則其實很簡單。

不刻意、不偏頗、均衡地抽選

這種抽選方式稱為隨機取樣。不過，隨時篩選出與目標內容一致的資料是採樣時的重點。

舉例來說，X 先生手上的資料如下列般，以門市分類。如果 X 先生以「連續 200 筆」資料的方式採用，是否算是隨機取樣？不管取樣時是不是忽略門市的名稱，結果還是會只篩選到某間門市的資料。

原本以為是隨機取樣的平均售價卻無法說明西部地區門市概況，只算出〇〇店的平均售價。

於 Excel 儲存的資料幾乎都是已整理過的資料。要從整理過的資料隨機取樣，就必須先攪亂資料（未以任何基準重新排序的資料）再篩選。

●從門市售價資料篩選 200 筆資料

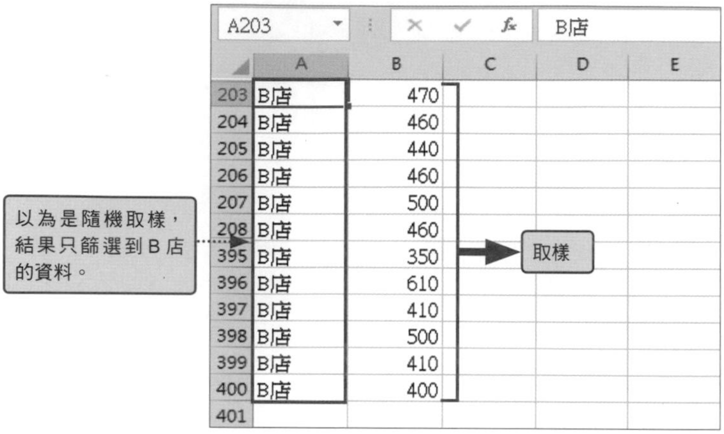

	A	B	C	D	E
203	B店	470			
204	B店	460			
205	B店	440			
206	B店	460			
207	B店	500			
208	B店	460			
395	B店	350			
396	B店	610			
397	B店	410			
398	B店	500			
399	B店	410			
400	B店	400			
401					

以為是隨機取樣，結果只篩選到 B 店的資料。

取樣

MEMO **街頭採訪算是隨機取樣？**

或許大家不知道每次的街頭採訪都剛好拍攝了某個特定的場所，不過，一提到上班族，大家就會想到走在商業區的人們，而且這種模式已經非常司空見慣。街頭採訪雖然不是完全沒摻雜一丁點採訪者的主觀，但已經算是隨機取樣的採訪，只是這不能說是足以代表上班族的意見，充其量只是「商業區附近的上班族」的意見。同樣的情況會在地區向心力調查出現。盡管是採取街頭採訪的方式進行，也有可能遇到在地人口不多或是摻雜了路人的問題，所以絕對不能斷言街頭採訪等於隨機取樣。

▶ 母體平均值與樣本平均值

母體的平均值稱為母體平均值，從母體取樣的樣本的平均值稱為樣本平均值。雖然為了一掃 A 先生的不安而以樣本平均值代替母體平均值，但是樣本是以隨機取樣的方式篩選，所以在實際取樣之前，無法得知平均值的高低。

如果取樣的機會只有一次，而且只能篩選一個，只要無法取得與母體平均值相等的資料，樣本平均值就不會等於母體平均值。說得喪氣一點，中獎的機率必須是 100%。可是，如果每一次都能篩選很多個，那麼就算沒篩選到相當於母體平均值的資料，也等於是從母體的資料分佈之中，篩選出適當的資料。如此一來，樣本資料的分佈情況就會近似母體資料的分佈。下圖是母體資料分佈的示意圖（藍色的分佈）與樣本的分佈（橘色的分佈）。比起只篩選 5 個的情況，篩選 20 個的情況比較能說是從母體廣泛的取樣。

●母體資料分佈示意圖與樣本資料分佈

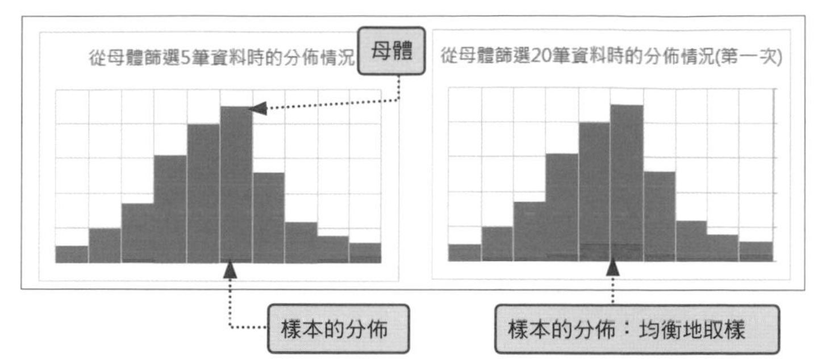

▶之所以說是母體資料分佈的示意圖，是因為無法得知真實的母體分佈情況。

樣本平均值的平均值

在統計裡，從母體篩選的資料數稱為樣本大小，若是放大樣本大小「n」，就能從母體均衡地篩選出資料。不過，篩選出來的樣本資料分佈有時只是一次的階。請大家看看下圖，第一次篩選的資料與第二次篩選的資料之中，即使篩選了幾個相同的值，第二次篩選的資料也不可能完全與第一次篩選的資料相同。換言之，樣本的平均值會隨著重複篩選而變化。

●樣本資料的分佈

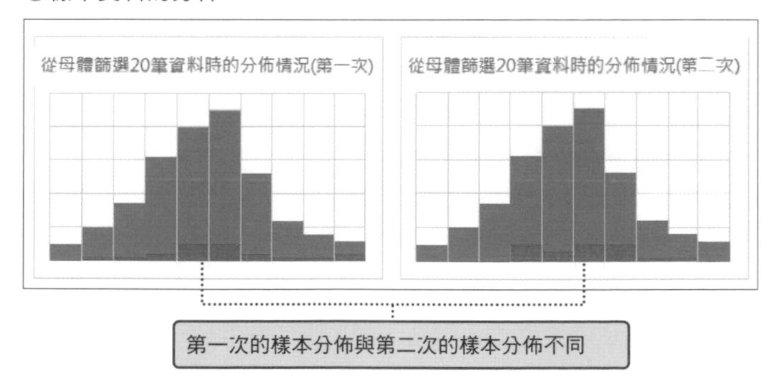

「平均值會隨著每次篩選改變，所以計算樣本的平均值是毫無意義的」，或許大家會有這種感覺，但其實可進一步以相同的樣本大小不斷篩選，然後計算樣本平均值的平均值。請大家注意的是，重複篩選樣本的次數稱為樣本數，而樣本大小與樣本數是不同的意思。

●樣本大小與樣本數

▶X指的是可從母體資料取得的值。以售價資料而言，代表的是從最低價到最高值之間的某個實際售價。

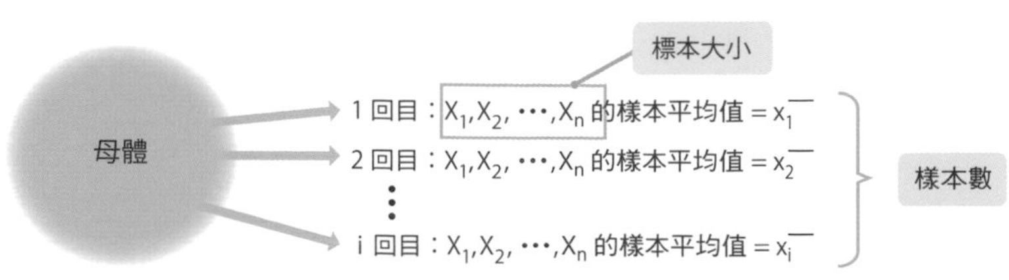

實踐 ▶▶▶

範例
4-01「所有資料」工作表

▶ Excel 的操作① ： 攪亂原始資料

原始資料常常依照門市或地區編排，所以需要攪亂原始資料。Excel 雖然內建了隨機取樣與產生亂數的功能，卻有重複篩選相同資料的缺點，而這次希望能在無任何基準之下重新排列母體資料，所以若重複篩選出相同的資料，或是摻雜了沒有篩選的資料那就麻煩了。

第一步，先利用「資料分析」的「亂數產生器」產生亂數，但看到產生的相同的亂數後，進一步依照資料的列位置替亂數設定比重，做出毫無重複的亂數。接著再利用 RANK.EQ 函數算出亂數的順位，然後以 INDEX 函數取得與該順位對應的資料。

▶ Excel 2007 可解讀為 RANK 函數。

RANK.EQ函數 ➡ 計算資料的順位

格　式　=RANK.EQ(數值,參照,順序)

解　說　在參照指定的儲存格範圍之中，依照由大至小或由小至大的順序算出指定的數值的順位。由大至小或由小至大的順序可透過順序參數指定，由小至大的順序可指定為1，由大至小的順序可指定為0。

INDEX函數 ➡ 取得位於指定範圍內的指定位置的資料

格　式　=INDEX(陣列,列編號,欄編號)

解　說　陣列指定的是要搜尋的資料儲存格範圍。指定的儲存格範圍以第1列第1欄為開頭時，搜尋與指定的列編號、欄編號一致的資料。

產生亂數

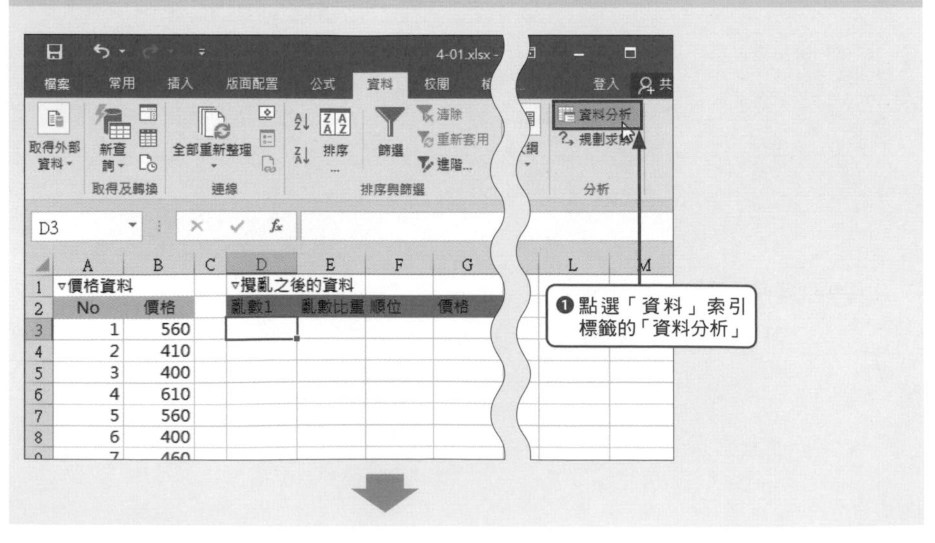

▶步驟❺會產生1～10000含小數點的亂數，為了讓各數值的產生機率均等，也就是不偏頗於特定數值，才設定為「均等分配」。

▶產生的亂數會隨機顯示。操作畫面只是其中一例。

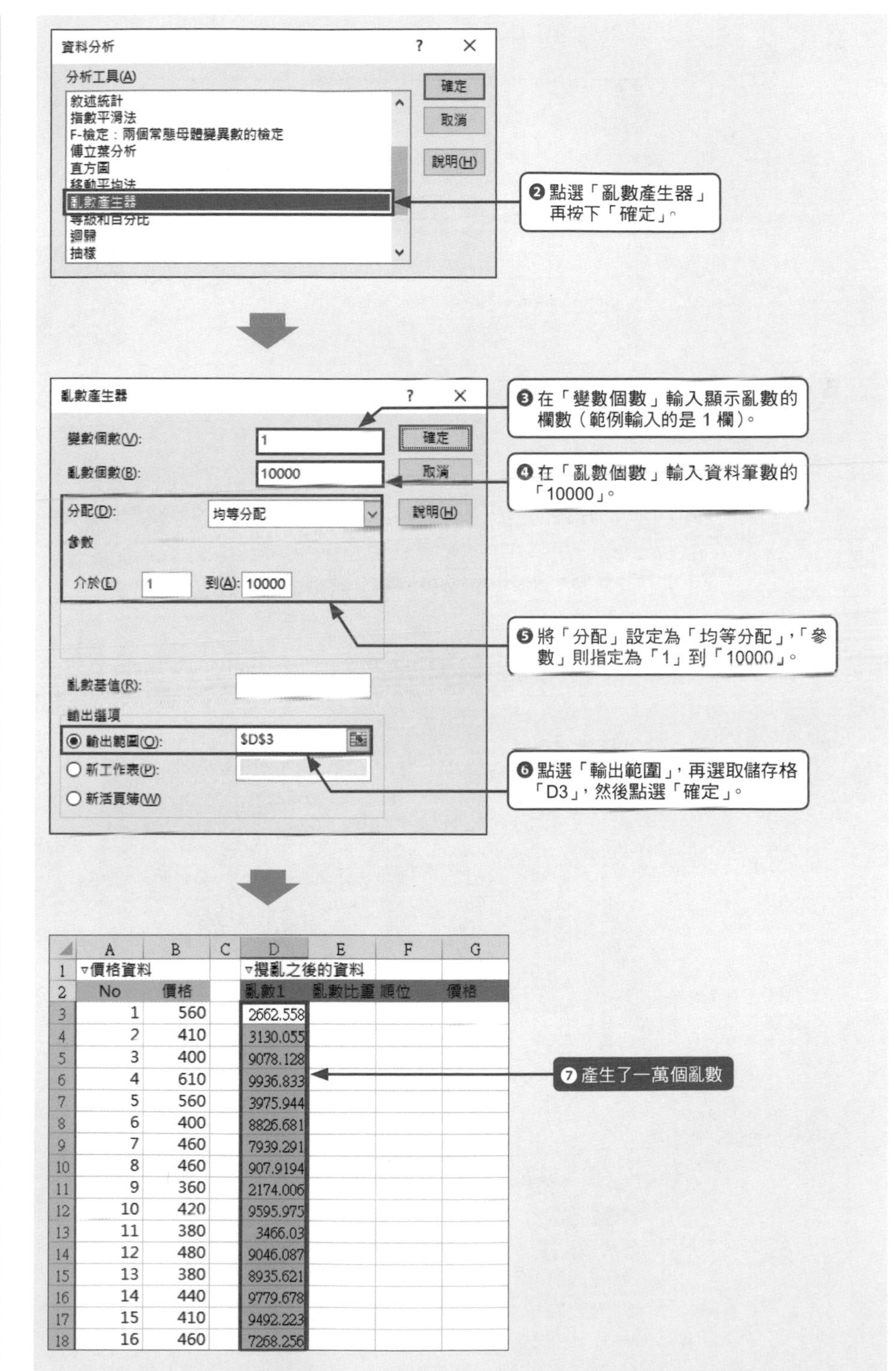

	A	B	C	D	E	F	G
1	▿價格資料			▿攪亂之後的資料			
2	No	價格		亂數1	亂數比重	順位	價格
3	1	560		2662.558			
4	2	410		3130.055			
5	3	400		9078.128			
6	4	610		9936.833			
7	5	560		3975.944			
8	6	400		8826.681			
9	7	460		7939.291			
10	8	460		907.9194			
11	9	360		2174.006			
12	10	420		9595.975			
13	11	380		3466.03			
14	12	480		9046.087			
15	13	380		8935.621			
16	14	440		9779.678			
17	15	410		9492.223			
18	16	460		7268.256			

替亂數設定比重， 消除重複的亂數

●在儲存格「E3」輸入的公式

E3	=D3+A3/10000

	A	B	C	D	E	F	G
1	▿價格資料			▿攪亂之後的資料			
2	No	價格		亂數1	亂數比重	順位	價格
3	1	560		2662.558	2662.6		
4	2	410		3130.055	3130.1		
5	3	400		9078.128	9078.1		
6	4	610		9936.833	9936.8		
7	5	560		3975.944	3975.9		

❶以「No」為比例，在儲存格「E3」輸入替亂數設定比重的公式，此時就不會出現重複的亂數。

用來設定比重

計算亂數的順位， 顯示與順位對應的價格

●在儲存格「F3」、「G3」輸入的公式

F3	=RANK.EQ(E3,$E$3:$E$10002,1)	G3	=INDEX($A$3:$B$10002,F3,2)

	A	B	C	D	E	F	G	H
1	▿價格資料			▿攪亂之後的資料				
2	No	價格		亂數1	亂數比重	順位	價格	
3	1	560		2662.558	2662.6	2610	530	
4	2	410		3130.055	3130.1	3124	370	
5	3	400		9078.128	9078.1	9031	560	
6	4	610		9936.833	9936.8	9930	410	
7	5	560		3975.944	3975.9	3979	480	
9997	9995	500		7529.163	7530.2	7515	400	
9998	9996	370		2948.488	2949.5	2911	430	
9999	9997	430		7702.186	7703.2	7676	410	
10000	9998	320		5813.584	5814.6	5823	330	
10001	9999	480		3143.787	3144.8	3136	500	
10002	10000	420		4809.931	4810.9	4837	400	

MEMO **替資料設定比重**

替資料設定比重是消除重複資料常見的手法。利用與資料的位置對應的值增減資料，藉此替資料設定比重即可消除重複的資料。以極端的例子而言，在第 1 列與第 2 列都輸入了「10」的情況下，若是設定為「10+1(第 1 列)」、「10+2(第 2 列)」，重複的「10」就會分成「11」與「12」。這次範例的 A 欄，也就是「No」欄是編號，所以可用來設定比重。「No」欄的數字比重若是會影響亂數的順位，就有可能接近原本的順位，所以才特別以 10000 除以「No」欄位的編號，減輕對「No」欄的影響。

MEMO 確認有無重複的資料

雖然可藉由替資料設定比重，移除重複的資料，但還是確認一下是否真的沒有重複的資料。確認的方法有利用 COUNTIF 函數確認「亂數比重」的資料出現次數是否都為 1，直接使用「移除重複」功能。使用 COUNTIF 函數的方法與 P.58 計算眾數出現次數的步驟相同，所以這次講解「移除重複」功能的使用方法。兩者都是用來證明資料沒有重複。

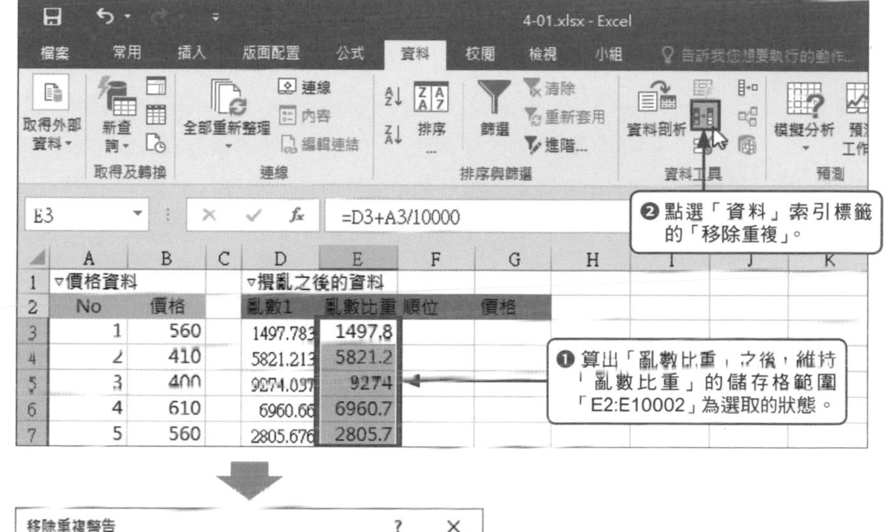

移除重複警告

Microsoft Excel 在您的選取範圍旁邊找到資料。因為您沒有選取此資料，所以將不會移除。

請問您要如何排序?

○ 將選取範圍擴大(E)

◉ 依照目前的選取範圍排序(C)

移除重複(R)... 取消

❸點選「依照目前的選取範圍排序」，再點選「移除重複」。

▶步驟❸的警告畫面會在指定範圍旁邊的儲存格也有數值資料時顯示。

移除重複

若要刪除重複值，請選取一或多個包含重複項目的欄。

全選(A) 取消全選(U) ☑ 我的資料有標題(M)

欄

☑ 亂數比重

確定 取消

❹如果有重複的資料，請勾選要移除重複資料的欄位。這次只有一個欄位，所以確認勾選後就按下「確定」。

▶步驟❸若是不小心點選「將選取範圍擴大」，就請在步驟❹的時候取消「亂數比重」欄位的勾選。

▶若有重複的資料就會在移除重複資料時，順便在畫面裡顯示刪除的資料筆數。

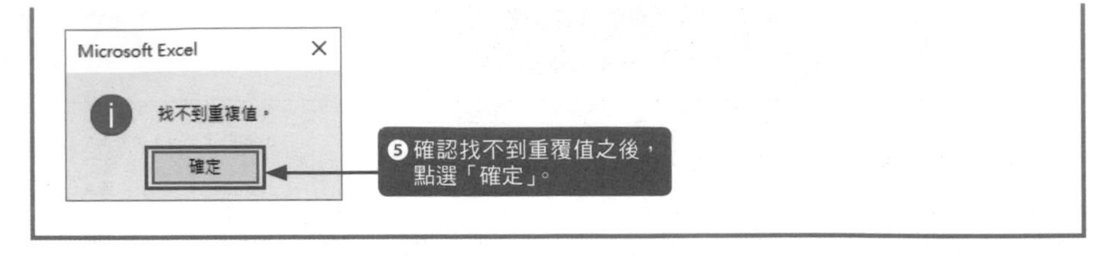

▶ Excel 的操作② ： 執行隨機取樣

範例
4-01
「5 個 ×10 次」工作表
4-01
「20 個 ×10 次」工作表

接著要從攪亂的一萬筆售價資料隨機取樣。隨機取樣的第一步是先利用 RANDBETWEEN 函數產生亂數，接著決定要篩選的列位置，再利用 INDEX 函數篩選出價格。雖然利用 RANDBETWEEN 函數產生的亂數也有可能會重複，但是可當成是將篩選出來的資料放回母體然後再次篩選出來的資料，所以就算是重複也能使用。此外，每操作一次，亂數就會更新一次，所以接下來的畫面都只是參考畫面。

這次進行了連續十次篩選 5 筆資料與連續十次篩選 20 筆資料的隨機取樣。

RANDBETWEEN函數 ➡ 於指定的整數範圍內產生亂數

格式	=RANDBETWEEN(最小值, 最大值)
解說	隨機產生從最小值到最大值的整數。
補充	RANDBETWEEN函數會以相同的機率隨機產生指定範圍之內的整數。

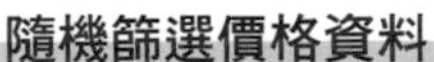

隨機篩選價格資料

●在儲存格「B2」輸入的公式

B2	=INDEX(全データ !$G$3:$G$10002,RANDBETWEEN(1,10000),1)

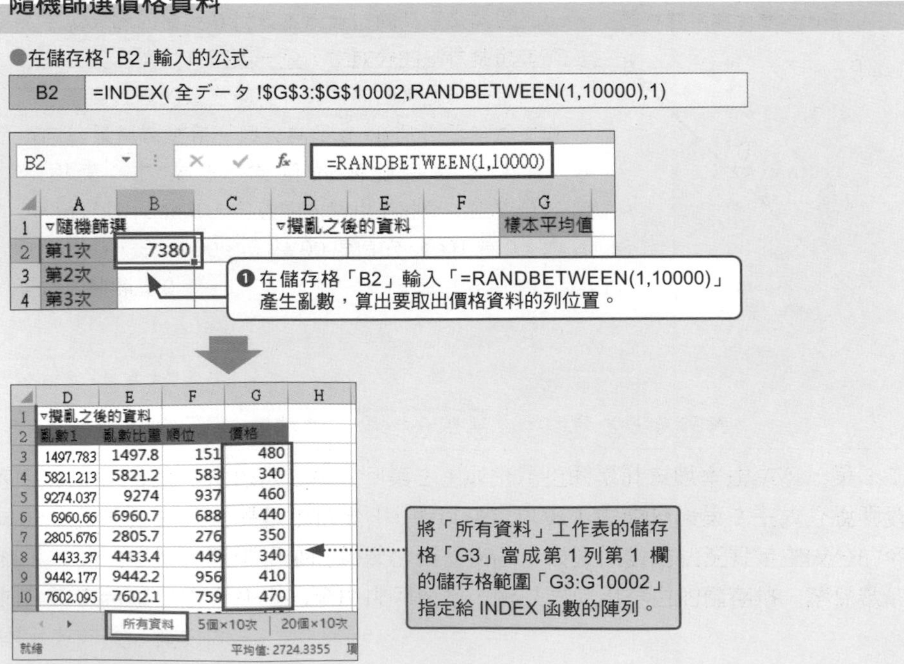

	D	E	F	G
1	▿攪亂之後的資料			
2	亂數1	亂數比重	順位	價格
3	1497.783	1497.8	151	480
4	5821.213	5821.2	583	340
5	9274.037	9274	937	460
6	6960.66	6960.7	688	440
7	2805.676	2805.7	276	350
8	4433.37	4433.4	449	340
9	9442.177	9442.2	956	410
10	7602.095	7602.1	759	470

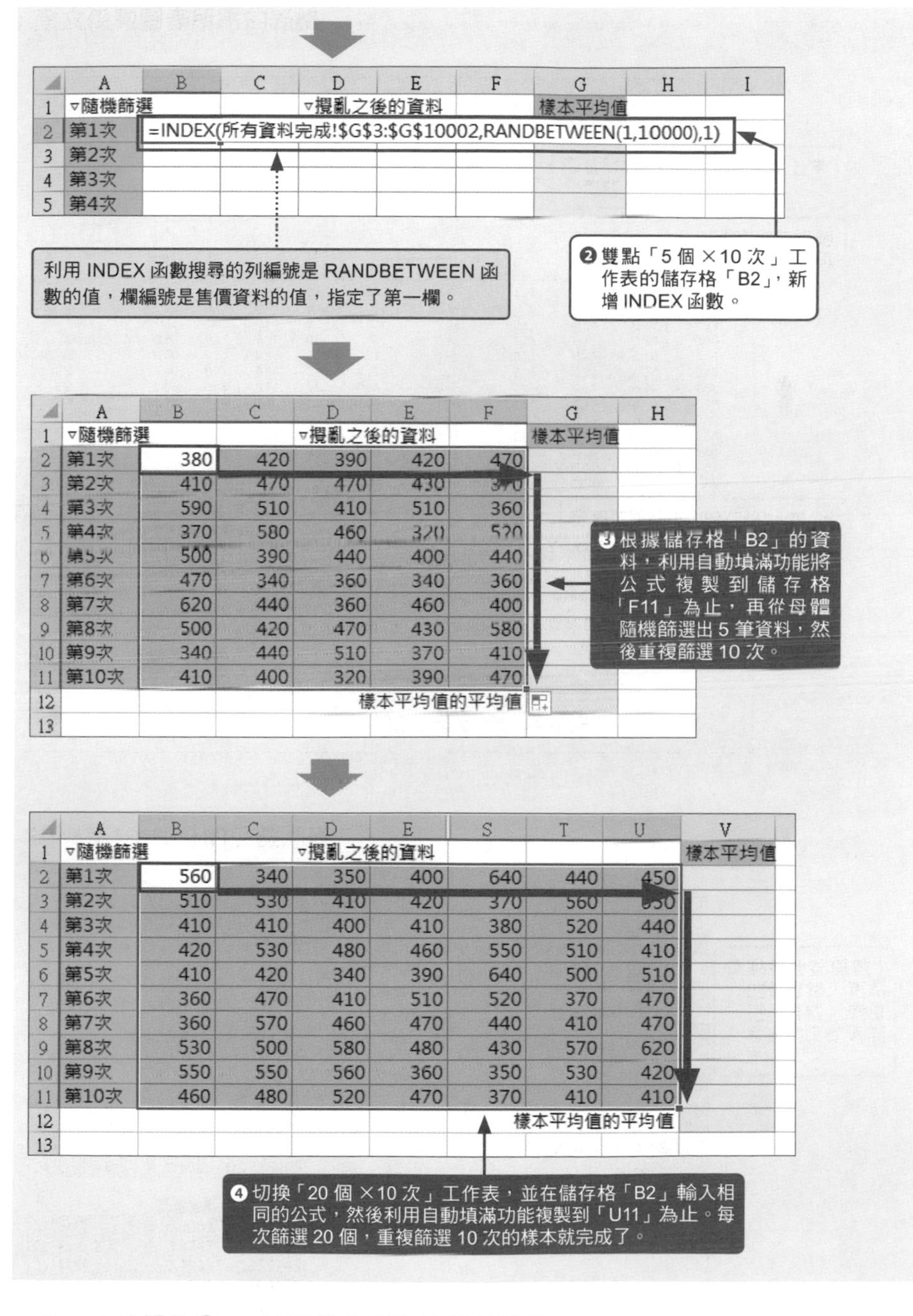

	A	B	C	D	E	F	G	H	I
1	▿隨機篩選			▿攪亂之後的資料			樣本平均值		
2	第1次	=INDEX(所有資料完成!$G$3:$G$10002,RANDBETWEEN(1,10000),1)							
3	第2次								
4	第3次								
5	第4次								

	A	B	C	D	E	F	G	H
1	▿隨機篩選			▿攪亂之後的資料			樣本平均值	
2	第1次	380	420	390	420	470		
3	第2次	410	470	470	430	370		
4	第3次	590	510	410	510	360		
5	第4次	370	580	460	320	520		
6	第5次	500	390	440	400	440		
7	第6次	470	340	360	340	360		
8	第7次	620	440	360	460	400		
9	第8次	500	420	470	430	580		
10	第9次	340	440	510	370	410		
11	第10次	410	400	320	390	470		
12					樣本平均值的平均值			
13								

	A	B	C	D	E	S	T	U	V
1	▿隨機篩選			▿攪亂之後的資料					樣本平均值
2	第1次	560	340	350	400	640	440	450	
3	第2次	510	530	410	420	370	560	[illegible]	
4	第3次	410	410	400	410	380	520	440	
5	第4次	420	530	480	460	550	510	410	
6	第5次	410	420	340	390	640	500	510	
7	第6次	360	470	410	510	520	370	470	
8	第7次	360	570	460	470	440	410	470	
9	第8次	530	500	580	480	430	570	620	
10	第9次	550	550	560	360	350	530	420	
11	第10次	460	480	520	470	370	410	410	
12							樣本平均值的平均值		
13									

▶ Excel 的操作③ ： 計算樣本平均值的平均值

接著要於「5 個 ×10 次」工作表以及「20 個 ×10 次」工作表計算各樣本的平均值與樣本平均值的平均值。平均值是利用 AVERAGE 函數計算。由於每輸入一次 AVERAGE 函數，亂數就會更新一次，所以操作畫面裡的平均值只能作為參考。

計算各樣本的平均值與樣本平均值的平均值

●在「5個×10次」工作表的儲存格「G2」、「G12」輸入的公式

G2	=AVERAGE(B2:F2)	G12	=AVERAGE(G2:G11)

	A	B	C	D	E	S	T	U	V
1	▿隨機篩選			▿攪亂之後的資料					樣本平均值
2	第1次	460	470	410	460	410	390	340	468
3	第2次	600	470	370	460	440	470	500	508
4	第3次	410	470	510	600	440	440	540	474
5	第4次	400	410	400	430	350	470	470	422
6	第5次	510	430	510	440	480	350	410	484
7	第6次	470	400	570	420	420	410	520	474
8	第7次	400	380	390	410	470	380	440	402
9	第8次	500	360	580	480	460	430	350	478
10	第9次	500	410	480	530	370	500	330	478
11	第10次	470	390	520	400	470	450	440	460
12						樣本平均值的平均值			479.0
13									

❶在「5個×10次」工作表的儲存格「G2」輸入AVERAGE函數，算出樣本的平均值，再利用自動填滿功能將公式複製到儲存格「G11」為止。

❷在儲存格「G12」輸入AVERAGE函數，算出樣本平均值的平均值。

●在「20個×10次」工作表的儲存格「V2」、「V12」輸入的公式

V2	=AVERAGE(B2:U2)	V12	=AVERAGE(V2:V11)

	A	B	C	D	T	U	V
1	▿隨機篩選			▿攪亂之後的資料			樣本平均值
2	第1次	510	630	340	520	330	466.5
3	第2次	350	440	420	510	460	437.5
4	第3次	500	520	470	430	360	457.5
5	第4次	540	480	340	580	350	467.5
6	第5次	400	480	440	470	470	444
7	第6次	480	410	550	510	340	459.5
8	第7次	480	460	480	360	520	426
9	第8次	390	600	530	470	480	436
10	第9次	460	520	400	430	460	450.5
11	第10次	400	370	380	520	430	441
12				樣本平均值的平均值			448.6
13							

❸切換至「20個×10次」工作表，也輸入AVERAGE函數，算出樣本平均值與樣本平均值的平均值。

▶ 判讀結果

按下F9可更新亂數。多按幾次，觀察樣本平均值的平均值之後，就會發現在5個×10次」工作表之中的母體平均值常為「448」(→ P.138)，但偶爾會出現偏差較明顯的值。同樣觀察「20個×10次」工作表也會發現，接近母體平均值的數值較「5個×10次」工作表多。

就統計而言，樣本平均值的平均值會朝母體平均值收斂。

母體平均值 = 樣本平均值的平均值

即使不了解母體的情況，也可利用這個公式調查從母體篩選的樣本，了解母體的性質之一的母體平均值。A先生對於明明有一萬筆資料，卻只使用了二百筆資料這點很不安，但是我們已經能根據樣本推測母體平均值，所以今後遇到相同的情況時，也可以只使用樣本。

● **樣本大小與母體平均值的關係**

不管樣本大小是 5 或 20，只要重複篩選，樣本平均值的平均值就會往母體平均值收斂，值的幅度也會受到影響。從結論而言，樣本大小越大，越容易趨近母體平均值，變動的程度也越小。

不過，樣本平均值的平均值也是整體平均值。以 5 個 ×10 次的表格為例，也可解釋成一次篩選出 50 筆資料。樣本大小越大，P.141 的橘色部分越多，也越能從母體篩選出不偏頗的資料。若能不偏頗地篩選資料，該資料的平均值就能越接近母體平均值。

發展 ▶▶▶

▶ 樣本平均值的平均值的資料分佈

剛剛已經說過不管樣本大小是 5 或 20，只要重複篩選，樣本平均值的平均值就會往母體平均值收斂，所以讓我們繪製直方圖，進一步確認看看。

以樣本大小為 5 與 20 重複隨機取樣 3000 次之後的樣本平均值的平均值直方圖如下。

這次為了比較樣本大小的差異，以原始的價格資料的最低值與最高值為基準，根據價格資料的全距與史特基公式決定組數與組距。開啟範例「4-01 發展」的「5 個 ×3000 次」工作表之後，請一邊注意儲存格「J2」，一邊按下 F9，應該會發現樣本平均值的平均值接近「448」，與母體平均值一致。

範例
「4-01- 發展」的「5 個 × 3000 次」工作表

● **樣本大小 5 的樣本平均值的直方圖**

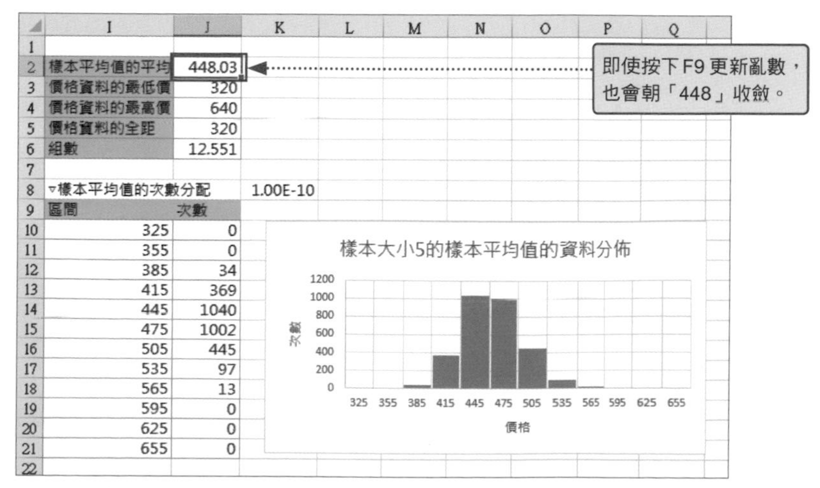

	I	J	K
1			
2	樣本平均值的平均	448.03	
3	價格資料的最低價	320	
4	價格資料的最高價	640	
5	價格資料的全距	320	
6	組數	12.551	
7			
8	▿樣本平均值的次數分配		1.00E-10
9	區間	次數	
10	325	0	
11	355	0	
12	385	34	
13	415	369	
14	445	1040	
15	475	1002	
16	505	445	
17	535	97	
18	565	13	
19	595	0	
20	625	0	
21	655	0	
22			

範例
「4-01- 發展」的「20 個 ×3000 次」工作表

●樣本大小 20 的樣本平均值的直方圖

	X	Y	Z
1			
2	樣本平均值的平均	448.13	
3	價格資料的最低價	320	
4	價格資料的最高價	640	
5	價格資料的全距	320	
6	組數	12.551	
7			
8	▿樣本平均值的次數分配		1.00E-10
9	區間	次數	
10	325	0	
11	355	0	
12	385	0	
13	415	32	
14	445	1238	
15	475	1609	
16	505	121	
17	535	0	
18	565	0	
19	595	0	
20	625	0	
21	655	0	

與樣本大小 5 相較之下，資料更為集中，變動明顯減少。

樣本大小20的樣本平均值的資料分佈

次數：2000、1500、1000、500、0

價格：325、355、385、415、445、475、505、535、565、595、625、655

開啟範例檔案的「4-01- 發展」的「20 個 ×3000 次」工作表，與「5 個 ×3000 次」工作表的直方圖比較。結果會發現，兩者的資料雖然都集中在區間「475」裡，但集中的程度卻不同。以樣本大小 5 的情況而言，由於一次只篩選 5 個資料，所以偶爾會篩選到偏差值，樣本平均值的變動也較明顯，但是樣本大小 20 的樣本平均值就較無變動。

▶區間「475」的意思是「大於等於 445，低於 475」的意思，落在母體平均值「448」的區間之內。

所謂的變動就是變異數，有關樣本平均值的變異數將在下節解說，此時讓我們先了解下列的情況即可。

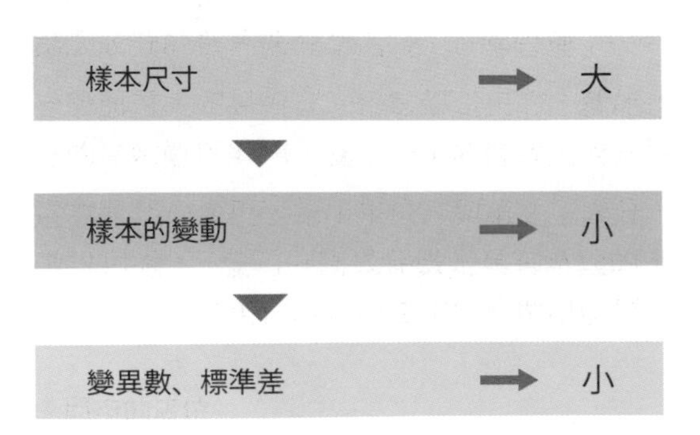

02 從局部資料了解真實的分散程度

樣本就是在難以收集調查對象的所有資料時，以隨機取樣的方式從調查對象篩選的資料集團。前一節提過，從各種值的樣本平均值的平均值會朝母體平均值收斂，卻也會因為樣本大小而有所變動。這一節要調查樣本平均值的變動，導出樣本與母體之間的關係。

導入 ▶▶▶

例題 **「想了解售價的實際變動」**

目前已經從西部地區的所有門市收集了一萬筆的售價資料，而且也完成攪亂資料的作業，同時也隨機篩選出樣本與算出樣本的平均值（P.142）。

將西部地區全門市的售價資料視為母體時的母體平均值、母體變異數與母體標準差如下。在這三者之中，母體變異數為「4409」。樣本平均值的平均值雖然是母體平均值，但是樣本平均值的變異數與母體之間有什麼關係嗎？

●將售價資料當成母體時的性質

J3 =VARP(G3:G10002)

	A	B	C	D	E	F	G	H	I	J	K
1	▿價格資料			▿攪亂之後的資料					▿代表值		
2	No	價格		亂數1	亂數比重	順位	價格		母體平均值	448.171	
3	1	560		529.83	529.83	546	420		母體變異數	4409.405	
4	2	410		1917.4	1917.4	1942	420		母體標準差	66.40335	
5	3	400		7705.2	7705.2	7714	470				
6	4	610		7629.6	7629.6	7636	560				
7	5	560		9556	9556	9564	560				
8	6	400		2970.5	2970.5	3029	400				
9	7	460		7271.6	7271.6	7307	530				
10	8	460		9364.1	9364.1	9376	440				
11	9	360		7212.4	7212.4	7245	540				
12	10	420		8941.7	8941.7	8980	400				
13	11	380		9977.7	9977.7	9976	390				
14	12	480		7057.4	7057.4	7082	400				
15	13	380		3669.6	3669.6	3739	410				

▶ 母體變異數與樣本平均值的變異數

母體的變異數稱為母體變異數。要了解母體變異數，就必須要「收集所有調查目的所需的資料」。所謂「符合目的的所有資料」說起來簡單，但真實的情況是連指定母體都很難。例如，為了要開發適合「男性鐵道迷」的商品而進行問卷調查的話該怎麼做？除了鐵道迷之外，是不是喜歡鐵道是屬於人類心理層面的東西，所以很難「指定」母體。不過，由於母體肯定存在，所以只是不知道母體平均值與母體變異數而已。

即便花費時間與金錢，也很難完整地調查像這樣蒙上面紗的母體，所以才會利用樣本推測。

在取得之前難以知道的樣本平均值的平均值將會是母體平均值。之所以能如此斷言，全是推測樣本平均值的變異數與母體變異數之間存在著某種關係。話不多說，讓我們快點開始操作吧！

實踐 ▶▶▶

▶ Excel 的操作①：計算樣本平均值的變異數

範例

4-02「取樣 5 個」工作表

接下來要以樣本大小 5、10、15、20 的規模取樣，每一種規模的取樣次數都是 500 次。各樣本大小的樣本平均值的變異數會以重複 10 次、50 次這種改變次數的方式計算。目前是為了確認重複的次數越高，樣本平均值的變異數是不是越收斂。

樣本平均值的變異數是利用 VAR.S 函數計算，但要隨著重複次數計算變異數，可使用 OFFSET 函數，讓用來計算變異數的儲存格範圍浮動。簡單來說，就是不直接指定儲存格範圍，而是利用 OFFSET 函數建立儲存格範圍。這種做法的優點在於只要輸入一個，就能利用自動填滿功能複製。

OFFSET函數 ➡ 參照指定的儲存格範圍

格　式　=OFFSET(參照,列數,欄數[,高度,寬度])

解　說　參照可指定儲存格，參照移動列數與欄數的儲存格。高度與寬度可於參照儲存格範圍時使用，可在以參照、列數、欄數決定的儲存格為起點時，用來指定儲存格範圍的列數與欄數。

補　充　參照若指定為儲存格「G2」，列數與欄數指定為0的話，從儲存格「G2」移動0列0欄的意思就是儲存格「G2」自己。如果進一步將高度指定為10，寬度指定為1，就等於是參照以存格「G2」為開頭的儲存格範圍「G2:G12」。高度10的意思是從基準儲存格往下移動10列，寬度1的意思則是1欄。

●計算樣本大小 5 的樣本平均值與樣本平均值的變異數的表格

以儲存格「G2」為起點，利用 OFFSET 函數建立重覆次數的儲存格範圍。

重覆次數可於 I 欄指定。每次利用自動填滿功能複製時，增加 10、50 的次數。

▶由於使用的是亂數，所以操作畫面僅供參考。

	A	B	C	D	E	F	G	H	I	J	K	L	M
1	▿隨機取樣						樣本平均值		重複次數		樣本平均值的變異數	與母體變異數的比率	
2	第1次	460	440	480	500	410	458		5	次為止			
3	第2次	480	550	410	480	400	464		10	次為止			
4	第3次	370	400	540	440	460	442		50	次為止			
5	第4次	370	340	530	480	390	422		100	次為止			
6	第5次	580	420	370	520	550	448		200	次為止			
7	第6次	360	460	400	350	400	394		300	次為止			
8	第7次	410	520	510	520	540	500		400	次為止			
9	第8次	510	510	410	430	590	490		500	次為止			
10	第9次	380	340	410	460	640	446						
499	第498次	470	320	370	410	470	408						
500	第499次	390	400	480	470	440	436						
501	第500次	530	560	400	470	420	476						
502													
503													
504													

依照重複次數計算樣本平均值的變異數

●在儲存格「K2」輸入的公式

K2	=VAR.S(OFFSET(G$2,0,0,I2,1))

Excel 2007
▶ VAR.S 函數可解讀成 VAR 函數。

▶為了更有效率地在其他工作表輸入 OFFSET 函數，只將 OFFSET 函數的儲存格「G2」的列設定為絕對參照。

	A	B	G	H	I	J	K	L
1	▿隨機取樣		均值		重複次數		樣本平均值的變異數	與母體
2	第1次	47	468		5	次為止	590.8	
3	第2次	480	82		10	次為止	1283.6	
4	第3次	54	448		50	次為止	1031.373061	
5	第4次	460	14		100	次為止	842.7943434	
6	第5次	530	86		200	次為止	813.6377889	
7	第6次	44	450		300	次為止	819.5201338	
8	第7次	420	04		400	次為止	841.0410025	
9	第8次	410	44		500	次為止	879.972489	
10	第9次	41	510					
499	第498次	380	26					
500	第499次	430	28					
501	第500次	47	466					
502								

❶ 在儲存格「K2」輸入 VAR.S 函數，再利用自動填滿功能將公式複製到儲存格「K9」為止。如此即可算出各種重複次數的樣本平均值的變異數。

Column 公式的易讀性與效率性

這次在計算變異數的儲存格的部分使用了 OFFSET 函數，但如果不想使用，可直接指定為對應的儲存格範圍。一如前述，之所以使用 OFFSET 函數是為了讓公式的輸入更有效率。不過，若是顧及效率，有時會導致公式的易讀性下滑。公式的易讀性與效率性之間存在著折衝的關係，請大家視情況使用。本書有時會為了介紹函數這類 Excel 功能而以效率為優先。

▶ Excel 的操作②：計算母體變異數與樣本平均值的變異數的比率

為了調查樣本平均值的變異數與母體變異數之間的關係，需要計算兩者的比率。輸入公式時，為了避免將公式複製到其他儲存格，導致「所有資料」工作表的母體變異數產生位移，決定以絕對參照的方式指定儲存格，也要避免工作表名稱混入指定樣本平均值的變異數的儲存格。由於切換成「所有資料」工作表，所以回到「取樣 5 個」工作表時，會混入「' 取樣 5 個 '!K2」這類工作表名稱，所以請將相同工作表的儲存格參照的工作表名稱消除。只要能遵守這個規則，公式就只是除法的算式。

此外，這次使用了亂數，所以操作畫面只能當作參考。第一步讓我們先完成樣本大小 5 的表格吧！

計算母體變異數與樣本平均值的變異數的比率

●在儲存格「L2」輸入的公式

L2	= 所有資料 !$J$3/K2

	A	B	C	D	E	F	G	H	I	J	K	L	M
1	▿隨機取樣						樣本平均值		重複次數		樣本平均值的變異數	與母體變異數的比率	
2	第1次	510	410	540	580	480	504		5	次為止	1040.8	4.236553381	
3	第2次	440	470	360	480	410	432		10	次為止	842.1777778	5.235717298	
4	第3次	460	360	420	510	370	424		50	次為止	988.8473469	4.459135955	
5	第4次	550	470	480	410	440	470		100	次為止	1127.875152	3.909479478	
6	第5次	410	480	430	420	500	448		200	次為止	976.6528643	4.514812704	
7	第6次	400	430	320	410	420	396		300	次為止	984.0379487	4.480929587	
8	第7次	480	500	420	480	340	444		400	次為止	955.7918797	4.613352397	
9	第8次	530	370	410	440	440	438		500	次為止	950.8581323	4.637289843	
10	第9次	390	560	440	390	540	464						
499	第498次	480	630	380	370	360	444						
500	第499次	380	480	550	420	470	460						
501	第500次	480	550	530	530	520	522						
502													

❶ 在儲存格「L2」輸入計算比率的公式，再利用自動填滿功能將公式複製到儲存格「L9」為止。如此即可算出與母體變異數的比率。

▶ Excel 的操作③：計算其他樣本大小的變異數與比率

參考「取樣 5 個」工作表的方法，在「取樣 10 個」～「取樣 20 個」工作表裡算出樣本平均值的變異數與母體變異數之間的比率。為了更有效率地輸入公式，可複製「取樣 5 個」工作表的表格。為了在複製到其他工作表時，也能正確地參照儲存格，可只將儲存格「G2」的列設定為絕對參照，也可以避免在儲存格「K2」裡顯示工作表名稱。這一切都是為了可以在複製與貼上之後，不用再修正公式。

利用複製&貼上製作其他樣本大小的表格

●複製表格的欄位置

「取樣 10 個」工作表	N 欄	「取樣 15 個」工作表	S 欄
「取樣 20 個」工作表	X 欄		

❶ 拖曳選取「取樣 5 個」工作表的欄編號「I」～「L」，再按下 Ctrl+C

	A	B	C	D	E	F	G	H	I	J	K	L	M
1	▿隨機取樣						樣本平均值		重複次數		樣本平均值的變異數	與母體變異數的比率	
2	第1次	460	550	430	440	550	486		5	次為止	639.2	6.898317833	
3	第2次	470	410	600	500	620	520		10	次為止	753.8222222	5.84939609	
4	第3次	610	610	390	530	470	522		50	次為止	937.5689796	4.703019036	
5	第4次	530	520	420	500	560	506		100	次為止	969.76	4.546903109	
6	第5次	460	470	410	500	470	462		200	次為止	853.4390955	5.16663085	
7	第6次	360	580	360	460	460	444		300	次為止	853.6845039	5.1651456	
8	第7次	500	530	570	320	380	460		400	次為止	923.2075439	4.775868911	
9	第8次	630	440	470	390	470	480		500	次為止	885.8815872	4.977420033	
10	第9次	620	420	560	430	510	508						
11	第10次	610	340	420	430	530	466						
12	第11次	410	320	340	480	640	438						
13	第12次	470	370	470	580	460	470						
14	第13次	470	480	540	510	430	486						
15	第14次	360	460	350	460	530	432						
16	第15次	420	440	470	340	430	420						

❷ 切換成「取樣 10 個」工作表

❸ 點選 N 欄，按下 Ctrl+V，複製成取樣 10 個的表格。以相同的方式切換至「取樣 15 個」、「取樣 20 個」工作表，然後按下 Ctrl+V 貼上。

D	E	F	G	H	I	J	K	L	M	N	O	P	Q
								樣本 (Ctrl)		重複次數		樣本平均值的變異數	與母體變異數的比率
430	430	360	420	450	360	390	460	413		5	次為止	421.7	10.4562598
530	470	440	380	470	420	370	500	442		10	次為止	661.6111111	6.664647381
440	550	330	500	400	460	630	400	467		50	次為止	427.4942857	10.31453497
320	470	370	480	510	380	400	510	425		100	次為止	425.5291919	10.36216749
360	460	440	550	470	440	370	360	444		200	次為止	430.3859045	10.24523506
380	380	390	510	500	460	390	560	460		300	次為止	419.4476143	10.51240872
510	420	420	500	520	410	430	440	453		400	次為止	401.0345363	10.99534906
410	440	380	330	360	520	410	380	400		500	次為止	412.1814629	10.69772699
530	530	530	430	420	520	440	370	484					
360	570	460	420	340	460	410	360	427					
460	540	440	520	320	360	470	470	430					
480	360	480	410	390	470	370	440	443					
580	340	430	430	640	410	500	340	436					
460	360	380	600	440	410	470	420	425					
360	350	400	440	540	460	370	410	415					
410	380	420	410	400	510	430	410	432					
580	500	440	410	360	390	460	510	468					
520	630	570	460	390	350	470	470	477					
360	470	440	460	480	410	540	510	454					
[illegible]	480	[illegible]	[illegible]	390	[illegible]	[illegible]	420	[illegible]					
[illegible]	[illegible]	[illegible]	[illegible]	[illegible]	[illegible]	[illegible]	[illegible]	[illegible]					
600	480	420	460	390	560	480	420	480					
360	330	380	370	440	390	520	460	408					
400	510	470	470	440	520	380	560	454					
420	470	440	410	420	370	420	530	432					

取樣10個　取樣15個　取樣20個

▶其他工作表的結果將於判讀結果裡公佈。

▶ 判讀結果

依照各樣本大小的重複次數計算的樣本平均值變異數與母體變異數之間的比率如下。

●樣本大小 5

H	I	J	K	L
	重複次數		樣本平均值的變	與母體變異數的比率
	5	次為止	579.2	7.612922581
	10	次為止	987.3777778	4.465772735
	50	次為止	1041.364898	4.234255224
	100	次為止	1065.410505	4.138690897
	200	次為止	936.6476382	4.707645201
	300	次為止	892.5775251	4.940080424
	400	次為止	906.6313534	4.863503498
	500	次為止	921.6996553	4.783993065

隨著重複次數增加，越來越靠近「5」

●樣本大小 10

重複次數		樣本平均值的變異數	與母體變異數的比率
5	次為止	293.2	15.03889754
10	次為止	1038.844444	4.244528411
50	次為止	519.6363265	8.485559099
100	次為止	522.0140404	8.446908354
200	次為止	523.5344472	8.422377519
300	次為止	482.5034114	9.138598101
400	次為止	475.2086216	9.278882072
500	次為止	456.0504168	9.668678278

隨著重複次數增加，越來越靠近「10」

●樣本大小 15

重複次數		樣本平均值的變異數	與母體變異數的比率
5	次為止	442.3555556	9.968010356
10	次為止	489.9012346	9.000599402
50	次為止	214.5589116	20.55102129
100	次為止	235.9134007	18.69077698
200	次為止	240.5820659	18.32806923
300	次為止	248.3168289	17.75717247
400	次為止	265.8228209	16.58775851
500	次為止	266.6499149	16.53630664

隨著重複次數增加，越來越靠近「15」

●樣本大小 20

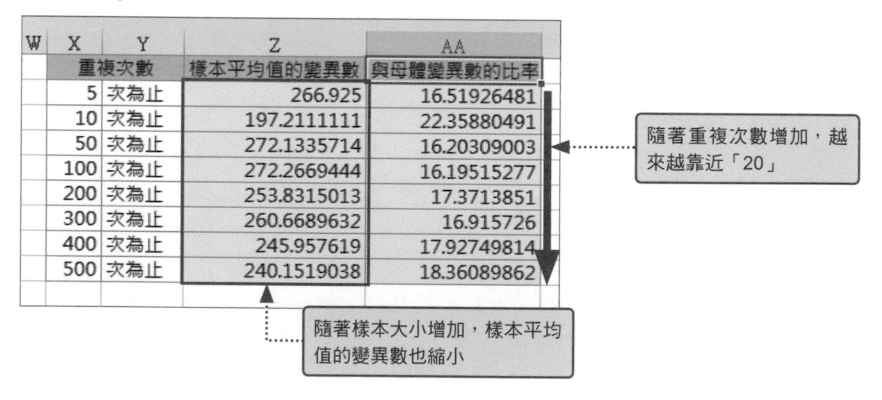

重複次數		樣本平均值的變異數	與母體變異數的比率
5	次為止	266.925	16.51926481
10	次為止	197.2111111	22.35880491
50	次為止	272.1335714	16.20309003
100	次為止	272.2669444	16.19515277
200	次為止	253.8315013	17.3713851
300	次為止	260.6689632	16.915726
400	次為止	245.957619	17.92749814
500	次為止	240.1519038	18.36089862

按下 F9，亂數就會更新。多按幾次，觀察樣本平均值的變異數與母體變異數的比率，就會發現重複次數增加，值就會更收斂。此外，將注意力放在與母體變異數的比率之後，就會發現隨著重複次數的增加，比率會變得與樣本大小相同。

在統計學裡，樣本平均值的變異數與母體變異數之間有著下列的關係。

$$\frac{\text{母體變異數}}{\text{樣本平均值的變異數}} = \text{樣本大小}$$

稍微整理公式之後。

$$樣本平均值的變異數 = \frac{1}{樣本大小} \times 母體變異數$$

▶樣本大小越大，樣本平均值的平均值越接近母體平均值附近這點可利用樣本平均值的資料分佈說明。
→ P.149

上述的公式代表就算不知道母體，只要調查從母體篩選的樣本，就能了解母體性質之一的母體變異數。隨著樣本大小變大，樣本平均值的變異數會變小。若是進一步考慮樣本平均值的平均值等於母體平均值這點，就會發現，樣本大小越大，樣本平均值本身就越不分散，越集中在母體平均值附近。

發展 ▶▶▶

4 02 發展

▶ 樣本平均值的變異數與樣本大小

樣本平均值的變異數會隨著樣本大小越大而縮小。我們可利用圖表來思考這個現象的理由。為了讓內容變得簡單一點，我們假設母體是由 {1,5,10,20} 這四個數字組成，接著以樣本大小 2 隨機取樣。說是隨機，其實母體的數值才四個，所以篩選出所有的模式。此外，也計算了樣本平均值。

▶從四個母體篩選出 2 個的模式共有 4×4=16 種。此外，使用的是每篩選一次就放回母體一次的還原篩選。

●以四個數字組成的母體與在樣本大小 2 篩選的樣本

為了在同一個圖表裡顯示，將母體配置在負數那邊。

輸入「=COUNTIF($G$2:g2,G2)」，再每次擴張一列搜尋範圍，就能算出相同的樣本平均值在第幾次出現。

	A	B	C	D	E	F	G	H
1	▿母體	▿圖表使用的臨時		▿隨機取樣：樣本大小2			樣本平均值	圖表專用出現次數
2	1	-1		第1次	1	1	1	1
3	5	-1		第2次	1	5	3	1
4	10	-1		第3次	1	10	5.5	1
5	20	-1		第4次	1	20	10.5	1
6				第5次	5	1	3	2
7	▿平均值與變異數			第6次	5	5	5	1
8	母體平均值	9		第7次	5	10	7.5	1
9	母體變異數	50.5		第8次	5	20	12.5	1
10				第9次	10	1	5.5	2
11				第10次	10	5	7.5	2
12				第11次	10	10	10	1
13				第12次	10	20	15	1
14				第13次	20	1	10.5	2
15				第14次	20	5	12.5	2
16				第15次	20	10	15	2
17				第16次	20	20	20	1
18								

繪製成點狀圖之後，結果如下。點狀圖是在數值直線上堆積每一筆資料的圖表。樣本平均值的資料通常會在母體平均值附近分佈，比起母體而言，分散的程度更小。

●母體與樣本平均值的出現次數：樣本大小 2

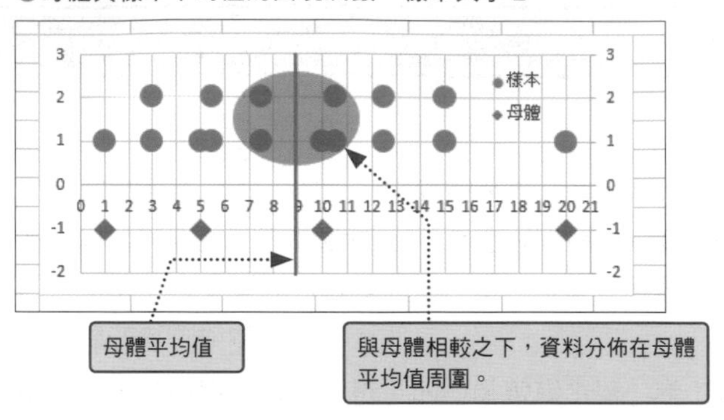

將樣本大小增加至三個，即可取得 64 種樣本，樣本平均值的點狀圖也將變得更密集。可以發現樣本大小增加時，變異數會縮小，隨著重複的次數變多，樣本平均值的變異數就會往「母體變異數／樣本大小」收攏。

●母體與樣本平均值的出現次數：樣本大小 3

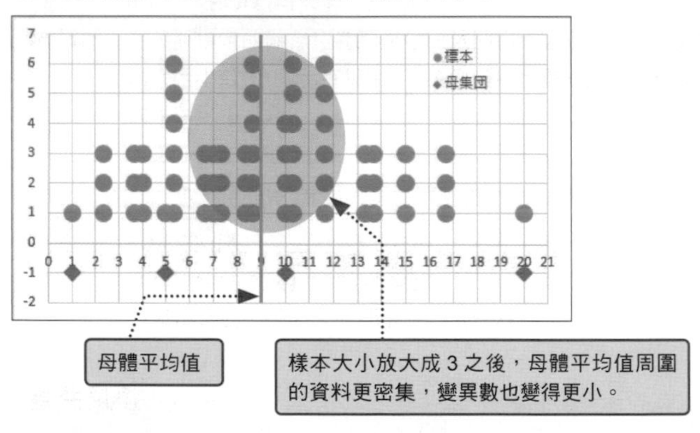

Column 點狀圖

點狀圖與直方圖一樣，都可用來掌握資料分佈，但多半使用在資料較少的時候，因為這樣才能清楚地看出資料的集中程度與分散程度。使用時，不需特別決定資料的多寡，但是上圖的 64 個點讓人覺得有點多，所以建議在資料低於 30 個的時候使用。

這次除了觀察到資料集中在母體平均值附近這點，也因為每個點都代表一筆資料，所以能看出有無偏差值。

03 從挑選出來的資料了解全貌

從母體隨機取樣的樣本的平均值可進一步取得不同的值，但不論可取得什麼值，樣本平均值的平均值會是母體平均值，樣本平均值的變異數會與母體變異數成比例。剩下的疑問是，從不知全貌的母體取得的樣本平均值是呈何種形狀分佈，而樣本平均值的資料分佈與母體的資料分佈又有何關係？這次要說明的是樣本平均值的資料分佈與母體的資料分佈之間有何關聯。

導入 ▶▶▶

例題 「想比較所有資料的分佈與樣本平均值的資料分佈」

從能了解母體的資料重複隨機取樣，算出樣本平均值的資料分佈，再與母體的資料分佈比較。這次將下列的資料視為母體，進一步計算樣本平均值的資料分佈。例 1 ～例 3 的母體資料數都是 200 筆。

●例 1：員工的年齡資料

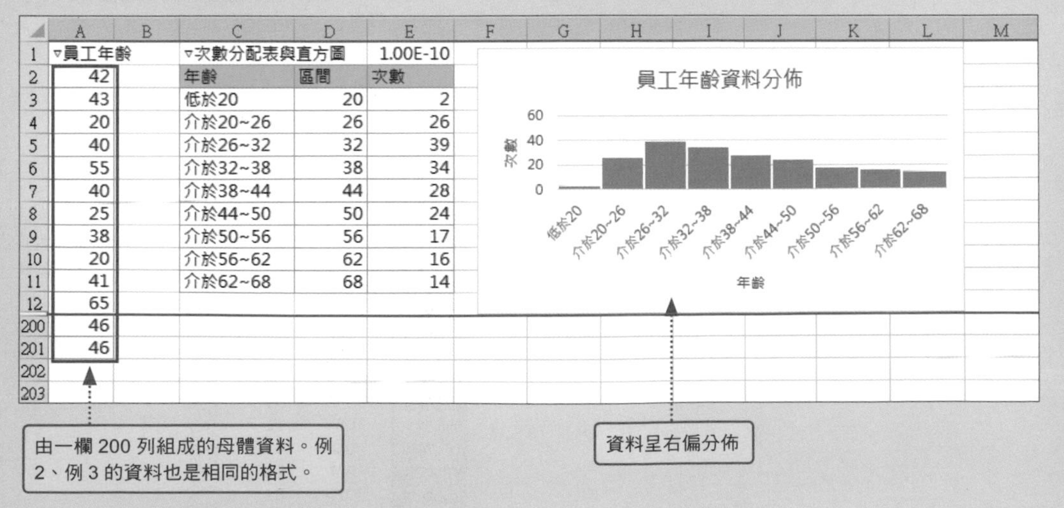

	A	B	C	D	E
1	▿員工年齡		▿次數分配表與直方圖		1.00E-10
2	42		年齡	區間	次數
3	43		低於20	20	2
4	20		介於20~26	26	26
5	40		介於26~32	32	39
6	55		介於32~38	38	34
7	40		介於38~44	44	28
8	25		介於44~50	50	24
9	38		介於50~56	56	17
10	20		介於56~62	62	16
11	41		介於62~68	68	14
12	65				
200	46				
201	46				
202					
203					

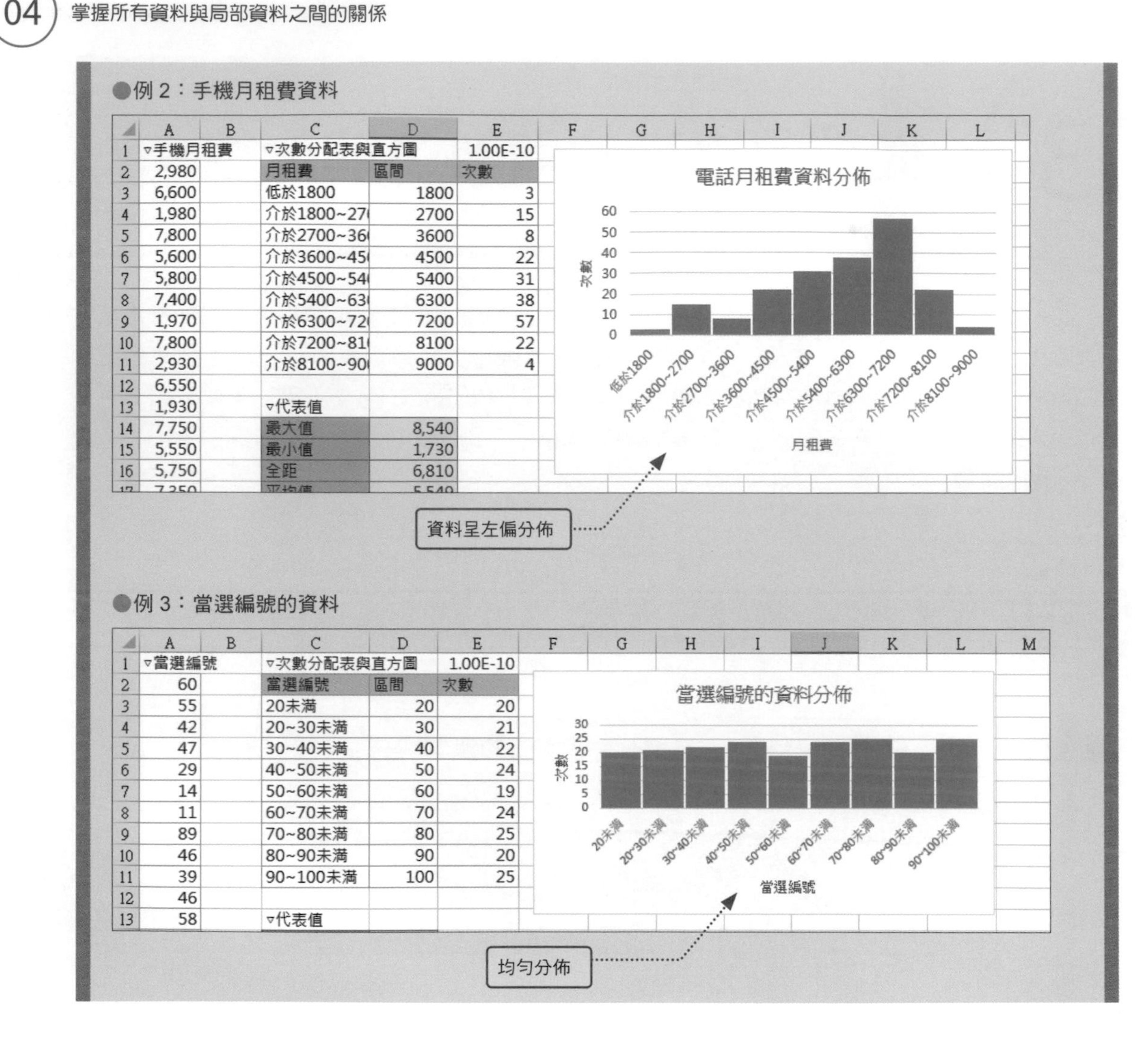

▶ 比較母體與樣本平均值的直方圖

要比較母體與樣本平均值的資料分佈，可比較母體與樣本平均值的直方圖。例圖建立了三種模式的母體，其中的員工年資料呈資料集中於右側的分佈情況，手機月租費資料則是集中在左側，而當選編號則呈現凹凸有別的分佈情況，但大小都很類似。當選編號就如同骰子或是丟銅板的結果，只要沒作弊，數字出現的機率是相等的，而這種分佈也稱為均勻分佈。讓我們快點釐清從這三個模式的母體取樣的樣本的平均值會呈現何種分佈吧！

實踐 ▶▶▶

範例
4-03
建議確認操作前的「例1樣本」工作表到「例3樣本」工作表。

▶ Excel 的操作① ： 一次從三個母體篩選樣本

之所以從三個母體隨機取樣以及根據樣本平均值繪製直方圖，是為了能以前一節的內容執行後續的步驟。這次要以樣本大小 10 隨機從各個母體篩選 100 次，但為了能更有效率地取樣，這次要同時從三個母體取樣。為了達成這個目題，要為大家介紹一個函數。

INDIRECT函數 ➡ 將字串轉換成可於公式使用的名稱

格　式	=INDIRECT(參照字串)
解　說	參照字串可指定為能辨識成儲存參照的字串。舉例來說，替儲存格範圍「A1:B1」命名「商品A」的時候，只要指定為「=INDIRECT(商品A)」，就能參考儲存格範圍「A1:B1」。
補　充	在使用INDIRECT函數之前，可先替儲存格範圍命名。儲存格的名稱可於活頁簿裡共用。

替三個母體資料範圍命名後，就能在設定 INDEX 函數的陣列時，以名稱代替儲存格範圍。不過，這三個母體的名稱各有不同，所以才在每張工作表的相同儲存格輸入名稱。在 INDEX 函數指定命名的儲存格，也只能辨識為字串，所以需搭配 INRIDECT 函數，才能辨識為儲存格範圍。

▶這次使用了亂數，所以操作畫面僅供參考。

●隨機取樣以及繪製樣本平均值直方圖的工作表

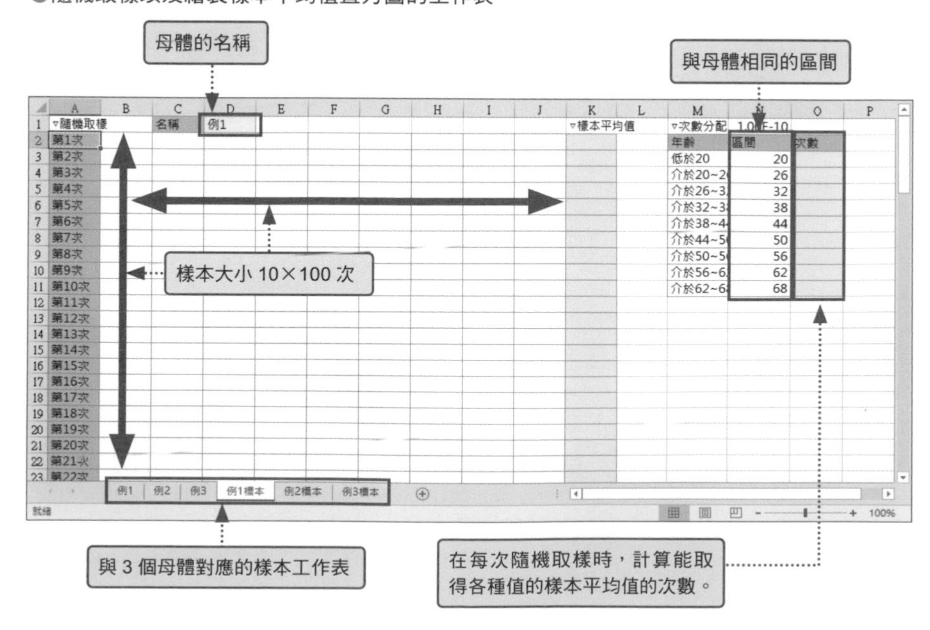

替母體命名

●名前

「例 1」工作表的儲存格範圍「A2:A201」	例 1
「例 2」工作表的儲存格範圍「A2:A201」	例 2
「例 2」工作表的儲存格範圍「A2:A201」	例 3

▶步驟❶可在點選儲存格「A2」之後，按下 Shift+Ctrl+↓鍵選取至資料結尾處。

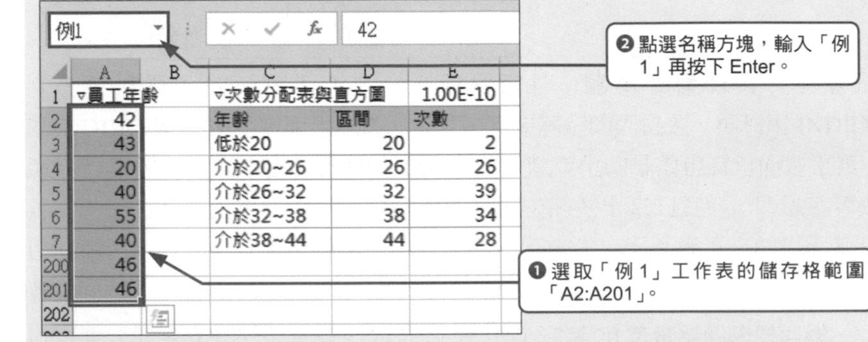

從三張工作表同時篩選出樣本

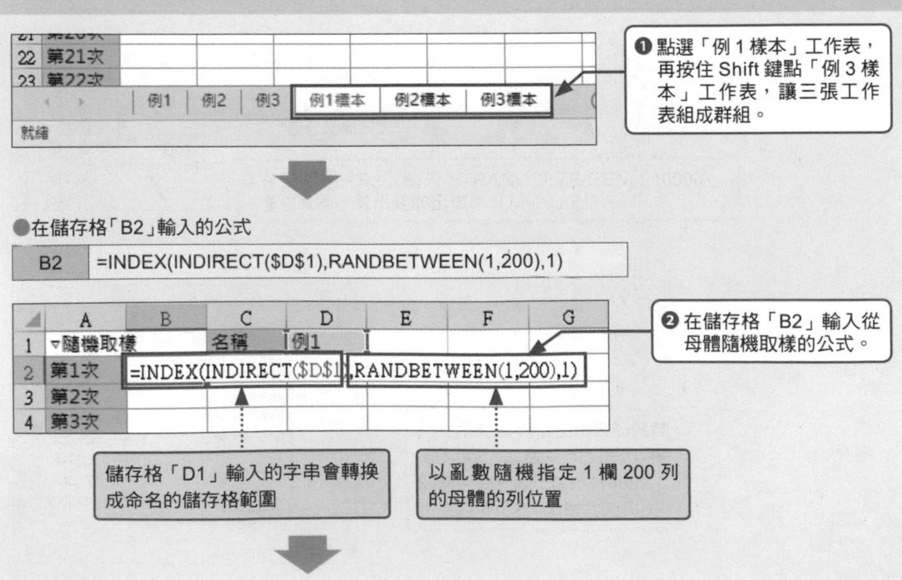

▶樣本平均值與次數的計算也會同時在三張工作表進行，所以請維持工作表的群組。

	A	B	C	D	E	F	G	H	I	J
1	▿隨機取樣		名稱	例1						▿
2	第1次	43	32	40	30	24	21	25	29	46
3	第2次	42	32	24	25	65	30	22	37	25
4	第3次	42	37	47	44	44	41	40	27	25
5	第4次	32	31	55	55	60	64	35	34	42
6	第5次	24	40	55	30	32	29	26	41	46
7	第6次	21	44	32	25	25	35	42	41	32
8	第7次	44	67	44	60	26	27	48	38	37
9	第8次	41	43	22	25	40	44	51	66	64

❸ 以自動填滿功能將儲存格「B2」的內容複製到儲存格「J101」為止，以樣本大小 10 的規模，隨機取樣 100 次。

▶ Excel 的操作② ： 計算樣本平均值的次數

為了繪製樣本平均值的直方圖，必須計算樣本平均值與各區間的次數。此外，如果連次數都算出來，直方圖就能如 P.25 的說明般，直條圖與消除圖表間隔的方式繪製，所以就不再贅述操作方法。直方圖請於 P.164 的判讀結果瀏覽。

計算樣本平均值與樣本平均值的次數

●在儲存格「K2」與儲存格範圍「O2:O11」的公式

K2	=AVERAGE(B2:J2)
儲存格範圍「O2:O11」	=FREQUENCY(K2:K101,N3:N11)

▶點選「例 1」～「例 3」工作表的標題（未組成群組的工作表）的其中一個即可解除作業群組。可切換至「例 2 樣本」、「例 3 樣本」工作表確認操作結果。

❶ 在儲存格「K2」輸入計算 10 筆隨機取樣資料平均值的公式，再以自動填滿功能複製到儲存格「K101」為止。

	A	B	C	D	K	L	M	N	O	P
1	▿隨機取樣		名稱	例1	▿樣本平均值		▿次數分配表	1.00E-10		
2	第1次	45	32	46	35.556		年齡	區間	次數	
3	第2次	32	50	42	40.444		低於20	20	0	
4	第3次	34	29	26	31.889		介於20~26	26	0	
5	第4次	42	45	40	40.111		介於26~32	32	3	
6	第5次	32	37	42	39.444		介於32~38	38	32	
7	第6次	29	26	20	31.444		介於38~44	44	49	
8	第7次	32	37	20	34.556		介於44~50	50	15	
9	第8次	26	49	48	40.111		介於50~56	56	1	
10	第9次	65	35	24	43.333		介於56~62	62	0	
11	第10次	65	26	37	41.222		介於62~68	68	0	
12	第11次	24	55	49	37.111					
13	第12次	65	44	57	43.778					

❷ 拖曳選取儲存格範圍「O2:O11」，輸入 FREQUENCY 函數，再按下 Ctrl+Shift+Enter。如此即可算出樣本平均值的各區間次數。

▶ 判讀結果

從三個母體篩選的樣本的平均值資料分佈如下。請一邊與 P.159、P.160 的母體資料分佈比較，一邊觀察這裡的分佈情況。每按下一次 F9，亂數就會更新一次，所以樣本平均值的資料分佈也會更新一次。請試著多按幾次，觀察變化的情況。

●例 1 樣本：母體的資料集中在右側

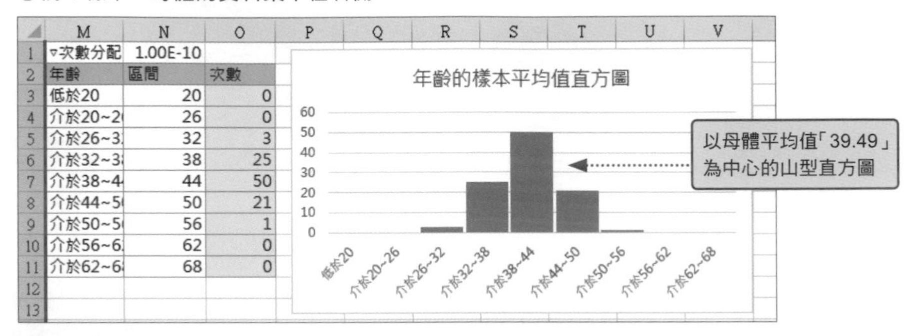

次數分配	1.00E-10	
年齡	區間	次數
低於20	20	0
介於20~2	26	0
介於26~3	32	3
介於32~3	38	25
介於38~4	44	50
介於44~5	50	21
介於50~5	56	1
介於56~6	62	0
介於62~6	68	0

●例 2 樣本：母體的資料集中在左側

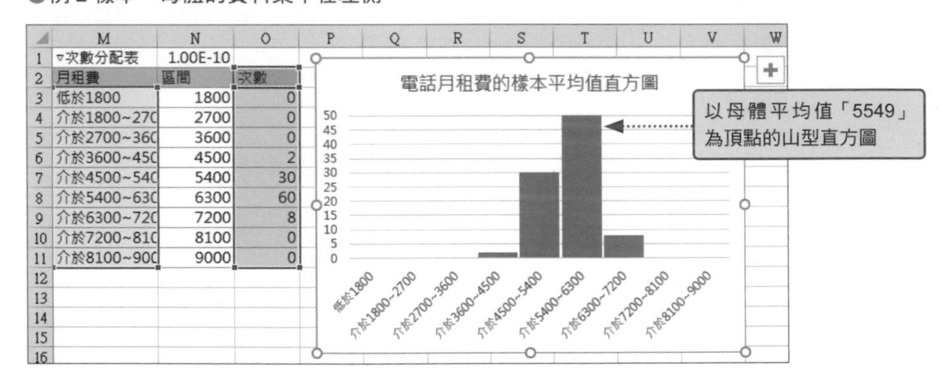

次數分配表	1.00E-10	
月租費	區間	次數
低於1800	1800	0
介於1800~270	2700	0
介於2700~360	3600	0
介於3600~450	4500	2
介於4500~540	5400	30
介於5400~630	6300	60
介於6300~720	7200	8
介於7200~810	8100	0
介於8100~900	9000	0

●例 3 樣本：母體的資料均勻分佈

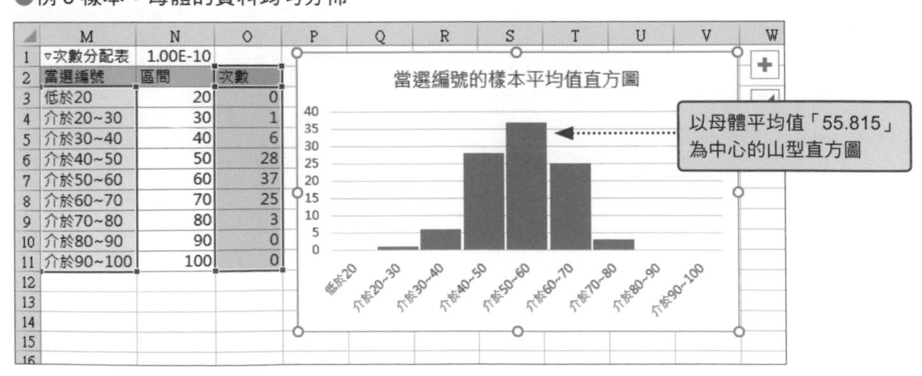

次數分配表	1.00E-10	
當選編號	區間	次數
低於20	20	0
介於20~30	30	1
介於30~40	40	6
介於40~50	50	28
介於50~60	60	37
介於60~70	70	25
介於70~80	80	3
介於80~90	90	0
介於90~100	100	0

例 1 樣本到例 3 樣本的分佈雖然不同，最終仍呈現以母體平均值為主的山型分佈，完全不受母體的分佈情況影響。其實若是增加樣本大小或是重複次數，樣本平均值料會呈左右對稱的山型分佈，更不會受到母體的影響。

這就是所謂的中央極限定理。

中央極限定理是在樣本大小（n）越大的時候，樣本平均值的分佈將不受母體分佈的影響，遵循與平均值為母體平均值（μ）、變異數為樣本大小（n）成反比的母體變異數（σ^2／n）的常態分佈的定理。

一般來說，為了符合中央極限定理，會讓樣本大小超過 30，但即使是樣本大小 10 的例題，也很像是常態分佈的形狀，也能讓人知道與母體沒什麼關係。

在前一節，我們知道樣本平均值的平均值會是母體平均值，但不管是否能從樣本推測母體平均值，但是「平均值」還是很容易受到資料的大小影響。樣本平均值的資料分佈呈兩極化，或是平均值無法位於資料中心的形狀，此時的平均值就不怎麼值得信賴，還好有中央極限定理的幫忙，才能挽回平均值的可信度。

中央極限定理可在想確認於各地製造的產品內容量是否符合規定範圍這類情況派上用場。只要從部分的產品樣本計算樣本平均值的平均值與變異數，就能推測母體（所有產品）的平均值與變異數。

發展 ▶▶▶

▶ 母體為質化資料時的樣本平均值分佈情況

母體不一定都是量化資料，有時會出現下列這種質化資料。這次是將吃／不吃早餐的質化資料量化，在吃早餐時量化為 1，在不吃早餐時量化為 0，接著利用量化資料的步驟計算樣本平均值的分佈。不過，量化為 1 與 0 之後，平均值就是以所有資料除以「1」的總和，這可解釋成是回答「1」（吃早餐）的人的比例。此外，剩下的就是回答「0」（不吃早餐）的人，所以也是回答者的比例。

在母體為質化資料的情況下，回答的比例稱為母體比率，回答「1」的人的母體比率將是母體平均值，從母體取樣的樣本的平均值也稱為樣本比率。

4-03- 發展

●母體為質化資料的情況：早餐問卷、200 筆

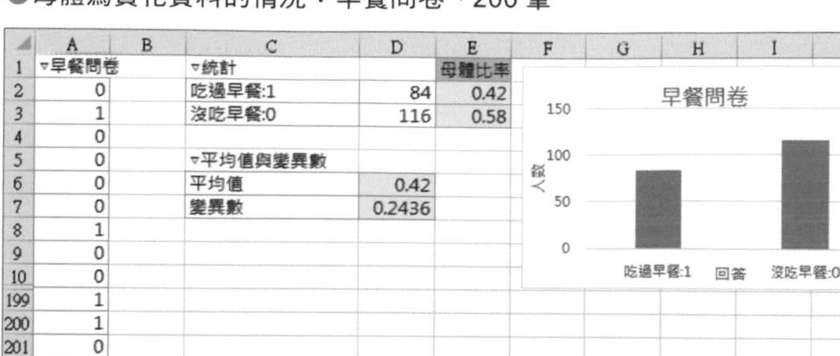

	A	B	C	D	E
1	▿早餐問卷		▿統計		母體比率
2	0		吃過早餐:1	84	0.42
3	1		沒吃早餐:0	116	0.58
4	0				
5	0		▿平均值與變異數		
6	0		平均值	0.42	
7	0		變異數	0.2436	
8	1				
9	0				
10	0				
199	1				
200	1				
201	0				
202					

●樣本平均值（樣本比率）的資料分佈：樣本大小 10、重複次數 200

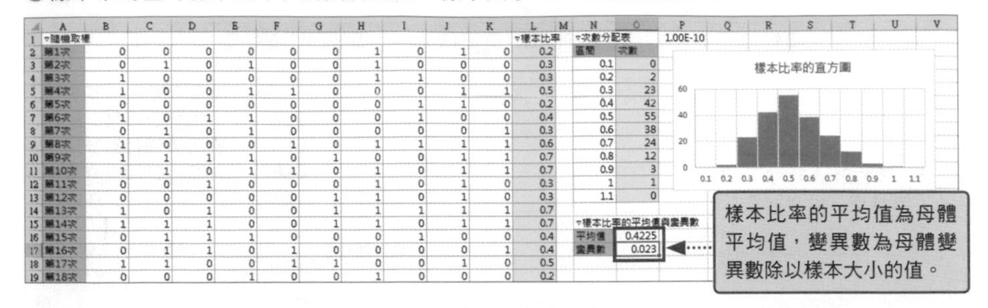

	A	B	C	D	E	F	G	H	I	J	K	L	M	N	O	P
1	▿隨機取樣											▿樣本比率		▿次數分配表		1.00E-10
2	第1次	0	0	0	0	0	0	1	0	1	0	0.2		區間	次數	
3	第2次	0	1	0	1	0	0	1	0	0	0	0.3		0.1	0	
4	第3次	1	0	0	0	0	0	1	1	0	0	0.3		0.2	2	
5	第4次	1	0	0	1	1	0	0	0	1	1	0.5		0.3	23	
6	第5次	0	0	0	0	0	0	0	1	1	0	0.2		0.4	42	
7	第6次	1	0	1	1	0	0	0	1	0	0	0.4		0.5	55	
8	第7次	0	1	0	1	0	0	0	0	0	1	0.3		0.6	38	
9	第8次	1	0	0	0	1	0	1	1	1	1	0.6		0.7	24	
10	第9次	1	1	1	1	0	1	0	0	1	1	0.7		0.8	12	
11	第10次	1	1	0	1	1	0	1	0	1	1	0.7		0.9	3	
12	第11次	0	0	1	0	0	0	1	0	1	0	0.3		1	1	
13	第12次	0	0	0	0	0	1	1	0	1	0	0.3		1.1	0	
14	第13次	1	0	1	0	0	1	1	1	1	1	0.7				
15	第14次	1	1	1	0	0	1	1	0	1	1	0.7		▿樣本比率的平均值與變異數		
16	第15次	0	1	1	1	0	0	0	1	0	0	0.4		平均值	0.4225	
17	第16次	0	1	1	0	1	0	0	0	0	1	0.4		變異數	0.023	
18	第17次	1	1	0	0	1	1	0	0	1	0	0.5				
19	第18次	0	0	0	1	0	0	1	0	0	0	0.2				

即使母體為質化資料，樣本平均值的分佈仍然與常態分佈相似。此時的樣本平均值（樣本比率）將是母體平均值。此外，樣本比率的變異數就是母體變異數除以樣本大小的值，與母體為量化資料時呈現相同結果。

不過，母體變異數會是每個答案的母體比率相乘的值。

假設吃早餐的「1」的比例為 P，不吃早餐的「0」的比例就可以寫成（1-P）。此時 P 為母體平均，P 與 1-P 就是回答的母體比率。

母體變異數可寫成下列的公式。

這裡的 Xi 是問卷的回答。變異數是從各資料減掉平均值的偏差的平方和，再以資料數除之的值。可是這裡的 Xi 只有 1 或 0，變異數的公式可分解成 1 與 0。此時相對於整體的 N 筆的 1 與 0 的比例就是 P 與（1-P）。之後可將公式變形成以（1-P）包住的公式。

▶∑是代表合計的符號。

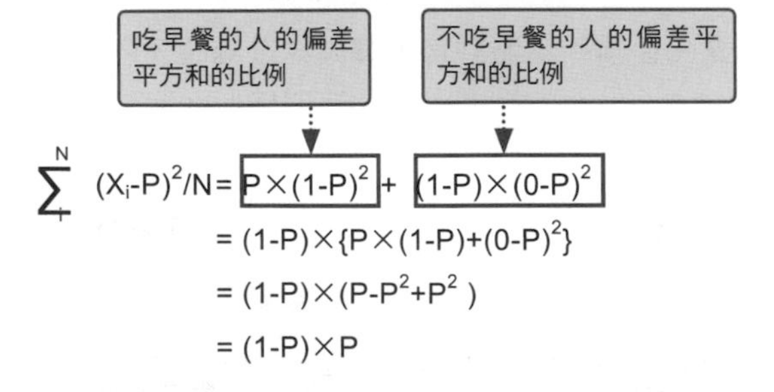

$$\sum_{i}^{N}(X_i-P)^2/N = P\times(1-P)^2 + (1-P)\times(0-P)^2$$
$$= (1-P)\times\{P\times(1-P)+(0-P)^2\}$$
$$= (1-P)\times(P-P^2+P^2)$$
$$= (1-P)\times P$$

就結果而言，回答的母體比率相乘的值為母體變異數，與樣本大小「n」呈反比的值為樣本比率的變異數。

$$\text{樣本比率的變異數} = \frac{(1-P)\times P}{n}$$

CHAPTER 01 CHAPTER 02 CHAPTER 03 CHAPTER 04 CHAPTER 05 CHAPTER 06 CHAPTER 07

04 了解另一種分散

到目前為止分析了從母體篩選的樣本的「平均值」，卻沒有針對樣本的變異數」分析。或許有些人會覺得不是已經分析過了嗎？但其實到前一節之前，都是分析樣本平均值的變異數，還沒在取得樣本之後立刻分析變異數，所以這次要分析的就是樣本的變異數。

導入 ▶▶▶

例題 「了解樣本的分散程度」

這次使用的是 02 節的商品售價資料。這些資料已經攪亂過，也以樣本大小 5、10、15、20 這四種規模篩選了樣本。

將西部地區的門市售價資料視為母集體的話，母體變異數為「4409」。

目前已經分析過樣本的「平均值」，但這次想了解的是樣本的變異數與母體變異數的關係。

●將售價資料視為母體的性質

	A	B	C	D	E	F	G	H	I	J	K
1	▽價格資料			▽攪亂後的資料					▽代表值		
2	No	價格		亂數1	亂數比重	順位	價格		母體平均值	448.171	
3	1	560		529.8329	529.833	546	420		母體變異數	4409.405	
4	2	410		1917.371	1917.371	1942	420		母體標準差	66.40335	
5	3	400		7705.238	7705.238	7714	470				

●與樣本平均值的分析（在 02 節進行的分析）進行比較

想了解的是樣本變異數，不是樣本平均值。

想了解樣本變異數的平均值。

想了解樣本變異數的平均值與母體變異數的關聯性。

	A	B	F	G	H	I	J	K	L	M
1	▽隨機取樣			樣本平均值		重覆次數		樣本變異數的平均值	與母體變異數的比率	
2	第1次	420	410	414		5	次為止	922.8	4.778288642	
3	第2次	520	510	486		10	次為止	760.1777778	5.800491527	
4	第3次	470	470	432		50	次為止	749.3877551	5.884009618	
5	第4次	430	340	412		100	次為止	939.1450505	4.695126441	
6	第5次	500	520	448		200	次為止	878.2757789	5.020524151	
7	第6次	410	360	388		300	次為止	903.8260424	4.878598925	
8	第7次	440	460	426		400	次為止	986.1112531	4.471508407	
9	第8次	440	410	460		500	次為止	948.8621242	4.647044756	
10	第9次	440	410	448						

▶ 樣本變異數的平均值與樣本平均值的變異數

▶樣本平均值的變異數 → P.152

樣本變異數的平均值與樣本平均值的變異數聽起來很像，但意義完全不同。後者的樣本平均值的變異數是 02 節分析的內容。透過點狀圖（→ P.158）確認之後會發現，樣本平均值的變異數可看出樣本的平均值呈現的分佈狀況。以下圖來說，點狀的範圍就是整體的分佈情況。

●樣本平均值的變異數

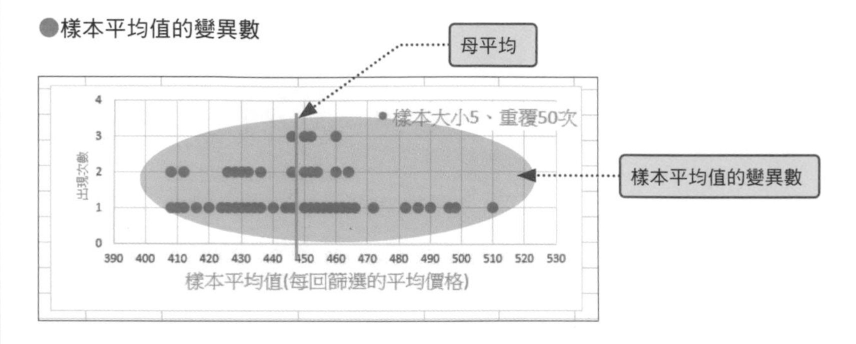

樣本變異數是每次篩選得到的樣本的變異數，其定義如下。在正式篩選之前，不知道會篩選到什麼樣本，所以每次篩選的樣本變異數都會不同。每次的樣本變異數的平均值就是樣本變異數的平均值。

某次篩選的樣本變異數：公式裡的（i）代表第幾次

偏差平方和：變動

$$\text{第 i 次的樣本變異數} = \frac{(\text{篩選資料 }1(i) - \text{樣本平均值 }(i))^2 + \cdots + (\text{篩選資料 }n(i) - \text{樣本平均值 }(i))^2}{\text{樣本大小（n）}}$$

看起來好像很難，但與第 2 章介紹的變異數是一樣的東西。偏差平方和也就是所謂的變動除以資料筆數（這裡是樣本大小）的值。

▶稍微加工一下，讓每次的點稍微分開。跟圖表的高度無關。

●樣本變異數與樣本變異數的平均值

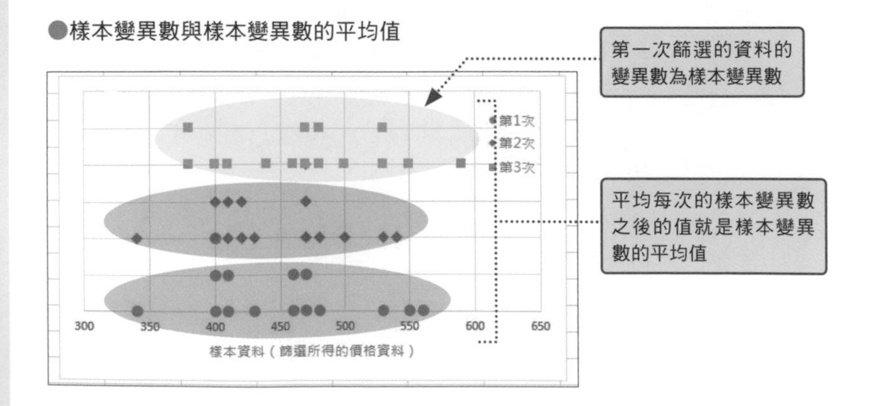

實踐 ▶▶▶

▶ Excel 的操作① ： 計算樣本變異數與樣本變異數的平均值

4-04
Excel 2007 請開啟
4-04-ver2007

接下來要一邊變更 02 節的表格，一邊計算樣本變異數與樣本變異數的平均值。與 02 節相同的部分是以樣本大小 5、10、15、20 的規模取樣，每種規模的最大取樣次數都為 500 次。各樣本大小的樣本變異數平均值都以重複 10 次、重複 50 次這種不同重複次數的方式計算。由於已經輸入了公式，所以只需要變更函數名稱。

此外，這次也使用了亂數，所以接下來的操作畫面都僅供參考。

動手做做看！

計算各樣本大小的每次樣本變異數

●在各工作表的樣本變異數輸入的公式

儲存格	公式
「取樣 5 個」工作表的儲存格「G2」	=VAR.P(B2:F2)
「取樣 10 個」工作表的儲存格「L2」	=VAR.P(B2:K2)
「取樣 15 個」工作表的儲存格「Q2」	=VAR.P(B2:P2)
「取樣 20 個」工作表的儲存格「V2」	=VAR.P(B2:U2)

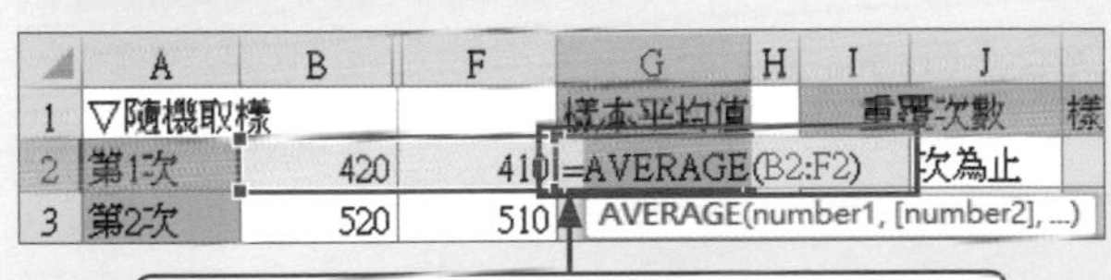

❶雙點「取樣 5 個」工作表的儲存格「G2」，拖曳選取「AVERAGE」。

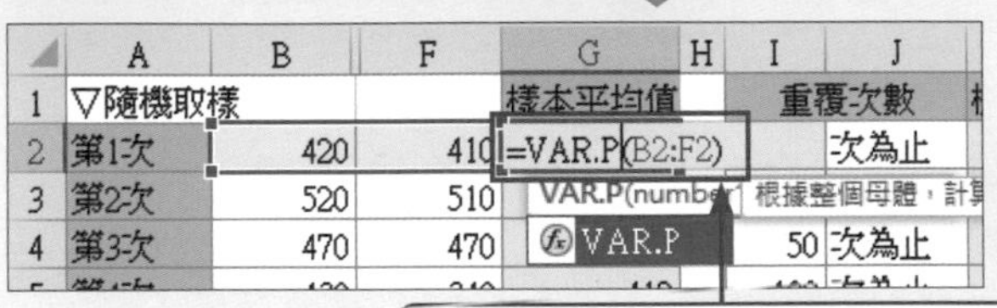

❷將函數名稱變更為「VAR.P」(Excel 2007 則是輸入 VARP）再按下 Enter

	A	B	F	G	H	I	J
1	▽隨機取樣			樣本平均值		重覆次數	
2	第1次	410	460	3736		5	次為止
3	第2次	550	520	4744		10	次為止
4	第3次	520	480	5504		50	次為止

❸雙點儲存格「G2」的自動填滿控制點，將公式複製到其他儲存格，算出每次篩選出來的樣本的變異數。其他工作表也以相同的方式計算樣本變異數。

▶ Excel 的操作②：計算樣本變異數的平均值

接著在「取樣 5 個」工作表裡，計算不同的重複次數的樣本變異數的平均值。「取樣 5 個」工作表的計算結束後，將公式複製到其他的工作表。

計算各種重複次數的樣本變異數的平均值

●在「取樣5個」工作表的儲存格「K2」輸入的公式

K2	=AVERAGE(OFFSET(G$2,0,0,I2,1))

	A	B	F	G	H	I	J	K	L	M
1	▽隨機取樣			樣本平均值		重覆次數		樣本變異數的平均值與母體變異數的比率		
2	第1次	410	460	3736		5	次為止	=VAR.S(OFFSET(G$2,0,0,I2,1))		
3	第2次	550	520	4744		10	次為止	VAR.S(number1, [number2], ...)	0.000500391	
4	第3次	520	480	5504		50	次為止	6269222.034	0.000703342	
5	第4次	440	520	1144		100	次為止	5492620.386	0.000802787	
6	第5次	340	370	11016		200	次為止	4173362.628	0.001056559	

❶ 雙點「取樣 5 個」工作表的儲存格「K2」，拖曳選取「VAR.S」，再變更為「AVERAGE」，然後按下 Enter 確定。

	A	B	F	G	H	I	J	K	L	M
1	▽隨機取樣			樣本平均值		重覆次數		樣本變異數的平均值與母體變異數的比率		
2	第1次	520	440	4600		5	次為止	4371.2	1.008740108	
3	第2次	390	410	3624		10	次為止	3999.2	1.102571704	
4	第3次	400	530	6736		50	次為止	3547.36	1.243010227	
5	第4次	550	550	2680		100	次為止	3679.12	1.198494411	
6	第5次	620	470	4216		200	次為止	3519.64	1.252799934	
7	第6次	480	470	2904		300	次為止	3416.933333	1.290456772	
8	第7次	330	410	1336		400	次為止	3458.98	1.274770238	
9	第8次	460	370	2256		500	次為止	3498.16	1.26049259	
10	第9次	500	610	3624						
11	第10次	350	520	8016						

❷ 將儲存格「K2」的公式以自動填滿功能複製到儲存格「K9」為止，算出每種重複次數的樣本變異數的平均值。

利用複製&貼上製作其他的樣本大小表格

●複製表格的欄位置

「取樣 10 個」工作表	N 欄	「取樣 15 個」工作表	S 欄
「取樣 20 個」工作表	X 欄		

❶ 拖曳選取「取樣 5 個」工作表的欄編號「I」～「L」，再按下 Ctrl+C。

	F	G	H	I	J	K	L
1		標本分散値		繰り返し回数		標本分散値の平均値	母分散との比率
2	340	5000		5	回目まで	4046.4	1.089710547
3	470	3280		10	回目まで	3544.8	1.24390791
4	380	8040		50	回目まで	3855.2	1.143755125
5	570	1856		100	回目まで	3497.44	1.260752081

❸點選 N 欄，按下 Ctrl+V，貼上取樣 10 個的表格。

	D	E	F	G	H	I	J	K	L
1	大小	10							樣本變異數
2	460	450	500	410	410	460	430	410	2041
3	460	410	460	520	460	410	380	470	2169
4	410	430	350	590	400	460	630	470	10124
5	510	420	440	380	500	430	550	510	2769
6	530	470	450	410	380	440	500	560	2705
7	460	400	400	560	510	400	430	300	3045
8	440	580	470	390	560	530	440	470	5921
9	520	480	370	510	380	560	400	410	4485
10	440	580	410	510	480	470	480	400	3429
11	500	570	330	370	410	560	440	500	6184

N	O	P	Q
重覆次數		樣本變異數的平均值	與母體變異數的比率
5	次為止	3961.6	1.113036339
10	次為止	4287.2	1.028504562
50	次為止	3514.76	1.254539359
100	次為止	4081.76	1.080270462
200	次為止	4106.25	1.073827643
300	次為止	3990.816667	1.104887828
400	次為止	3952.895	1.115487449
500	次為止	4002.876	1.101559169

所有資料　取樣5個　取樣10個　取樣15個　取樣20個

就緒　平均值: 1394.667907　項目個數: 35　加總: 33472.02978　100%

❷切換成「取樣 10 個」工作表。

❹同樣切換到「取樣 15 個」、「取樣 20 個」工作表，按下 Ctrl+V 貼上。

▶其他工作表的結果將於判讀結果公佈。

▶ 判讀結果

依照各樣本大小的重複次數計算之後，樣本變異數的平均值與母體變異數的比率如下。

●樣本大小 5

I	J	K	L
重覆次數		樣本變異數的平均值	與母體變異數的比率
5	次為止	4344	1.015056344
10	次為止	3773.6	1.168487587
50	次為止	3120.16	1.413198284
100	次為止	3291.12	1.339788509
200	次為止	3344.16	1.318538814
300	次為止	3285.6	1.342039432
400	次為止	3314.4	1.330377975
500	次為止	3393.312	1.299439827

隨著重複次數增加，越來越靠近「1.25」

●樣本大小 10

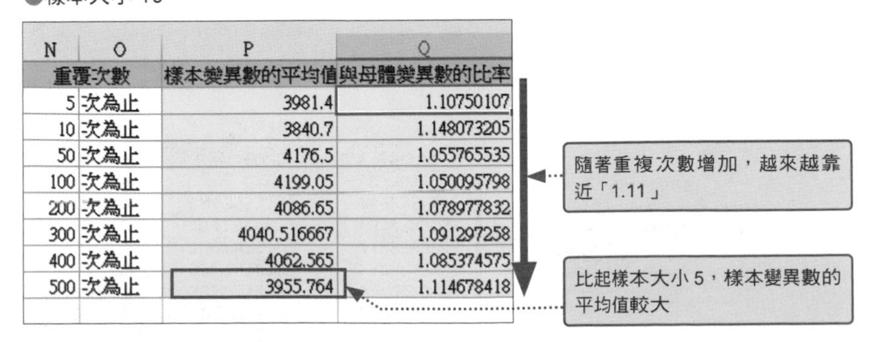

N	O	P	Q
重覆次數		樣本變異數的平均值	與母體變異數的比率
5	次為止	3981.4	1.10750107
10	次為止	3840.7	1.148073205
50	次為止	4176.5	1.055765535
100	次為止	4199.05	1.050095798
200	次為止	4086.65	1.078977832
300	次為止	4040.516667	1.091297258
400	次為止	4062.565	1.085374575
500	次為止	3955.764	1.114678418

●樣本大小 15

S	T	U	V
重覆次數		樣本變異數的平均值	與母體變異數的比率
5	次為止	3819.377778	1.154482488
10	次為止	4407.644444	1.000399378
50	次為止	4625.031111	0.9533784
100	次為止	4451.751111	0.990487709
200	次為止	4271.973333	1.032170478
300	次為止	4229.457778	1.042546111
400	次為止	4179.304444	1.055057084
500	次為止	4176.019556	1.055887

隨著重複次數增加，越來越靠近「1.07」

比起樣本大小 10，樣本變異數的平均值較大

●樣本大小 20

X	Y	Z	AA
重覆次數		樣本變異數的平均值	與母體變異數的比率
5	次為止	3885.3	1.134894283
10	次為止	3988.275	1.105591956
50	次為止	4150.425	1.062398371
100	次為止	4333.1725	1.017592713
200	次為止	4274.57375	1.031542562
300	次為止	4192.564167	1.05172028
400	次為止	4181.581875	1.054482464
500	次為止	4239.615	1.040048391

隨著重複次數增加，越來越靠近「1.05」。樣本大小越大，結果越接近 1

隨著樣本大小增加，樣本變異數的平均值越大

按下 F9，亂數就會更新。請多按幾次，觀察樣本變異數的平均值與母體變異數的比率。不過這次不像 02 節，可以找到明顯的特徵。隨著樣本大小的增加，與母體變異數的比率會越來越接近 1，這也代表樣本大小增加，樣本變異數的平均值越來越接近母體變異數的「4409」。

在樣本平均值的變異數方面，樣本大小越大，樣本的組合也會越多，資料越集中在母體平均值的周圍，變異數也越來越小。在樣本變異數方面，隨著樣本大小不斷變大，樣本的組合也增加，計算樣本共數的數值也增加，最後就涵蓋了整個母體，越來越接近母體變異數。

▶樣本平均值的變異數與樣本大小
→ P.156、158

其實隨著樣本大小增加，樣本變異數的平均值是會越接近母體變異數，但不是每次都這樣，這點可透過與母體變異數的比率證明。從下表應該看不出任何共通的關係吧。

●樣本大小與母體變異數的比率

樣本大小	與母體變異數的比率
5	1.25
10	1.11
15	1.07
20	1.05

樣本大小增加，與母體變異數的比例越接近 1，但再怎麼增加也不會變成 1。

在上一個表格裡，每筆與母體變異數的比率益隄以「樣本大小／(樣本大小-1)」的公式算出，「5/4」的比率為「1.25」、「10/9」則為「1.11」，就統計而言，隨機從母體篩選的樣本的變異數的平均值與母體變異數有著下列的關係。

$$\frac{\text{母體變異數}}{\text{樣本變異數的平均值}} = \frac{\text{樣本大小}}{\text{樣本大小 -1}}$$

經過整理的公式如下：

$$\text{母體變異數} = \frac{\text{樣本大小}}{\text{樣本大小 -1}} \times \text{樣本變異數的平均值}$$

不過，所謂的樣本變異數的平均值就是樣本變異數的代表值，也可解釋成樣本變異數。這是因為每次的樣本變異數都不同，所以，既是樣本變異數的平均值又是樣本變異數這點也就沒那麼奇怪了。

因此，讓我們試著把樣本變異數的公式取代上述公式裡的「樣本變異數的平均值」。

$$\text{母體變異數} = \frac{\text{樣本大小}}{\text{樣本大小 -1}} \times \frac{\text{偏差平方和}}{\text{樣本大小}} = \frac{\text{偏差平方和}}{\text{樣本大小 -1}}$$

「不以資料數除以偏差平方和，而是以資料數 -1 除之」已在 P.74 介紹過，就是 VAR.S 函數。VAR.S 函數被稱為「不偏變異數」。第 2 章曾說過，要直接以資料數除還是以「資料數 -1」除的差別。不過，請大家重新檢視一下上述的公式。不偏變異數將是母體變異數。這可是劃時代的結論喔。一直以來都蒙上一層面紗的母體變異數可透過從母體隨機取樣求得的不偏變異數推測。這種以較少的資料算出的值若與母體的性質一致稱為「不偏性」。這也是不偏變異數的名稱由來。

讓我們回到正題，將「樣本變異數的平均值」當成樣本變異數，藉此算出不偏變異數。實際該怎麼做呢？答案就是將樣本變異數換成不偏變異數再計算。以下就是實驗結果。

●樣本不偏變異數

	A	B	C	D	E	F	G	H	I	J	K	L	M
1											▽每個樣本大小的不偏變異數		
2	▽隨機取樣										10	100	200
3	460	380	480	410	400	430	380	380	450	410	1284.44444	=VAR.S(A3:J12)	
4	460	570	320	530	380	410	410	470	470	520	5715.55556	4077.[illegible]364	4502.69095
5	520	410	440	470	410	390	420	410	520	440	2134.44444	4101.12121	4646.23116
6	480	420	480	430	340	530	480	430	430	360	3328.88889	4394.70707	4821.74874
7	400	460	360	430	460	440	460	360	500	[illegible]	[illegible]	[illegible]	[illegible]
8	480	410	470	460	520	470	380	430	420	[illegible]	[illegible]	[illegible]	[illegible]
9	520	340	340	440	420	480	470	380	400	[illegible]	[illegible]	[illegible]	[illegible]
10	470	440	330	440	420	360	470	410	460	[illegible]	[illegible]	[illegible]	[illegible]
11	530	440	500	500	590	410	420	420	350	340	6288.88889	5557.81818	4999.57538
12	380	340	460	350	560	350	600	460	500	410	8343.33333	5483.83838	5115.47487
13	340	530	480	470	320	410	460	420	440	380	4227.77778	5031.70707	5070.86432

將 VAR.P 函數換成 VAR.S 函數，再依照樣本大小指定隨機取樣的資料儲存格範圍。

範例

可於 4-04- 完成「不偏變異數」工作表確認。Excel 2007 可於 4-04-ver2007 完成的「不偏變異數」工作表確認。

●樣本不偏變異數的平均值與變異數

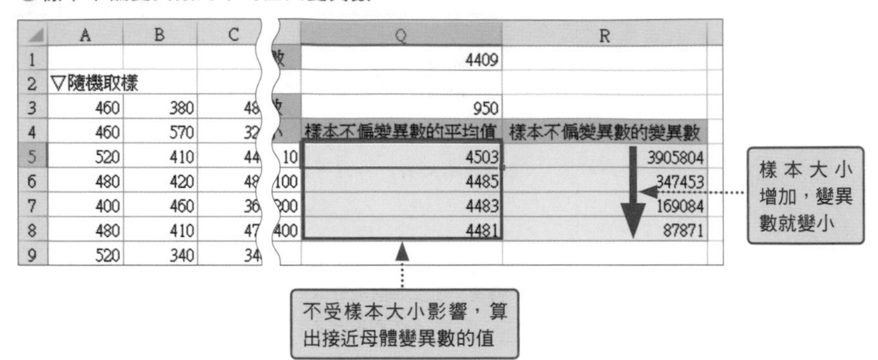

	A	B	C		Q	R
1				數	4409	
2	▽隨機取樣					
3	460	380	48	數	950	
4	460	570	32	小	樣本不偏變異數的平均值	樣本不偏變異數的變異數
5	520	410	44	10	4503	3905804
6	480	420	48	100	4485	347453
7	400	460	36	200	4483	169084
8	480	410	47	400	4481	87871
9	520	340	34			

樣本不偏變異數的平均值雖然不受樣本大小影響，都會趨近母體變異數，但隨著樣本大小增加，變異數變小，就越來越離不開母體變異數。樣本不偏變異數的散佈程度可利用不偏變異數的平均值能否算出母體變異數的「期待度」代表。即使樣本大小變小，在公式而言還是能算出母體變異數，但是散佈程度較大，所以有時也會算出距離母體變異數較遠的數值。當樣本大小變大，分散程度變小，就應該越來越能算出接近母體變異數的值。其實在這種程度的實驗裡，偶爾還是會出現偏差值，但應該還是能看出傾向才對。

發展 ▶▶▶

▶ 代表樣本變異數的公式

公式盡可能精簡，寫成公式時，也盡可能寫成能以詞彙敘述的內容，但這次要介紹的是以符號組成的公式。公式通常很惹人厭，但其實是一種超級單純的「語言」，而且還是全世界共用。與其閱讀好幾行的公式的「翻譯」，有時還不如直接看公式來得單純。

從本書畢業，準備進入下個階段時，應該無法避免閱讀使用符號的公式。以下就是本章使用的公式的其中一例。

首先要先定義符號。所謂的定義，就是約定俗成的內容，也就是關於下列內容，請大家至少遵守這個約定的意思。有些書籍會以不同的方式使用符號，所以請務必細看符號的定義。

那麼，讓我們開始定義吧！

X_n 定義為篩選樣本後得到的價格資料。價格是從實際售價的最低值到最高值之間篩選所得的一個值，在正式篩選之前不知道結果，因此以 X 代表。n 為樣本大小。樣本平均值為 $\overline{X}_i$（X-bar）。X 上面的橫棒常被當成是平均的符號使用。i 是篩選次數。第 i 次的樣本變異數寫成 S_i^2。S 為大寫。變異數是標準差的平方，所以常在文字上面加上「2」。

某次篩選的樣本平均值：

依照樣本大小篩選價格資料之後，將資料加總再除以樣本大小的值。Σ 這個符號的意思是加總，上下兩邊的小文字是以「n=1」為開始值，加總至「n」為止的意思。假設樣本大小為 10，就是加總 X_1 ～ X_{10} 的意思。

$$\overline{X}_i = \frac{X_1+X_2+\cdots+X_n}{n} = \frac{\sum_{(n=1)}^{n} X_n}{n}$$

樣本平均值的平均值：

每次篩選所得的樣本平均值加總後，以重複篩選次數除之的值。樣本平均值的平均值會朝母體平均值收斂，所以寫成 $\hat{\mu}$（有 kappa 的 μ）。「^」這個符號代表的是母體平均值的推測值，意思是樣本平均值的平均值雖然會朝母體平均值收斂，但現實而言，無法真的成為母體平均值，所以只能視為是推測值。

$$\hat{\mu} = \frac{\overline{X}_1+\overline{X}_2+\cdots+X_i}{i} = \frac{\sum_{(i=1)}^{i} \overline{X}_i}{i}$$

篩選次數 i 次的樣本平均值的變異數 s^2：

單次篩選所得的樣本平均值減去樣本平均值的平均值，算出偏差值後，為了避免偏差值的合計為 0，先讓偏差值乘以平方再合計。然後以重複次數除之，算出樣本平均值的變異數。

$$s^2 = \frac{(\overline{X}_1-\hat{\mu})^2+(\overline{X}_2-\hat{\mu})^2+\cdots+(\overline{X}_i-\hat{\mu})^2}{i} = \frac{\sum_{(i=1)}^{i}(\overline{X}_i-\hat{\mu})^2}{i}$$

某次篩選的樣本變異數：

依照樣本大小取得的價格資料減去平均篩選價格算出偏差值，再加總偏差值的平方，然後以樣本大小除之，算出第 i 次的樣本變異數。

$$S_i^2 = \frac{(\overline{X}_1-\overline{X}_i)^2+(\overline{X}_2-\overline{X}_i)^2+\cdots+(\overline{X}_n-\overline{X}_i)^2}{n} = \frac{\sum_{(i=1)}^{i}(\overline{X}_n-\overline{X}_i)^2}{n}$$

篩選次數 i 次的樣本變異數的平均值：

加總樣本變異數，再以篩選次數 i 次除之的值。

$$\overline{S^2} = \frac{S_1^2+S_2^2+\cdots+S_i^2}{i} = \frac{\sum_{(i=1)}^{i} S_i^2}{i}$$

練習問題

範例
練習：4-renshu
完成：4-kansei

問　題　想比較樣本與母體

以下列的 1 月到 7 月的詢問件數為母體時，請從母體隨機取樣，再比較樣本與母體的關係。

●詢問件數

	A	B	C	D	E	F	G	H	I	J	K	L
1	▿詢問件數									▿統計		
2	日期	1月	2月	3月	4月	5月	6月	7月		平均詢問件數	340	
3	1	55	322	354	475	155	336	368		變異數	4092	
4	2	64	373	382	465	198	318	301		最多件數	479	
5	3	88	397	350	462	188	305	352		最小件數	55	
6	4	256	337	379	461	156	305	317		全距	424	
7	5	324	379	399	422	188	345	318		資料筆數	212	
8	6	258	359	357	479	399	349	356				
9	7	330	360	398	420	351	322	308		區間		次數
10	8	296	370	365	410	373	320	334		低於50	50	
11	9	338	303	374	437	382	329	344		介於50～100	100	
12	10	281	392	358	445	396	334	344		介於100～150	150	
13	11	261	320	384	478	357	333	321		介於150～200	200	
14	12	350	389	361	382	415	378	343		介於200～250	250	
15	13	349	307	361	368	386	367	322		介於250～300	300	
16	14	291	394	381	350	393	313	351		介於300～350	350	

① 請繪製詢問件數（視為母體的原始資料）的直方圖。

② 在「母體平均值的推測」工作表與「母體變異數的推測」工作表隨機取樣。

・ 詢問件數由 31 列、7 欄組成。在列位置為 1 ～ 31、欄位置為 1 ～ 7 之間產生亂數，再依照搜尋位置取得對應的詢問件數。

・ 雖然「母體平均值的推測」工作表的重複次數為 500 次，「母體變異數的推測」工作表的重複次數為 2000 次，但可適當地自己增加重複次數。可利用自動填滿功能在資料結尾處增加重複次數。

③「母體平均值的推測」工作表的部分

・ 請算出母體平均值的推測值。

・ 以母體的區間製作樣本平均值的資料分佈。

・ 以母體的區間製作次數分配表，再利用次數分配表觀察資料的密集度，然後再製作有別於原始資料區間的原創的樣本平均值資料分佈。所謂的「原創」就是從資料的密集度算出全距，重新決定組數與組距，然後繪製次數分配表與直方圖的意思。不受限於原始資料區間的樣本平均值的資料分佈應該會更接近左右對稱的鐘形分佈。

④ 在「母體變異數的推測」工作表裡計算母體變異數的推測值。

CHAPTER

05

了解資料的型態

本章將介紹機率、機率分佈以及常態分佈。聽到「機率」大家或許會想到是很難的學科，很想一腳踢飛它，不過請大家稍等一下，我們介紹的題材只是預算的編列而已。

此外，之前一提到資料的全貌，就是繪製直方圖，但是，這樣也會了解資料分佈與機率分佈的關係，所以今後將以機率分佈取代直方圖。機率是能於職場利用的工具之一，請大家不要踢飛它，好好地閱讀吧！

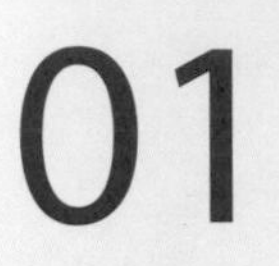

01 不做就不知道

去商店看到大排長龍，你會怎麼做？雖然都得跟著排，但排隊的結果，也不一定能買的到，所以看了排隊的情況後，應該能根據經驗判斷最終是否買得到需要商品，決定要不要排隊，或是決定要不要花這麼長的時間排隊。這節要介紹的就是對那些不做就不知道的事情能有多少期待的期望值。

導入 ▶▶▶

例題

「想決定抽獎券的等值金額」

這次企劃了開店十週年的抽獎活動，獎項如下。雖然很想感謝平日來店的顧客，卻也不太希望出現赤字。抽獎券通常得依照購買金額分配比重，但是現在不知道的是該如何分配。雖然抽獎活動開始後就會知道，但還是希望在開始前先決定。那麼該怎麼分配金額才好呢？假設這間店的客單價為2000元／人，毛利率／人為20%。

●抽獎活動的獎品

	A	B	C
1	開店10週年活動		
2	獎品	金額（隨機變數）	張數
3	溫泉旅行	75,000	5
4	郵輪晚餐	50,000	15
5	當日往返的巴士之旅	15,000	20
6	A型禮券	5,000	50
7	B型禮券	1,000	500
8	C型禮券	500	1000
9	迷你吊飾	50	10000
10			

▶ 計算期望值

進入主題之前，不知道有沒有覺得「本書是把讀者當白痴嗎？」的讀者。明明P.38就介紹過一樣的內容，而且就算沒看過P.38，也能像下列的方式算出答案吧！

「從獎品的金額算出中獎一次的平均費用，然後把獎券設定成可以回收經費的金額」不就好了？

您說的也沒錯，不過這次要利用隨機變數、機率與期望值這些字眼說明上述內容。

● 試行與隨機變數

假設已經抽過一次獎，獎品會是什麼呢？雖然不抽就不知道，但反正已經知道有什麼獎品，所以在統計學的世界裡，這種「預抽」稱為「試行」，而抽獎（試行）的結果一定會是某個獎品（值），而這又稱為隨機變數。之所以會稱為變數，是因為在試行之前，不知道會抽到什麼，有可能會抽到溫泉旅行，也有可能會抽到禮券，結果會隨著每次的抽獎而「改變」。不過，如果是抽獎的話，隨機變數固定只有一個。

● 試行與隨機變數

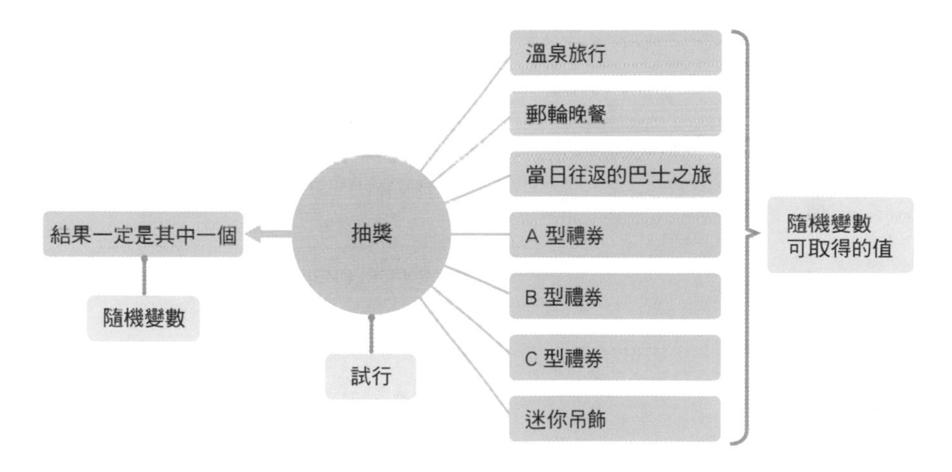

● 隨機變數與機率

抽獎的確是不抽不知道結果，但是真的是如此嗎？心裡應該還是會有底吧！若說溫泉旅行到迷你吊飾這些獎品裡，哪一個最容易中獎的話，當然是相對於整體中獎次數「11590」，有「10000」中獎次數的迷你吊飾。迷你吊飾的比例約為「10000 ／ 11590」，也就是 86% 左右。這種試行的結果或是會成為某個值（獎品）的比例稱為機率。比例是將所有獎品的中獎次數視為 1 或 100%，所以把所有獎品的中獎比例加起來就會是 1（100%）。讓我們整理成通用的說明。

・機率就是隨機變數可取得的值的產生比例。

・機率的合計為 1（100%）。

試著多抽幾次

接著讓我們多抽幾次獎。第 1 次抽到的居然是 A 型禮券，第 2 次是 C 型禮券，第 3、4 次是迷你吊飾，第 5 次是 B 型禮券，光是這五次的抽獎就已經抽到相當於 6600 元的獎品，平均每次抽到的金額是 1320 元。

雖然中獎機率是固定的，但區區幾次的抽獎就抽到中獎次數較少（機率較低）的獎品算是少見，不過還是有可能會發生。

如果繼續抽獎又會是什麼結果呢？其實我們在第 4 章就做過類似的事，就是從母體隨機取樣的樣本。樣本在取樣之前不會知道是什麼值，而這也就是試行的典型範例。試行的結果、樣本的平均值都會出現各種值，不過，在多次取樣後，樣本的平均值的平均值會朝母體平均值收斂，抽獎也是一樣，盡管有一個好的開始，但在不斷抽獎後，最後還是會回到中獎平均金額，也就是「從與獎品等值的金額算出每次中獎的平均金額」。這個值稱為期望值，也是每次試行的平均值。

若要計算獎品的每次中獎平均金額，可先將各獎品的金額乘上中獎次數，然後在加總之後除以所有的中獎次數。

$$\text{中獎的期望值} = \frac{75000 \times 5 + 50000 \times 15 + \cdots + 50 \times 10000}{11590}$$

$$= \boxed{75000} \times \boxed{\frac{5}{11590}} + 50000 \times \frac{15}{11590} + \cdots + 50 \times \frac{10000}{11590}$$

隨機變數（指向 75000）　機率（指向 $\frac{5}{11590}$）

▶期望值通常以「E」代表。

公式裡的 75000、50000 的獎品價格就是機率變數，而中獎比例就是機率。根據上述公式重新撰寫期望值的公式後，公式如下：

假設隨機變數可能出現的值為 $X_1 \sim X_n$，對應的隨機變數的機率為 $P_1 \sim P_n$。

$$\text{期望值 } E = X_1 \times P_1 + X_2 \times P_2 + X_3 \times P_3 + \cdots + X_n \times P_n$$

實踐 ▶▶▶

▶ Excel 的操作① ：計算抽獎券的期望值

範例 5-01

接著要計算抽獎券的期望值。

計算抽獎券的期望值

●在儲存格「D3」、「E3」、「E10」輸入的公式

D3	=C3/$C$10	E3	=B3*D3	E10	=SUM(E3:E9)

	A	B	C	D	E
1	開店10週年活動				
2	獎品	金額（隨機變數）	張數	機率	隨機變數×機率
3	溫泉旅行	75,000	5	0.0004	32.35547886
4	郵輪晚餐	50,000	15	0.0013	64.71095772
5	當日往返的巴士之旅	15,000	20	0.0017	25.88438309
6	A型禮券	5,000	50	0.0043	21.57031924
7	B型禮券	1,000	500	0.0431	43.14063848
8	C型禮券	500	1000	0.0863	43.14063848
9	迷你吊飾	50	10000	0.8628	43.14063848
10		中獎合計	11,590	期望值	274
11					

▶ 判讀結果

抽獎券的期望值為 274 元。當客單價為 2000 元，毛利率為 20%，毛利即為 400 元。由於 400 元 > 274 元，若顧及成本，最好設定成每 2000 元可抽獎一次比較恰當。

不過，除了獎品需要成本之外，也得考慮隨天候變化的來客率，所以也可以製作集點卡，每一千元可蓋一點，然後 4 ～ 5 點可抽獎一次。4 點相當於 4000 元，所以兩天內來光顧一次就能抽一次獎，而且毛利 800 元 > 274 元，所以從顧客的角度來看或許不太划算，但是活動的主辦方卻能因此避免嚴重的損失。

發展 ▶▶▶

▶ 樣本平均值的平均值與期望值

第 4 章已經篩選過很多次樣本，所以讓我們計算第 4 章的價格資料的期望值，確認期望值是否等於樣本平均值的平均值。此時需要先取得可能出現的價格以及計算價格的出現次數。主要的方式有兩種，一種是利用 Excel 的樞紐分析表進行統計，另一個則是複製價格資料，然後利用「移除重複」功能留下只出現一次的值，再利用 COUNTIF 函數計算價格資料的筆數。下圖是使用樞紐分析表的範例。樞紐分析表的使用方法請大家參考其他書籍，但樞紐分析表最明顯的特徵就是能輕鬆地條列式的表格進行統計。

●價格資料與出現次數

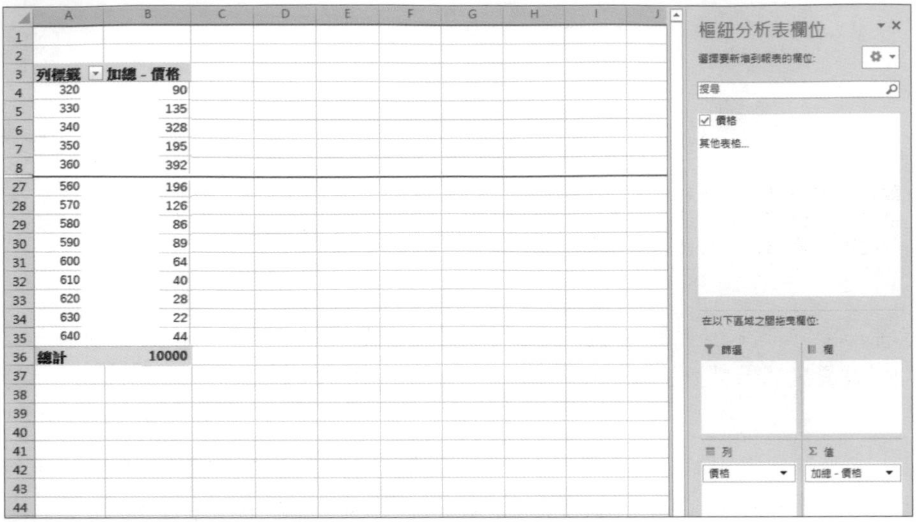

	A	B
1		
2		
3	列標籤	加總 - 價格
4	320	90
5	330	135
6	340	328
7	350	195
8	360	392
27	560	196
28	570	126
29	580	86
30	590	89
31	600	64
32	610	40
33	620	28
34	630	22
35	640	44
36	總計	10000

樞紐分析表欄位
選擇要新增到報表的欄位:
搜尋
價格
其他表格...
在以下區域之間拖曳欄位:
篩選 欄
列 值
價格 加總 - 價格

根據上述表格計算的期望值如下。結果約為「448 元」。相當於樣本平均值的平均值也就是母體平均值。

下一節將利用樣本平均值的平均值為期望值這點進行分析。

▶價格資料的樣本平均值的平均值
→ P.148

●價格資料的期望值

	A	B	C	D
1				
2	價格	出現次數	機率	隨機變數×機率
3	320	90	0.09	2.88
4	330	135	0.0135	4.455
5	340	328	0.0328	11.152
6	350	195	0.0195	6.825
7	360	392	0.0392	14.112
8	370	304	0.0304	11.248
30	600	195	0.0064	3.84
31	610	392	0.004	2.44
32	620	304	0.0028	1.736
33	630	90	0.0022	1.386
34	640	135	0.0044	2.816
35	總計	10000	1	448.171
36				

隨機變數可能出現的值

期望值

CHAPTER 01 CHAPTER 02 CHAPTER 03 CHAPTER 04 CHAPTER 05 CHAPTER 06 CHAPTER 07

02 呈鐘型分佈的資料

到目前為止，我們已經根據資料繪製了直方圖，也利用直方圖確認資料的分析，同時也於分析的時候使用了直方圖。接著我們要再次確認從母體隨機取樣的樣本的平均值呈常態分佈這件事，藉此了解常態分佈的特徵。此外也將解說資料呈常態分佈的假設成立時，不需要繪製直方圖，可直接利用代表常態分佈的機率分佈進行分析。

導入 ▶▶▶

例題 **「想報告準確的預算」**

這一季的案件已列出來，D先生在這季剛開始時，被命令提出預算。就過去的經驗而言，約有一半的案件數與接訂單有關，每個案件的接單機率(接到訂單的機率)已設定。概算金額就是隨機變數，所以各案件的業績期望值可利用「接單機率×概算金額」計算。累計各案件的期望值之後，得到了「1889」的結果。

雖然可直接報告由期望值累積而言的金額，但一考慮到季末有可能下修這點，就實在沒辦法報告。有沒有什麼更佳的報告方式呢？

●案件資料

	A	B	C	D	E	F
1	▿業務案件統計					
2	案數	接單機率(%)的平均值		概算合計	期待值的合計	母體變異數 / 概算
3	60		50.25%	3,745	1889	515.5763889
4						
5	▿業務案件資料					
6	案件No	交易對象	接單機率(%)	概算金額	期待值	
7	1	A公司	90%	61	54.9	
8	2	B公司	60%	74	44.4	
9	3	C公司	20%	82	16.4	
10	4	D公司	10%	59	5.9	
11	5	E公司	10%	76	7.6	
12	6	E公司	10%	65	6.5	
13	7	B公司	70%	22	15.4	
14	8	D公司	30%	89	26.7	
15	9	A公司	90%	48	43.2	

由各案件的期望值累積所得的本季預算

「＝90%×61＝54.9」

隨機變數所得的值

▶ 報告上修與下修的風險時， 連同機率一併報告

預算終究止於推測，不到季末不知結果，所以很難武斷地說「會是〇〇元」，因此，在報告時，通常會說成：「應該會介於〇〇元 ± 〇〇之間，而且限縮在這個範圍之內的機率為〇〇 %」。這種報告方式不僅能應付業績的上修或下修的風險，連帶說明的機率還能利用數值讓不確定的部分變得透明。

報告的方法有兩種，一種是繪製樣本平均值的直方圖，再根據直方圖界定以期望值為中心點的固定區間。另一個方法就是套用遵循樣本平均值的機率分佈。這次要從兩方面進行處理。

▶ 資料分佈與機率分佈

資料分佈是將觀測資料或是觀測資料加工之後的資料繪製成圖表的分佈，最具代表性的就是直方圖。機率分佈可改用邏輯分佈這種比較容易想像的字眼。P.165 曾說明過，樣本平均值的資料分佈最終會呈常態分佈這件事，不過按下多次 F9 之後，會發現有時的確很像常態分佈，有時卻很不像。總之，直方圖是假設機率

▶ 右圖可於範例「4-03- 完成」的「例 3 樣本」工作表確認。

▶ 右圖是根據範例「4-03- 完成」的「例 3」工作表的平均值「55.815」、變異數「672.403」算出標準差「25.930」，再以此標準差繪製的常態分佈。

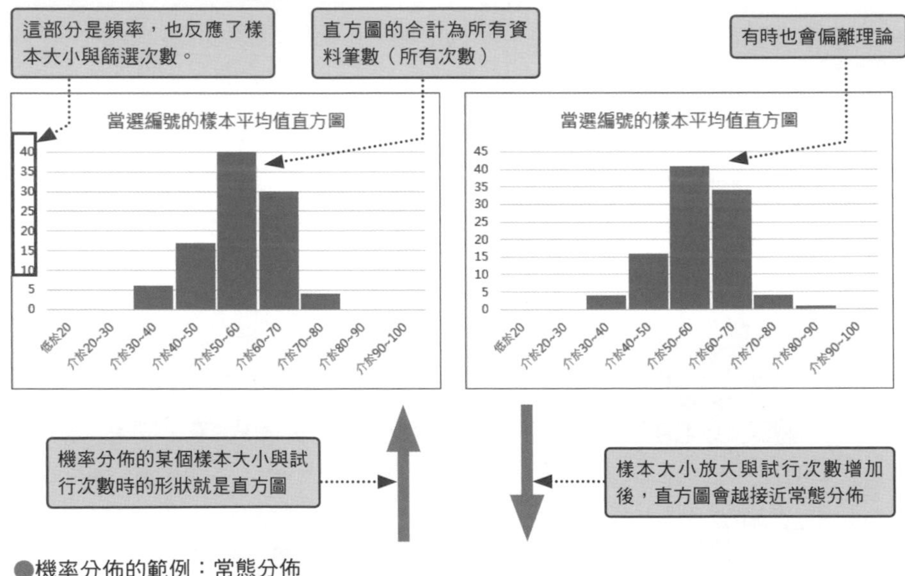

分佈呈最理想的狀態，是「實驗結果的」資料分佈。不過，放大樣本大小與增加試行次數之後，就會越來越接近合乎理論的機率分佈。此外，也會出現正常的機率分析，而以一定的樣本大小與試行次數算出來的分佈情況就會是直方圖。

既然是理論，命名為○○分佈的機率分析也有用來代表機率分佈的公式，而且 Excel 也理所當然地內建了支援各種機率分佈的函數，請大家不用太擔心。

本節將利用直方圖這種實驗性質的方法以及利用機率分佈這種邏輯性的方法分析預算。

實踐 ▶▶▶

▶ Excel 的操作① ： 實驗性方法－推測母體平均值與母體變異數

▶隨機取樣的方法 → P.146

這次要使用的是樣本平均值的資料分佈。例題提到「約有一半的案件數與接訂單有關」這個條件，所以讓我們忽視接單機率，假設 60 件案件可接到 30 筆訂單，然後以樣本大小 30 的規模、試行次數 2000 次隨機取樣概算金額。這次是以取樣後，放回母體的還元篩選進行取樣，因此，有可能會篩選出相同案件的概算金額。不過在 2000 次的篩選裡，篩選出相同案件的錯誤不算太有影響。篩選已經結束。

▶平均值的性質→ P.36

接著應該是要計算樣本平均值，但是樣本平均值就是單筆訂單的平均訂單金額，所以當我們假設能接到 30 筆訂單，30 倍的樣本平均值就是計算這季預算時，有可能出現的值之一。這跟隨機取樣 30 個的樣本資料的總和是相同的。

樣本不偏變異數也一樣，乘上 30 倍之後，視為預算的分散程度。

計算各樣本的本季預算金額與預算的不偏變異數

●在「隨機取樣」工作表的儲存格「AF3」、「AG3」輸入的公式

AF3	=SUM(B3:AE3)	AG3	=VAR.S(B3:AE3)*30

範例
5-02「隨機取樣」工作表

▶由於設定了亂數，所以操作畫面僅供參考。

Excel 2007
▶請將 VAR.S 函數換成 VAR 函數。

	A	B	C	AD	AE	AF	AG
1	▿隨機取樣						
2	嘗試次數	樣本大小30				樣本的合計	樣本不偏變異數
3	1	95	43	61	90	1760	13492.41379
4	2	30	31	61	82	1830	15835.86207
5	3	65	55	22	62	1790	17806.2069
6	4	36	30	96	43	1830	19382.06897
7	5	80	70	83	69	1913	13174.51724
8	6	83	22	80	69	1793	15437.96552
9	7	48	48	80	95	1934	15808.41379
10	8	72	30	40	46	1908	13917.10345
11	9	89	22	99	69	1902	16803.31034
12	10	44	36	55	67	1780	9786.896552

❶在儲存格「AF3」、「AG3」輸入公式

❷拖曳選取儲存格範圍「AF3:AG3」，再雙點自動填滿控制點複製公式，算出每次試行的樣本合計與樣本不偏變異數。

計算本季預算的母體平均值、 母體變異數以及母體標準差的推測值

範例
5-02「操作 1」工作表

●在「操作1」工作表的儲存格「D2」、「D3」、「D4」輸入的公式

D2	=AVERAGE(隨機取樣 !AF3:AF2002)	D3	=AVERAGE(隨機取樣 !AG3:AG2002)
D4	=SQRT(D3)		

	A	B	C	D	E	F
1	▿統計值					
2	樣本平均值的平均值（母體平均值的推測值）			1,874		
3	樣本不偏變異數的平均值（母體變異數的推測值）			15,482		
4	母體標準差的推測值			124		
5						
6	▿次數分配表與直方圖			極小值	1.00E-10	
7	訂單金額	區間	次數	次數的比例(機率	累計次數	
8	低於1500	1500				
9	介於1500～157	1570				

❶切換至「操作」工作表，在儲存格「D3」~「D5」輸入公式，算出這次預算的母體平均值，母體變異數與母體標準差的推測值。

▶母體標準差就是母體變異數的平方根。

▶要選取大範圍的儲存格時，可先點選起點的儲存格，再以 Ctrl + Shift + 方向鍵（範例是↓）選取。

▶次數分配表的製作 → P.21

▶ Excel 的操作② ： 實驗性的方法－繪製直方圖

「操作 1」工作表已經輸入了組距與組數，組數是以史特基公式算出的 12 組為基準。在空白的儲存格輸入 MAX 函數與 MIN 函數再按下 F9，觀察資料的變化後，會發現樣本合計在低於 1500 ～ 2300 左右移動，全距則在 800 ～ 900 左右移動，所以全距設定為 850，組距則設定為「850/12=70」。從低於 1500 開始逐步增加 70 後，第 12 組就會增加至 2270，所以也設定了一個 2270 以上的分組，總組數也增加至 13 組。此外，為了讓區間為「大於等於○○，小於○○」，也減去極小值。

再者，這次為了能與機率分佈比較，計算了以所有次數為 100% 的次數比例（相對次數），也將次數的比例繪製成直方圖。

製作次數分配表

●在「操作1」工作表的儲存格範圍「C8:C20」、「C21」、「D8」、「D21」、「E8」輸入的公式

C8:C20	=FREQUENCY(隨機取樣 !AF3:AF2002, 操作 1!B8:B19)		
C21	=SUM(C8:C20)	D8	=C8/$C$21
D21	=SUM(D8:D20)	E8	=SUM($D$8:D8)

●完成的次數分配表

	A	B	C	D	E	F
6	▿次數分配表與直方圖			極小值	1.00E-10	
7	訂單金額	區間	次數	次數的比例(機率	累計次數	
8	低於1500	1500	3	0.0%	0.0%	
9	介於1500～1570	1570	13	0.1%	0.1%	
10	介於1570～1640	1640	54	0.4%	0.6%	
11	介於1640～1710	1710	174	1.4%	2.0%	
12	介於1710～1780	1780	456	3.7%	5.7%	
13	介於1780～1850	1850	880	7.1%	12.8%	
14	介於1850～1920	1920	1301	10.5%	23.3%	
15	介於1920～1990	1990	1654	13.4%	36.7%	
16	介於1990～2060	2060	1875	15.2%	51.9%	
17	介於2060～2130	2130	1965	15.9%	67.8%	
18	介於2130～2200	2200	1986	16.1%	83.9%	
19	介於2200～2270	2270	1989	16.1%	100.0%	
20	2270以上		0	0.0%	100.0%	
21		合計	12350	100.0%		

❶以自動填滿功能將儲存格「E8」的公式複製到儲存格「E20」為止，算出累計次數，完成次數分配表。

繪製直方圖

▶步驟❶可先選取儲存格範圍「A7:A20」，之後再按住 Ctrl 鍵選取儲存格範圍「D7:D20」。此外，按鈕的名稱雖會隨著 Excel 的版本改變，但設計是相同的，所以請點選設計相同的按鈕。

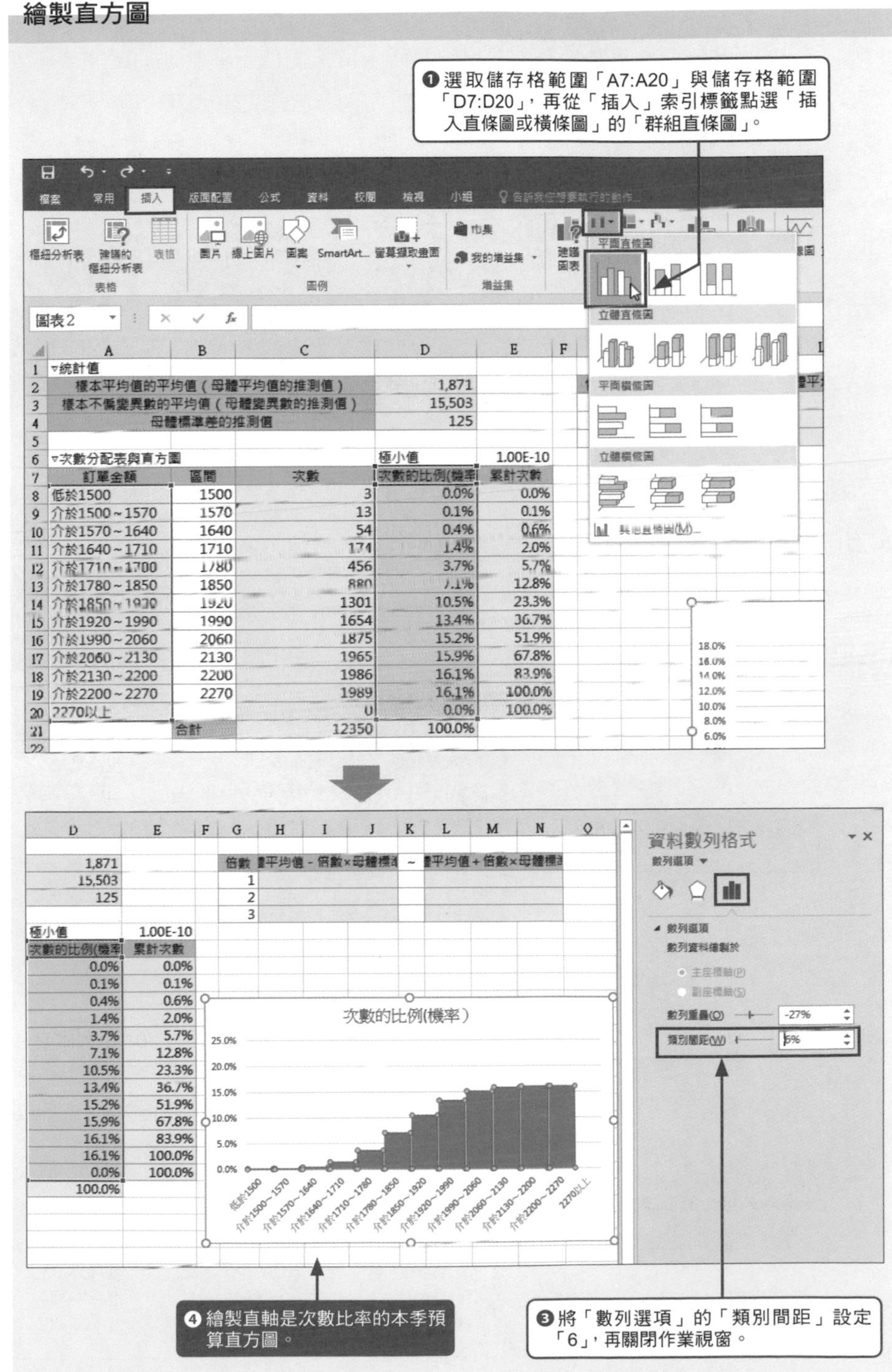

▶視情況設定座標軸標題與圖表標題。

▶ Excel 的操作③：以實驗性的方法求出預算的可能範圍

接著要計算位於母體平均值的推測值正負兩則的標準差範圍、標準差的 2 倍範圍以及 3 倍範圍。

計算以平均值為中心點的預算範圍

●在「操作1」工作表的儲存格「H3」～「L5」輸入的公式

H3	=D2-D4	L3	=D2+D4	H4	=D2-2*D4
L4	=D2+2*D4	H5	=D2-3*D4	L5	=D2+3*D4

	A	B	C	D	E	F	G	H	I	J	K	L	M	N	O
1	▿統計值														
2	樣本平均值的平均值（母體平均值的推測值）			1,870			倍數	體平均值－倍數×母體標準			~	體平均值＋倍數×母體標準			
3	樣本不偏變異數的平均值（母體變異數的推測值）			15,516			1	1,745			~	1,994			
4	母體標準差的推測值			125			2	1,621			~	2,119			
5							3	1,496			~	2,243			
6	▿次數分配表與直方圖			極小值	1.00E-10										
7	訂單金額	區間	次數	次數的比例(機率	累計次數										

❶ 在儲存格「H3」～「L5」輸入公式，算出以母體平均值的推測值為中心點的預算範圍。

▶ 判讀實驗性方法的結果

這次假設在 60 件的案件裡，會得到 30 件訂單，而在重複取樣 2000 次樣本後，直方圖幾乎呈左右對稱的鐘型。

反覆按下 F9 鍵，觀察儲存格「D2」～「D4」的變化之後，會發現母體平均值的推測值約在「1875」前後，也是逼近「案件」工作表的期望值合計「1889」的值。此外，母體標準差的推測值穩定地介於「124」前後。若將標準差視為預算的上下修正範圍，修正的範圍就介於 1750 前後～ 2000 前後，而這個預算也同時包含了「案件」工作表的期望值合計「1889」。

● 預算範圍與機率

在「操作 1」工作表的儲存格範圍「E8:E20」算出來的累計次數為累計次數比例的值。舉例來說，下圖的「介於 1780 ～ 1850」的累計次數為「40.5%」，這代表預算低於 1850 的機率有 40.5%。換言之，預算達 1850 以上的機率約有 60%。不過這次使用了亂數，所以「40.5%」只是眾多情況之中的一例，大致上是位於 40% 附近。

●次數的比例與預算範圍

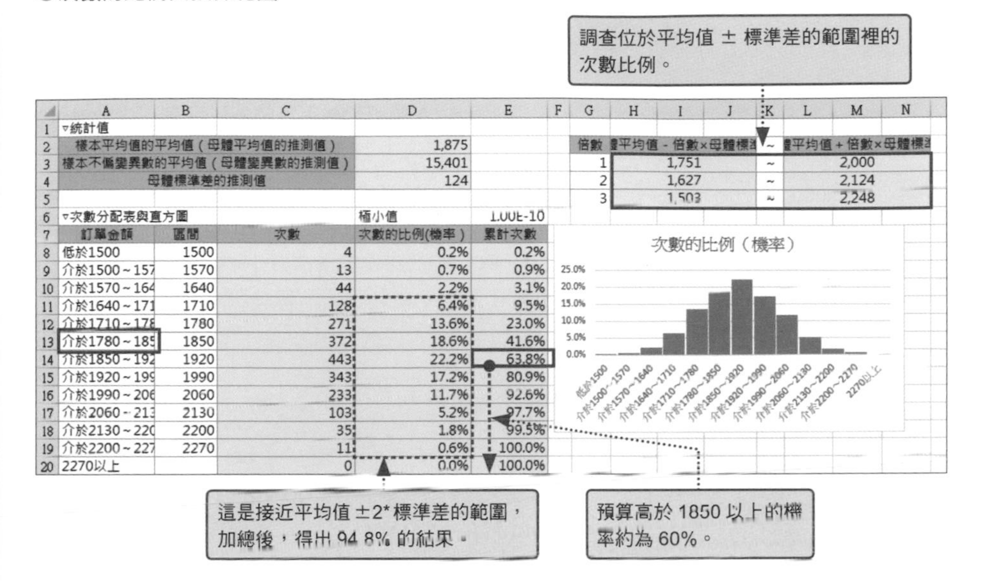

	A	B	C	D	E
1	▿統計值				
2	樣本平均值的平均值（母體平均值的推測值）			1,875	
3	樣本不偏變異數的平均值（母體變異數的推測值）			15,401	
4	母體標準差的推測值			124	
5					
6	▿次數分配表與直方圖			極小值	1.00E-10
7	訂單金額	區間	次數	次數的比例(機率)	累計次數
8	低於1500	1500	4	0.2%	0.2%
9	介於1500～157	1570	13	0.7%	0.9%
10	介於1570～164	1640	44	2.2%	3.1%
11	介於1640～171	1710	128	6.4%	9.5%
12	介於1710～178	1780	271	13.6%	23.0%
13	介於1780～185	1850	372	18.6%	41.6%
14	介於1850～192	1920	443	22.2%	63.8%
15	介於1920～199	1990	343	17.2%	80.9%
16	介於1990～206	2060	233	11.7%	92.6%
17	介於2060～213	2130	103	5.2%	97.7%
18	介於2130～220	2200	35	1.8%	99.5%
19	介於2200～227	2270	11	0.6%	100.0%
20	2270以上		0	0.0%	100.0%

倍數	平均值 - 倍數×母體標準差	～	平均值 + 倍數×母體標準差
1	1,751	～	2,000
2	1,627	～	2,124
3	1,503	～	2,248

接著是要確認「平均值 ± 標準差」的範圍包含了多少比例的次數。不過很可惜的是，沒有剛剛好對應的分組。勉強來說，大概知道「平均值 ±2* 標準差」大概是 95%。計算的結果如下。此外，這次使用了亂數，畫面裡的數值會常常更新，所以下列的表格充其量只能當作參考。

●預算範圍與機率

組距	機率的總和	備註
在「1850 ～ 1920」前後一組 大於等於 1780 小於 1990	在 60% 前後游移	組距比平均值 ± 標準差還窄
大於等於 1640 小於 2130	在 95% 前後游移	接近平均值 ±2*3 標準差
大於等於 1500 小於 2270	在 99.7% ～ 99.9% 之間游移	接近平均值 ±3*3 標準差

由上可知，以實驗性方法計算之後，可報告本季預算達 1850 以上的機率為 60%，以及介於 1780 ～ 1990 的機率為 60% 左右。

▶ Excel 的操作④ ： 以邏輯性方法將案件資料視為常態分佈

要想不篩選樣本，直接從案件資料計算常態分佈的預算範圍，可將案件資料視為是常態分佈。之所以能斷言是常態分佈，是因為有「不論母體的資料分佈為何，樣本大小越大，樣本平均值的資料分佈就越接近常態分佈」的中央極限定理存在。剛剛繪製的直方圖已幾乎呈左右對稱，所以將案件資料視為是常態分佈應該是沒有可議之處。

要在 Excel 計算常態分佈的機率可使用 NORM.DIST（Excel 2007 是使用 NORMDIST）函數。

NORM.DIST函數 ➡ 依照指定的平均值與標準差，計算形成常態分佈的機率

格 式 =NORM.DIST(x, 平均值 , 標準差 , 函數格式)

解 說 這個函數可根據資料的平均值與標準差，計算常態分佈的隨機變數 x 的機率以及累計機率。將函數格式指定為 FALSE，可算出隨機變數 x 的機率，若是指定為 TRUE，則可算出從常態分佈左端到機率變數 x 的累計機率，換言之就是算出面積。

補 充 NORM.DIST 函數可根據函數格式算出下圖的機率。

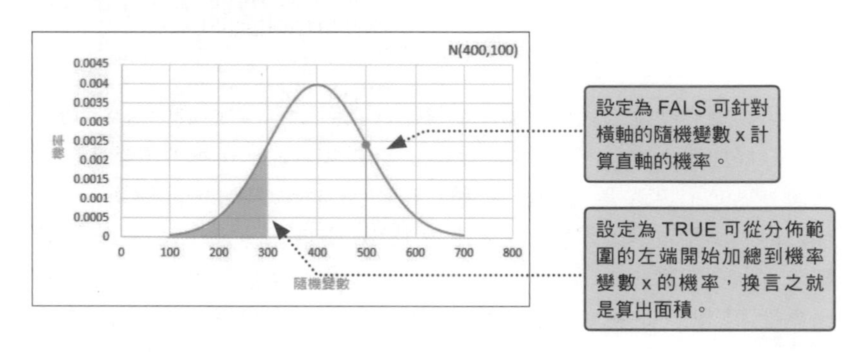

範例
5-02「操作 2」工作表

這次不打算篩選樣本，所以要指定給 NORM.DIST 函數的「平均值」與「標準差」不使用樣本篩選算出的母體平均值的推測值以及母體標準差的推測值。這次的「平均值」將使用「案件」工作表的期望值合計，而「標準差」則是將 30 筆的預計訂單乘上各案件的概算金額平均的變異數，然後再取平方根。機率變數則是預算的可能範圍。這次以 50 為單位，切割 1400 ～ 2400 的範圍。

●於 NORM.DIST 函數使用的「案件」工作表的值

F3 =VARP(D7:D66)

	A	B	C	D	E	F
1	▿業務案件統計					
2	案數	接單機率	接單機率(%)的平均值	概算合計	期待值的合計	母體變異數 / 概算
3	60		50.25%	3,745	1,889	515.5763889
4						
5	▿業務案件資料					
6	案件No	交易對象	接單機率(%)	概算金額	期待值	
7	1	A公司	90%	61	54.9	
8	2	B公司	60%	74	44.4	
9	3	C公司	20%	82	16.4	
10	4	D公司	10%	59	5.9	
11	5	E公司	10%	76	7.6	
12	6	E公司	10%	65	6.5	
13	7	B公司	70%	22	15.4	
14	8	D公司	30%	89	26.7	
15	9	A公司	90%	48	43.2	
16	10	C公司	20%	65	13	
17	11	C公司	5%	72	3.6	

用於 NORM.DIST 函數的平均值參數

這部分代表的是案件的分散程度，所以要換算成訂單案件整體預算的分散程度，必須先乘以 30 筆資料，然後算出平方根，再於 NORM.DIST 函數使用。

計算用於常態分佈的平均值與標準差

●於「操作2」工作表的儲存格「C2」、「C3」輸入的公式

C2	= 案件 !E3	C3	=SQRT(案件 !F3*30)

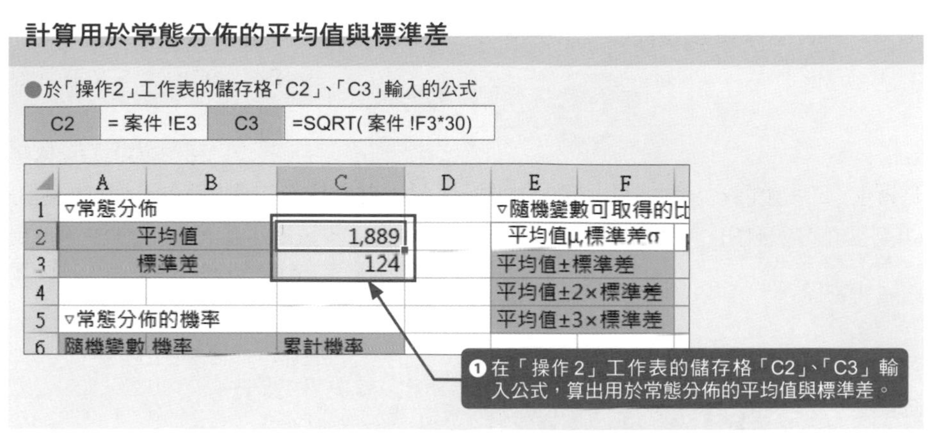

計算常態分佈的機率與累計機率

●在「操作2」工作表的儲存格「B7」、「C7」輸入的公式

B7	=NORM.DIST($A7,$C$2,$C$3,FALSE)
C7	=NORM.DIST($A7,$C$2,$C$3,TRUE)

▶為了讓儲存格「A7」不會在自動填滿功能複製時產生位移，只有欄的部分以絕對參照的方式指定。

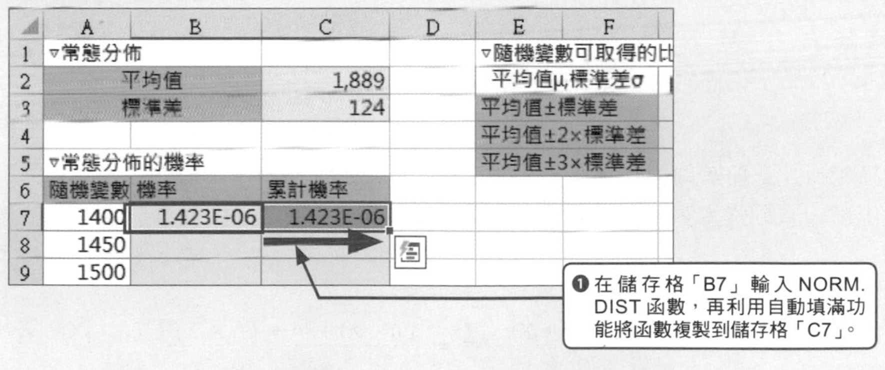

	A	B	C	D	E	F
1	▿常態分佈				▿隨機變數可取得的比	
2		平均值	1,889		平均值μ,標準差σ	
3		標準差	124		平均值±標準差	
4					平均值±2×標準差	
5	▿常態分佈的機率				平均值±3×標準差	
6	隨機變數	機率	累計機率			
7	1400	1.423E-06	=NORMDIST($A7,$C$2,$C$3,TRUE)			
8	1450					

❷ 雙點儲存格「C7」，將「FALSE」改成「TRUE」，再按下 Enter 鍵確定。

	A	B	C	D	E	F
5	▿常態分佈的機率				平均值±3×標準差	
6	隨機變數	機率	累計機率			
7	1400	1.423E-06	4.25647E-05			
8	1450	6.372E-06	0.000209794			
9	1500	2.427E-05	0.000887778			
10	1550	7.864E-05	0.003230896			
11	1600	0.0002168	0.010134122			
12	1650	0.0005085	0.027472513			
13	1700	0.0010146	0.064598431			
27	2300	1.353E-05	0.999528718			
28	2350	3.301E-06	0.999896029			
29	2400	6.855E-07	0.99998032			
30						

❸ 拖曳選取儲存格範圍「B7:C7」，再以自動填滿功能複製到結尾處，算出常態分佈的機率與累計機率。

▶常態分佈的機率與直方圖的組距不同，是成為單點預算的機率。累計機率是各機率的累積，接近機率總和的「1」。

繪製常態分佈的機率與累計機率的圖表

▶步驟❷的按鈕名稱會因 Excel 的版本不同而有所改變，所以請從點選「散佈圖」的按鈕開始操作。

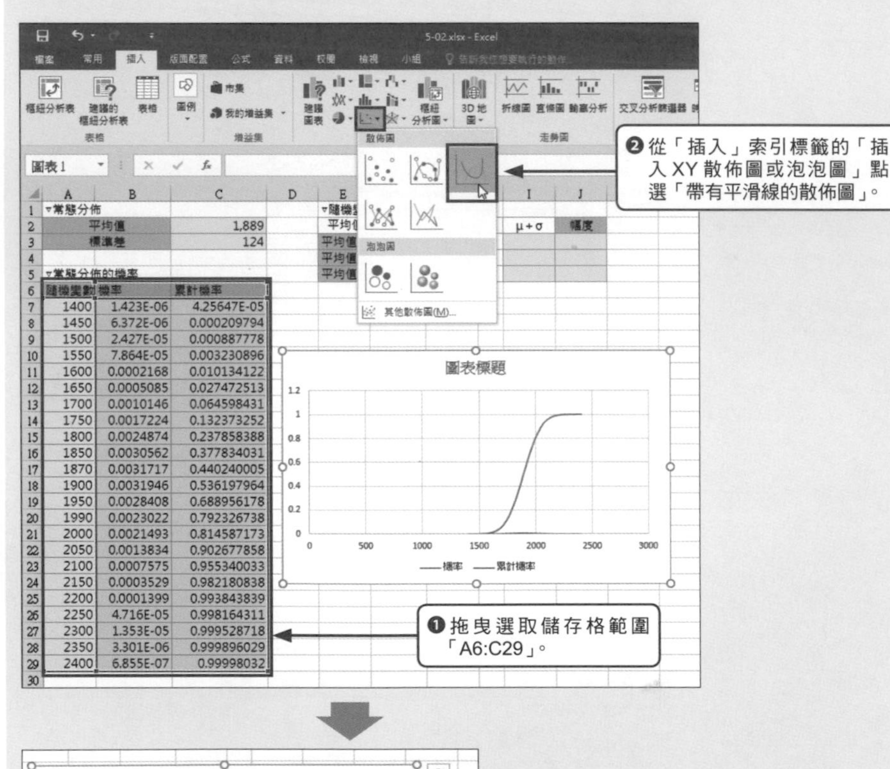

▶讓累計機率移動到副座標軸。

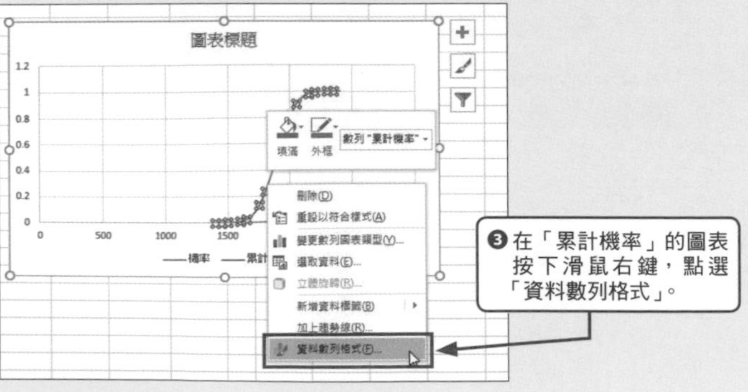

Excel 2007/2010
▶步驟❹之後可於對話框進行相同的操作。

▶可適當地追加圖表標題與座標軸標題。

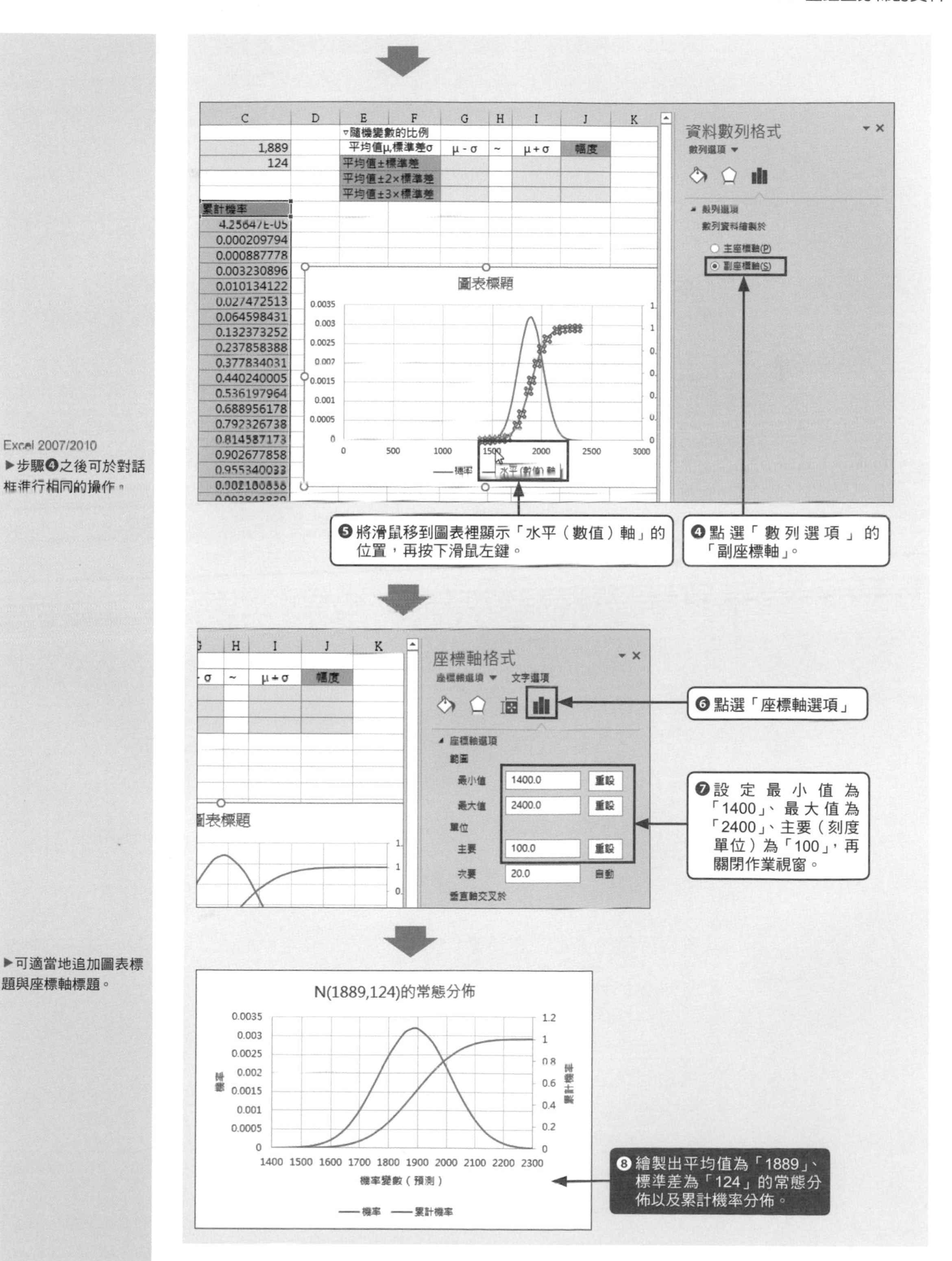

▶ Excel 的操作⑤：以邏輯性方法計算預算範圍成為常態分佈的機率

剛剛已經算出案件資料呈常態分佈「N（1889,124）」的機率與累計機率。所謂「N（1889,124）」是代表常態分佈的符號。1889 代表的是案件資料的期望值合計，124 代表的是預計會接到 30 筆訂單時的預算標準差。

N(μ,σ)：常態分佈 N、平均值 μ、標準差 σ

▶常態分佈有時會寫成 N（平均值，變異數），不過這裡寫成 N（平均值，標準差）。

平均值 ± 標準差就是預算範圍，例如平均值 ± 標準差會是「1889±124」。加總這些預算範圍裡的機率就能算出累計機率，也等於算出所有預算範圍裡的機率。

●預算範圍的機率：平均值 ± 標準差的情況

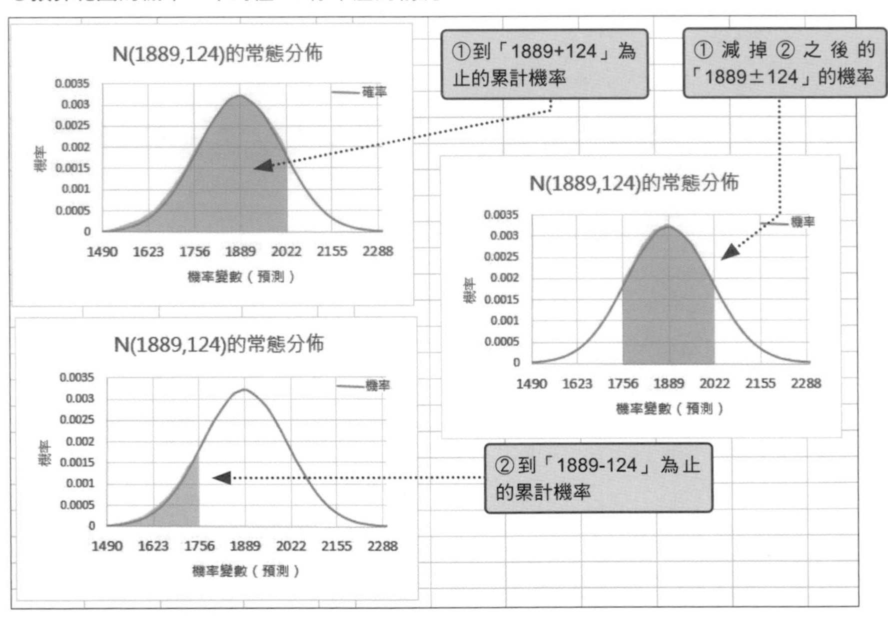

計算本季預算介於指定範圍的機率

●在「操作2」工作表的儲存格「G3」、「I3」、「J3」輸入的公式

儲存格	公式
G3	=NORM.DIST($C$2-$C$3,$C$2,$C$3,TRUE)
I3	=NORM.DIST($C$2 + $C$3,$C$2,$C$3,TRUE)
J3	=I3-G3

	D	E	F	G	H	I	J
1		▿隨機變數的比例					
2		平均值μ,標準差σ		μ-σ	~	μ+σ	幅度
3		平均值±標準差		0.1587		0.8413	
4		平均值±2×標準差		0.1587		0.8413	
5		平均值±3×標準差		0.1587		0.8413	
6							

❶在儲存格「G3」、「I3」輸入公式，再拖曳儲存格範圍「G3:I3」的自動填滿控制點，將公式暫時複製到儲存格「I5」為止。

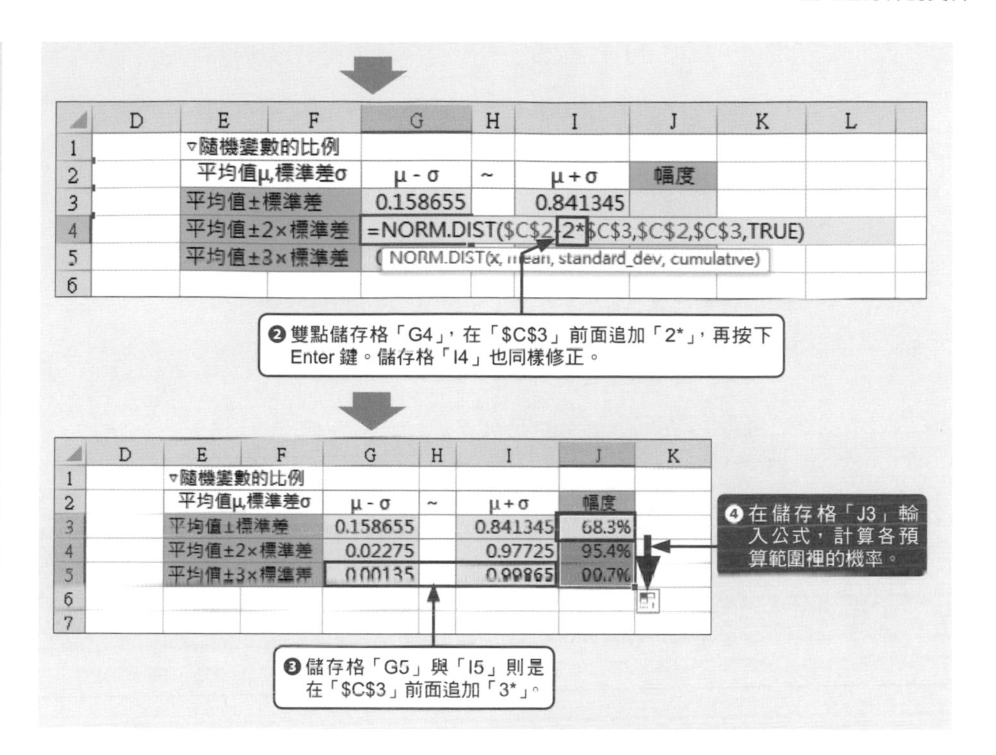

▶ 判讀邏輯性方法的結果

這次根據中央極限定理，利用樣本平均值可在不受母體資料分佈影響的情況下呈現常態分佈這點，在案件資料套用常態分佈計算後，可能出現該預算範圍的機率如下：

●預算範圍與機率

隨機變數的範圍	預算範圍	預算範圍的可能機率
平均值 ± 標準差	1765 ～ 2013	68.3%
平均值 ±2* 標準差	1641 ～ 2137	95.4%
平均值 ±3* 標準差	1517 ～ 2261	99.7%

報告預算時，可說成「目前列出的案件期望值「1889」有上下修正 ±124 的可能，預算介於 1765 ～ 2013 的機率約為 70%」。當然，實際報告時，可將數字修改成整數，才會比較方便閱讀，但這次並未武斷地宣佈「預算就是○○元」，而且也以機率呈現了不確定性。

請比較 P.189 的直方圖預算範圍與機率的表格。使用了直方圖與邏輯性的機率分佈（就是範例裡的常態分佈）之後，會發現兩者是相近的。

● 常態分佈的性質

常態分佈是以平均值為中心，同時也是分佈的頂點的左右對稱鐘型。隨機變數的範圍的機率已固定如下表。

這與預算範圍完全相同。或許有人會懷疑，下列的機率真的是能反映案件資料性質的「N（1889,124）」的機率嗎？但其實任何一種「N（μ, σ）」都會成立。

●常態分佈的機率

隨機變數的範圍	機率
平均值 ± 標準差	68.3%
平均值 ±2* 標準差	95.4%
平均值 ±3* 標準差	99.7%

範例「5-02- 完成」的「常態分佈」工作表建立了輸入平均值與標準差，就能算出常態分佈機率的表格，請大家試著輸入各種不同的值，「平均值 ± 標準差」的機率一定會是 68.3%。不管是尖頭的常態分佈還是扁平的常態分佈，機率的合計一定都是 1，所以固定範圍的機率也會永遠相同。

範例
5-02- 完成「常態分佈」工作表

●常態分佈的形狀與機率：尖頭的分佈

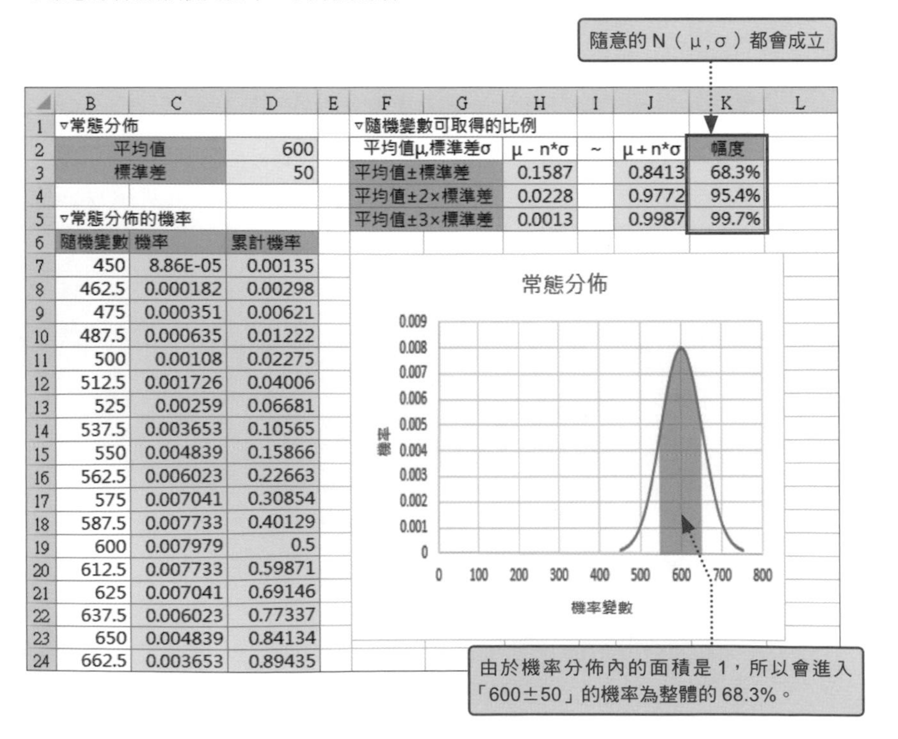

	B	C	D
1	▿常態分佈		
2	平均值		600
3	標準差		50
4			
5	▿常態分佈的機率		
6	隨機變數	機率	累計機率
7	450	8.86E-05	0.00135
8	462.5	0.000182	0.00298
9	475	0.000351	0.00621
10	487.5	0.000635	0.01222
11	500	0.00108	0.02275
12	512.5	0.001726	0.04006
13	525	0.00259	0.06681
14	537.5	0.003653	0.10565
15	550	0.004839	0.15866
16	562.5	0.006023	0.22663
17	575	0.007041	0.30854
18	587.5	0.007733	0.40129
19	600	0.007979	0.5
20	612.5	0.007733	0.59871
21	625	0.007041	0.69146
22	637.5	0.006023	0.77337
23	650	0.004839	0.84134
24	662.5	0.003653	0.89435

	F	H	I	J	K
1	▿隨機變數可取得的比例				
2	平均值μ,標準差σ	μ - n*σ	~	μ + n*σ	幅度
3	平均值±標準差	0.1587		0.8413	68.3%
4	平均值±2×標準差	0.0228		0.9772	95.4%
5	平均值±3×標準差	0.0013		0.9987	99.7%

●常態分佈的形狀與機率：扁平的分佈

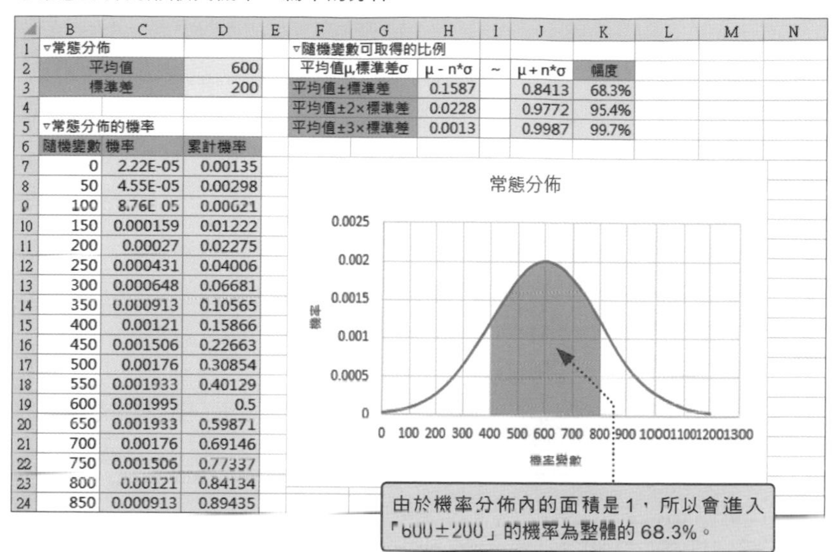

▿常態分佈

平均值	600
標準差	200

▿常態分佈的機率

隨機變數	機率	累計機率
0	2.22E-05	0.00135
50	4.55E-05	0.00298
100	8.76E-05	0.00621
150	0.000159	0.01222
200	0.00027	0.02275
250	0.000431	0.04006
300	0.000648	0.06681
350	0.000913	0.10565
400	0.00121	0.15866
450	0.001506	0.22663
500	0.00176	0.30854
550	0.001933	0.40129
600	0.001995	0.5
650	0.001933	0.59871
700	0.00176	0.69146
750	0.001506	0.77337
800	0.00121	0.84134
850	0.000913	0.89435

▿隨機變數可取得的比例

平均值μ,標準差σ	μ - n*σ	~	μ + n*σ	幅度
平均值±標準差	0.1587		0.8413	68.3%
平均值±2×標準差	0.0228		0.9772	95.4%
平均值±3×標準差	0.0013		0.9987	99.7%

發展 ▶▶▶

▶ 根據機率計算隨機變數

Excel 內建了針對各種機率分佈的隨機變數，計算機率的函數，也內建了功能相反的函數。所謂的功能相反，指的就是根據機率計算隨機變數。以例題而言，就是計算預算達成機率高於 80% 的預算。

一般來說，根據機率計算隨機變數的函數會加上代表相反功能，也就是英文 INVERSE 的「INV」。

NORM.INV函數 ➡ 根據指定的平均值與標準差計算常態分佈的隨機變數

格　式	=NORM.INV(機率 , 平均值 , 標準差)
解　說	這個函數可根據資料的平均值與標準差，計算相對於常態分佈的機率的隨機變數。這裡說的機率是從分佈左端起算的面積。
補　充	NORM.INV 函數可算出下圖橫軸的點。

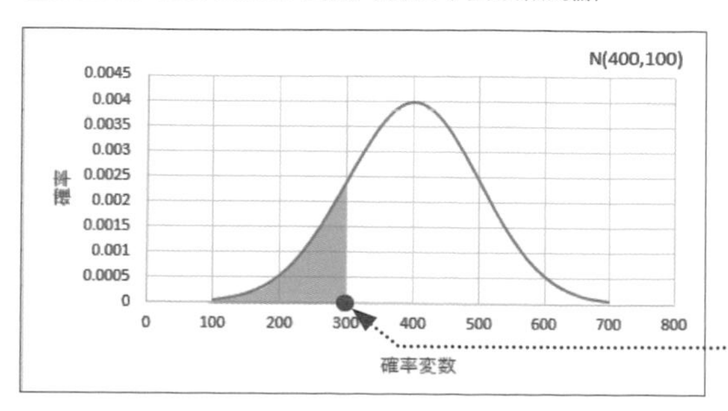

下圖是以案件資料的平均值與標準差算出的常態分佈，再從分佈的左端開始累計機率，然後進一步算出來的隨機變數。舉例來說，10% 的機率變數「1729」代表預算低於「1729」的機率為 10%。因此，機率達 80% 以上的預算就是與 20% 對應的「1784」。

範例

可於 5-02 完成「隨機變數」工作表確認。

●低於指定機率以下的預算

	A	B	C
1	▿常態分佈		
2	平均值		1,889
3	標準差		124
4			
5	▿常態分佈的隨機變數		
6	累計機率	隨機變數	
7	0%	#NUM!	
8	0.001%	1,358	
9	10%	1,729	
10	20%	1,784	
11	30%	1,823	
12	40%	1,857	
13	50%	1,889	
14	60%	1,920	
15	70%	1,954	
16	80%	1,993	
17	90%	2,048	
18	99.99%	2,351	
19	100%	#NUM!	

「=NORM.INV(A7,$C$2,$C$3)」，再以自動填滿功能複製。

達成機率可能達 80% 以上的預算

在上圖裡，從分佈左端累計的機率為「0%」與「100%」時，會顯示「#NUM!」的錯誤訊息，但與其說是錯誤訊息，不如說是正確的反應。

常態分佈的隨機變數若介於負無限大到正無限大，機率就會介於 0 ～ 1 之間。以我們居住的有限世界來看，常態分佈應該會一直浮在橫軸的上方，永遠無法到達 0，這點也可在圖表裡發現，雖然不是那麼明顯，但不管是左端還是右端，都沒有與橫軸貼在一起。因此，機率 0 的隨機變數雖然可以是負無限大，但是 Excel 卻無法顯示對應的數字，所以只好顯示為「#NUM!」的錯誤訊息（超過 Excel 能處理的範圍）。

不過，這是很瑣碎的內容，其實只要稍微超過 0 或是稍微小於 100%，就能得到答案。就實務層面而言，只要將機率視為是在 0 ～ 1 之間變化，並將機率的合計視為 1，就不會有任何問題了。

03 標準的鐘型

常態分佈會隨著資料的平均值與標準差變成尖頭狀或是扁平狀，但機率的合計一定是 1，所以平均值 ± 標準差的機率都會是 68.3%。這點雖然沒錯，但也因為常態分佈的模式有很多種，所以無法直接比較兩種以上的資料。這句話我們好像聽過，對吧？沒錯，無法直接比較兩種資料時，就先把資料標準化。常態分佈也可將資料標準化。接下來就為大家解說標準常態分佈。

導入 ▶▶▶

例題 **「想比較規模不同的門市」**

A店與X店雖然同系列的門市，但是規模卻不相同。A店與X店的業績平均值(平均值)與標準差如下。模仿02節的方法，將業績平均值與標準差套入常態分佈後，A店與X店的常態分佈各有型態，無法以相同的標準直接比較兩間門市的業績。該怎麼做才能直接比較呢？

●符合 A 店與 X 店的業績平均值的常態分佈

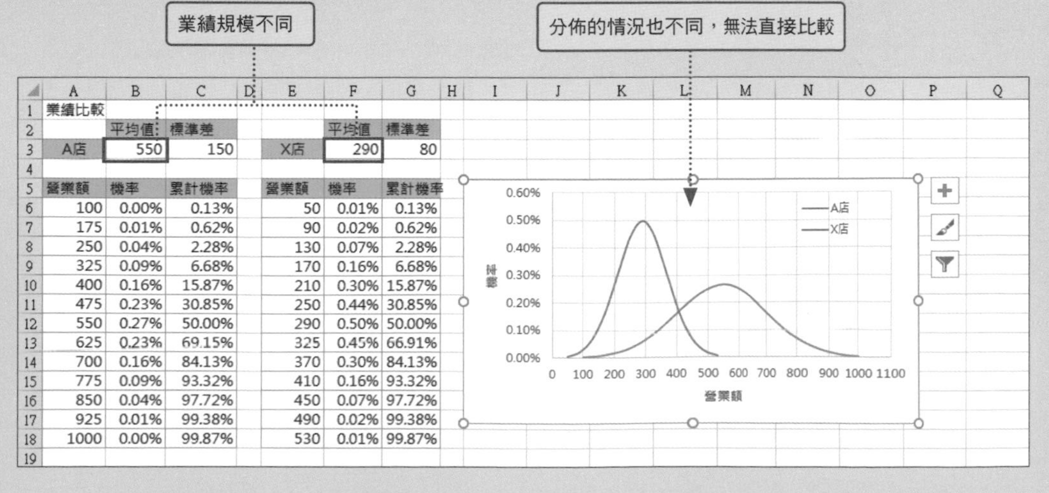

業績比較

	平均值	標準差			平均值	標準差
A店	550	150		X店	290	80

營業額	機率	累計機率		營業額	機率	累計機率
100	0.00%	0.13%		50	0.01%	0.13%
175	0.01%	0.62%		90	0.02%	0.62%
250	0.04%	2.28%		130	0.07%	2.28%
325	0.09%	6.68%		170	0.16%	6.68%
400	0.16%	15.87%		210	0.30%	15.87%
475	0.23%	30.85%		250	0.44%	30.85%
550	0.27%	50.00%		290	0.50%	50.00%
625	0.23%	69.15%		325	0.45%	66.91%
700	0.16%	84.13%		370	0.30%	84.13%
775	0.09%	93.32%		410	0.16%	93.32%
850	0.04%	97.72%		450	0.07%	97.72%
925	0.01%	99.38%		490	0.02%	99.38%
1000	0.00%	99.87%		530	0.01%	99.87%

上圖可於範例5-03「資料1」工作表確認。

● A 店與 X 店要比較的業績資料

	A	B	C
1		A店	X店
2	平均值	550	290
3	標準差	150	80
4			
5	▿業績資料		
6	月份	A店	X店
7	1月	585	410
8	2月	480	290
9	3月	700	370
10	4月	600	350
11	5月	380	280
12			

上圖可於範例5-03「資料2」工作表確認。

▶ 標準化常態分佈

例題的 A 店與 X 店的分佈情況雖然不同，硬要比較也是可以。舉例來說，可試著在兩間門市的業績都為「325」的部分在圖表裡畫一條線，就會發現 A 店位於分佈中心點很左邊的位置，X 店則位於分佈中心點右側。由於分佈的中心點是業績平均值，所以業績「325」對 A 店來說，算是比平均來得不好，但對 X 店來說卻是比平均來得好。不過，要這樣分別觀察常態分佈的狀況實在麻煩，而且兩個分佈沒有重疊的部分也無法比較，再者，若是要比較的對象超過 2 間，恐怕得花更多時間比較。

●不同分佈的比較

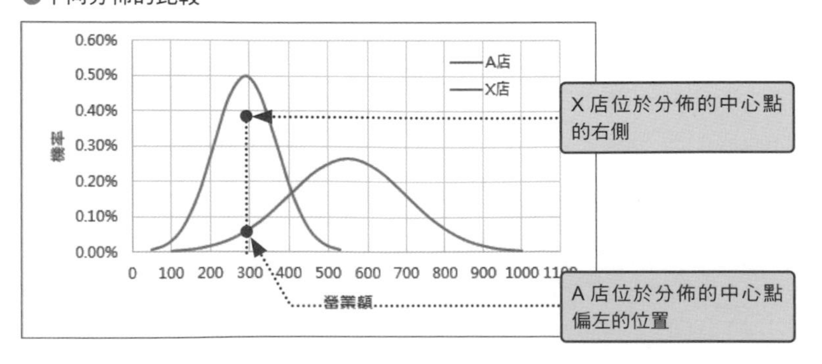

因此，只要能先標準化資料，再依照標準化的資料繪製常態分佈，就能以相同的分佈模式比較。資料的標準化就是將平均值化為「0」，並將標準差化為「1」，常態分佈的標準化也是一樣的步驟。平均值為「0」、標準差為「1」的常態分佈稱為標準常態分佈。

平均值為「0」與標準差為「1」之後，平均值 ± 標準差的機率可如下表示。

●標準常態分佈的機率

隨機變數的範圍		機率
平均值 ± 標準差	±1	68.3%
平均值 ±2* 標準差	±2	95.4%
平均值 ±3* 標準差	±3	99.7%

實踐 ▶▶▶

▶資料的標準化
→ P.79

範例
5-03「操作」工作表

▶ Excel 的操作①：計算標準化的資料

接著要標準化 A 店與 X 店的業績資料。標準化資料是將平均值調整為「0」，並將標準差調整為「1」，所以只要標準化的資料超過 0，代表營業額高於平均，若是超過 1，代表營業額超過標準差範圍，若是小於 0 或小於 1，情況則相反。

A計算A店與X店的營業額標準化資料

●在「操作」工作表的儲存格「B3」輸入的公式

B3	=(資料 2!B7- 資料 2!B$2)/ 資料 2!D$3

	A	B	C	D	E	F
1	▿標準化資料(Z)				▿標準常態分佈	
2	月份	A店	X店		Z	機率
3	1月	0.23333	1.5		-3	
4	2月	-0.46667	0		-2.5	
5	3月	1	1		-2	
6	4月	0.33333	0.75		-1.5	
7	5月	-1.13333	-0.125		-1	
8					-0.5	
9	▿超過每個月業績的機率				0	

❶ 在儲存格「B3」輸入公式，再以自動填滿功能將公式複製到儲存格「C7」為止，標準化業績資料。

▶ Excel 的操作②：計算標準常態分佈的機率

P.80 直接比較了標準化資料，然後以平均評估資料的優劣，但那時還未確認資料比平均值高或低的機率，因此接下來要根據標準化資料繪製常態分佈。

▶z 值
→ P.78

這次將 NORM.DIST 函數的平均值參數指定為 0，並將標準差指定為 1，藉此繪製標準常態分佈。NORM.DIST 函數的 x 雖然該指定為隨機變數，但在標準常態分佈的情況下該指定為標準化之後的隨機變數，也就是 z 值。待會也要繪製圖表，所以先將標準化資料範圍定為 ±3。

計算與標準化隨機變數對應的標準常態分佈的機率

Excel 2007
▶ NORM.DIST 函數可換成 NORMDIST 函數。

●在「操作」工作表的儲存格「F2」輸入的公式

F2	=NORM.DIST(E3,0,1,FALSE)

	A	B	C	D	E	F	G
1	▿標準化資料(Z)				▿標準常態分佈		
2	月份	A店	X店		Z	機率	
3	1月	0.23333	1.5		-3	0.004432	
4	2月	-0.46667	0		-2.5	0.017528	
5	3月	1	1		-2	0.053991	
6	4月	0.33333	0.75		-1.5	0.129518	
7	5月	-1.13333	-0.125		-1	0.241971	
8					-0.5	0.352065	
9	▿超過每個月業績的機率				0	0.398942	
10	月份	A店	X店		0.5	0.352065	
11	1月				1	0.241971	
12	2月				1.5	0.129518	
13	3月				2	0.053991	
14	4月				2.5	0.017528	
15	5月				3	0.004432	
16							
17							

❶ 在儲存格「F2」輸入公式後，利用自動填滿功能將公式複製到儲存格「F15」為止，算出常態分佈的機率。

繪製標準常態分佈的圖表

▶步驟❶的按鈕名稱會隨著 Excel 的版本而改變，所以請依照按鈕的設計點選。

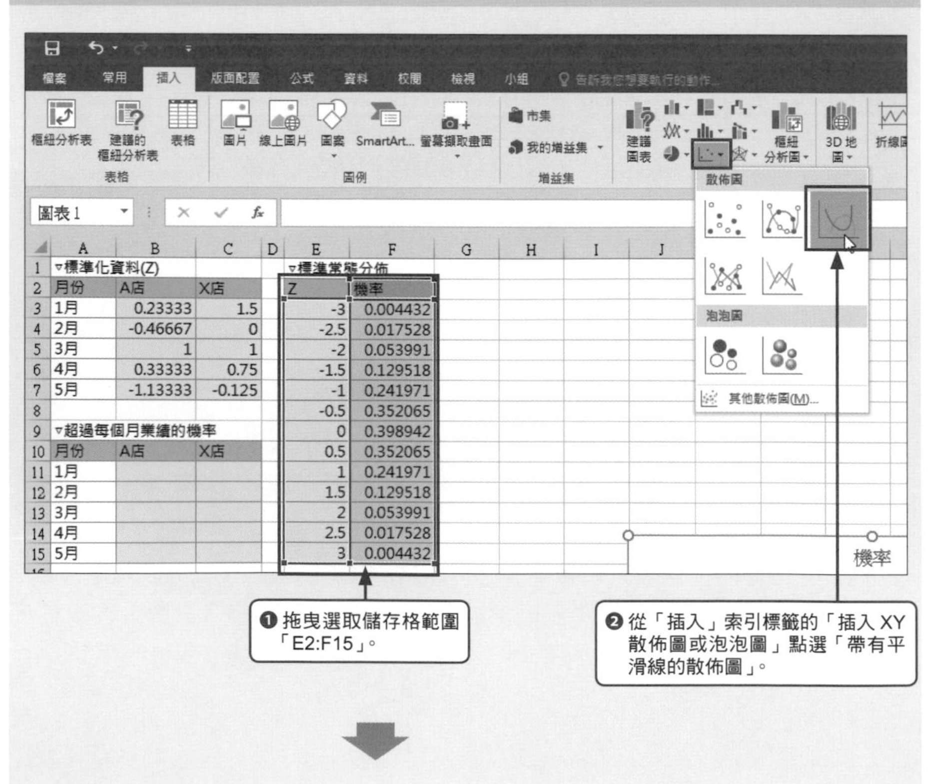

●圖表編輯

標題	標準常態分佈
座標軸標題	橫軸標題：z 值（標準化資料）
	直軸標題：機率
橫軸刻度	-3.5 ～ 3.5 刻度 0.5

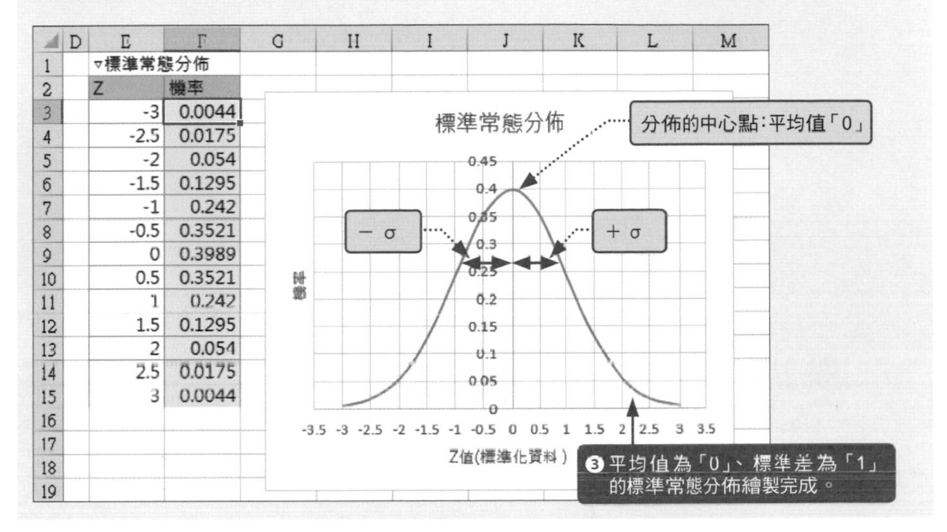

▶圖中的「σ」是代表標準差的符號。在標準常態分佈裡，標準差為「1」。

▶ Excel 的操作③ ： 計算高於每月營業額的機率

接著要針對 A 店與 X 店的標準化營業額，計算超過營業額的機率。要計算這個機率可使用 NORM.S.DIST 函數，不過這需要花點時間設定。NORM.S.DIST 函數計算的是從分佈的左端到指定的隨機變數的值，換言之是計算低於指定隨機變數以下的機率。這次要計算的是超過指定營業額的機率，所以必須以機率總和的 1 減掉函數算出來的值。

●超過隨機變數的機率

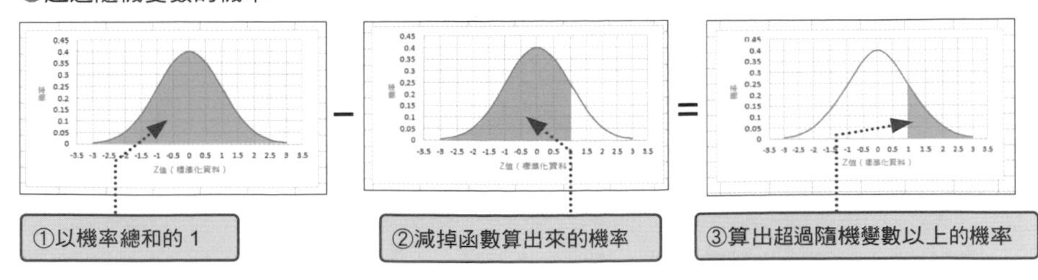

▶有的函數是從分佈的右端開始計算機率，有的則是可以指定從右端還是左端計算。必須先確認要計算的是頻率或分佈的哪個部分的機率。

NORM.S.DIST函數 ➡ 計算標準常態分佈的機率與累計機率

格　式　=NORM.S.DIST(z, 函數格式)

解　說　計算標準化之後的隨機變數 z 的機率或累計機率。若將函數格式指定為 FALSE，將算出隨機變數 z 的機率，若是指定為 TRUE，則會計算從常態分佈左端至隨機變數 z 的累計機率，換言之就是算出面積。

補　充　由於平均值固定為「0」，標準差也固定為「1」，所以沒有平均值與標準差的參數。Excel 2007 請輸入 NORMSDIST 函數。這個函數只能計算累計機率，所以無法設定函數格式。

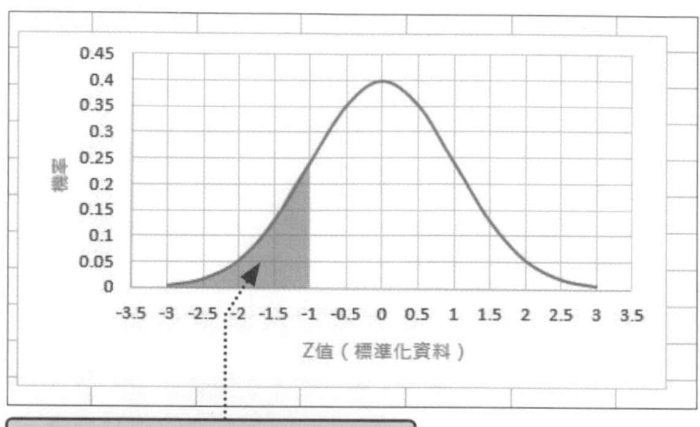

設定為 TRUE，將計算從分佈左端到標準化的機率變數 z 的機率總和，換言之將算出面積。

計算達成各營業額的機率

●在「操作」工作表的儲存格「B11」輸入的公式

B11	=1-NORM.S.DIST(B3,TRUE)

Excel 2007
►儲存格「B11」可輸入「=1-NORMSDIST(B3)」。

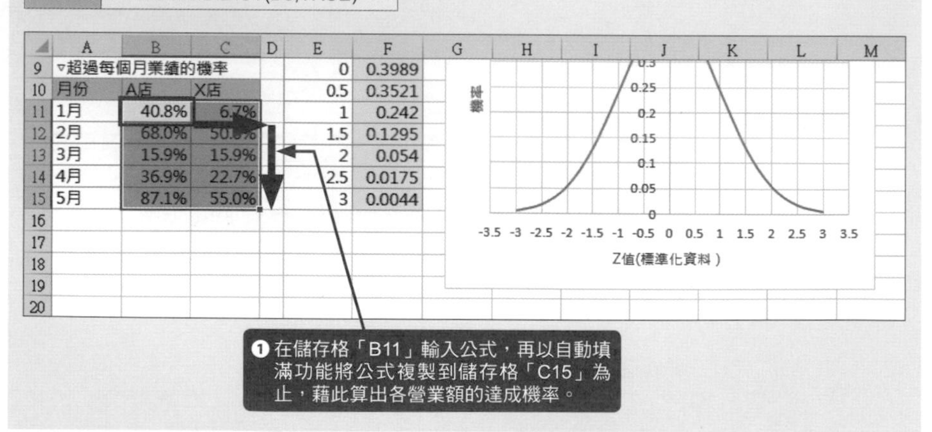

	A	B	C	D	E	F
9	▿超過每個月業績的機率				0	0.3989
10	月份	A店	X店		0.5	0.3521
11	1月	40.8%	6.7%		1	0.242
12	2月	68.0%	50.0%		1.5	0.1295
13	3月	15.9%	15.9%		2	0.054
14	4月	36.9%	22.7%		2.5	0.0175
15	5月	87.1%	55.0%		3	0.0044

▶ 判讀結果

在標準常態分佈套入營業額的 Z 值之後，就能以相同的分佈模式比較。以 1 月的情況而言，A 店的營業額標準化資料為「0.233」，X 店的是「1.5」。

如下頁圖示，標準化資料可利用橫軸上的位置比較，此外，達成 1 月業績的機率已透過面積表示。X 店的 1 月機率為 6.7%，創造了平常很難達成的業績，A 店的 1 月機率則是 40.8%，此時的標準化資料超過 0，所以算是高於平均，但只是平常就有可能達成的營業額。

達成機率超過 50% 的營業額代表低於平均，對應的標準化資料也會是負的。

●以標準常態分佈比較 1 月的業績

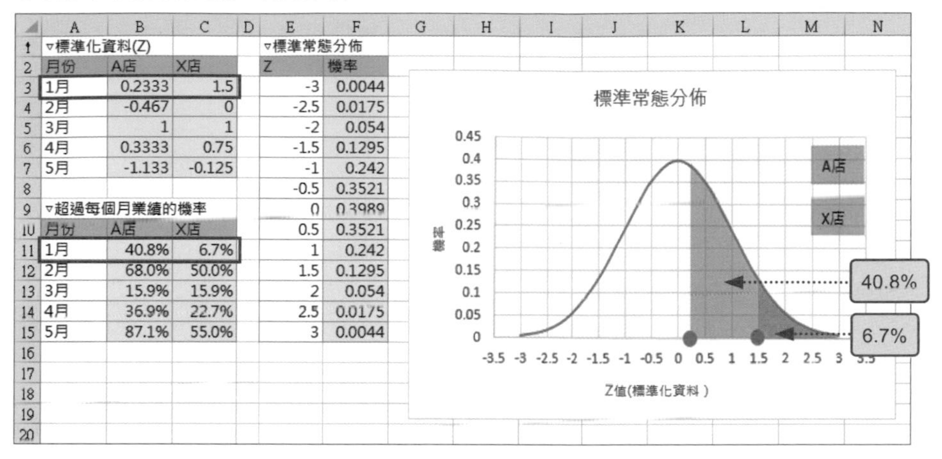

月份	A店	X店
1月	0.2333	1.5
2月	-0.467	0
3月	1	1
4月	0.3333	0.75
5月	-1.133	-0.125

▿超過每個月業績的機率

月份	A店	X店
1月	40.8%	6.7%
2月	68.0%	50.0%
3月	15.9%	15.9%
4月	36.9%	22.7%
5月	87.1%	55.0%

▿標準常態分佈

Z	機率
-3	0.0044
-2.5	0.0175
-2	0.054
-1.5	0.1295
-1	0.242
-0.5	0.3521
0	0.3989
0.5	0.3521
1	0.242
1.5	0.1295
2	0.054
2.5	0.0175
3	0.0044

比較 1 月～ 5 月的 A 店與 X 店的營業額達成機率之後，整體來看有 A 店 > X 店的傾向，代表 1 月～ 5 月之間，X 店的業績比 A 店好。

發展 ▶▶▶

▶ 製作標準常態分佈表

接著要製作收錄在統計學書籍或文獻卷末的標準常態分佈表。P.203 也提到過，在看表格之後，要先確認要計算機率分佈的何處。雖然放了不少圖，但有時只寫著上方機率或下方機率。所謂的上方指的是從機率分佈的右端到隨機變數之間的意思，下方則是從機率分佈的左端到隨機變數之間的意思。

由於標準常態分佈呈左右對稱，所以標準常態分佈表只有開頭到中間的部分。從中央到隨機變數的類型也很多。如果想知道到隨機變數「-0.5 ～ +1」的機率，只需要查詢到隨機變數「0 ～ 0.5」為止以及「0 ～ 1」為止的機率。

●標準常態分佈表的機率適用範圍

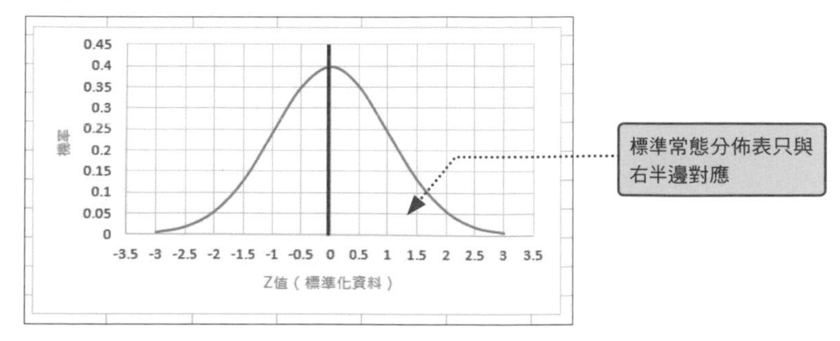

範例

可於 5-03「標準常態分佈表」工作表確認。

●標準常態分佈表

輸入「=NORM.S.DIST($A2+B$1,TRUE)-0.5」，再以自動填滿功能複製。

	A	B	C	D	E	F	G	H	I	J	K
1	Z	0.00	0.01	0.02	0.03	0.04	0.05	0.06	0.07	0.08	0.09
2	0.0	0.000	0.004	0.008	0.012	0.016	0.020	0.024	0.028	0.032	0.036
3	0.5	0.191	0.195	0.198	0.202	0.205	0.209	0.212	0.216	0.219	0.222
4	1.0	0.341	0.344	0.346	0.348	0.351	0.353	0.355	0.358	0.360	0.362
5	1.5	0.433	0.434	0.436	0.437	0.438	0.439	0.441	0.442	0.443	0.444
6	1.6	0.445	0.446	0.447	0.448	0.449	0.451	0.452	0.453	0.454	0.454
7	1.7	0.455	0.456	0.457	0.458	0.459	0.460	0.461	0.462	0.462	0.463
8	1.8	0.464	0.465	0.466	0.466	0.467	0.468	0.469	0.469	0.470	0.471
9	1.9	0.471	0.472	0.473	0.473	0.474	0.474	0.475	0.476	0.476	0.477
10	2.0	0.477	0.478	0.478	0.479	0.479	0.480	0.480	0.481	0.481	0.482
11	2.5	0.494	0.494	0.494	0.494	0.494	0.495	0.495	0.495	0.495	0.495
12	3.0	0.499	0.499	0.499	0.499	0.499	0.499	0.499	0.499	0.499	0.499
13											

距離隨機變數「1.96」的分佈中心點的機率

標準常態分佈表顯示的是第一欄與第一列相加的值的機率，也就是從分佈中心點起算的機率（面積）。這張圖可確認隨機變數為「1.96」，從分佈中心點起算的機率為「0.475」，而距離中心點的機率為 0.475 的意思就是從分佈右端起算的「0.025(2.5%)」(0.5-0.475)。此外，即使沒有表格，也可將隨機變數「-1.96」解讀為從分佈左端算起的 2.5%。換言之，從分佈的兩端起算的 2.5% 加總之後為 5%，而對應 5% 的隨機變數為 1.96。從分佈的兩端起算的 2.5% 以及加總後的 5% 的這類機率是統計學裡不可或缺的數字。之後會用到這個數字，請大家先把這數字記起來。

04 類似的鐘型

常態分佈或標準常態分佈可用於計算預算的範圍、與業績平均值的離散狀況，換言之可調查與平均值這個中心點的分散情況或誤差。接著要介紹的是從標準常態分佈衍生而來的機率分佈。本節介紹的機率分佈將以推測或檢定使用。

導入 ▶▶▶

例題 **「想知道除了常態分佈以外的機率分佈」**

資料的直方圖繪製完成後，不一定都會是左右對稱的資料分佈，所以會想知道資料分佈為非左右對稱時的機率分佈。此外，非左右對稱的機率分佈會於何時使用呢？

▶ 卡方分佈

以遵循標準常態分佈「N(0,1)」的 k 個隨機變數 Zk 的平方和產生新的隨機變數 X 之後，此時遵循隨機變數 X 的分佈方式就是卡方分佈。

遵循卡方分佈的隨機變數：$X = Z_1^2 + Z_2^2 + \cdots + Z_k^2$

分佈的形狀會隨著 k 的大小而改變，但是大概都會是右側尾部較長的狀態。由於形狀會隨著 k 的大小改變，所以又以「自由度 k 的卡方分佈」稱呼。

範例

只要不是使用Excel 2007，都可於5-04「機率分佈 - 卡方檢定」工作表確認。

●自由度 k 的卡方分佈

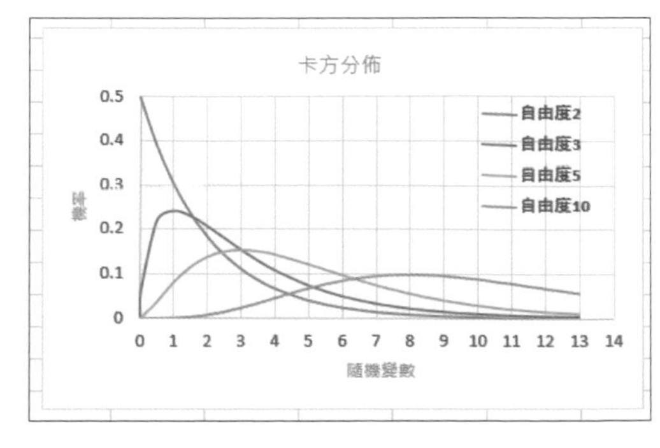

不過，即便我們知道 k 個隨機變數可能出現的值，也必須在取樣之後才能知道結果。若以資料面而言，這個隨機變數相當於從母體取樣的樣本大小 n。

所以讓我們再看一次遵循卡方分佈的機率變數的公式，應該會發現就是遵循標準常態分佈的隨機變數的平方和。一說到平方和，就會想起下列 P.173 的公式。

$$\text{母體變異數} = \frac{\text{偏差平方和}}{\text{樣本大小 -1}} = \text{不偏變異數}$$

偏差是資料減掉平均值的值，但資料在標準化後，平均值會為 0，所以上述公式的「偏差平方和」就是遵循卡方分佈的隨機變數。「樣本大小 -1」是常數，所以不偏變異數也遵循卡方階佈。由於分佈的形狀會隨著「樣本大小 -1」改變，所以不偏變異數會遵循「自由度 n-1 的卡方分佈」。

說到不偏變異數，我們之前在處理 P.185 的案件資料時，曾計算隨機取樣的資料的樣本不偏變異數。P.187 將焦點放在樣本平均值的分佈，所以沒提及樣本不偏變異數的分備食，但是重複取樣 2000 次所算出的樣本不偏變異數就是遵循卡方分佈的隨機變數。

下列是將樣本大小設定為「4」，隨機取樣標準化資料，並在計算樣本不偏變異數之後，重新繪製的樣本不偏變異數的直方圖。從這張直方圖可以發現資料的分佈方式與「自由度「4-1」也就是「自由度 3 的卡方分佈」非常近似。

▶資料分佈與機率分佈的差異
→ P.184

範例

可於 5-04「卡方分佈」工作表確認。這個範例重新從標準化的資料隨機取樣。

●樣本大小 4 的樣本不偏變異數的直方圖

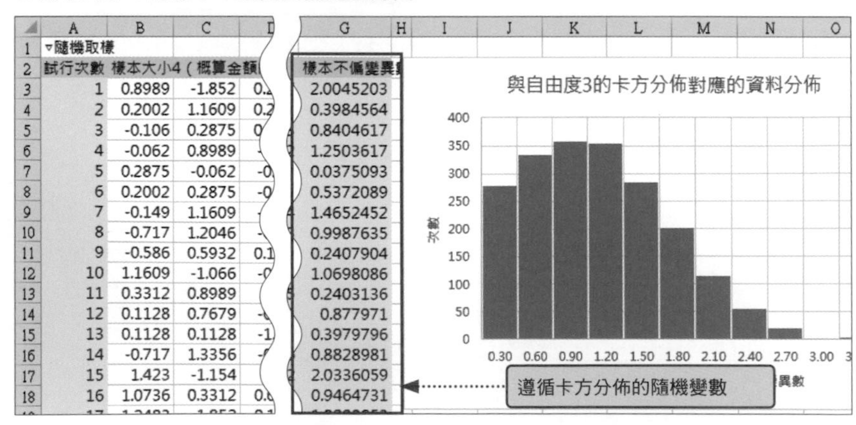

	A	B	C	G
1	▿隨機取樣			
2	試行次數	樣本大小4（概算金額		樣本不偏變異數
3	1	0.8989	-1.852	2.0045203
4	2	0.2002	1.1609	0.3984564
5	3	-0.106	0.2875	0.8404617
6	4	-0.062	0.8989	1.2503617
7	5	0.2875	-0.062	0.0375093
8	6	0.2002	0.2875	0.5372089
9	7	-0.149	1.1609	1.4652452
10	8	-0.717	1.2046	0.9987635
11	9	-0.586	0.5932	0.2407904
12	10	1.1609	-1.066	1.0698086
13	11	0.3312	0.8989	0.2403136
14	12	0.1128	0.7679	0.877971
15	13	0.1128	0.1128	0.3979796
16	14	-0.717	1.3356	0.8828981
17	15	1.423	-1.154	2.0336059
18	16	1.0736	0.3312	0.9464731

這節雖然沒介紹，但有興趣的讀者可打開範例「5-02- 完成」的「隨機取樣」工作表，試著繪製樣本不偏變異數的直方圖，不需要另外標準化資料以及重新隨機取樣，因為原始資料與標準化資料是以「z=(資料 - 平均值／標準差) 的公式產生關聯，雖然一般認為遵循 N(0,1) 的隨機變數的平方和也會遵循卡方分佈，但是將遵循 N(μ , σ) 的隨機變數的平方和視為遵循卡方分佈也不會有任何問題。

範例「5-02- 完成」將樣本大小設定為 30，所以形成遵循自由度「30-1」也就是自由度 29 的卡方分佈的分佈。隨著自由度增加，卡方分佈會漸漸喪失非對稱性，所以樣本不偏變異數的直方圖會很像是常態分佈。不過，符合樣本不偏變異數的資料分佈的機率分佈會是卡方分佈。

卡方分佈常於推測或檢定資料的離散狀態使用。

● 自由度

自由度就是能自由選擇數值的數量。讓我們一起想想以下兩個例子。

● 任意選擇五個數值

可選擇任何的數值。即使是 {1,2,3,4,5} 或是 {30,100,3,2,9} 都可以。這五個數值可「自由」選擇。此時會將這種狀態形容成「五個數值是彼此獨立的」，因為這五個數值之間沒有制約。任意選擇 n 個數值的情況也是相同。由於可自由選擇 n 個數值，所以自由度也為「n」。

任意選擇五個數值，不過，這五個數值的平均值必須為「4」

前四個數值可以任意選擇，但最後一個數值必須滿足「平均值為 4」的條件。舉例來說，若選出 {1,4,5,8}，此時的總和已經是「18」，所以最後一個數值一定是「2」。在前四個可以自由決定，最後一個卻無法自由決定的情況下，自由度就會自動減少一個，也就是「4」。由上可知，只要多了一項條件，選擇資料的自由度就減少一個，因此，在選擇 n 個數值時，若條件有 m 個，自由度就會是「n-m」。

▶ t 分佈

t 分佈就是遵循常態分佈的隨機變數 Z 與遵循自由度 k 的卡方分佈的隨機變數 X 存在時，遵循 t 分佈的隨機變數 T 能以下列的公式表現。

$$T = \frac{Z}{\sqrt{\frac{X}{k}}}$$

分佈的形狀雖然近似常態分佈，但是比常態分佈略為扁平，尾部也較寬廣。隨著自由度增加，就會越來越接近常態分佈。換言之，以資料而言，t 分佈比較常在自由度較低，樣本大小較小的時候使用。常態分佈常於決定以平均值為中心的資料範圍時使用，但 t 分佈也常於進行與平均值有關的分析時使用。

範例

除了 Excel 2007 之外，都可於 5-04「t 分佈」工作表確認。

●自由度 k 的 t 分佈

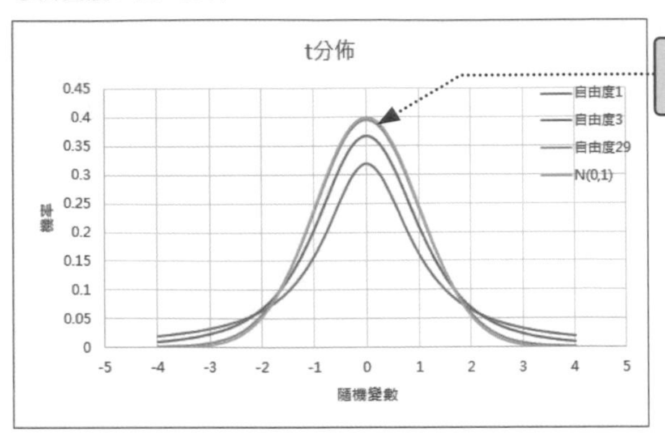

▶ F 分佈

F 分佈就是當遵循自由度 k1 與自由度 k2 的卡方分佈的隨機變數 X1 與 X2 存在，且兩個卡方分佈彼此獨立時，遵循 F 分佈的隨機變數 F 代表的是隨機變數 X1 與 X2 的比例。

$$F = \frac{\frac{X_1}{k_1}}{\frac{X_2}{k_2}}$$

F 分佈與卡方分佈一樣呈右側尾部較長的形狀。

範例

除了 Excel 2007 之外，都可於 5-04「F 分佈」工作表確認。

●自由度 (k1,k2) 的 F 分佈

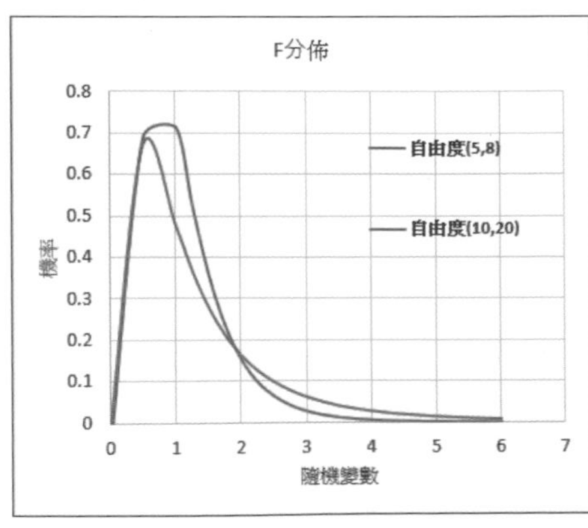

F 分佈是以卡方分佈為基礎。卡方分佈是從母體取樣的樣本不偏變異數的分佈，所以從兩個母體取得的樣本不偏變異數的比例遵循 F 分佈。F 分佈會於分析離散狀況的比例時使用。舉例來說，想調查兩處生產的商品是否在重量上有差異時，就會使用 F 分佈。

▶ 二項分佈

抽獎時，假設抽 r 次籤的時候，中獎次數的 k 就是遵循二項分佈的隨機變數。此時中獎的比例（機率）為 P。

二項分佈如下。不管任何分佈，發生的次數都是 1 次、2 次這種整數，雖然將圖表的點以線串連是有點奇怪，但只有點又不容易觀察，所以才以線串連。

範例

除了 Excel 2007 之外，都可於 5-04「二項分佈」工作表確認。

●發生機率 0.3 的二項分佈

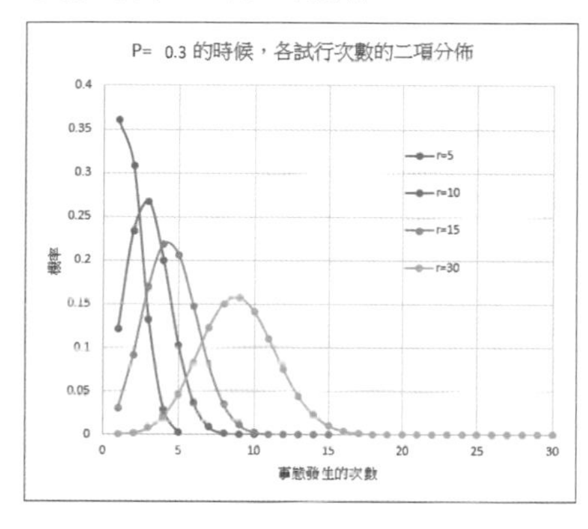

●發生機率 0.5 的二項分佈

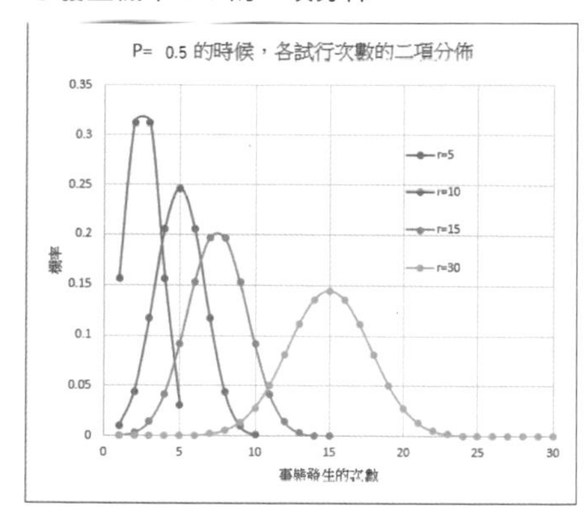

觀察圖表就會發現，不管事態發生的機率 P 為何，試行次數增加，分佈就越接近常態分佈。由此可知，試行次數較多的二項分佈與常態分佈一樣，都可於與平均值相關的分析使用。不過，二項分佈只有「中獎／沒中獎」這兩種資料，若先將中獎設定為 1，沒中獎設定為 0，平均值就會是中獎的比例（中獎的合計／試行次數），而這也稱為母體比率。因此，試行次較多的二項分佈也可於與母體比率有關的分析使用。

此外，P.165 將吃／不吃早餐這兩種資料設定為 1 與 0，然後藉此製作樣本平均值（樣本比率）的分佈。當時的直方圖也很接近常態分佈，此時的常態分佈的平均值將會是母體比率 P，變異數則為 P(1-P)/n。

練習問題

範例
練習：5-renshu
完成：5-kansei

問題 1 想掌握斷貨風險

過去商品 A 的單日平均銷售記錄資料如下。商品 A 從下訂單到入庫需要五天的時間（交貨期）。想根據庫存量掌握斷貨的風險。斷貨會在賣超過庫存量時發生。

●「銷售記錄」工作表

	A	B	C	D	E	F	G	H
1	▿銷售記錄			▿統計值				
2	No	銷售數量 / 日		平均值	39.5		庫存量	斷貨風險
3	1	66		變異數	527.21		150	
4	2	60		交貨期	5		250	
5	3	32		交貨期的銷售量			280	
6	4	39		交貨期的變異數			320	
7	5	45		交貨期的標準差			350	
8	6	12						

●「隨機取樣」工作表

	A	B	C	K	L	M	N	O	P
1	▿隨機取樣							▿交貨期的各項推測值	
2	試行次數	樣本大小			樣本	樣本不偏變異數		母體平均值的推測值	
3	1							母體變異數的推測值	
4	2							母體標準差的推測值	
5	3								
6	4							▿次數分配表	1.00E-10
7	5							區間	上限值

不一定要全部使用

●「機率分佈」工作表

	A	B	C	D	E	F	G
1	▿機率分佈						
2	平均值						
3	標準差						
4							
5	庫存量或銷售數量	銷售數量的機率	斷貨風險				
6	25						
7	50						
8	75						
9	100						
10	125						
11	150						
12	175						
13	200						
14	225						
15	250						

Ⅰ繪製交貨期銷售數量的直方圖

開啟「銷售記錄」工作表。

Ⅰ－① 在儲存格範圍「E5:E7」計算交貨期的銷售量、變異數與標準差。

開啟「隨機取樣」工作表。

Ⅰ－② 請隨機篩選銷售數量，同時檢討樣本大小需設定多少才適當。隨機取樣的樣本大小若太多，就必須視情況刪除欄位，若太少就必須插入欄位。重複次數設定為 2000 次。

Ⅰ－③ 為了算出交貨期的平均銷售量，請計算 I- ②的樣本的樣本平均值與樣本不偏變異數。

Ⅰ－④ 根據 I- ③的結果，在「隨機取樣」工作表的儲存格範圍「P2:P4」計算交貨期的母體平均值、母體變異數與母體標準差的推測值。

Ⅰ－⑤ 請完成次數分配表。

Ⅰ－⑥ 請製作相對次數的直方圖。請重複按幾次 F9，確認直方圖的形狀。

Ⅱ製作遵循交貨期平均銷售數量的機率分佈

打開「機率分佈」工作表。

Ⅱ－① 請在儲存格範圍「A2:A3」計算交貨期的平均銷售數量與標準差。可參考於「銷售記錄」工作表算出的值。

Ⅱ－② 在儲存格範圍「B6:B21」與儲存格範圍「C6:C21」計算交貨期的銷售數量的機率與斷貨風險的機率。此外，斷貨風險就是賣超過庫存量的機率。

Ⅱ－③ 根據庫存量／銷售量繪製代表銷售數量的機率與斷貨風險機率的關係的圖表。

Ⅲ根據庫存量計算斷貨風險

打開「銷售記錄」工作表。

Ⅲ－① 在儲存格範圍「H3:H7」計算各庫存量的斷貨風險。這個問題在針對單一庫存量時，與 II- ②的結果一樣。

Ⅲ－② 斷貨風險為 10% 時，庫存量會是多少呢？請在儲存格範圍「H3:H7」的任何一個儲存格裡輸入庫存量試算。

問題❷ 選擇投資案件

考慮各種案件之後，留下來的只有下列三個案件。請從中選擇適合投資的案件，也說明適當的理由。

接著以機率說明選擇哪個案件最合理。可於空白的儲存格進行計算。

●投資案件的預測利益與景氣預測

	A	B	C	D	E
1	▼投資案件的預測利益				
2	案件名稱	景氣	普通	不景氣	
3	A案	1,000	900	500	
4	B案	1,350	1,000	400	
5	C案	1,800	1,350	-500	
6					
7	▼景氣預測				
8	景氣	普通	不景氣		
9	40%	45%	15%		
10					

Column 直覺與機率

儘管覺得景氣轉壞的機率低於 15%，但是沒有人可以預測未來，所以怎麼樣也不可能選擇有可能會出現赤字的 C 案，而這種應該是屬於重視「直覺」的選擇。若以「直覺」選擇，選擇 A 案或 B 案才正常。不過就機率來看的話，應該會出現與直覺相反的結果。最終到底該選擇哪個案件，實在是不試不知道（這就是所謂的試行），所以就讓我們把根據機率挑選的方式當成選擇案件的方法之一吧！

CHAPTER

06

以少數的資訊推測整體

到前一章之前，我們已經解說過母體與樣本的關係，但實務上，我們很難有時間重複篩選幾百次甚至幾千次的樣本。所以這一章要解說以一個樣本推測母體性質的方法。本章的內容也是第 7 章的背景知識。

01 以高可信度推斷平均值

有時無法花費太多成本進行全面調查，所以會使用樣本找出樣本與母體的關係，同時重複進行隨機取樣。我們已經知道樣本平均值的分佈會近似於常態分佈，也知道樣本平均值的平均值會往母體平均值收斂。不過，還是會有誤差，所以實務上無法斷言「樣本平均值的平均值就是母體平均值」。因此我們要稍微放寬幅度來推測母體平均值。這節將解說信賴度與母體平均值的區間推測。

導入 ▶▶▶

例題 **「想預測平均日照量」**

從氣象局官方網站下載台北市近一年來的日照量資料後，整理出下列的表格。

如果想知道的是近一年來的每日平均日照量，就可將下列表格視為母體，但是若想放大範圍，了解常態的平均日照量，下列的表格就是樣本。這次的例題將暫時將下列的表格視為母體，並在了解何為區間估計之後，進行常態的平均日照量區間估計。

●台北市的日照量資料

	A	B	C
1	台北市		(MJ/㎡)
2	No	年月日	全天日照量
3	1	2015/1/1	2.32
4	2	2015/1/2	3.59
5	3	2015/1/3	3.47
6	4	2015/1/4	5.15
7	5	2015/1/5	4.48
8	6	2015/1/6	1.19
364	362	2015/12/28	2.24
365	363	2015/12/29	3.41
366	364	2015/12/30	2.92
367	365	2015/12/31	4.34
368			

2015/1/1 ～ 2015/12/31 的 365 天份的日照量資料。

▶ 以 95% 的信賴度預測母體平均值存在的範圍

第 4 章已經重複地從母體篩選樣本，了解樣本平均值的平均值與變異數有下列的關係與性質。

樣本平均值的平均值 ＝ 母體平均值
樣本平均值的變異數 ＝ 母體變異數／樣本大小
樣本平均直的分佈可視為常態分佈

只知道這些有什麼作用？大家或許會有這種感覺，但上述的公式是非常理想的。在第 4 章重複篩選 500 次與 2000 次之後，雖然得到近似上述公式的結果，卻仍然不夠完美，而且實務上也沒有時間重複篩選 500 次或 2000 次。一般來說，都只根據樣本調查的資料計算一次平均值、變異數與標準差。本節的最終目的是利用一次的平均值與標準差對母體平均值進行區間估計，可是在此之前，要先於 Excel 了解區間估計與樣本大小的關係以及信賴度的意義。

● 區間估計與信賴度

直接使用上述公式的樣本平均值的平均值斷言「母體平均值為〇〇」的方式稱為點估計，相對的，斷言「母體平均值應該是介於樣本平均值 ± 〇〇範圍」的方式稱為區間估計，這種「應該是」很不可靠吧？因此，我們要加上信賴度予以佐證。在統計的世界裡，加上 95% 的信賴度是主流，而加上信賴度的「樣本平均值 ± 〇〇」就稱為信賴區間。以下重新整理一下說法。

母體平均值位於樣本平均值 ± 〇〇的範圍，而進入此信賴區間的信賴度約為 95%。

母體平均值只有一個，所以不是隨機變數。所謂的隨機變數是指可出現的值有很多個，但在試行之後最終只有一個，所以我們才說，一開始就只有一個的母體平均值不是隨機變數，只能說成「母體平均值是」或是信賴度 95%，也無法真的說成機率 95%（但還是會忍不住說成機率 95%）。

● 信賴度95%的區間

樣本平均值的分佈近似於常態分佈。此外，樣本平均值的平均值會往母體平均值收斂，所以母體平均值可能會位於樣本平均值的分佈中心點。實際上只計算了一次平均值，所以算出來的樣本平均值可能會接近，也可能遠離母體平均值，不過還是要利用一次的樣本平均值推測母體平均值。為此，我們可能會擔心推測的結果到底是否真的靠近母體平均值，所以才要放寬樣本平均值，以便將母體平均值納入樣本平均值的範圍裡。這種放寬樣本平均值的範圍稱為信賴區間，為了讓包含母體平均值的機率達 95% 而設定區間。樣本平均值是隨機變數，所以可說成「機率 95%」。

下圖是遵循樣本平均值的分佈。根據母體與樣本平均值的關係，寫成常態分佈 N(平均值 , 變異數) 之後，樣本平均值的分佈就是 N(母體平均值 , 母體變異數／樣本大小)。

▶第 4 章的是 N(平均值 , 標準差)，但這節寫成 N(平均值 , 變異數)。

●樣本平均值的分佈與信賴區間

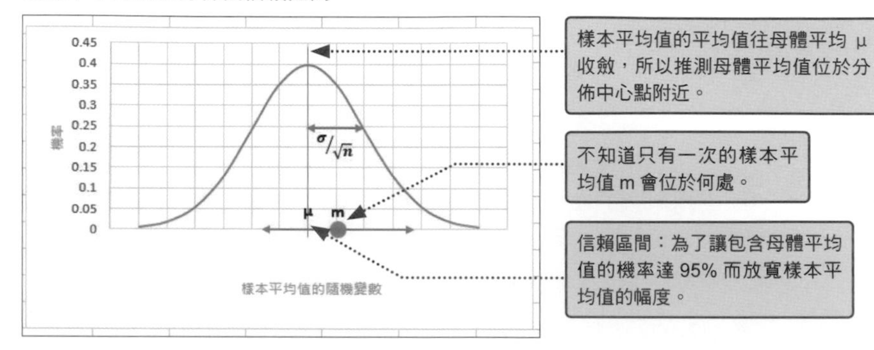

那麼，可包含母體平均值的 95% 的幅度，也就是所謂的信賴區間，到底是什麼幅度呢？

▶機率 95% 的隨機變數可利用函數計算。將在實踐具體計算。

請大家回想一下，隨機變數為「平均值 ±2× 標準差」的機率為 95.4% 這件事。要完全等於 95%，「±2」的部分就必須極度縮小。就結論而言，完全等於 95% 的隨機變數就是「樣本平均值 ±1.96× 標準差」。

能使用 1.96 且呈標準常態分佈，而且樣本平均值為 0 的話，繪製出來的信賴區間就如下圖。樣本平均值有可能比母體平均值大或小，所以分佈的右端與左端都分別切掉 2.5%，設定為 95%。

● 95% 信賴區間

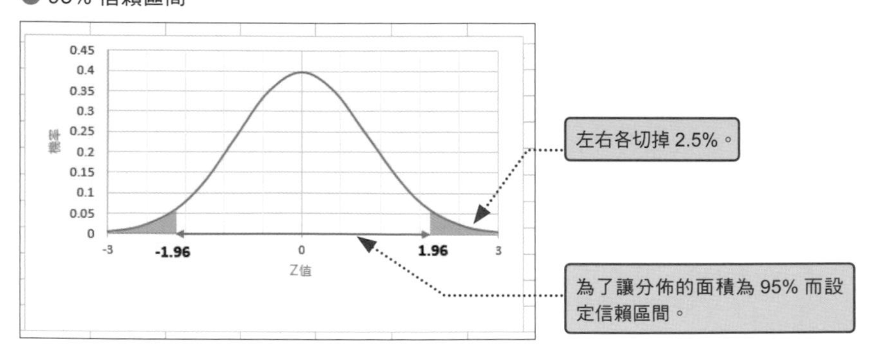

因此，只利用單次且信賴度為 95% 的樣本平均值對母體平均值進行區間估計，且母體平均值為 μ，樣本平均值為 m、樣本平均值的分佈的標準差為 s 時，可得出下列的公式。

▶ ±1.96×s 代表的是上方 2.5% 點與下方 2.5% 點。

$$m-1.96 \times s \leqq \mu \leqq m+1.96 \times s$$

不過，樣本平均值的分佈的標準差 s 可根據「樣本平均值的變異數 = 母體變異數／樣本大小」的關係整理成下列的公式（母體變異數為 σ^2、樣本大小為 n 的話）。

$$s^2 = \frac{\sigma^2}{n} \quad ▶ \quad s = \frac{\sigma}{\sqrt{n}}$$

因此，可能包含母體平均值的 95% 信賴區間可能用下列的不等式表示。

$$m-1.96 \times \frac{\sigma}{\sqrt{n}} \leqq \mu \leqq m+1.96 \times \frac{\sigma}{\sqrt{n}}$$

▶光看公式可能沒什麼感覺，讓我們透過實踐確認吧。

在這個公式裡，樣本大小越大，區間的幅度會越小，也越能精準地劃分出母體平均值的存在範圍。

▶ 信賴度 95% 的意義

信賴度 95% 指的是母體平均值不會進入以單次樣本平均值推測的信賴區間的機率為 5%，這代表隨機取樣 100 次，然後以樣本平均值劃分的信賴區間之後，母體平均值有 5 次不會位於信賴區間之內的意思，但這種程度的誤差是可以允許的，而所謂的這種程度的誤差就是所謂的風險率。

●信賴度 95% 就是允許有 5% 的風險率存在

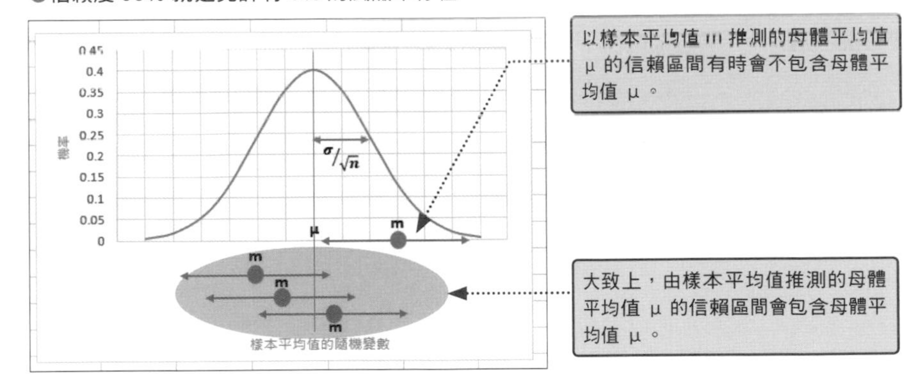

如果無論如何都想降低風險率，可試著提昇信賴度。之前雖然說過 95% 為主流，但在醫療領域裡，通常以 99% 為主流。相對於 99% 的隨機變數為 2.58。因為母體平均值位於樣本平均值推測的信賴區間內的機率提升至 99%，所以信賴區間的寬度也從標準差的 1.96 倍增加至 2.58 倍。

▶風險率也於實踐裡確認。

或許大家會覺得，乾脆讓風險率降低到 0，也就是將信賴度提昇至 100%，但是信賴度不可以設定為 100%，因為所謂的信賴度 100% 指的是常態分佈的機率總和為 1，而機率總和為 1 的隨機變數的範圍是負無限大到正無限大，這等於是在說母體平均值可能位於任何地方，所以如果不稍微提升風險率就無法界定母體平均值的存在範圍，也因此請大家放棄將風險率降低為 0。

▶ 樣本大小與信賴區間

看了 P.218 的「95% 信賴區間」的圖之後，或許有讀者會覺得，信賴區間放得更寬不就好了，但是樣本平均值的分佈會因樣本大小越大而變得越糟。我們在 P.196 也看過，常態分佈不管是呈扁平狀還是尖頭狀，機率的總和都是 1，所以樣本大小越大，分佈就越呈尖頭狀，信賴區間也越縮窄。這點讓我們透過 Excel 的實踐來確認吧！

實踐 ▶▶▶

▶ 準備 Excel 的表格

在計算母體平均值的信賴區間之前，必須先確認從母體算出的樣本平均值的常態分佈會隨著樣本大小的增減改變尖度，以及信賴區間會因此而產生變化，同時還要確認風險率。為此，讓我們暫時把台北市的日照量資料設定為母體。由於想進一步讓樣本平均值的分佈與標準常態分佈比較，所以將日照量資料標準化為「日照量 Z」。此外，資料的標準化與以及攪亂順序的作業已經完成。

範例

右圖可於 6-01「資料」工作表確認。

●日照量資料的標準化

	A	B	C	D	E	F	G	H	I	J	K	L
1	台北市		(MJ/㎡)	▽標準化		▽攪亂					▽全天日照量	
2	No	年月日	全天日照量	日照量Z		亂數	順位	全天日照量	日照量Z		平均值	12.39
3	1	2015/1/1	2.32	-1.253		13.78616	20	5.190	-0.896		變異數	64.64
4	2	2015/1/2	3.59	-1.095		238.7936	221	22.890	1.306		標準差	8.040
5	3	2015/1/3	3.47	-1.110		364.8667	364	2.920	-1.178			
6	4	2015/1/4	5.15	-0.901		262.0331	247	15.540	0.391		▽日照量Z	
7	5	2015/1/5	4.48	-0.984		262.4552	248	17.020	0.576		平均值	0.000
8	6	2015/1/6	1.19	-1.393		177.1846	169	27.980	1.939		變異數	1
9	7	2015/1/7	2.45	-1.237		251.8353	238	11.420	-0.121		標準差	1
10	8	2015/1/8	1.64	-1.337		232.7172	217	25.220	1.595			

而且「日照量 Z」的取樣也已完成。這次的範例將試行次數為 1000 次，並以樣本大小 9 與樣本大小 36 取得樣本平均值。

範例

右圖可於 6-01「隨機取樣」工作表確認。

▶由於使用了亂數，所以操作畫面都只僅供參考。

●隨機取樣：試行次數 1000 次

B3 =INDEX(資料!$I$3:$I$367,RANDBETWEEN(1,365),1)

	A	B	I	J	AI	AJ	AK	AL	AM
1	▽隨機取樣							▽樣本平均值	
2	試行次數			大小9			大小36	大小9	大小36
3	1	0.861603	-0.35734	-1.17452	-1.06258	1.199922	-1.3611		
4	2	-1.12975	-0.8785	0.721052	2.221095	1.116586	-0.90088		
5	3	1.130268	-0.1123	-0.89591	-1.09492	-0.66207	-1.08373		
6	4	1.188727	0.183724	0.47602	0.987229	0.721052	0.296911		
7	5	-1.29642	-0.8076	-1.00163	-0.77028	1.163851	1.987257		
999	997	-0.09862	-0.01031	0.025759	1.714861	-1.16209	-1.18572		
1000	998	-0.12226	-1.21433	0.680006	-1.24791	0.316812	1.413858		
1001	999	1.305646	-0.05509	-1.18572	-1.37727	2.221095	0.774536		
1002	1000	0.813095	0.81807	-0.94317	-1.25288	-0.41953	-1.16084		
1003									

樣本大小 9 是使用 B 欄到 J 欄的樣本。

樣本大小 36 是使用 B 欄到 AK 欄的樣本。

▶ Excel 的操作①：求出樣本平均值與母體的關係

讓我們計算樣本平均值的平均值與變異數，複習一下樣本平均值與母體的關係。

計算1000次樣本大小9與36的樣本平均值

範例
6-01「隨機取樣」工作表

●在「隨機取樣」工作表的儲存格「AL」與「AM」輸入的公式

AL	=AVERAGE(B3:J3)	AM	=AVERAGE(B3:AK3)

	A	B	H	I	J	AH	AI	AJ	AK	AL	AM
1	▽隨機取樣									▽樣本平均值	
2	試行次數				大小9				大小36	大小9	大小36
3	1	1.473561	0.41383	-0.21181	-1.17452	-0.44565	-1.11731	-0.11479	-0.20062	-0.02441	-0.04849
4	2	0.946183	-0.5663	-1.26283	0.351639	-0.71431	0.684982	-0.44565	-0.16703	-0.06725	-0.07129
5	3	-0.32748	1.738494	2.122833	0.693688	-1.16209	0.040685	-1.06258	1.595455	0.473395	0.141468
6	4	-0.04638	-0.77028	-0.12101	2.076812	1.587992	-1.16955	-0.60734	0.680006	0.181236	0.220658
7	5	-1.03522	-1.27154	0.094169	-0.32002	0.495921	0.759611	-0.37226	-0.21181	-0.32624	0.029629
8	6	0.079243	1.611625	-1.06631	0.841702	-1.20935	-1.29642	1.686254	-0.64093	0.077032	0.159642

❶ 在儲存格「AL」與「AM」輸入 AVERAGE 函數，再利用自動填滿功能將公式複製到儲存格的結尾處為止，算出樣本大小 9 與 36 的 1000 次的樣本平均值。

求出樣本平均值與母體的關係

範例
6-01「操作 1」工作表

●在儲存格「操作 1」的儲存格「B3」～「B6」輸入的公式

B3	=AVERAGE(隨機取樣 !AL3:AL1002)		
B4	=VAR.S(隨機取樣 !AL3:AL1002)		
B5	=SQRT(B4)	B6	=1/B4

Excel 2007
請將 VAR.S 函數換成 VAR 函數。

	A	B	C	D
1	▽統計			
2	樣本大小	9	36	
3	母體平均值的推測值	-0.0183624	-0.0088196	
4	樣本平均值的變異數	0.11105967	0.02901302	
5	樣本平均值的標準差	0.33325617	0.17033208	
6	與母體變異數的比率	9.00416842	34.4672862	
7				

樣本平均值的平均值會往標準化的母體平均值「0」收斂。

「母體變異數／樣本平均值的變異數」會隨著樣本大小收斂。這次已經經過標準化，所以母體變異數為 1。

❶ 在儲存格「B3」～「B6」輸入公式，再以自動填滿功能將公式複製到 C 欄。算出樣本 9 與 36 的樣本平均值與母體的關係。

▶ Excel 的操作②：繪製遵循樣本平均值的機率分佈

在第 4 章之前，我們只將樣本平均值的分佈繪製成直方圖，但現在已經知道樣本平均值的分佈會近似於常態分佈，所以讓我們將樣本平均值的分佈轉換成機率分佈吧。為了方便比較，也繪製常態分佈。

計算相對於樣本大小9與36的隨機變數的機率

Excel 2007
請將 NORM.DIST 函數換成 NORMDIST 函數。

●在「操作 1」工作表的儲存格「B10」輸入的公式

B10	=NORM.DIST($A10,B$3,B$5,FALSE)

	A	B	C	D	E
1	▽統計				
2	樣本大小	9	36		
3	母體平均值的推測值	0.00159309	-0.0010759		
4	樣本平均值的變異數	0.10492204	0.02797208		
5	樣本平均值的標準差	0.32391672	0.16724857		
6	與母體變異數的比率	9.53088588	35.7499274		
7					
8	▽機率分佈				
9	隨機變數	大小9	大小36	N(0,1)	
10	-2.6	=NORM.DIST($A10,B$3,B$5,FALSE)			
11	-2.4				

❶ NORM.DIST 函數的「x」只有欄設定為絕對參照，「平均值」、「標準差」只有列設定為絕對參照。

	A	B	C	D	E	F
8	▽機率分佈					與標準常
9	隨機變數	大小9	大小36	N(0,1)		
10	-2.6	1.839E-13	6.3255E-51			
11	-2.4	1.4051E-11	1.8668E-43			
12	-2.2	7.6056E-10	1.3944E-36			
13	-2	2.9164E-08	2.6363E-30			
14	-1.8	7.9224E-07	1.2615E-24			

❷ 利用自動填滿功能將公式複製到儲存格「C10」，再雙點儲存格範圍「B10:C10」的自動填滿功能控制點。

●在「操作1」工作表的儲存格「D10」輸入的公式

D10	=NORM.DIST(A10,0,1,FALSE)

	A	B	C	D	E	
8	▽機率分佈					與標準
9	隨機變數	大小9	大小36	N(0,1)		
10	-2.6	2.6146E-13	1.2406E-49	0.01358297		
11	-2.4	1.9509E-11	2.3649E-42	0.02239453		
12	-2.2	1.0307E-09	1.1811E-35	0.03547459		
13	-2	3.8556E-08	1.5455E-29	0.05399097		
14	-1.8	1.0212E-06	5.2986E-24	0.07895016		
15	-1.6	1.9151E-05	4.7592E-19	0.11092083		

❸ 在儲存格「D10」計算平均值「0」、標準差「1」的標準常態分佈的機率，再將公式複製到儲存格「D36」為止，算出樣本大小 9、36 以及標準常態分佈的機率。

繪製樣本平均值的機率分佈

▶在步驟❶選取第二處的儲存格範圍時，可先按住 Ctrl 鍵再選取。

Excel 2007/2010
步驟❷可從「插入」索引標籤的「散佈圖」按鈕進行相同的操作。

❶ 選取儲存格範圍「A9:B36」與儲存格範圍「D9:D36」。

❷ 從「插入」索引標籤的「插入 XY 散佈圖與泡泡圖」點選「帶有平滑線的散佈圖」。

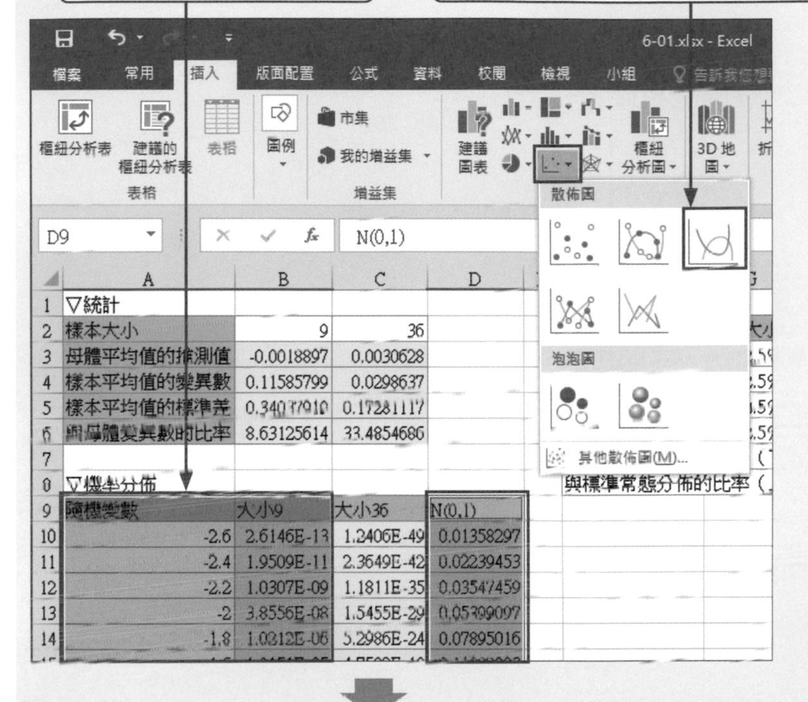

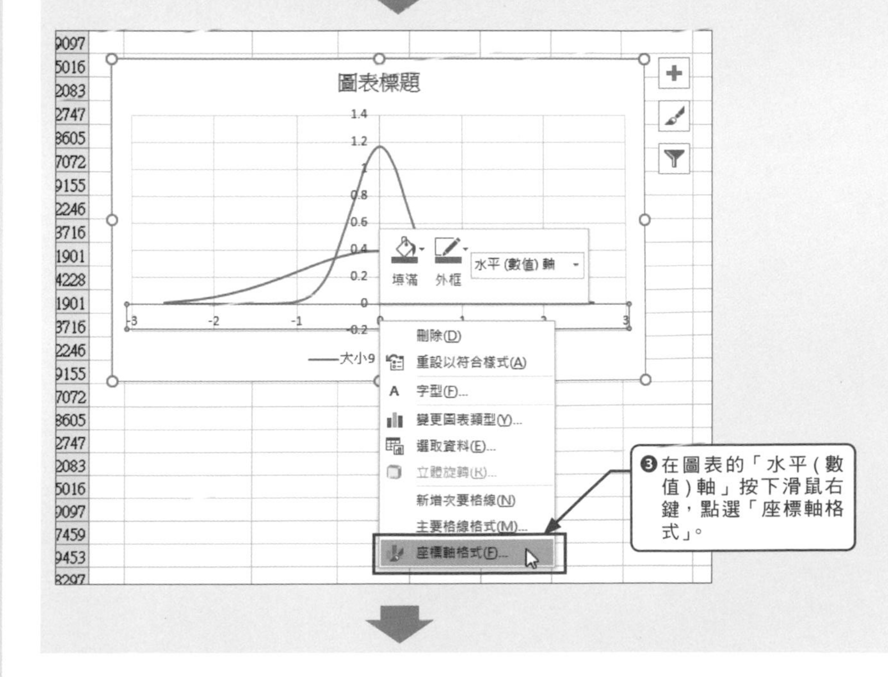

❸ 在圖表的「水平(數值)軸」按下滑鼠右鍵，點選「座標軸格式」。

Excel 2007/2010
▶步驟❸～❼可在對話框進行相同的操作。

▶設定地設定圖表標題與座標軸標題。

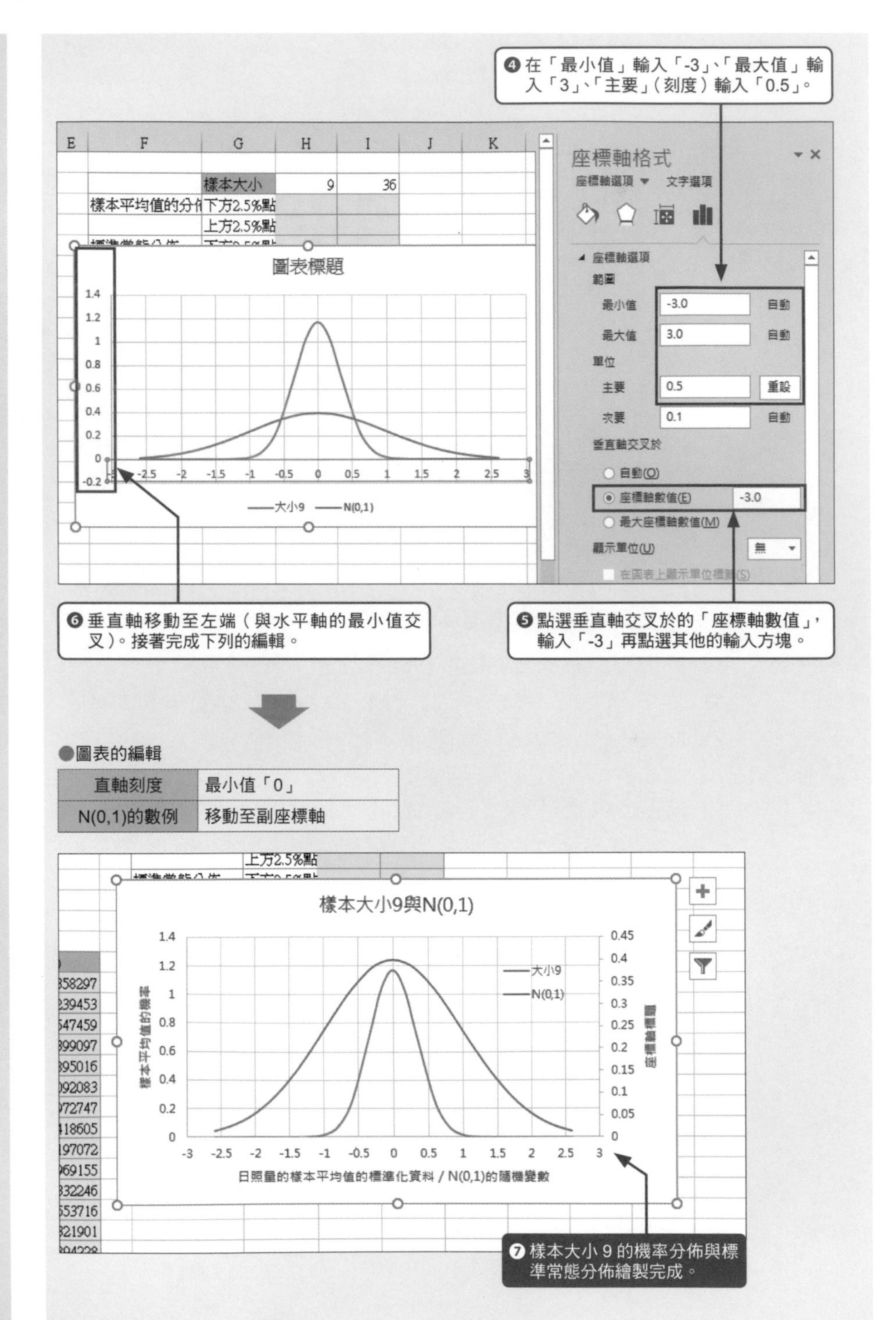

●圖表的編輯

直軸刻度	最小值「0」
N(0,1)的數例	移動至副座標軸

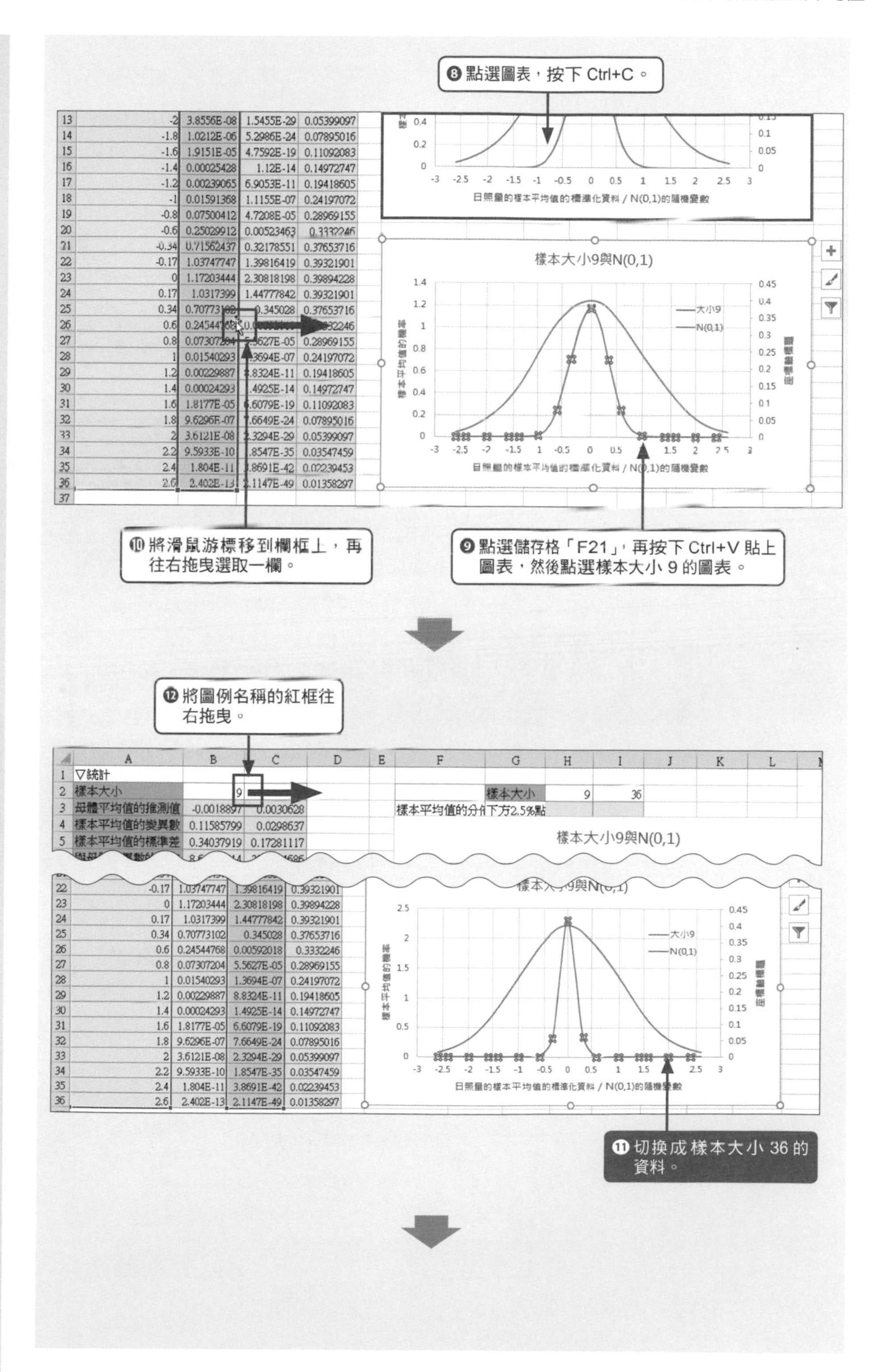
❽ 點選圖表，按下 Ctrl+C。
❾ 點選儲存格「F21」，再按下 Ctrl+V 貼上圖表，然後點選樣本大小 9 的圖表。
❿ 將滑鼠游標移到欄框上，再往右拖曳選取一欄。
⓫ 切換成樣本大小 36 的資料。
⓬ 將圖例名稱的紅框往右拖曳。
樣本大小9與N(0,1)
日照量的樣本平均值的標準化資料 / N(0,1)的隨機變數
樣本平均值的機率
標準常態分配
大小9
N(0,1)
▽統計
樣本大小
母體平均值的推測值
樣本平均值的變異數
樣本平均值的標準差
樣本平均值的分布下方2.5%點

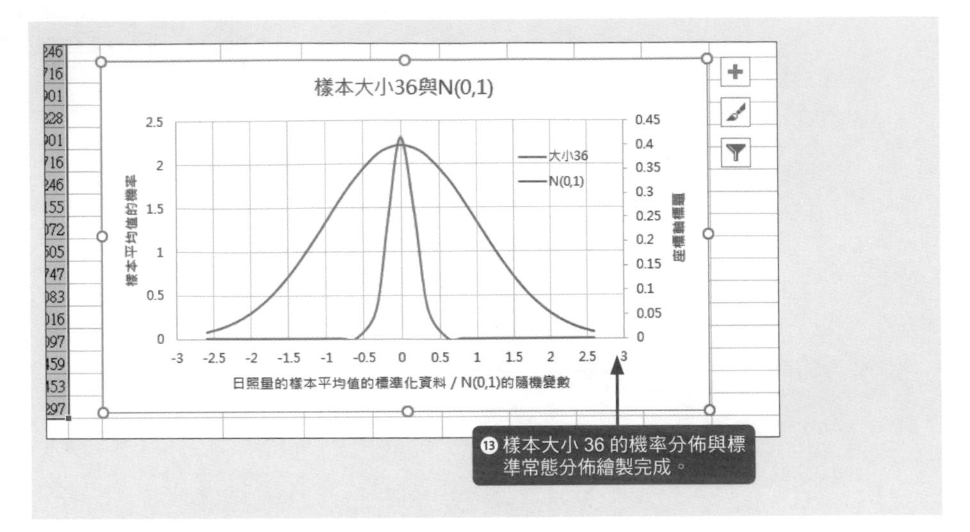

▶ Excel 的操作③ ： 計算 95% 信賴區間的隨機變數

▶要計算與機率對應的隨機變數可使用 NORM.INV 函數。
→ P.197

接著要根據樣本大小 9 與樣本大小 36 的機率分佈計算位於 95% 信賴區間左右兩側的隨機變數。到目為止，我們都寫成「從分佈的左端到隨機變數的機率」，但之後都將寫成下方機率、上方機率。此外與下方／上方機率對應的隨機變數也將寫成 % 點。下方機率與上方機率加總的機率稱為兩側機率。

這次要計算的是兩側機率 5% 的上方 2.5% 點與下方 2.5% 點。為了方便比較，也計算標準常態分佈的上方 2.5% 點與下方 2.5%，求出與標準常態分佈的比率。

●機率分佈的機率標記

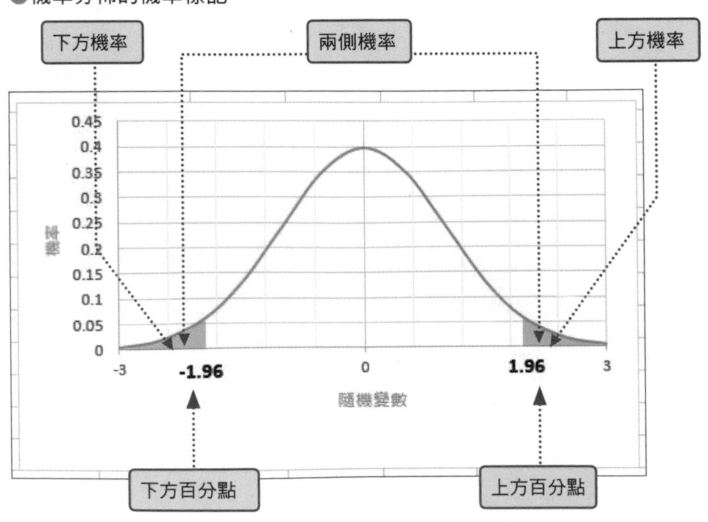

計算上方／下方的2.5%點

Excel 2007
請將 NORM.INV 換成 NORMINV。

●在「操作 1」工作表的儲存格「H3」、「H4」輸入的公式

H3	=NORM.INV(2.5%,B$3,B$5)	H4	=NORM.INV(97.5%,B$3,B$5)

❶ 在儲存格「H3」、「H4」輸入公式，再利用自動填滿功能將公式複製到儲存格「I3」、「I4」。

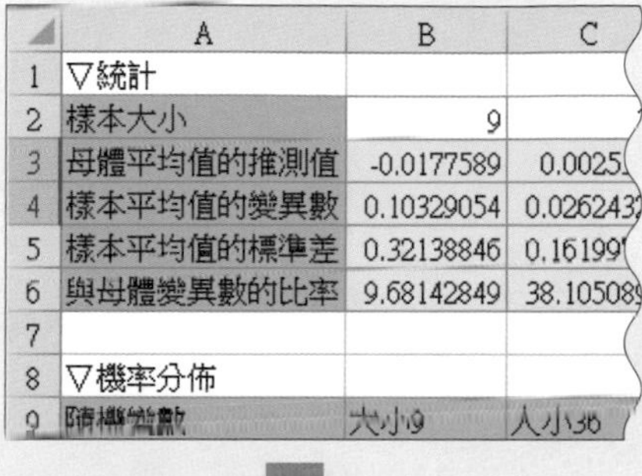

	A	B	C		G	H	I
1	▽統計						
2	樣本大小	9			樣本大小	9	36
3	母體平均值的推測值	-0.0177589	0.0025	均值的分佈	下方2.5%點	-0.64767	-0.31498
4	樣本平均值的變異數	0.10329054	0.0262432		上方2.5%點	0.612151	0.320042
5	樣本平均值的標準差	0.32138846	0.16199	態分佈	下方2.5%點		
6	與母體變異數的比率	9.68142849	38.10508		上方2.5%點		
7				常態分佈的比率（下方）			
8	▽機率分佈			態分佈的比率（上方）			
9	隨機變數	大小9	大小36				

●在「操作 1」工作表的儲存格「H5」、「H6」輸入的公式

H5	=NORM.INV(2.5%,0,1)	H6	=NORM.INV(97.5%,0,1)

	E	F	G	H	I
1					
2			樣本大小	9	36
3		樣本平均值的分佈	下方2.5%點	-0.63695	-0.31306
4			上方2.5%點	0.648873	0.31397
5		標準常態分佈	下方2.5%點	-1.95996	-1.95996
6			上方2.5%點	1.959964	1.959964
7		與標準常態分佈的比率（下方）			
8		與標準常態分佈的比率（上方）			
9					

❷ 在儲存格「H5」、「H6」輸入公式，利用自動填滿功能複製到儲存格「I5」、「I6」。

▶結果的觀察將於判讀結果公佈。

●在「操作 1」工作表的儲存格「H7」輸入的公式

H7	=H5/H3

	E	F	G	H	I	J
1						
2			樣本大小	9	36	
3		樣本平均值的分佈	下方2.5%點	-0.6533	-0.33904	
4			上方2.5%點	0.648117	0.32804	
5		標準常態分佈	下方2.5%點	-1.95996	-1.95996	
6			上方2.5%點	1.959964	1.959964	
7		與標準常態分佈的比率（下方）		3.000114	5.780914	
8		與標準常態分佈的比率（上方）		3.024089	5.974779	
9						
10						

❸ 在儲存格「H7」輸入公式，再利用自動填滿功能複製到儲存格「I8」，算出標準常態分佈與樣本平均值分佈的上下 2.5% 點的比率。

▶ Excel 的操作④：計算風險率

範例
6-01「操作 2」工作表

這次要開啟「操作 2」工作表，調查以樣本平均值推測的母體平均值 95% 信賴區間是否包含母體平均值。由於使用的是標準化的資料，所以母體平均值為 0。95% 信賴區間的下限值與上限值可利用下列的公式求出。

下限值 = 標本平均值 + 下方 2.5% 點

上限值 = 標本平均值 + 上方 2.5% 點

看起來雖然都是以加法計算，但下方 2.5% 點是以負數計算，所以下限值必須從樣本平均值減去下方 2.5% 點算出。

●「操作 2」工作表的結構

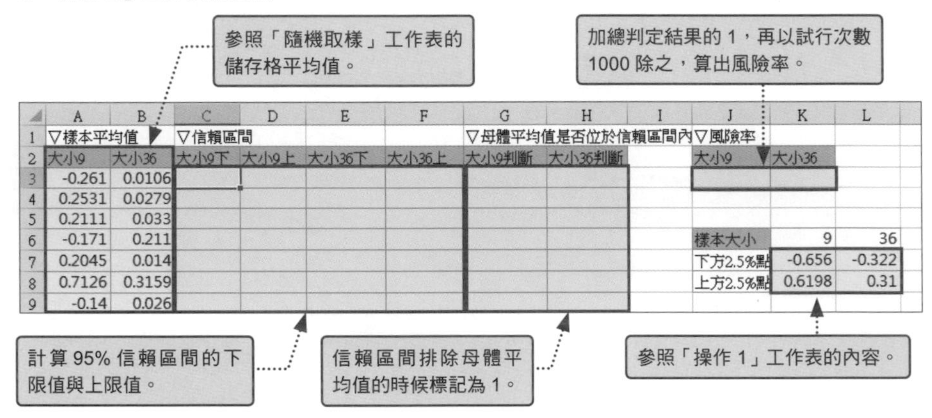

	A	B	C	D	E	F	G	H	I	J	K	L
1	▽樣本平均值		▽信賴區間				▽母體平均值是否位於信賴區間內			▽風險率		
2	大小9	大小36	大小9下	大小9上	大小36下	大小36上	大小9判斷	大小36判斷		大小9	大小36	
3	-0.261	0.0106										
4	0.2531	0.0279										
5	0.2111	0.033										
6	-0.171	0.211								樣本大小	9	36
7	0.2045	0.014								下方2.5%點	-0.656	-0.322
8	0.7126	0.3159								上方2.5%點	0.6198	0.31
9	-0.14	0.026										

這次利用 IF 函數針對每個樣本大小判斷從各樣本平均值求出的母體平均值的 95% 信賴區間，是否含有母體平均值 0。為了同時判斷「母體平均值大於等區信賴區間下限值」以及「母體平均值小於等於信賴區間的上限值」，使用了 AND 函數搭配 IF 函數的邏輯式。

AND函數 ➡ 判斷條件是否全部成立

格式 =AND(邏輯式1, 邏輯式2,…)

解說 於邏輯式指定以比較式指定的條件，若所有條件都成立，函數的結果為TRUE，若有一個條件不成立，結果就為FALSE。

補充 若在IF函數的邏輯式指定AND函數，就會依照AND函數的結果「TRUE」(真)、「FALSE」(偽)分別執行真與偽的處理。

從標準平均值計算信賴區間的下限值與上限值

●在「操作 2」工作表的儲存格「C3」～「F3」輸入的公式

C3	=A3+$K$7	D3	=A3+$K$8
E3	=B3+$L$7	F3	=B3+$L$8

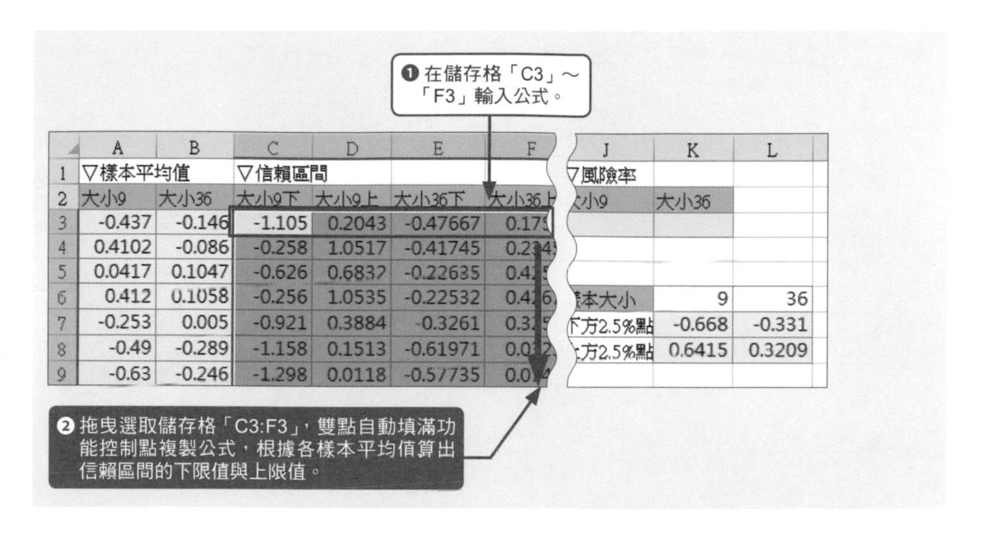

	A	B	C	D	E	F	J	K	L
1	▽樣本平均值		▽信賴區間				▽風險率		
2	大小9	大小36	大小9下	大小9上	大小36下	大小36上	大小9	大小36	
3	-0.437	-0.146	-1.105	0.2043	-0.47667	0.17			
4	0.4102	-0.086	-0.258	1.0517	-0.41745	0.23			
5	0.0417	0.1047	-0.626	0.6832	-0.22635	0.42			
6	0.412	0.1058	-0.256	1.0535	-0.22532	0.426	本大小	9	36
7	-0.253	0.005	-0.921	0.3884	-0.3261	0.32	下方2.5%點	-0.668	-0.331
8	-0.49	-0.289	-1.158	0.1513	-0.61971	0.03	上方2.5%點	0.6415	0.3209
9	-0.63	-0.246	-1.298	0.0118	-0.57735	0.0			

判斷信賴區間是否包含母平均「0」

●在「操作 2」工作表的儲存格「G3」與「H3」輸入的公式

G3	=IF(AND(0>=C3,0<=D3),0,1)	H3	=IF(AND(0>=E3,0<=F3),0,1)

❶ 在儲存格「G3」輸入 IF 函數，判斷母體平均值是否落在信賴區間之內。

	A	B	C	D	E	F	G	H	I
1	▽樣本平均值		▽信賴區間				▽母體平均值是否位於信賴區間內		
2	大小9	大小36	大小9下	大小9上	大小36下	大小36上	大小9判斷	大小36判斷	
3	-0.385	-0.054	-1.032	0.301	-0.37669	0.27046	=IF(AND(0>=C3,0<=D3,0,1)		
4	-0.052	0.2169	-0.698	0.6346	-0.10564	0.54151			
5	0.0658	-0.017	-0.581	0.7522	-0.33931	0.30785			
6	-0.182	-0.132	-0.828	0.5047	-0.4546	0.19255			
7	-0.241	0.154	-0.888	0.4453	-0.16856	0.47859			

AND 函數為 FALSE 代表在母體平均值未若在信賴區間，此時顯示為 1。

	A	B	C	D	E	F	G	H
1	▽樣本平均值		▽信賴區間				▽母體平均值是否位於信賴	
2	大小9	大小36	大小9下	大小9上	大小36下	大小36上	大小9判斷	大小36判斷
3	-0.157	-0.055	-0.807	0.4934	-0.38164	0.25793	0	0
4	-0.383	0.3547	-1.033	0.2674	0.02775	0.66732	0	1
5	-0.397	-0.035	-1.048	0.2529	-0.36233	0.27724	0	0
6	-0.428	0.1591	-1.079	0.2219	-0.16795	0.47162	0	0
7	0.0827	0.0193	-0.568	0.733	-0.30774	0.33183	0	0
8	0.0155	-0.009	-0.635	0.6658	-0.33555	0.30402	0	0
9	-0.124	0.0648	-0.774	0.5267	-0.2622	0.37737	0	0

❷ 在儲存格「H3」同樣輸入 IF 函數，再拖曳選取儲存格範圍「G3:H3」，然後雙點自動填滿功能控制點，判斷母體平均值是否落在信賴區間裡。

計算風險率

●在「操作 2」工作表的儲存格「J3」輸入的公式

J3	=SUM(G3:G1002)/1000

❶ 在儲存格「J3」輸入公式，再以自動填滿功能複製到儲存格「K3」，算出風險率。

	F	G	H	I	J	K	L
1		▽母體平均值是否位於信賴區間內			▽風險率		
2	大小36上	大小9判斷	大小36判斷		大小9	大小36	
3	0.60811	0	0		4.5%	4.6%	
4	0.49935	0	0				
5	0.19938	0	0				
6	0.13308	0	0		樣本大小	9	36

▶ 判讀結果①：將資料視為母體的情況

樣本平均值的資料分佈遵循常態分佈 N(μ , σ 2/n)，而這次已標準化資料，所以遵循的是常態分佈 N(0,1/n)。樣本平均值的標準差與標準常態分佈的標準差 1 比較後，樣本大小 9 的結果是「1/3」，樣本大小 36 的結果是「1/6」。這個值就是「樣本大小的平方根分之 1」。因此，樣本大小越大，常態分佈的形狀越呈尖頭。

●樣本平均值的資料分佈的標準差

	A	B	C
1	▽統計		
2	樣本大小	9	36
3	母體平均值的推測值	0.006139	0.001861
4	樣本平均值的變異數	0.116288	0.026401
5	樣本平均值的標準差	0.34101	0.162484
6	與母體變異數的比率	8.599356	37.8772
7			

樣本大小 99 的標準常態分佈的標準差 1 的 1/3，樣本大小 36 是 1/6。

滿足信賴度 95% 的樣本大小 9 的上方／下方 2.5% 點是標準常態分佈的上方／下方 2.5% 點的「1/3」，而樣本大小 36 的是「1/6」。這次為了釐清就是樣本大小的平方根這點，以樣本大小的 2.5% 點除以標準常態分佈的上方／下方 2.5% 點。

●樣本平均值的資料分佈遵循的機率分佈的上下 2.5% 點

F	G	H	I
	樣本大小	9	36
樣本平均值的分佈	下方2.5%點	-0.662	-0.317
	上方2.5%點	0.6745	0.3203
標準常態分佈	下方2.5%點	-1.96	-1.96
	上方2.5%點	1.96	1.96
與標準常態分佈的比率（下方）		2.9597	6.1906
與標準常態分佈的比率（上方）		2.9058	6.1187

標準常態分佈的上下 2.5% 點與樣本平均值遵循的機率分佈的上下 2.5% 點的比率與樣本大小的平方根相等。

標準常態分佈與樣本平均值遵循的常態分佈如下。可以發現樣本大小越大，常態分佈越尖，95% 信賴區間也越狹窄。

此外，標準常態分佈與樣本平均值的常態分佈標準差的比率就是上下 2.5% 點的比率。下圖的標準差比「a:b」就是上方 2.5% 點的比「c:d」。下方也是一樣。

▶使用比例導出信賴區間
→ P.233

●標準常態分佈與樣本平均值遵循的常態分佈

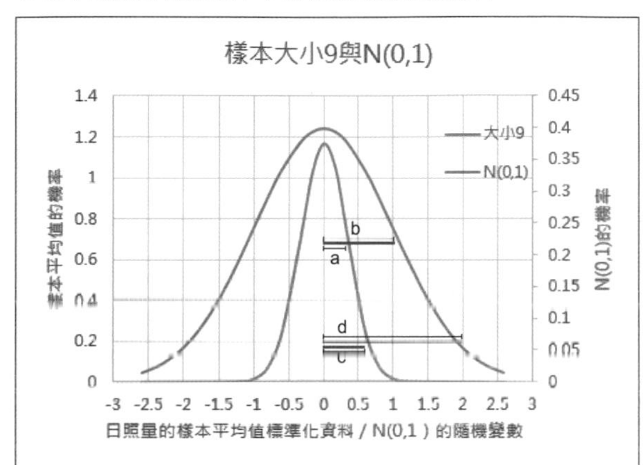

根據樣本平均值求出的母體平均值的 95% 信賴區間會允許 5% 的風險率。請一邊注意「操作 2」工作表的儲存格「J3」與「K3」的變化，一邊多按幾次 F9，應該會發現，不管樣本大小為何，這兩個儲存格的值都在 5% 前後。這次的試行次數設定為 1000 次，所以代表在 1000 個樣本平均值之中，有 50 個次左右母體平均值落在信賴區間之外。

▶ Excel 的操作④ ： 以單次的樣本平均值計算母體平均值的 95% 信賴區間

經過上述的操作，標準平均值遵循的常態分佈標準差會隨著樣本大小增加，與「樣本大小的平方根」呈反比，也就是越來越小，常態分佈的形狀也會越變越尖，信賴區間也會越縮越小。同時也確認了風險率 5% 的存在。

接下來，將台北市的日照量資料當作樣本，然後以單次的樣本平均值計算常態的平均日照舉。所以只要代入下面的公式，算出母體平均值的 95% 信賴區間即可。

當母體平均值為 μ、樣本平均值為 m、樣本大小為 n、母體標準差為 σ 時

$$m-1.96\times\frac{\sigma}{\sqrt{n}} \leqq \mu \leqq m+1.96\times\frac{\sigma}{\sqrt{n}}$$

▶不偏分散
→ P.173

那就讓我們快快代入吧！雖然很想這麼說，但這裡又有問題發生，因為我們不知道母體標準差的 σ 。仔細一想，這不是廢話嗎？我們是從不知道母體平均值開始推測的，所以當然不知道母體標準差。

這裡需要大家回想的是，樣本不偏變異數的平均值會朝母體變異數收斂這件事。不管樣本大小有多大，不偏變異數都會聚集在母體變異數附近，但是樣本大小越大，母體變異數就越不分散。

因此，若讓樣本大小放大至一定程度，根據樣本調查的資料算出的單次的不偏變異數就能代替母體變異數。標準差是變異數的平方根，而這也稱為樣本標準差。讓我們重新整理一下公式吧！

當樣本大小夠大，並使用樣本資料算出的樣本標準差 s，公式就為

$$m-1.96 \times \frac{s}{\sqrt{n}} \leqq \mu \leqq m+1.96 \times \frac{s}{\sqrt{n}}$$

動手做做看！

根據樣本調查的資料推測95%信賴度的母體平均值

範例

範例 6-01「操作 3」工作表

Excel 2007 請將 STDEV.S 改寫成 STDEV。

●在「操作 3」工作表的儲存格「F2」～「F6」輸入的公式

F2	=AVERAGE(C3:C367)	F3	=STDEV.S(C3:C367)
F4	=COUNT(C3:C367)	F5	=F2-1.96*F3/SQRT(F4)
F6	=F2+1.96*F3/SQRT(F4)		

	A	B	C	D	E	F
1	秋田縣		(MJ/m²)		▽平常的平均日照量推測	
2	No	年月日	全天日照量		樣本平均值	12.393
3	1	2015/1/1	2.32		樣本標準差	8.0508
4	2	2015/1/2	3.59		樣本大小	365
5	3	2015/1/3	3.47		95%信賴區間下限值	11.567
6	4	2015/1/4	5.15		95%信賴區間上限值	13.219
7	5	2015/1/5	4.48			
8	6	2015/1/6	1.19			
9	7	2015/1/7	2.45			
10	8	2015/1/8	1.64			
11	9	2015/1/9	4.34			
12	10	2015/1/10	2.67			
13	11	2015/1/11	4.3			

❶在儲存格「F2」～「F3」輸入公式。算出母體平均值的 95% 信賴區間。

▶ 判讀結果②：將資料當成樣本的情況

將資料當成樣本，從樣本資料推測母體平均值之後，可推測

台北市的平均日照量在 95% 的信賴度之下，落在 11.567 ～ 13.219 之間。

本節雖然推測了母體平均值，但這次的推測是在樣本資料數有 365 筆，樣本大小夠大的推測。

下一節要在樣本不足的情況下推測母體平均值的區間，也可以推測母體變異數與母體比率，但推測的邏輯都是一樣的。

從下一節開始，將介紹要推測母體的什麼內容以及該內容遵循的機率分佈為何。

發展 ▶▶▶

▶ 使用機率分佈導出信賴區間

根據標準常態分佈與樣本平均值的分佈，可知道標準差的比 =2.5% 點的比，所以存在著 a:b=c:d 的關係。

●標準常態分佈與樣本平均值遵循的常態分佈

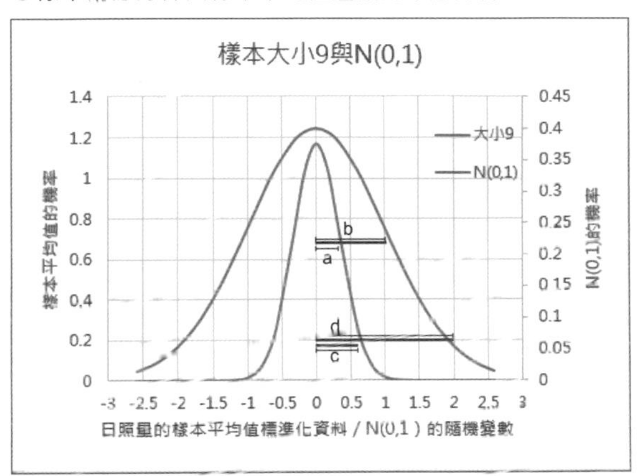

這次的標準常態分佈的標準差「b」為「1」，此外，樣本平均值的分佈的標準差「a」就是「樣本大小 n 的平方根分之 1」，所以標準常態分佈的上方 2.5% 點「d」為 1.96。讓我們代入比的關係。

由於 a:b=c:d，所以

$$\frac{1}{\sqrt{n}} : 1 = c : 1.96$$

根據「內項的積 = 外項的積」公式，會出現「ad=bc」的關係，所以可導出

$$c = 1.96 \times \frac{1}{\sqrt{n}}$$

標準常態分佈的標準差的 1 置換為文字符號的 σ 之後，c 等於

$$c = 1.96 \times \frac{\sigma}{\sqrt{n}}$$

這就是樣本平均值遵循的機率分佈的上方 2.5% 點。下方也是一樣。如果樣本大小夠大，σ 可換成 s。

$$\text{樣本平均值遵循的機率分佈的上方 2.5\% 點} = 1.96 \times \frac{s}{\sqrt{n}}$$

根據上述內容也可從樣本平均值的機率分佈與標準常態分佈的比導出 95% 信賴區間的不等式。

02 以少數的資料推斷平均值

要推測母體平均值，資料當然是多多益善，但即使資料只有一點點，也能推測母體平均值。樣本大小較小時，可透過與常態分佈形狀類似的 t 分佈。

導入 ▶▶▶

例題 **「想了解平均來客數」**

右圖是門市 E 的 16 天來客數資料。由於機械故障的問題，無法透過收銀機了解來客數，所以只能取得右表的資料。想於 95% 信賴度推測門市 E 的平均來客數。該怎麼計算才好呢？

●門市 E 的來客數資料

	A	B	C	D	E
1	▿來客數			▿95%信賴區間	
2	No	來客數		樣本平均值	
3	1	2020		樣本變異數	
4	2	1596		樣本大小	
5	3	2019		95%信賴區間の下限值	
6	4	2039		95%信賴區間の上限值	
7	5	1820			
8	6	1964			
9	7	2010			
10	8	1693			
11	9	1954			
12	10	1807			
13	11	1764			
14	12	2008			
15	13	1898			
16	14	1975			
17	15	2054			
18	16	1626			
19					

即使只有 16 筆資料，也想了解 95% 信賴度的門市 E 的來客數母體平均。

▶ 使用 t 分佈推測母體平均值

▶自由度
→ P.209

t 分佈雖然與常態分佈相似，卻比常態分佈來得扁平，尾部也較為寬闊，而且 t 分佈的起源來自卡方分佈，所以也有自由度。自由度是可以自由選擇資料的數量。隨機取樣的樣本大小其實與自由度無異…雖然很想這麼說，但最後一筆資料還是無法自由選擇，所以「樣本大小 -1」才是所謂的自由度。

●自由度 n-1 的 t 分佈

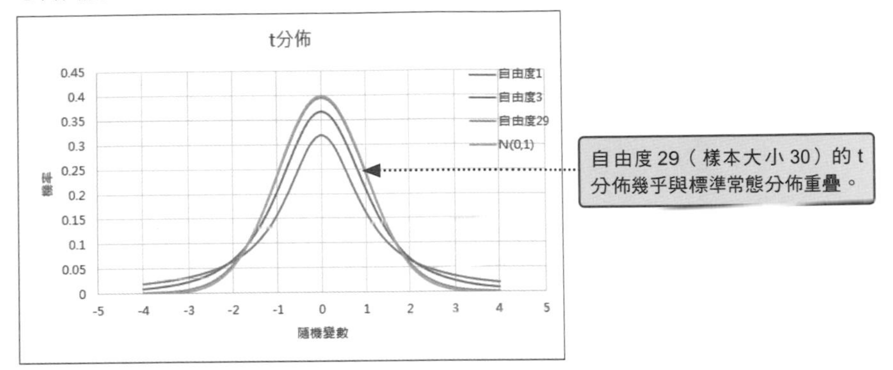

自由度越高，t 分佈就越接近常態分佈。雖然與常態分佈完全重疊代表自由度為無限大，但是，樣本大小夠大時，就可利用常態分佈逼近 t 分佈。

可使用常態分佈時的母體平均值 μ 的 95% 信賴區間如下。

$$m-1.96 \times \frac{\sigma}{\sqrt{n}} \leqq \mu \leqq m+1.96 \times \frac{s}{\sqrt{n}}$$

m：樣本平均值　n：樣本大小　s：樣本標準差

樣本標準差 s 的部分本來該是母體標準差 σ，但是當樣本大小夠大時，就能使用樣本標準差 s，不過有一點讓人很在意，就是「樣本大小夠大」到底該多大？

t 分佈的話就不用理會「樣本大小夠大」這個曖昧的條件，因為每個樣本大小都有不同的 t 分佈。

那麼，使用 t 分佈時，母體平均值 μ 的 95% 信賴區間會如何？從近似於常態分佈的形狀這點來看，應該能將上述的公式修改成符合 t 分佈的情況。從遵循 t 分佈的資料推測的母體平均值 μ 的 95% 信賴區間如下。

$$m-t(0.05) \times \frac{S}{\sqrt{n-1}} \leqq \mu \leqq m+t(0.05) \times \frac{S}{\sqrt{n-1}}$$

m：樣本平均值　n：樣本大小　S：樣本變異數的平方根

這裡的 t(0.05) 是相當於常態分佈兩側 5% 點（上下 2.5% 點）的值，也稱為 t 值。以 t 分佈是比常態分佈更扁平、尾部更為寬闊的這點來看，t 分佈的兩側 5% 點應該比常態分佈的「1.96」更大，實際上這個值在「自由度 15」的時候為「2.13」。之後我們會在實踐時確認。

t 分佈的前提是不知道母體標準差 σ，所以才使用以樣本資料求出的「S」。「以不知道母體標準差 σ 為前提？這不是廢話嗎？」或許有人會這麼想，但就如 P.231 所提到的，在常態分佈的情況下，「σ」就落在信賴區間裡，因此是以知道 σ 為前提的。不過，實際上不知道，不知道該怎麼辦，而樣本大小夠大的話，則可以試著使用 s，也算是一種權宜之計。

這裡又出現「樣本大小夠大的話」，到底多少才夠大？不拿 t 分佈的兩側 5% 的隨機變數「t 值」與標準常態分佈的隨機變數「z 值」比較的話，就無法斷言。因此，這部分就留待判讀結果時解說。

重新觀察上述公式可發現利用 t 分佈推測母體平均值時，是利用手邊現有的樣本資料。

MEMO **樣本大小夠大也該使用 t 分佈？**

使用 t 分佈推測母體平均值常是因為樣本資料較少，而本書也是基於同樣的流程使用。理由是因為樣本大小太小就無法以常態分佈逼近，而且筆者也提過，即使將夠大的樣本大小套用在 t 分佈裡，t 分佈與常態分佈也不會有所不同。t 分佈的自由度是無上限的，而自由度為無限大的時候，才能與常態分佈完全一致，所以就算樣本大小夠大，依舊可以使用 t 分佈。

以前一節的台北市日照量資料而言，與無限大相較之下，只有 365 筆資料而已，所以可利用 t 分佈推測母體平均值。簡單來說，只要有不知道母體這個理所當然的前提存在，也希望以樣本資料推測母體平均值的時候，t 分佈反而比較實用。話說如此，也不需要特別捨棄簡單又整齊的常態分佈。有興趣的讀者可在本節結束後，試著以 95% 信賴度的 t 檢定針對台北市的日照量資料推測母體平均值。使用 t 分佈的 95% 信賴區間為「11.564 ～ 13.222」，使用常態分佈的推測是「11.567 ～ 11.2199」，兩者的差距非常小。若以針對母體計算為前提，則應該使用 t 分佈，但是只需要記得兩側 5% 點為「1.96」的常態分佈又讓人難以割捨。

實踐 ▶▶▶

▶ Excel 的操作①：計算 t 值

接著要計算各自由度的 t 階兩側 5% 點與兩側 1% 點的隨機變數「t 值」。

範例

6-02「t 分佈表」工作表

● t 分佈表

	A	B	C	D	E	F	G	H	I
1	▿t分佈表				▿標準常態分佈				
2		兩側機率			兩側機率				
3	自由度	5%	1%		5%	1%			
4	1				1.96	2.58			
5	2								
15	300								
16	364								
17	500								
18	1000								

與 t 分佈比較的標準常態分佈的 z 值。

t 值可利用 T.INV.2T 函數 (Excel 2007 為 TINV 函數) 計算。重述一次，不管是針對哪種機率計算哪個部分的隨機變數，都請用圖確認前提條件。Excel 的 T.INV.2T 函數是計算兩側機率 t 值的類型，但在本書卷末的 t 分佈表裡，也有以上方機率 t 值標記的類型。

T.INV.2T函數 ➡ 針對遵循自由度n-1的t分佈，計算兩側機率的上方t值

格　式　=T.INV.2T(機率,自由度)

解　說　機率可指定為兩側機率。自由度則指定為樣本大小n減1。t分佈是以0中心點，呈左右對稱的分佈。兩側機率會均分為上方與下方，而T.INV.2T函數則是計算上方的隨機變數「t 值」。下方t值則是「負的上方t值」。

● T.INV.2T 函數可求出的值

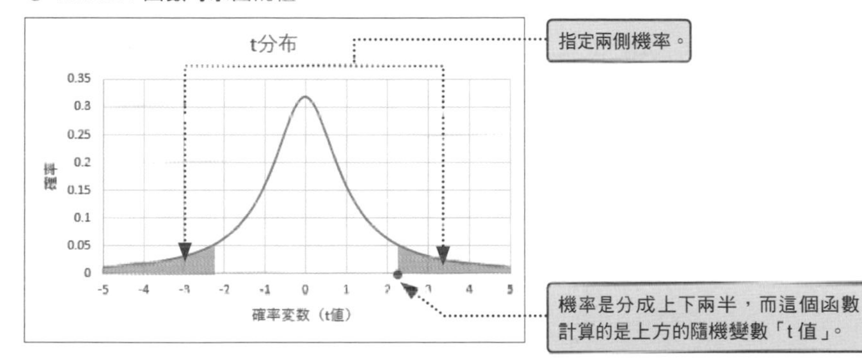

計算各種自由度的兩側5%與1%的t值

●在「t 分佈表」工作表的儲存格「B4」輸入的公式

B4	=T.INV.2T(B$3,$A4)

Excel 2007
▶ T.INV.2T 函數請改成「TINV」函數。

	A	B	C	D	E	F	G
1	▿t分佈表				▿標準常態分佈		
2		兩側機率			兩側機率		
3	自由度	5%	1%		5%	1%	
4	1	12.71	63.66		1.96	2.58	
5	2	4.30	9.92				
6	3	3.18	5.84				
7	4	2.78	4.60				
8	5	2.57	4.03				
9	10	2.23	3.17				
10	15	2.13	2.95				
11	29	2.05	2.76				

自由度 15 的兩側 5% 的上方 t 值為「2.13」。

❶ 在儲存格「B4」輸入函數，針對遵循指定自由度的 t 分佈，求出兩側機率之中的上方 t 值。

▶ Excel 的操作②：以 95% 信賴度推測母體平均值的區間

範例
6-02「t 檢定」工作表

由於來客數資料只有 16 筆，所以樣本大小 16 減 1 就是「15」，這也是自由度。自由度 15 的兩側機率 5% 的上方 t 值為「2.13」。t 分佈呈左右對稱的形狀，所以下方 t 值為「-2.13」。接著要代入 P.235 以 t 分佈推測母體平均區間的公式，求出 95% 的信賴區間。

此外，這次使用的樣本變異數的平方根是先利用 VAR.P 函數求出樣本變異數，再利用 SQRT 函數求出平方根。

利用t值計算平均來客數的95%信賴區間

●於「t 檢定」工作表的儲存格「E2」～「E7」輸入的公式

E2	=AVERAGE(B3:B18)	E3	=VAR.P(B3:B18)
E4	=COUNT(B3:B18)	E5	=E2-2.13*SQRT(E3)/SQRT(E4-1)
E6	=E2+2.13*SQRT(E3)/SQRT(E4-1)		

	A	B	C	D	E	F
1	▿來客數			▿95%信賴區間		
2	No	來客數		樣本平均值	1,890	
3	1	2020		樣本變異數	21,902	
4	2	1596		樣本大小	16	
5	3	2019		95%信賴區間の下限值		
6	4	2039		95%信賴區間の上限值		
7	5	1820				
8	6	1964				

❶在儲存格「E2」～「E4」輸入公式，算出樣本平均值、樣本變異數與樣本大小。

▶即使已知樣本大小，也應該利用 COUNT 函數計算資料筆數，檢查資料是否有缺損。此外，這次要使用的資料為數值資料，所以不使用 COUNTA 函數。

Excel 2007
請將 VAR.P 換成 VARP。

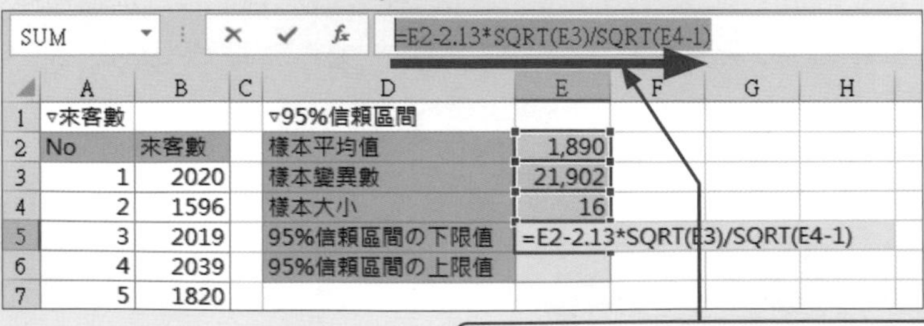

SUM | =E2-2.13*SQRT(E3)/SQRT(E4-1)

	A	B	C	D	E	F	G	H
1	▿來客數			▿95%信賴區間				
2	No	來客數		樣本平均值	1,890			
3	1	2020		樣本變異數	21,902			
4	2	1596		樣本大小	16			
5	3	2019		95%信賴區間の下限值	=E2-2.13*SQRT(E3)/SQRT(E4-1)			
6	4	2039		95%信賴區間の上限值				
7	5	1820						

❷在儲存格「E5」輸入計算 95% 信賴區間下限值的公式後，拖曳選取資料編輯列的公式，按下 Ctrl+C。

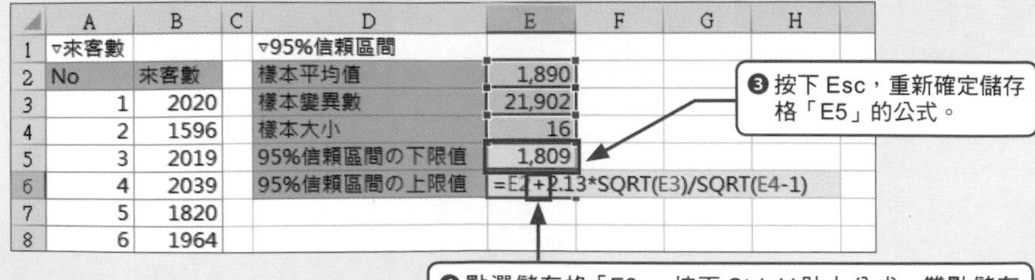

	A	B	C	D	E	F	G	H
1	▿來客數			▿95%信賴區間				
2	No	來客數		樣本平均值	1,890			
3	1	2020		樣本變異數	21,902			
4	2	1596		樣本大小	16			
5	3	2019		95%信賴區間の下限值	1,809			
6	4	2039		95%信賴區間の上限值	=E2+2.13*SQRT(E3)/SQRT(E4-1)			
7	5	1820						
8	6	1964						

❸按下 Esc，重新確定儲存格「E5」的公式。

❹點選儲存格「E6」，按下 Ctrl+V 貼上公式。雙點儲存格，將公式的「-」改成「+」，再按下 Enter 鍵確定。

	A	B	C	D	E
1	▿來客數			▿95%信賴區間	
2	No	來客數		樣本平均值	1,890
3	1	2020		樣本變異數	21,902
4	2	1596		樣本大小	16
5	3	2019		95%信賴區間の下限值	1,809
6	4	2039		95%信賴區間の上限值	1,972
7	5	1820			

❺ 算出以 t 分佈推測的母體平均值的 95% 信賴區間。

▶ 判讀結果

以資料為樣本，利用 t 分佈推測母體平均值的結果為：

在 95% 信賴度的前提下，門市 E 的平均來客數約為 1809 ～ 1972 人。

區間的幅度為 163 人，佔樣本平均值 1890 人的 8.6%，感覺上，正負的幅度約為不到一成的樣本平均值。

● 常態分佈與t分佈的隨機變數

接下來要說明的是，樣本大小要多大才使用常態分佈。就經驗法則而言，樣本大小大於 30 就能使用常態分佈。的確，只要觀察 t 分佈的圖表就會發現，自由度 29 的 t 分佈快要與標準常態分佈重疊。

接著要比較 t 值。自由度 29（樣本大小 30）的兩側 5% 的 t 值為「2.05」，相對於標準常態分佈的 z 值為「1.96」。由於只比較這兩個，所以同時四捨五入至小數點第一位之後，就都會是「2」，怪不得兩種分佈會如此相似，但是當自由度增加至 100 再比較，就會「有點差異」了。

▶自由度「364」是可用於台北市日照量資料的 t 值。如果大家有興趣的話可計算看看，可從右圖發現只有「1.97」與「1.96」這種些微差距。

● 自由度 n-1 的兩側 5% 與 1% 的 t 值與兩側 5% 與 1% 的 z 值

	A	B	C	D	E	F
1	▿t分佈表				▿標準常態分佈	
2		兩側機率			兩側機率	
3	自由度	5%	1%		5%	1%
4	1	12.71	63.66		1.96	2.58
5	2	4.30	9.92			
6	3	3.18	5.84			
7	4	2.78	4.60			
8	5	2.57	4.03			
9	10	2.23	3.17			
10	15	2.13	2.95			
11	29	2.05	2.76			
12	50	2.01	2.68			
13	100	1.98	2.63			
14	200	1.97	2.60			
15	300	1.97	2.59			
16	364	1.97	2.59			
17	500	1.96	2.59			
18	1000	1.96	2.58			
19						

自由度大於 100 之後再比較，就會給人有種稍微不同的印象。

數字上看起來不同，但實際上有多少變化？標準常態分佈的平均來客數 95% 信賴區間如下。由於這次是實驗，所以故意忽略樣本大小太小不能使用常態分佈這點。區間的幅度比 t 分佈更狹窄，只有 150 人而已，t 分佈為 163 人。常態分佈與 t 分佈的區間幅度雖然只有 13 人，但差 13 人到底算是差距很大，還是很小，得視情況而定，這也是得依賴經驗法則判斷的部分。

▶ 95% 信賴區間只有儲存格的外觀一致，區間幅度的儲存格外觀則不同。

●標準常態分佈的 95% 信賴區間

	A	B	C	D	E	F	G
1	▿隨機取樣的來客數			▿統計值			
2	No	來客數		樣本平均值	1,890		
3	1	2020		樣本變異數	21,902		
4	2	1596		樣本大小	16		
5	3	2019					
6	4	2039		▽t檢定算出的95%信賴區間			
7	5	1820		下限值	上限值	自由度	t值
8	6	1964		1,809	1,972	15	2.13
9	7	2010					
10	8	1693		▽標準常態分佈算出的95%信賴區間			
11	9	1954		下限值	上限值		
12	10	1807		1,816	1,965		

● t分佈的信賴區間

本節介紹的 t 分佈 95% 信賴區間可利用下列的不等式代表。

$$m-t(0.05)\times\frac{S}{\sqrt{n-1}}\leqq\mu\leqq m+t(0.05)\times\frac{S}{\sqrt{n-1}}$$

m：標本平均值　n：樣本大小　S：樣本變異數的平方根

上述公式裡的「n-1」是重視自由度的格式，但是若直接使用樣本大小 n，就可使用下列的等式轉換。小寫「s」是樣本標準差。以 Excel 的函數而言，大寫「S」要使用 STDEV.P 函數（在實踐時，是採用 VAR.P 函數的平方根），小寫「s」則可使用 STDEV.S 函數。

$$\frac{S}{\sqrt{n-1}}=\frac{s}{\sqrt{n}}$$

▶常態分佈的 95% 信賴區間
→ P.232

因此，t 分佈的 95% 信賴區間可改寫成下列的公式。與常態分佈的公式一樣。

$$m-t(0.05)\times\frac{s}{\sqrt{n}}\leqq\mu\leqq m+t(0.05)\times\frac{s}{\sqrt{n}}$$

發展 ▶▶▶

▶ 導出 t 分佈的信賴區間

由於 t 分佈與常態分佈相似，所以 t 分佈的信賴區間也與常態分佈的信賴區間相似，我們也已經根據這點導出信賴區間的不等式。下列就是根據遵循 t 分佈的隨機變數導出不等式。接下來就是公式的總動員。

首先介紹的是，遵循 t 分佈的隨機變數 T 如下（→ P.209）。Z 是遵循標準常態分佈 N(0,1) 的隨機變數，X 是遵循自由度 k 的卡方分佈的隨機變數。

●遵循 t 分佈的隨機變數 T

$$T = \frac{Z}{\sqrt{\frac{X}{k}}}$$

▶樣本平均 X 是每次篩選都會變化的樣本平均值的隨機變數，通常被稱為「樣本平均」。

這裡的 Z 是遵循標準常態分佈 N(0,1) 的隨機變數。遵循 N(0,1) 的意思是遵循常態分佈的隨機變數。遵循常態分佈的隨機變數好像有很多，但每種隨機變數的目的為何呢？既然是要推測母體平均值，就讓我們選擇 Z 為樣本平均吧。根據中央極限定理，樣本平均的常態分佈 N(母體平均值 , 變異數) 就是 $N(\mu, \sigma^2/n)$。σ^2 是母體變異數。因此，將隨機變數「樣本平均」標準化之後，可得到下列的結果。

●標準化樣本平均 X 之後的隨機變數 Z

$$Z = \frac{\overline{X} - \mu}{\sigma/\sqrt{n}}$$

接著是遵循卡方分佈的隨機變數 X。這是將遵循 N(0,1) 的隨機變數乘以平方再加總而得的新變數。這裡雖然也出現了 Z，但這的確是標準化遵循母體 N(μ , σ 2) 的隨機變數 Xk 的隨機變數。遵循自由度 k 的卡方分佈的隨機變數 X 如下。

●遵循自由度 k 的卡方分佈的隨機變數 X

$$X = Z_1^2 + Z_2^2 + \cdots + Z_k^2 = \left(\frac{X_1 - \mu}{\sigma}\right)^2 + \left(\frac{X_2 - \mu}{\sigma}\right)^2 + \cdots + \left(\frac{X_k - \mu}{\sigma}\right)^2$$

不管是上述公式裡的 Z 還是 X，都植入了「σ」或是「μ」，但是因為無法得知母體，所以才使用從母體篩選的樣本。因此才會出現樣本變異數 S^2 的公式。從母體 $N(\mu, \sigma^2)$ 隨機篩選的樣本大小 n 的資料若為 x，樣本平均值若為 m，樣本變異數 S^2 就能以下列的公式代表。

$$S^2 = \frac{1}{n}\{(x_1-m)^2 + (x_2-m)^2 + \cdots + (x_n-m)^2\}$$

接著以 σ^2 除以等號兩邊，並且乘上 n，公式就變成：

$$n \times \frac{S^2}{\sigma^2} = \left(\frac{X_1-m}{\sigma}\right)^2 + \left(\frac{X_2-m}{\sigma}\right)^2 + \cdots + \left(\frac{X_n-m}{\sigma}\right)^2$$

右邊是遵循卡方分佈的隨機變數。由於是樣本，所以當然是這樣的結果，但使用的不是 μ 而是 m。就結論而言，右邊的公式是遵循自由度 n-1 的卡方分佈的隨機變數。因此，左邊的 n×S2 ／ σ2 也是遵循自由度 n-1 的卡方分佈的隨機變數。感覺上好像從 N(μ , σ2) 隨機篩選的樣本大小 n 的資料可自由決定 n 的大小，但因為有「偏差的總和為 0」這個制約，所以其實只能自由地篩選出 n-1 個。

我們總算可以把 Z 與 X 代入遵循 t 分佈的隨機變數 T。這裡的自由度 k 使用了樣本大小 n，假設為 n-1。

$$T = \frac{Z}{\sqrt{\dfrac{X}{n-1}}}$$

$$= \frac{\dfrac{\bar{X}-\mu}{\sigma/\sqrt{n}}}{\sqrt{\dfrac{n \times \dfrac{S^2}{\sigma^2}}{n-1}}}$$

$$= \frac{\bar{X}-\mu}{\dfrac{\sigma}{\sqrt{n}}} \times \frac{1}{\sqrt{n \times \dfrac{S^2}{\sigma^2} \times \dfrac{1}{n-1}}}$$

$$= \frac{\bar{X}-\mu}{\sqrt{\dfrac{\sigma^2}{n} \times n \times \dfrac{S^2}{\sigma^2} \times \dfrac{1}{n-1}}}$$

約分之後，可導出下列的公式。不可能會知道的母體變異數 σ^2 也完全消失了。

$$T = \frac{\bar{X}-\mu}{S \times \sqrt{\dfrac{1}{n-1}}}$$

若從落在哪個範圍才會是 95% 信賴區間來看，隨機變數 T 就是排除 t 分佈兩側 5% 的範圍。t 分佈會隨著自由度的增減改變，所以這次使用的是例題的自由度 15。如此一來，只要 T 是介於 -2.13 ～ +2.13 之間的隨機變數，就可說是 95% 信賴度。

●自由度 15 的 t 分佈

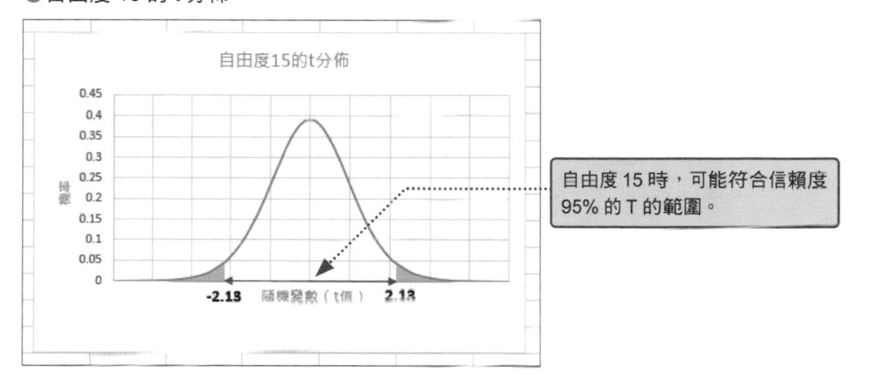

根據上圖可導出「-2.13 ≦ T ≦ 2.13」的公式。把 T 置換成上述的公式後，可以得到：

$$-2.13 \leqq \frac{\overline{X}-\mu}{S \times \sqrt{\frac{1}{n-1}}} \leqq 2.13$$

公式變成以 μ 為中心。下列就是自由度 15 的 t 分佈的母體平均值 95% 信賴區間。

$$\overline{X}-2.13 \times \frac{S}{\sqrt{n-1}} \leqq \mu \leqq \overline{X}+2.13 \times \frac{S}{\sqrt{n-1}}$$

此外，隨機變數「X」是會出現各種值的樣本平均值的隨機變數。若是從母體篩選的資料的樣本平均值為 m，就能將公式改寫成下列的內容，也導出了與 P.240 相同的公式。

●自由度 15 的母體平均值的 95% 信賴區間

$$m-2.13 \times \frac{S}{\sqrt{n-1}} \leqq \mu \leqq m+2.13 \times \frac{S}{\sqrt{n-1}}$$

03 推測分數的變動程度

要知道總是蒙上一層面紗的母體的性質，就必須掌握母體平均值與母體變異數。其中的母體平均值能以少數的樣本加上 95% 的信賴度推測。這次輪到要推測母體變異數了。要推測母體變異數就要使用卡方分佈。

導入 ▶▶▶

例題 想了解「全國模擬考得分的分佈情況」

在 Y 補習班擔任英語老師的 D 先生很在意今天的全國模擬考情況。沒辦法等到所有分數出來再統計的 D 先生，先從考卷隨機取樣 10 位考生的分數，推測整體的平均分數與得分。平均分數已利用 95% 信賴區間的 t 分佈求出。該怎麼做才能了解分數的分佈情況呢？

●隨機取樣的 10 名的英文得分（滿分 200 分）

	A	B	C	D	E	F	G	H	I
1	▿10名得分的樣本			▿統計值			▿兩側5%機率		
2	No	英語		樣本平均值	153.8		t值	2.26	
3	1	168		樣本變異數	510.8				
4	2	152		不偏變異數	567.5		▿母體平均值的95%信賴區間		
5	3	128		樣本標準差	23.8		下限值	136.8	
6	4	175		樣本大小	10		上限值	170.8	
7	5	119		自由度	9				
8	6	129							
9	7	174		▿卡方值			▿母體變異數的95%信賴區間		
10	8	138		上側2.5%點			下限值		
11	9	168		下側2.5%點			上限值		
12	10	187							
13									

自由度 9 的兩側 5% 的上方 2.5% 點。

全國模擬考的平均分數在 95% 信賴度的前提下，應介於 136.8 ～ 170.8 分之間。

▶ 利用卡方分佈推測母體變異數

遵循卡方分佈的隨機變數 X 是遵循 N(0,1) 的隨機變數乘以平方再加總的新隨機變數。Zk 是遵循 N(母體平均值 μ, 母體變異數 σ 2) 的隨機變數 Xk 標準化之後的隨機變數。遵循自由度 k 的卡方分佈的隨機變數 X 如下。

●遵循自由度 k 的卡方分佈的隨機變數 X

$$X = Z_1^2 + Z_2^2 + \cdots + Z_k^2 = \left(\frac{X_1-\mu}{\sigma}\right)^2 + \left(\frac{X_2-\mu}{\sigma}\right)^2 + \cdots + \left(\frac{X_k-\mu}{\sigma}\right)^2$$

但實際上並不知道母體的狀況，所以要使用從 $N(\mu, \sigma^2)$ 隨機取樣的樣本。下列的公式是從母體篩選出 n 個的資料 Xn 與該樣本平均值 m 的偏差平方和除以 n 的樣本變異數 S^2。

$$S^2 = \frac{1}{n}\{(x_1-m)^2+(x_2-m)^2+\cdots+(x_n-m)^2\}$$

為了要知道母體變異數 σ^2，特地在兩邊除以 σ^2，於公式裡加入 σ^2，然後乘上 n。

$$n \times \frac{S^2}{\sigma^2} = \boxed{\left(\frac{X_1-m}{\sigma}\right)^2 + \left(\frac{X_2-m}{\sigma}\right)^2 + \cdots + \left(\frac{X_n-m}{\sigma}\right)^2}$$

遵循自由度 n-1 的卡方分佈的隨機變數 X。

之所以自由度 n 得改成 n-1，是因為有偏差總和為 0 的限制，所以最後的第 n 個像是可自由選擇般地選擇。

▶自由度 → P.209

上述公式的等號右邊遵循卡方分佈，所以左邊當然也是遵循自由度 n-1 的卡方分佈的隨機變數 X。如此一來就不用寫成這麼複雜的加法，而是可以將公式整理成下列的樣子。

$$X = n \times \frac{S^2}{\sigma^2}$$

或是不要使用樣本變異數，而是改成不偏變異數 s^2，公式就會變形成下列的內容。

$$X = (n-1) \times \frac{s^2}{\sigma^2}$$

要在母體變異數加上 95% 信賴度，只需要知道遵循自由度 n-1 的卡方分佈的隨機變數 X 位於分佈內的哪個範圍即可。這次使用的是例題的自由度 9。卡方分佈雖然呈左右不對稱的形狀，但是機率的合計為 1，而以變異數是散佈在平均值左右兩側這點來看，以卡方分佈上下 2.5% 點為邊界的範圍就是 95% 信賴度的隨機變數 X 的可能值。此外，遵循卡方分佈的隨機變數 X 的值稱為卡方值。

●自由度 9 的卡方分佈

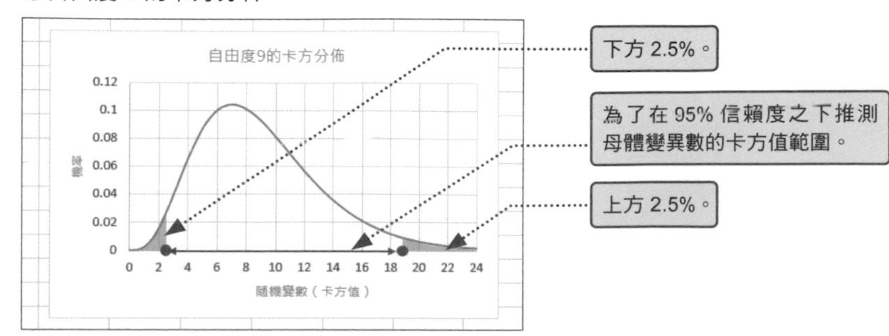

符合母體變異數 95% 信賴區間的隨機變數 X 的範圍為「下方 2.5% 的卡方值 ≦ X ≦ 上方 2.5% 的卡方值」。卡方值這個名字有點長，所以可簡寫成「c下」、「c上」，整理成下列的不等式。

$$c下 \leqq n \times \frac{S^2}{\sigma^2} \leqq c上 \quad 或是 \quad c下 \leqq (n-1) \times \frac{s^2}{\sigma^2} \leqq c上$$

▶要整理成以 σ^2 為中心的不等式，可於不等式的兩邊乘上 σ^2，再以 c 下或 c 上除之。

若將上述的公式整理成以 σ2 的不等式，就能推測出母體變異數的區間。

●使用樣本變異數 S^2 的情況

$$n \times \frac{S^2}{c上} \leqq \sigma^2 \leqq n \times \frac{S^2}{c下}$$

●使用不偏變異數 s^2 的情況

$$(n-1) \times \frac{s^2}{c上} \leqq \sigma^2 \leqq (n-1) \times \frac{s^2}{c下}$$

實踐 ▶▶▶

▶ Excel 的操作① ： 求出卡方值

接著要計算各自由度的卡方分佈的兩側 5% 點與兩側 1% 點的隨機變數，也就是「卡方值」。由於卡方分佈呈左右不對稱的形狀，所以必須分別計算上方與下方的卡方值。

範例
6-03「卡方分佈」工作表
Excel 2007 為 6-03-ver2007 的「卡方分佈」工作表

●卡方分佈表

	A	B	C	D	E
1	▿卡方分配表				
2		兩側5%		兩側1%	
3		上側2.5%	下側2.5%	上側0.5%	下側0.5%
4	自由度	2.5%	97.5%	0.5%	99.5%
5	1				
6	2				
7	3				
8	9				
9	15				
10	30				
11	100				
12	364				
13	500				

例題使用的是自由度 9。

卡方值是以 CHISQ.INV.RT 函數（Excel 2007 是使用 CHIINV 函數）計算。Excel 的 CHISQ.INV.RT 函數可計算上方機率的卡方值，下方 2.5% 點則可從上方換算，指定為 97.5% 計算。

CHISQ.INV.RT函數 ➡ 針對遵循自由度n-1的卡方分佈計算上方機率的卡方值

格式　=CHISQ.INV.RT(機率,自由度)

解說　機率可指定為上方機率。自由度則指定為樣本大小-1。

● CHISQ.INV.RT 函數求出的值

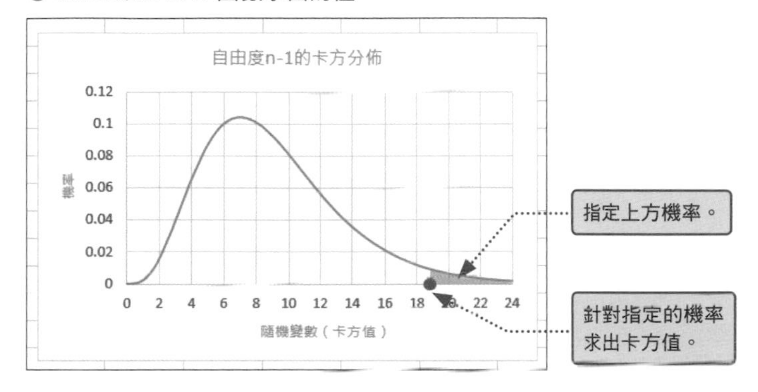

針對各種自由度指定的機率計算卡方值

●在「卡方分佈表」工作表的儲存格「B5」輸入的公式

B5	=CHISQ.INV.RT(B$4,$A5)

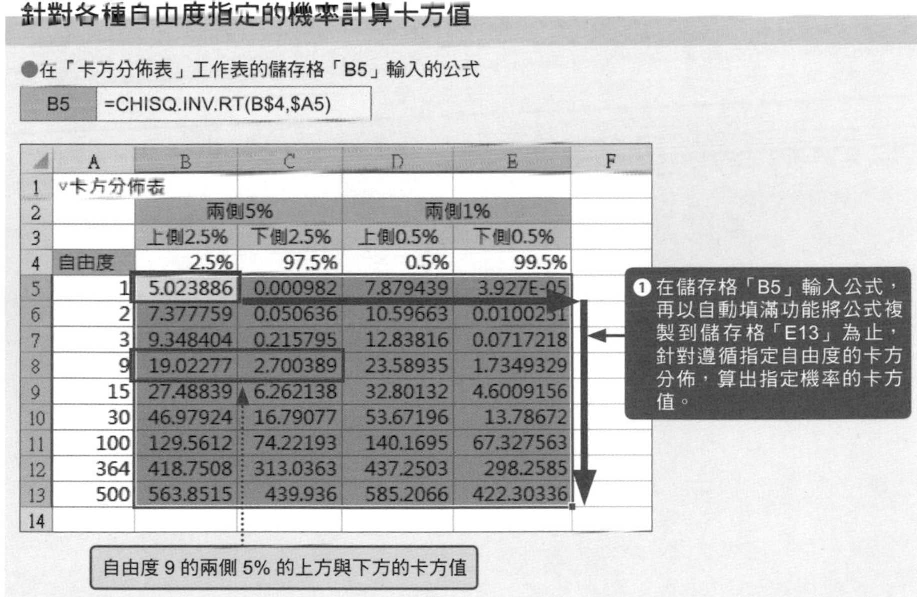

	A	B	C	D	E	F
1	卡方分佈表					
2		兩側5%		兩側1%		
3		上側2.5%	下側2.5%	上側0.5%	下側0.5%	
4	自由度	2.5%	97.5%	0.5%	99.5%	
5	1	5.023886	0.000982	7.879439	3.927E-05	
6	2	7.377759	0.050636	10.59663	0.0100251	
7	3	9.348404	0.215795	12.83816	0.0717218	
8	9	19.02277	2.700389	23.58935	1.7349329	
9	15	27.48839	6.262138	32.80132	4.6009156	
10	30	46.97924	16.79077	53.67196	13.78672	
11	100	129.5612	74.22193	140.1695	67.327563	
12	364	418.7508	313.0363	437.2503	298.2585	
13	500	563.8515	439.936	585.2066	422.30336	
14						

Excel 2007
▶ CHISQ.INV.RT 函數可改成「CHIINV」函數。

▶ Excel 的操作②：以 95% 信賴度推測母體變異數的區間

得由於分數資料只有 10 份，所以樣本大小 10 減 1 的 9 就是自由度。在自由度 9 的兩側機率 5% 的卡方值裡，上方 2.5% 點約為「19」，下方 2.5% 點約為「2.7」。將這個結果代入 P.246 的公式，也就是由卡方分佈推測的母體變異數區間的公式，就能求出 95% 信賴區間。

此外，這次是以不偏變異數的公式計算 95% 信賴區間。

範例
6-03「卡方檢定」工作表
Excel 2007 為 6-03-ver2007 的「卡方檢定」工作表

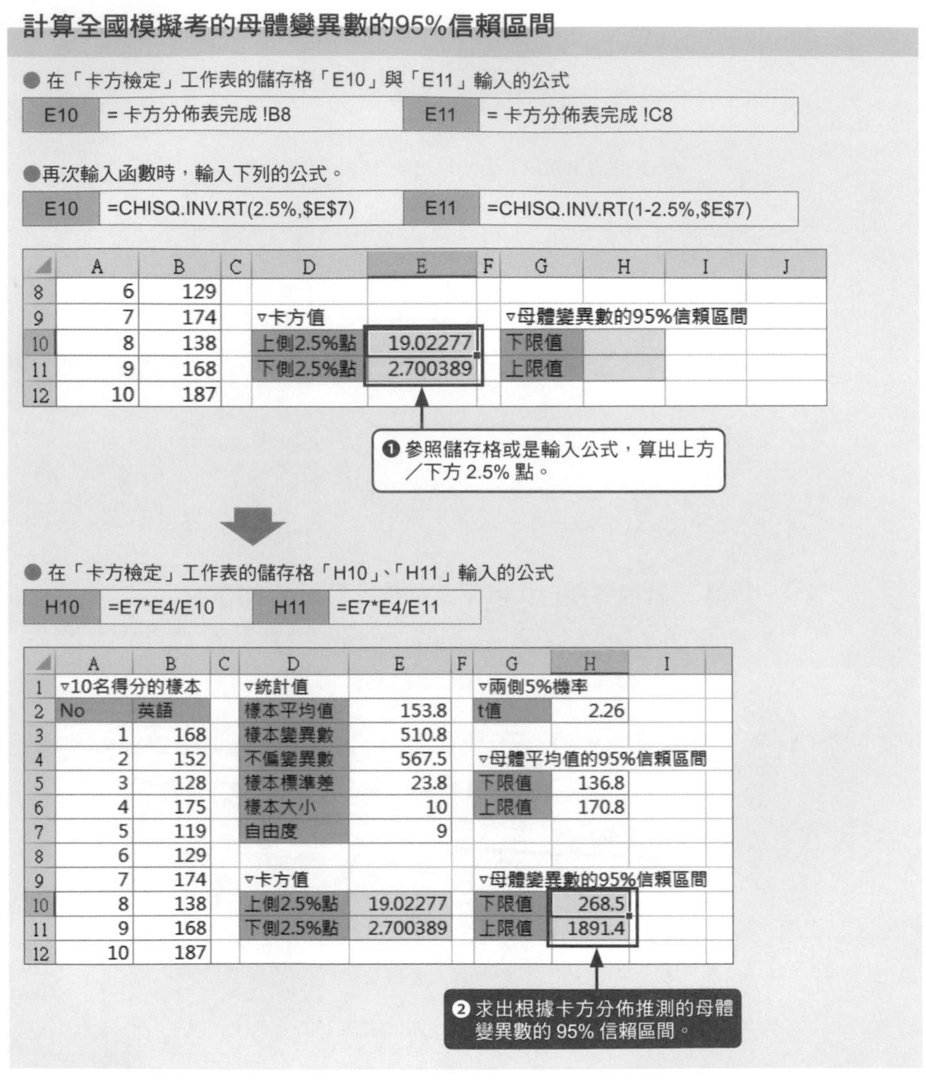

計算全國模擬考的母體變異數的95%信賴區間

● 在「卡方檢定」工作表的儲存格「E10」與「E11」輸入的公式

E10	= 卡方分佈表完成 !B8	E11	= 卡方分佈表完成 !C8

●再次輸入函數時，輸入下列的公式。

E10	=CHISQ.INV.RT(2.5%,$E$7)	E11	=CHISQ.INV.RT(1-2.5%,$E$7)

	A	B	C	D	E	F	G	H	I	J
8	6	129								
9	7	174		▿卡方值			▿母體變異數的95%信賴區間			
10	8	138		上側2.5%點	19.02277		下限值			
11	9	168		下側2.5%點	2.700389		上限值			
12	10	187								

● 在「卡方檢定」工作表的儲存格「H10」、「H11」輸入的公式

H10	=E7*E4/E10	H11	=E7*E4/E11

	A	B	C	D	E	F	G	H	I
1	▿10名得分的樣本			▿統計值			▿兩側5%機率		
2	No	英語		樣本平均值	153.8		t值	2.26	
3	1	168		樣本變異數	510.8				
4	2	152		不偏變異數	567.5		▿母體平均值的95%信賴區間		
5	3	128		樣本標準差	23.8		下限值	136.8	
6	4	175		樣本大小	10		上限值	170.8	
7	5	119		自由度	9				
8	6	129							
9	7	174		▿卡方值			▿母體變異數的95%信賴區間		
10	8	138		上側2.5%點	19.02277		下限值	268.5	
11	9	168		下側2.5%點	2.700389		上限值	1891.4	
12	10	187							

▶ 判讀結果

從全國模擬考的考卷隨機取樣 10 份，利用卡方分佈推測母體變異數的結果為：

全國模擬考英文得分的變異數在 95% 信賴度的前提下，應該落在 268.5 ～ 1891 分 2 之間。

變異數是單位的平方值，所以算出平方根，求出標準差之後，可得到下列的結果。下列是在空白的儲存格輸入 SQRT 函數，算出標準差的結果。

● 母體標準差的 95% 信賴區間

	A	B	C	D	E	F	G	H	I	J	K
8	6	129									
9	7	174		▽卡方值			▽母體變異數的95%信賴區間			▽換算成標準差	
10	8	138		上側2.5%點	19.023		下限值	268.5		16.38595	
11	9	168		下側2.5%點	2.7004		上限值	1891.4		43.49058	
12	10	187									
13											

這次在儲存格「J10」輸入了「=SQRT(H10)」，將變異數換算成標準差。儲存格「J11」也輸入了相同的函數。

重新把單位改寫成「分」就會得到下列的結果。

全國模擬考英語得分的標準差在 95% 信賴度的情況下，應該落在 16.4 ～ 43.5 分之間。

發展 ▶▶▶

▶ 費雪的近似式

卡方分佈的非對稱性會隨著自由度增加而減輕，形狀越來越接近常態分佈。卡方分佈本來就是遵循標準常態分佈的隨機變數求以平方而加總後的隨機變數所遵循的機率分佈，所以與標準常態分佈有著密切的關係。

下列是從 200 人份的英文分數資料以樣本大小 30 隨機取樣 1000 次，再根據樣本不偏變異數繪製的直方圖。與其說是卡方分佈，看起來更接近常態分佈。

● 200 人分的英文得分的隨機取樣與樣本不偏變異數

AI3 =VAR.S(E3:AH3)

	A	B	C	D	E	F	AH	AI
1	▽200人的得分			▽隨機取樣				
2	No	英語		取樣次數	樣本大小30			樣本不偏變異數
3	1	168		1	129	159	154	685.8954023
4	2	152		2	156	127	105	765.8896552
5	3	128		3	175	118	139	714.8747126
6	4	175		4	175	181	109	782.9241379
7	5	119		5	124	181	184	983.5505747
8	6	129		6	172	171	165	865.8436782
9	7	174		7	144	155	109	664.3781609
199	197	105		197	179	189	107	970.654023
200	198	99		198	163	170	133	783.7931034
201	199	157		199	172	167	118	1077.016092
202	200	183		200	191	163	184	700.5931034

算出 1000 筆隨機取樣的 30 筆資料的不偏變異數。

● 樣本大小 30 的樣本不偏變異數的直方圖

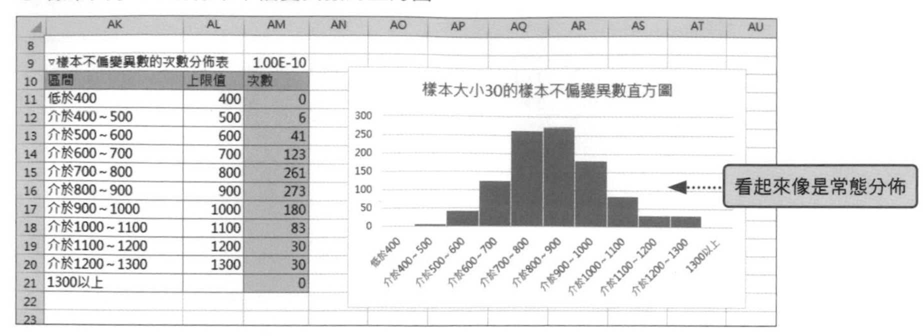

	AK	AL	AM
8			
9	▿樣本不偏變異數的次數分佈表		1.00E-10
10	區間	上限值	次數
11	低於400	400	0
12	介於400～500	500	6
13	介於500～600	600	41
14	介於600～700	700	123
15	介於700～800	800	261
16	介於800～900	900	273
17	介於900～1000	1000	180
18	介於1000～1100	1100	83
19	介於1100～1200	1200	30
20	介於1200～1300	1300	30
21	1300以上		0
22			
23			

其實自由度大於 100 後，下列的費雪近似式就會成立。到目前為止，有的卡方分佈表還只寫到自由度 100 的部分。CHISQ.INV.RT 函數雖然可在自由度超過 100 之後算出答案，但只要根據下列的公式，卡方值就能透過標準常態分佈的 z 值與自由度算出，也就是能用電子計算機計算的公式。

● 費雪的近似式　自由度 >100

$$c(\text{自由度},\text{上方機率}) \approx \frac{1}{2}\left(z+\sqrt{2\times\text{自由度}}\right)^2$$

以費雪近似式計算 95% 信賴區間時，z 值為兩側 5% 點（上下 2.5% 點），所以就是「1.96」。以 200 人份的英文得分試驗近似式，算出的自由度為 199。

為了方便比較，順便列出以 CHISQ.INV.RT 函數計算的卡方值，應該可以發現費雪近似式的結果真的很近似。

● 費雪近似式的卡方值

	A	B	C	D	E	F	G	H	I	J	K
1	▿200名的得分樣本			▿統計值			▿兩側5%的機率				
2	No	英語		樣本平均值	145.465		t值	1.997			
3	1	168		樣本變異數	831.6						
4	2	152		不偏變異數	835.8		▿母體平均值的95%信賴區間				
5	3	128		樣本標準差	28.9		下限值	141.4			
6	4	175		樣本大小	200		上限值	149.5			
7	5	119		自由度	199						
8	6	129									
9	7	174		▿卡方值			▿以z值與自由度算出的卡方值				
10	8	138		上側2.5%點	239.96		上側2.5點	239.473			
11	9	168		下側2.5%點	161.826		下側2.5點	161.369			
12	10	187									
13	11	151		▿z值			▿母體變異數的95%信賴區間				▿標準差
14	12	132		上側2.5%點	1.95996		下限值	693.14			26.33
15	13	1993		下側2.5%點	-1.96		上限值	1027.81			32.06
16	14	118									
17	15	131		▿(2×自由度-1)的平方							
18	16	150		19.9248589							

=(E14+D18)^2/2

非常近似

04 推測新商品的購買比率

像「是／否」這種二選一的隨機變數會遵循二項分佈。針對只有 0 與 1 的資料計算平均值，會算出 1 與所有資料的比例。這次要推測的就是這個比例的區間。

導入 ▶▶▶

例題 **「根據問卷調查結果推測新商品的購買比率」**

K 公司對新商品進行問卷調查後，回收了問卷。這次的問卷以「買／大概會買／不知道／大概不會買／不買」評估新商品。問卷數共有 200 份。如果想根據問卷調查結果了解於全國銷售時的購買比率，該怎麼做才好呢？

● 問卷結果

	A	B	C	D	E
1	▿問卷結果			▿問卷評價	
2	問卷No	評價		答案	評價
3	1	4		會買	5
4	2	3		大概會買	4
5	3	2		不知道	3
6	4	3		大概不會買	2
7	5	3		不買	1
8	6	3			
199	197	5			
200	198	4			
201	199	2			
202	200	4			
203					

量化問卷的每種答案

▶ 利用常態分佈推測母體比率

不是要用二項分佈嗎？或許有很多讀者有疑問，但就如 p.211 與下圖所示，二項分佈會在試行次數增加後，越來越接近常態分佈，而且不會受發生機率影響。

● 試行次數 150 次的二項分佈

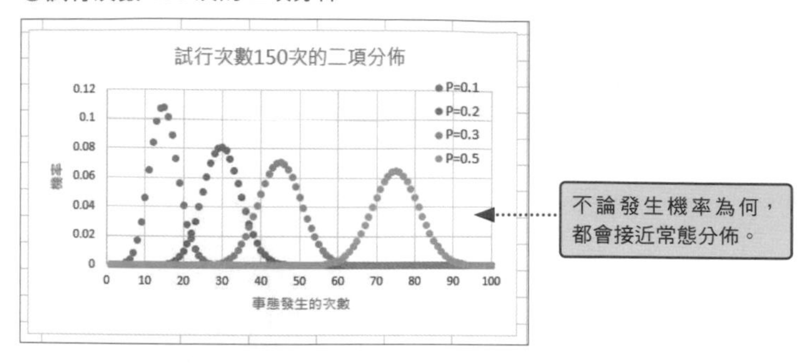

● 二項分佈的平均值與變異數

由於二項分佈是二擇一的隨機變數所遵循的分佈，所以乍看之下很特殊，但就如上圖所示，只要增加試行次數，就會越來越像常態分佈，所以第 4 章導出的中央極限定理也才能使用。

接下來讓我們思考 10 個從母體篩選而來的 1 與 0。假設 1 的發生機率為 0.2。換言之，期望值就是 10×0.2=2，代表 10 筆資料之中有 2 個「1」。

● 發生機率為 0.2 的母體的母體平均值與母體變異數

	A	B	C	D	E	F	G	H
1	▽発生確率0.2の母集団			▽母分散			▽集計値	
2	No	データ		偏差	偏差の2乗		母平均	0.2
3	1	1		0.8	0.64		母分散	0.16
4	2	1		0.8	0.64			
5	3	0		-0.2	0.04			
6	4	0		-0.2	0.04			
7	5	0		-0.2	0.04			
8	6	0		-0.2	0.04			
9	7	0		-0.2	0.04			
10	8	0		-0.2	0.04			
11	9	0		-0.2	0.04			
12	10	0		-0.2	0.04			
13				合計（変動）	1.6			
14				変動の平均値	0.16			

發生機率一致

不發生的機率的平方

發生機率的平方

母體平均值與發生機率一致。母體平均值可視為是 1 佔 10 筆資料的比例，所以也稱為母體比率，而這就是這次要推測的值，以後也都標記為「P」。

▶可參考 P.165 將吃不吃早餐的結果換成「1」與「0」，再隨機取樣的範例。

母體變異數就是以資料筆數除以偏差平方和所得的值。由於資料有兩種，所以偏差的平方值也只有兩種。一種是不會發生的機率的平方值，另一個是發生機率的平方值。以「P」標記後，不會發生的機率寫成「1-P」，其平方值為「$(1-P)^2$」，而「$(1-P)^2$」發生了 2 次，P^2 發生了 8 次，所以母體變異數可利用下列的公式求得。

$$母體變異數 = \frac{(1-P)^2 \times 2 + P^2 \times 8}{10}$$

不過，「2/10」為「0.2」，「8/10」為 0.8，而這兩個數值分別為「P」與「1-P」，所以可整理成下列的公式。

母體變異數 $= (1-P)^2 \times P + P^2 \times (1-P) = P \times (1-P)$

根據上述公式，在資料只有兩種的情況下，母體平均值（母體比率）為「P」，母體變異數為「P(1-P)」。這次的資料數雖然只有 10 筆，但不管是 100 筆還是 200 筆，比率只要相同，就會得到同樣的結果。

接下來讓我們套用中央極限定理。從母體平均值（母體比率）為「P」，母體變異數為「P(1-P)」的母體篩選出樣本大小 n，篩選所得的樣本平均值（樣本比率）將遵循平均值為「P」、變異數為「P(1-P) ／ n」的常態分佈，不過要注意的是，這裡的 n 必須是夠大的值。

● 母體比率的95%信賴區間

要在母體比率的推測加上 95% 的信賴度，只需要知道與常態分佈近似的樣本比率 X 落在常態分佈的哪個範圍。話說回來，我們已經知道 95% 信賴區間的兩側 5% 點（上下 2.5% 點）是「1.96」，但這個「1.96」是標準常態分佈 N(0,1) 的值。

由於樣本比率 X 遵循常態分佈 N(P,P(1-P) ／ n)，所以為了能遵循 N(0,1)」要將樣本比率 X 標準化。假設標準化的資料為 Z，而這個 Z 又能落在 ±1.96 的範圍裡，就能在 95% 信賴度的前提下推測母體比率。

● 樣本比率 X 的標準化資料 Z

$$Z = \frac{X-P}{\sqrt{\frac{P(1-P)}{n}}}$$

●以 95% 信賴度為前提時，Z 可能出現的值

$$-1.96 \leqq \frac{X-P}{\sqrt{\frac{P(1-P)}{n}}} \leqq 1.96$$

若以 P 為中心，可整理成下列的公式。

●母體比率的 95% 信賴區間

$$X-1.96 \times \sqrt{\frac{P(1-P)}{n}} \leqq P \leqq X+1.96 \times \sqrt{\frac{P(1-P)}{n}}$$

摻雜著想知道的 P，所以無法計算。

這裡發生了一個問題。明明是整理成以 P 為中心的公式，但是計算範圍的公式裡還是有 P。一如第 4 章的實驗，樣本平均值的平均值會朝母體平均值收斂，而且樣本大小越大，分散的程度越小，也越往母體平均值的附近靠攏，因此樣本大小越大，母體比率 P 越近似於樣本比率 X。

就讓我們再整理一次公式吧！

$$X-1.96\times\sqrt{\frac{X(1-X)}{n}} \leqq P \leqq X+1.96\times\sqrt{\frac{X(1-X)}{n}}$$

走到這一步似乎可以開始推測母體比率，就讓我們在實踐裡推測母體比率吧！

實踐 ▶▶▶

▶ Excel 的操作① ： 將評價分成 1 與 0

範例
6-04「操作」工作表

這次的問卷調查是以五段式評估的方式實施，我們要將回答「買／大概會買」這類評價 4 以上的答案轉換為「1」，並將「不買／大概不買」的答案轉換為「0」。至於「不知道」的答案可根據過去問卷的結果，依比例分 1 與 0，但這次的例題決定排除「不知道」這個答案。至於要怎麼排除，就是在遇到評價為 3 時，輸入長度為 0 的字串，讓儲存格保持空白。

要將評價分成 1 與 0 可使用 IF 函數。

將評價分成1與0

● 在儲存格「C3」輸入的公式

C3	=IF(B3>=4,1,IF(B3=3,"",0))

	A	B	C	D	E	F	G
1	▿問卷結果						
2	問卷No	評價	評估整理價		樣本比率		
3	1	4	1		樣本大小		
4	2	1	0				
5	3	2	0		▿母體比率的95%信賴區間		
6	4	3			下限值		
7	5	3			上限值		
8	6	3					
9	7	2	0				
10	8	2	0				
11	9	2	0				

❶ 在儲存格「C3」輸入 IF 函數，再以自動填滿功能將公式複製到儲存格「C202」，將評價整合為 1 與 0。

▶ Excel 的操作② ： 以 95% 的信賴度推測母體比率的區間

這次的問卷雖有 200 份，但已經排除評價 3 的回答，所以可利用 COUNT 函數計算樣本大小。樣本比率與樣本平均相同，所以可利用 AVERAGE 函數計算。根據樣本比率與樣本大小代入母體比率的 95% 信賴區間不等式，就能算出下限值與上限值。

計算樣本比率與樣本大小

● 在儲存格「F2」與「F3」輸入的公式

F2	=AVERAGE(C3:C202)	F3	=COUNT(C3:C202)

	A	B	C	D	E	F	G
1	▿問卷結果						
2	問卷No	評價	評估整理價		樣本比率	35.2%	
3	1	4	1		樣本大小	162	
4	2	1	0				
5	3	2	0		▿母體比率的95%信賴區間		
6	4	3			下限值		
7	5	3			上限值		
8	6	3					
9	7	2	0				

❶在儲存格「F2」與「F3」輸入公式，算出樣本比率與樣本大小。

計算母體比率的95%信賴區間

● 在儲存格「F6」與「F7」輸入的公式

F6	=F2-1.96*SQRT(F2*(1-F2)/F3)	F7	=F2+1.96*SQRT(F2*(1-F2)/F3)

	A	B	C	D	E	F	G
1	▿問卷結果						
2	問卷No	評價	評估整理價		樣本比率	35.2%	
3	1	4	1		樣本大小	162	
4	2	1	0				
5	3	2	0		▿母體比率的95%信賴區間		
6	4	3			下限值	27.8%	
7	5	3			上限值	42.5%	
8	6	3					
9	7	2	0				

❶在儲存格「F6」、「F7」輸入公式，算出母體比率的95%信賴區間。

▶ 判讀結果

從新商品的問卷調查算出的購買比率的 95% 信賴區間如下。

新商品的購買比率在 95% 的信賴度下應該落在 27.8% ～ 42.5% 之間。不過，推測的是「買／大概會買」的比率。

大致上就是當消費者有 100 位，大概會有 28 ～ 42 人停下腳步打算購買的感覺。

發展 ▶▶▶

▶ 區間幅度與樣本大小

例題在 95% 的信賴度下，推測母體比率落在 27.8 ～ 42.5 之間，但這個區間幅度有 14.7% 之多，也代表業績會有 15% 的振幅。沒辦法讓這個振幅縮小嗎？請先注意這個區間幅度。

● 區間幅度

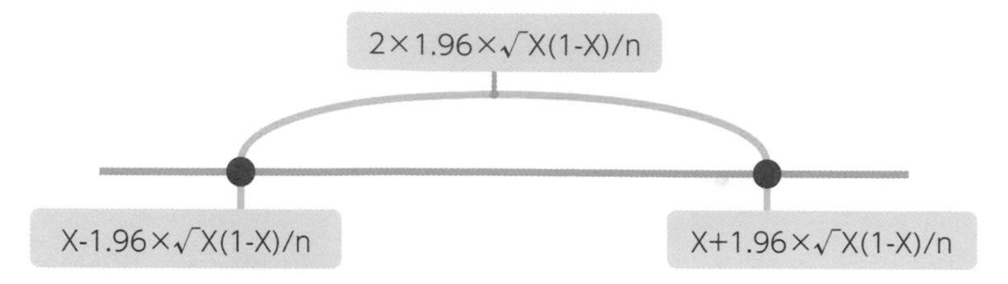

從上圖得知，區間幅度會隨著「根號 X(1-X)/n」而改變，裡面的 X 是樣本比率，所以會於 0 ～ 1（0% ～ 100%）變動。下圖是代表「X」、「1-X」與「X(1-X)」的圖表。從中可以得知道「X(1-X)」最多是「0.25」。

●樣本比率 X 與 X(1-X) 的關係

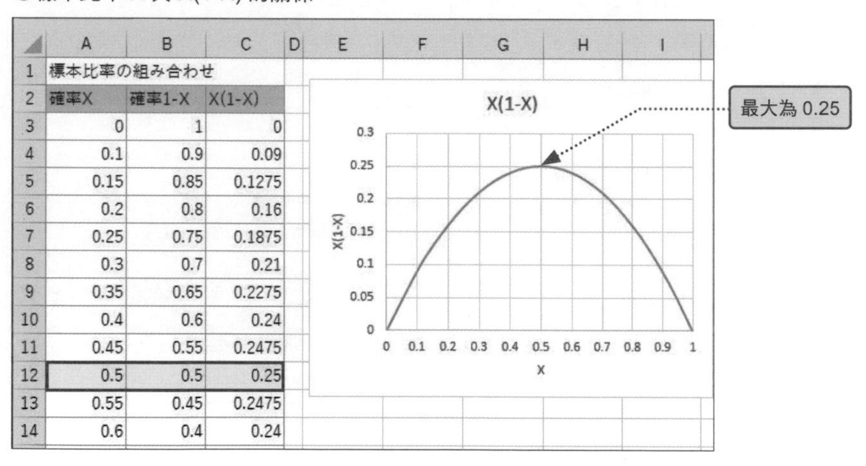

	A	B	C
1	標本比率の組み合わせ		
2	確率X	確率1-X	X(1-X)
3	0	1	0
4	0.1	0.9	0.09
5	0.15	0.85	0.1275
6	0.2	0.8	0.16
7	0.25	0.75	0.1875
8	0.3	0.7	0.21
9	0.35	0.65	0.2275
10	0.4	0.6	0.24
11	0.45	0.55	0.2475
12	0.5	0.5	0.25
13	0.55	0.45	0.2475
14	0.6	0.4	0.24

區間幅度公式的「X(1-X)」部分若代入最大值的「0.25」，會得到下列的公式。

$$\text{間幅（最大值）} = 2\times1.96\times\sqrt{\frac{0.25}{n}} = 1.96\times\sqrt{\frac{4\times0.25}{n}} = \frac{1.96}{\sqrt{n}}$$

由此可知，要利用上述公式縮小區間幅度的話，只需要放大樣本大小 n 即可。例題的區間幅度約為 15%，假設想縮小 5%，會得到下列的公式，樣本大小為「1537」。

此外，問卷的結果，也就是樣本比率為 35.2，所以「X(1-X)」是否可以當成「0.352×(1-0.352) 呢？或許有讀者會這麼想，但是「35.2%」是事後算出來的值，不是在實施問卷之前就知道的值，所以先以最大值估算就好。

$$5\% = \frac{1.96}{\sqrt{n}} \quad \text{より、} n = \left(\frac{1.96}{5\%}\right)^2 \approx 1537$$

下圖是代表多個樣本比率的區間幅度與樣本大小的關係的圖表。信賴度固定為 95%。區間幅度越狹窄，母體比率的信賴區間越縮小，也越能鎖定母體比率，換言之就是越精準。精確度越高（縮小區間幅度），樣本大小就會膨脹成非現實的數字，但是讓精確度下降的話，就能減少需要的資料量。舉例來說，區間幅度為 5% 時，問卷數需要「1537」份，但是區間幅度放寬至 10% 的話，問卷數就只需要「384」份。

從 P.256 的樣本比率 X 與 X(1-X) 的關係來看，當樣本比率為 0.5 時，樣本大小將達最高的程度，所以不管樣本比率比 0.5 大還是小，樣本大小都會變小。

● 區間幅度與樣本大小的關係（信賴度為 95%）

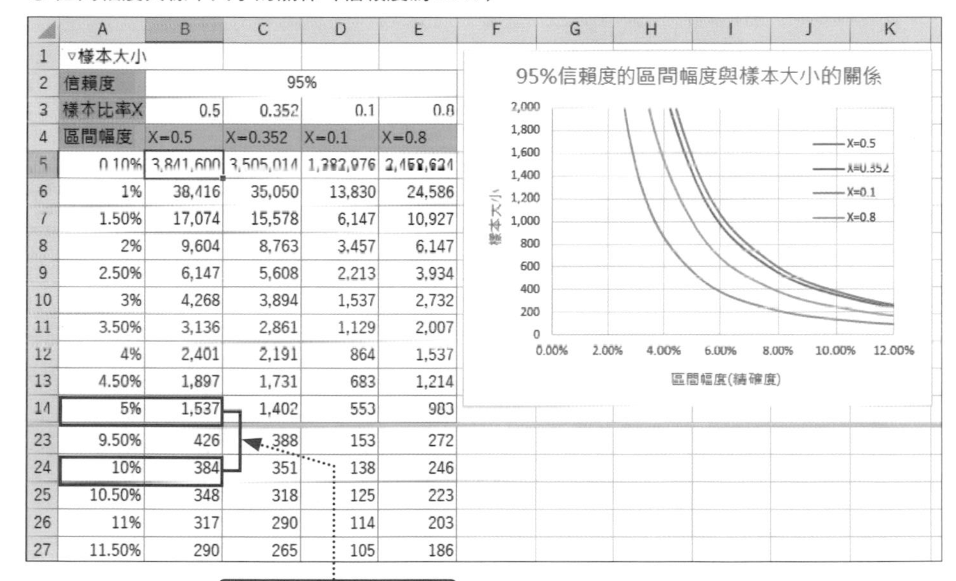

	A	B	C	D	E
1	▽樣本大小				
2	信賴度	95%			
3	樣本比率X	0.5	0.352	0.1	0.8
4	區間幅度	X=0.5	X=0.352	X=0.1	X=0.8
5	0.10%	3,841,600	3,505,014	1,382,976	2,458,624
6	1%	38,416	35,050	13,830	24,586
7	1.50%	17,074	15,578	6,147	10,927
8	2%	9,604	8,763	3,457	6,147
9	2.50%	6,147	5,608	2,213	3,934
10	3%	4,268	3,894	1,537	2,732
11	3.50%	3,136	2,861	1,129	2,007
12	4%	2,401	2,191	864	1,537
13	4.50%	1,897	1,731	683	1,214
14	5%	1,537	1,402	553	983
23	9.50%	426	388	153	272
24	10%	384	351	138	246
25	10.50%	348	318	125	223
26	11%	317	290	114	203
27	11.50%	290	265	105	186

練習問題

問題 想推測股票市場的平均漲跌率與標準差

下圖是日經每月平均股市收盤價的資料。股票的價格會受景氣的影響，所以與前一個月的比率可當成樣本資料使用。目前已經收集了每個月的平均備直。

範例
練習：6-renshu
完成：6-kansei

● 股票市場資料

	A	B	C	D	E	F	G	H	I	J	K
1	▽日經每月平均股價					▽前月比統計值					
2	日期	收盤價	每月漲跌率	前月比		平均值／月	0.635%				
3	2010/1/1	10198.04				樣本變異數／月	0.290%				
4	2010/2/1	10126.03	-0.0070612	0.992938839		不偏變異數／月	0.294%				
5	2010/3/1	11089.94	0.0951913	1.095191304		樣本標準差	5.419%				
6	2010/4/1	11057.4	-0.0029342	0.997065809		樣本大小	73				
7	2010/5/1	9768.7	-0.1165464	0.883453615							
8	2010/6/1	9382.64	-0.0395201	0.9604799		◎使用t分佈-母體平均的95%信賴區間			◎母體變異數的95%信賴區間		
9	2010/7/1	9537.3	0.01648363	1.016483634		自由度			自由度		
10	2010/8/1	8824.06	-0.0747843	0.925215732		兩方5%點（上方t值）			上方2.5%點		
11	2010/9/1	9369.35	0.06179582	1.061795817		95%信賴區間下限值			下方2.5%點		
12	2010/10/1	9202.45	-0.0178134	0.982186598		95%信賴區間上限值			95%信賴區間下限值		
13	2010/11/1	9937.04	0.07982548	1.079825481					95%信賴區間上限值		
14	2010/12/1	10228.92	0.02937293	1.029372932		◎使用常態分佈-母體平均值的95%信賴區間					
15	2011/1/1	10237.92	0.00087986	1.000879858		上方2.5%點（上方z值）			◎母體標準差的95%信賴區間		
16	2011/2/1	10624.09	0.03771958	1.037719576		95%信賴區間下限值			95%信賴區間下限值		
17	2011/3/1	9755.1	-0.0817943	0.9182057		95%信賴區間上限值			95%信賴區間上限值		
18	2011/4/1	9849.74	0.00970159	1.009701592							
19	2011/5/1	9693.73	-0.015839	0.984161003							

在問題開始之前先補充。每月漲跌率是以「(當月收盤價 - 前月收盤價)／前月收盤價」的算式計算，與業績成長率的計算方式相同。此外，前月比雖然以「當月收盤價／前月收盤價」的算式計算，但這個值與每月漲跌率加上 100% 的值相同，所以就是每月漲跌率的倍率換算值。儲存格「G2」的平均值可利用這個倍率換算值計算，最後減掉 100%（1），還原回每月漲跌率的平均值。

由此可知，母體平均值為平均每月漲跌率，母體標準差為每月漲跌率的變動，點估計推測的母體平 . 均值為 0.635%（儲存格「G2」），標準差為 5.419%（儲存格「G5」）。

① 利用 t 分佈在 95% 信賴度的前提下推測母體平均值的區間。
② 利用常態分佈在 95% 信賴度的前提下推測母體平均值的區間。
③ 以 95% 的信賴度推測母體變異數的區間。
④ 以 95% 的信賴度推測母體標準差的區間。

MEMO 比率的平均值

一般的資料都是一列就結束，沒有前後列的資料也沒關係，而這種情況稱為「資料彼此獨立」，但在這次的練習問題裡，前月比沒有前月資料就無法計算，所以資料並未彼此獨立。計算平均值的資料若是與前後的資料有所關聯時，可利用幾何平均法這種計算方法求出平均值。幾何平均數是乘上所有正值的比率，再求出資料數的 n 次方根所得的值。Excel 可利用 GEOMEAN 函數算出。

CHAPTER

07

偶然與必然的分水嶺

隨著版本不斷升級，Excel 處理大量資料的功能也越來越強化。能以簡單的操作處理大量資料，成就感的確非比尋常。不過，之後才是真正的問題。從 Excel 算出的答案導出的結論是否能就此斷言是真的，必須進一步檢定，所以本章將針對統計的檢定解說。

01 魔鬼藏在細節裡

要了解蒙上一層面紗的母體只能透過樣本推測，而推測母體的方法有兩種，一種已在第 6 章介紹，就是以 95% 信賴度推測母體平均值或母體變異數的範圍，換言之就是「區間估計」，另一種就是針對母體建立假設，再驗證該假設的「假設檢定」。這一節將為大家介紹驗證母體假設的假設檢定。

導入 ▶▶▶

例題 「只是剛好惡運連連？」

L 公司的業務課因為不斷地失去訂單而死氣沉沉。這一季明明才剛開始，就已經連續失去五張訂單，而且這種情況還是第一次發生。擔任經理的 M 先生與擔任業務主任的 Y 先生對此有下列的想法。

●交易狀況

	A	B	C
1	案件No	負責人	交易進度
2	A-001	郁文	失去訂單
3	A-001	瑋礽	失去訂單
4	A-001	銘仁	失去訂單
5	A-001	勝朋	失去訂單
6	A-001	美雪	失去訂單
7	A-001	立國	交涉中
8	A-001	政志	開始拜訪
9			

連續失去五筆訂單是偶然嗎？

M先生的想法

①跑業務時，拿到訂單與失去訂單的比例差不多是一半一半。

②既然機率是一半一半，所以連續五次失去訂單的機率是0.5×0.5×0.5×0.5×0.5=0.3125～約為3%。

③3%的確是很低的機率，但跑業務本來就有順利不順利的時候，只是偶然碰上3%的情況。

Y先生的想法

①連續五次失去訂單的機率既然是3%，就是很少見的情況。

②不過在現實生活裡，很少見的情況不代表不會發生。

③換言之，經理所說的拿到訂單與失去訂單的比例是相同的想法有問題。

④跑業務卻拿不到訂單的機率就算有六成也很正常，假設拿不到訂單的機率有六成，那麼連續五次拿不到訂單的機率就是(6/10)×(6/10)×(6/10)×(6/10)×(6/10) ～ 7.8%，所以連續五次拿不到訂單並不罕見。

您贊成哪邊的說法？

此外，季中與季末過去後，得到的最終結果如下。案件數不包含正在交涉的案件。與季初相同的是，M 經理仍然認為拿到訂單與失去訂單的比例相同，Y 主任也依舊認為失去訂單的機率應該大於拿到訂單。讓我們根據季中與季末的資料驗證這兩位的想法吧。

季中：案件數20件－失去訂單14件　拿到訂單6件

季末：案件數50件－失去訂單28件　拿到訂單22件

▶ 統計的假設檢定的關鍵在於能否否定 「相等」

統計的假設檢定與區間估計一樣，都是推測母體的手法。區間估計屬於推測母體平均值與母體變異數落在()()範圍內這種「直接」的推測，假設檢定則比較間接，很像是有點多此一舉的方式進行推測。

假設檢定的關鍵在於能否指出母體的「機率相等假設」的矛盾之處。

這次要以 L 公司的業務案件為對象，將失去訂單的機率視為 P，並且利用公式表現 M 經理與 Y 主任的想法。

M 經理的想法：P=0.5　失去訂單與拿到訂單的機率相等

Y 主任的想法：P>0.5　失去訂單的機率高於拿到訂單的機率

對 Y 主任而言，「P=0.5」是想放棄的內容，在統計的世界裡，這就稱為虛無假設，簡單說來，就是想歸於虛無的假設，而 Y 主任自己的主張就稱為對立假設。

一般來說，虛無假設會以「=」代表，將機率相等這件事當成假設。相對的，對立假設會使用「≠」、「＜」、「＞」這類不等號建立假設，「≠」的檢定稱為兩邊檢定，「＜」或「＞」則稱為單尾檢定。在這次的範例裡，「P=0.5」就是虛無假設，「P>0.5」就是對立假設。

Y 主任收集了去年的案件資料，從失去訂單與拿到訂單的比例找出「P ＞ 0.5」的事實，但這樣真的能證明「P ＞ 0.5」成立嗎？如果拿上述的結果問 M 經理，很可能會被「只不過是去年剛好是 P ＞ 0.5 的結果」而一口否定，因為不管收集多少「P ＞ 0.5」的事實，也無法斷言 P 真的大於 0.5。

與其想證明「P ＞ 0.5」這個事實，Y 主任更想指出 P=0.5 是矛盾的，換言之想證明「P=0.5 是錯誤的」。

像這樣故意把內心真正想說的對立假設放一旁，接受主張機率相等的虛無假設，再驗證虛無假設是否矛盾的手法稱為假設檢定。

▶ 能指出矛盾的基準為 5% 的機率

進行區間估計時，會使用樣本遵循的機率分佈，以 95% 的信賴度推測母體平均值與母體變異數。所謂的信賴度 95% 指的是允許 5% 的風險率。假設檢定也一樣不知道母體，所以會在隨機篩選樣本之後，從篩選 n 個的隨機變數算出稱為檢定統計量的檢定專用值，接著再利用檢定統計量遵循的機率分佈，在判斷基準 5% 的前提下判斷能否放棄虛無假設。如果想要更精準地進行判斷，可將判斷基準設定為 1%。在假設檢定的世界裡，5% 或 1% 都稱為顯著水準。

●檢定統計量與顯著水準

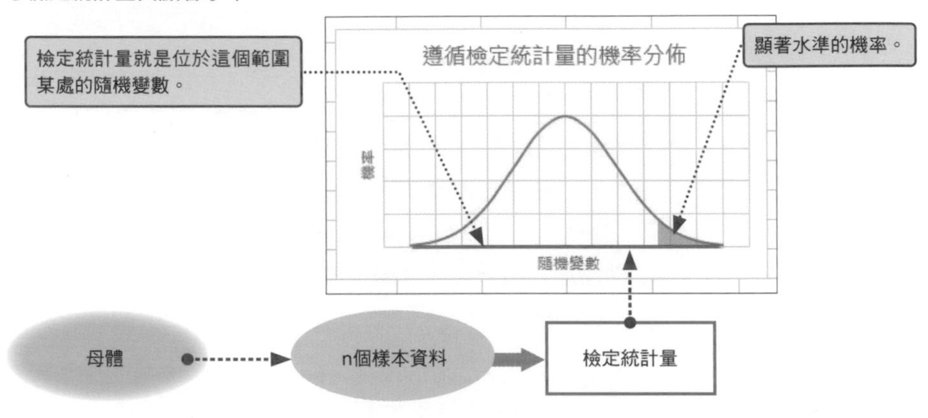

以例題而言，從拿到／失去訂單二擇一的隨機變數所遵循的機率分佈是二項分佈，所以這次要利用二項分佈的原理，以檢定統計量與顯著水準 5% 驗證虛無假設。

此外，顯著水準與機率分佈的面積相當，所以與檢定統計量比較時，可換算成與顯著水準對應的隨機變數，不然也可以將檢定統計量換算成機率，再與顯著水準比較。

下面列出了三種檢定方法，機率分佈則以容易繪製與觀察的常態分佈為例。

●雙尾檢定：虛無假設「ρ＝λ」、對立假設「ρ ≠ λ」

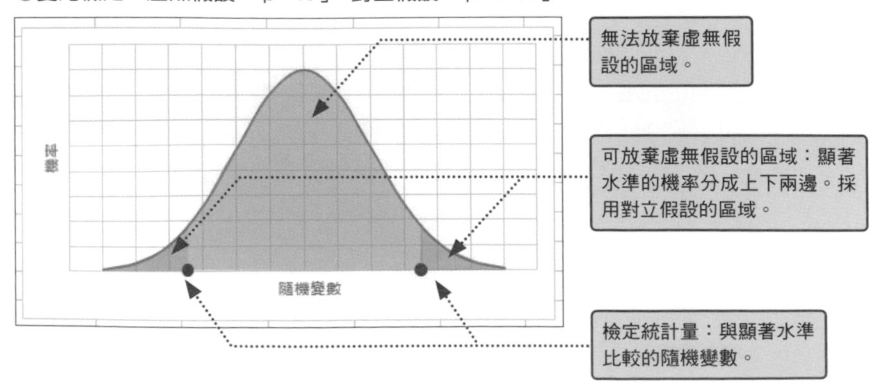

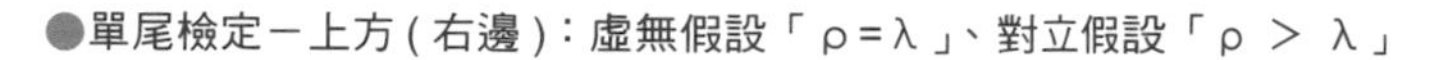

●單尾檢定－上方 (右邊)：虛無假設「ρ＝λ」、對立假設「ρ ＞ λ」

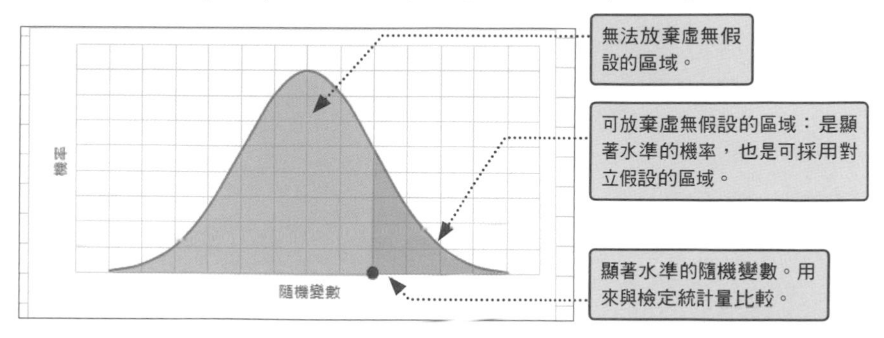

●單尾檢定－下方 (左邊)：虛無假設「ρ＝λ」、對立假設「ρ ＜ λ」

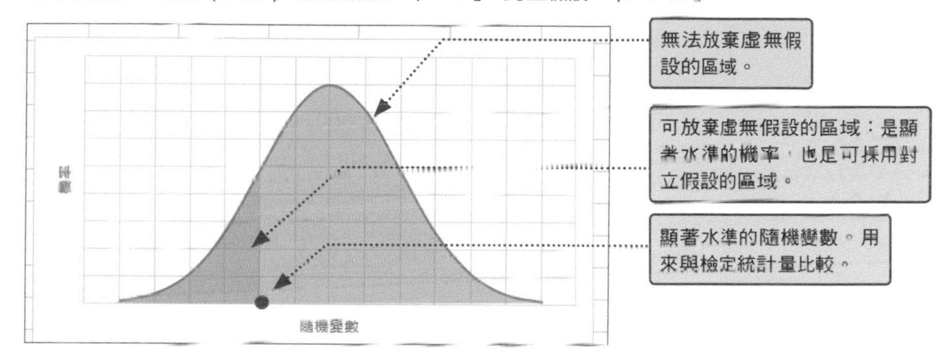

實踐 ▶▶▶

範例 7-01

▶ 建立 Excel 表格

從訂單成交／未成交二擇一的隨機變數遵循二項分佈。這次要計算季初、季中、季末的二項機率，再分別計算可能超過失去訂單數的機率。

以季中而言，20 件的案件中失去 14 件的機率不能只針對 14 件計算，而是要計算失去 14 ～ 20 件的機率，所以才會設立加總超過未成交機率的欄位。

●於假設檢定使用的二項機率表格

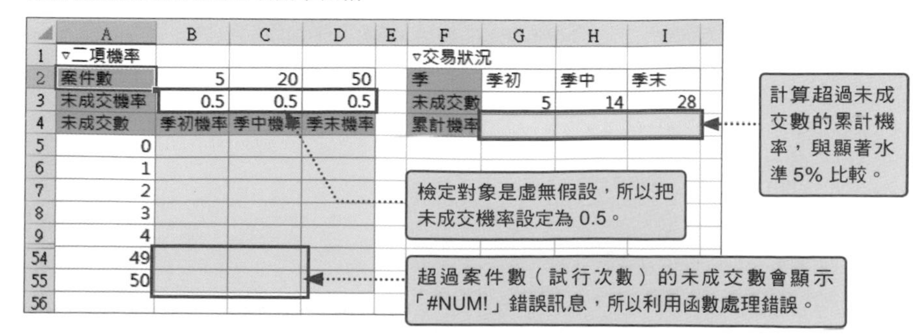

	A	B	C	D	E	F	G	H	I
1	▿二項機率					▿交易狀況			
2	案件數	5	20	50		季	季初	季中	季末
3	未成交機率	0.5	0.5	0.5		未成交數	5	14	28
4	未成交數	季初機率	季中機率	季末機率		累計機率			
5	0								
6	1								
7	2								
8	3								
9	4								
54	49								
55	50								
56									

▶ Excel 的操作① ： 計算二項機率

接著要計算季初、季中、季末的二項機率。二項機率可使用 BINOM.DIST 函數計算。由於不會算出還沒嘗試的機率，所以超過案件數（試行次數）的二項機率會顯示為「#NUM!」，這次要使用 IFERROR 函數處理這個錯誤。

BINOM.DIST函數 ➡ 計算二項分佈的機率

格式 =BINOM.DIST(成功次數 , 試行次數 , 成功率 , 函數格式)

解說 若在二擇一的狀況下，成功次數可指定為單邊發生的次數，然後計算以試行次數與成功率決定的二項分佈的機率。函數格式若指定為 FALSE，則計算成功次數的機率，若指定為 TRUE，則計算到成功次數為止的累計機率，也就是計算面積。

IFERROR函數 ➡ 顯示錯誤時，改成顯示指定的值

格式 =IFERROR(值 , 錯誤時的值)

解說 假設指定的值為錯誤，就顯示錯誤時的值。

補充 IFERROR 函數是避免顯示算式或函數造成的錯誤的經典函數。這一次希望發生錯誤時保持空白，所以指定顯示的值為長度 0 的字串「""」。

計算每種案件數的二項分佈的機率

●在儲存格「B5」輸入的公式

B5	=IFERROR(BINOM.DIST($A5,B$2,B$3,FALSE),"")

	A	B	C	D	E	F	G
1	▿二項機率					▿交易狀況	
2	案件數	5	20	50		季	季初
3	未成交率	0.5	0.5	0.5		未成交數	
4	未成交數	季初機率	季中機率	季末機率		累計機率	
5	0	0.0313	9.54E-07	8.88E-16			
6	1	0.1563	1.91E-05	4.44E-14			
7	2	0.3125	0.000181	1.09E-12			
8	3	0.3125	0.001087	1.74E-11			
9	4	0.1563	0.004621	2.05E-10			
10	5	0.0313	0.014786	1.88E-09			
11	6	#NUM!	0.036964	1.41E-08			
12	7	#NUM!	0.073929	8.87E-08			
13	8	#NUM!	0.120134	4.77E-07			
14	9	#NUM!	0.160179	2.23E-06			
15	10	#NUM!	0.176197	9.12E-06			
16	11	#NUM!	0.160179	3.32E-05			

❶ 在儲存格「B5」輸入 BINOM.DIST 函數，再利用自動填滿功能將公式複製到儲存格「D55」為止。

若是超過案件數（試行次數）就會顯示「#NUM!」錯誤。

Excel 2007
► 請將 BINOM.DIST 函數換成 BINOMDIST 函數。

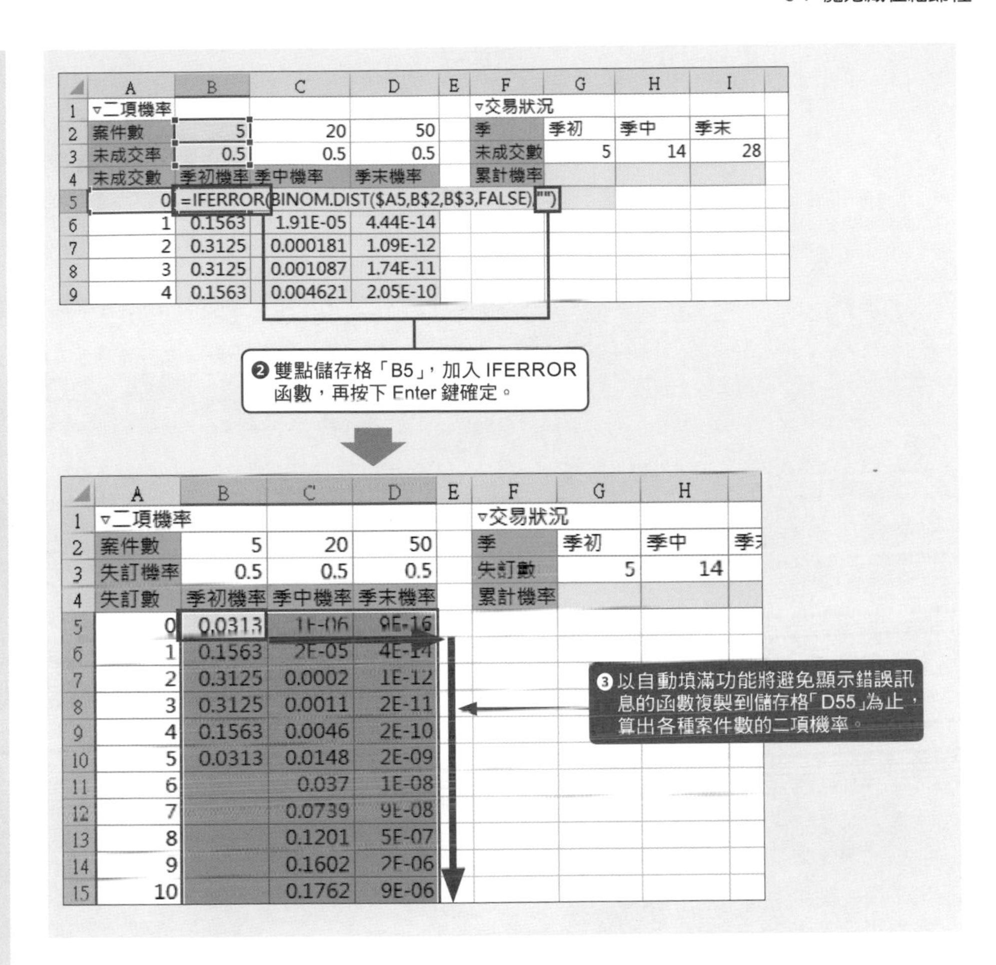

▶ Excel 的操作② ： 計算未成交數的機率

季初、季中、季末的未成交數分例為 5 件中 5 件、20 件中 14 件、50 件中 28 件，而接下來要計算的是這三段時間的未成交數機率，不過要計算的不是剛好 14 件或 28 件的機率，而是要計算失訂數超過 14 件的二項機率。這次使用的是 SUMIF 函數，加總超過指定未成交數以上的機率。

SUMIF函數 ➡ 加總符合條件的資料

格　式　=SUMIF(範圍、搜尋條件、加總範圍)

解　說　在指定的範圍裡搜尋符合搜尋條件的資料，若是在加總範圍找到符合的儲存格，就加總該儲存格的數值。

補　充　要於搜尋條件指定為比較演算子的時候，需要以兩個半形雙引號「""」將比較運算子括起來。此外，儲存格與比較演算子可利用「&」合併。

CHAPTER 01
CHAPTER 02
CHAPTER 03
CHAPTER 04
CHAPTER 05
CHAPTER 06
CHAPTER 07

動手做做看！

計算超過未成交數的機率

●在儲存格「G4」輸入的公式

G4	=SUMIF($A$5:$A$55,">="&G3,B5:B55)

▶接著要讓分別算出的累計機率與顯著水準比較，驗證先前的假設。

	A	B	C	D	E	F	G	H	I
1	▿二項機率					▿交易狀況			
2	案件數	5	20	50		季	季初	季中	季末
3	未成交率	0.5	0.5	0.5		未成交數	5	14	28
4	未成交數	季初機率	季中機率	季末機率		累計機率	0.0313	0.057659	0.239944
5	0	0.0313	9.54E-07	8.88E-16					
6	1	0.1563	1.91E-05	4.44E-14					

❶ 在儲存格「G3」輸入公式，再以自動填滿功能將公式複製到儲存格「I4」，算出各季超過未成交數的機率。

▶ 判讀結果

▶不連續值的分佈稱為離散分佈，而像常態分佈般連續的稱為連續分佈。

這次針對季初、季中、季末，建立了虛無假設「P=0.5」（P 為失訂機率），另外將超過未成交數的機率視為檢定統計量的機率，並以此機率與顯著水準 5% 進行比較。之所以未換算為顯著水準的隨機變數，是因為二項分佈並非連續的分佈。即使為了方便閱讀而將每個點串連成線，也不像常態分佈連續。這次使用的不是剛好顯著水準 5% 的隨機變數，所以要以比較面積的方式（以機率進行比較）來進行檢定。

●於假設檢定使用的各季機率

	E	F	G	H	I
1		▿交易狀況			
2		季	季初	季中	季末
3		未成交數	5	14	28
4		累計機率	0.0313	0.057659	0.239944
5					

● ①季初

5 件案件失去 5 件的機率「3.1%」＜顯著水準 5%

進入放棄虛無假設的區域。

基於上述理由，可放棄虛無假設「P=0.5」，採用對立假設「P ＞ 0.5」。簡單來說，就是當虛無假設明明成立，卻故意放棄虛無假設，採用對立假設的風險率高達 5%。所以，在季初時，可積極採用對立假設。

● ②季中

20 件案件失去 14 件的機率「5.8%」＞顯著水準 5%

未進入放棄虛無假設的區域，所以無法採用對立假設。這裡要注意的是，這不代表採用虛無假設。20 件失去 14 件以上的失訂機率只是無法積極放棄虛無假說「P=0.5」的程度。根據後述的第二型錯誤，可解釋成明明對立假說成立，無法放棄虛無假設的機率卻很高。

●③季末

50 件案件失去 28 件的機率「24%」＞顯著水準 5%

季末與季中相同，所謂 50 件失去 28 件，代表本季的失訂率為 56%，訂單與季末的比例並無法積極放棄虛無假設的數字，因為虛無假設的預設為一半一半的機率。

●第一型錯誤與第二型錯誤

以例題而言，第一型錯誤會於季初發生，這是明明虛無假設成立，卻放棄虛無假設，採用對立假設的錯誤。會犯下這種錯誤的風險為顯著水準。這次的顯著水準為 5%，所以犯下第一型錯誤的機率為 5%。

第二型錯誤則會於季中、季末發生，這是一種明明對立假設成立，卻無法放棄虛無假設的錯誤。顯著水準常以 α 標記，所以第二型錯誤則以 β 標記。β 就是對立假設成立，卻無法放棄虛無假設的機率。

β ＝ 無法放棄虛無假設的機率 = 機率的總和「1」－ 放棄虛無假設的機率

只有在對立假設成立的情況下才能算出 β，但是滿足對立假設「P ＞ 0.5」的 P 有很多種，所以讓我們暫定為 Y 主任預設的 P=0.6。

由於二項分佈是不連續的值，所以就算說是顯著水準 5%，也沒有恰巧符合的未成交數。這次季中的 20 件案件失去 14 件案件的機率約為 5.8%，雖然可能有點誤差，這次仍將未成交數超過 14 件設定為放棄虛無假設的區域。如此一來，當 P=0.6，未成交數超過 14 件的機率與 β 就如下。

●放棄區域：20 件案件失去超過 14 件案件

	A	B	C	D	E	F	G	H
1	▿二項機率				▿季中情況			
2	案件數	20	20		季	虛無假設	對立假設	
3	未成交率	0.5	0.6		未成交數	14	14	
4	未成交數	虛無假設	對立假設		累計機率	0.057659	0.250011	
5	0	9.54E-07	1.1E-08					
6	1	1.91E-05	3.3E-07		α	0.057659		
7	2	0.000181	4.7E-06		β		0.749989	
8	3	0.001087	4.23E-05					
9	4	0.004621	0.00027					
10	5	0.014786	0.001294					
11	6	0.036964	0.004854					
12	7	0.073929	0.014563					
13	8	0.120134	0.035497					
14	9	0.160179	0.070995					
15	10	0.176197	0.117142					
16	11	0.160179	0.159738					

第二型錯誤為 75%。

明明對立假設成立，卻在顯著水準為 5% 時，無法放棄虛無假設的機率為 75%，這算是很高的機率，所以才不說成「可採用虛無假設」，而是說成「無法積極放棄虛無假設」。

▶二項分佈是不連續的值，但為了方便閱讀，特意將點連成線。β 雖然沒有特別的名稱，但是「1-β」可稱為檢定力。

●第一型錯誤的機率 α（顯著水準）與第二型錯誤的機率 β

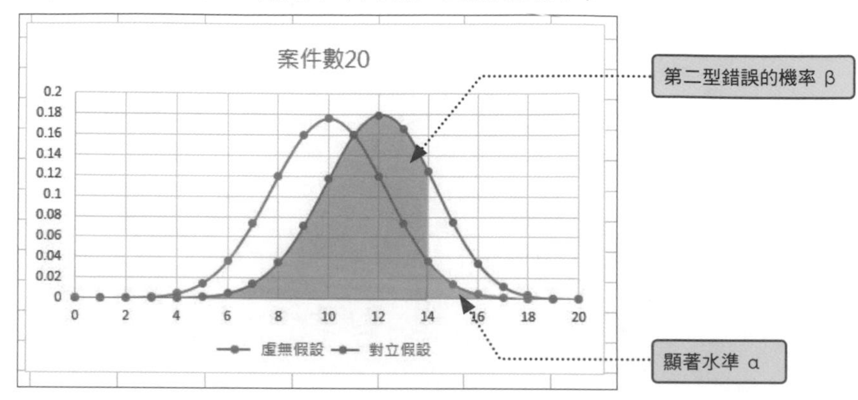

下圖是在案件數 50 件的情況下計算 β 的例子，此時將失去 31 筆訂單以上的案件視為放棄區域。從圖中可以發現，隨著案件數增加，β 就會越來越低。一般而言，引發第二型錯誤的 β 下滑的原因通常是試行次數或樣本大小增加，而這是因為試行次數或樣本大小一旦增加，虛無假設與對立假設的分佈就會漸行漸遠。不過，樣本數增加意味著收集樣本的成本增加，所以必須適可而止。

●放棄區域：50 件失去 31 件以上的案件

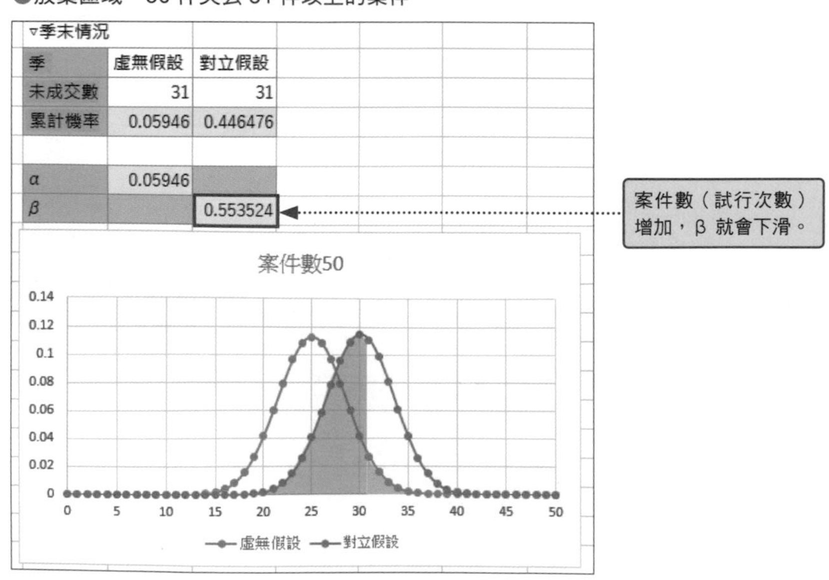

▿季末情況

季	虛無假設	對立假設
未成交數	31	31
累計機率	0.05946	0.446476
α	0.05946	
β		0.553524

發展 ▶▶▶

▶ 逼近常態分佈， 進行假設檢定

▶設定為常態分佈 N(平均值，變異數)。

隨著試行次數增加，二項分佈會越來越近似常態分佈，而當試行次數多到一定程度，二項分佈就會遵循常態分佈 N((P,(1-P)/n)。此時若將遵循二項分佈的隨機變數換成也就是樣本比率 X 標準化之後的 Z 值，就會變成遵循 N(0,1) 的分佈。這裡的 Z 值可在驗證虛無假設「P=0.5」時，當成檢定統計量使用。以例題的季末在 50 件案件之中，失去了 28 件案件，換言之樣本比率 X 為 0.56，此時的 Z 值約為 0.85。

●樣本比率 X 標準化之後的 Z

$$Z = \frac{X-P}{\sqrt{\frac{P(1-P)}{n}}} = \frac{0.56-0.5}{\sqrt{\frac{0.5*(1-0.5)}{50}}} \quad 0.85$$

不過，對立假設為「P ＞ 0.5」，所以這個檢定為上方的單尾檢定。遵循標準常態分佈的顯著水準 5% 的隨機變數為「1.64」。「1.64」這個數值是第一次出現，而它其實是兩側 10% 點的值。從 Z 值「0.85」＜顯著水準「1.64」的關係來看，的確無法放棄虛無假設，這點與二項機率的結論相同。只不過在試行次數僅 50 次的檢定統計量底下，近似常態分佈的機率與二項機率都有誤差。由於只是近似，所以會有誤差也是無可厚非，不過，若是讓例題的試行次數增加到 80 次，就不用在意誤差了。

二項分佈能否近似於常態分佈，完全取決於試行次數是否夠多，若是只有 20 次就認為近似常態分佈，恐怕會發生第一型錯誤，所以使用時，務必注意試行次數的多寡。

●近似常態分佈的假設檢定

	A	B	C	D	E	F	G	H	I	J	K	L
1	▿二項機率			▿交易狀況			▿近似常態分佈的假設檢定					
2	案件數	50		季	季末		季	季末				
3	未成交率	0.5		未成交數	28		樣本比率	0.56		▿顯著水準5%的隨機變數		
4	未成交數	期末確率		累計機率	0.239944		檢定統計量	0.848528		上側5%點	1.644854	
5	0	8.88E-16										
6	1	4.44E-14					▿對應檢定統計量的累積機率					
7	2	1.09E-12					檢定統計量的機率	0.198072				
8	3	1.74E-11										
9	4	2.05E-10										

試行次數增加，就能忽略與二項機率的誤差。

輸入「=NORM.INV(1-5%,0,1)」，算出上邊 5% 點的數值。

02 重新裝潢是否能提昇業績

要知道平均值是否與之前不同可使用平均值的檢定判斷。這次要在母體平均值與母體變異數已知的情況下檢定平均值。多數的情況都無法了解母體，但是若能以長年的經驗了解母體平均值，而且持有能與母體比擬的大量資料，就能以常態分佈進行檢定。常態分佈的優點在於顯著水準的隨機變數只有一個，這點與受自由度限制的 t 分佈完全不同。只要記住關鍵的隨機變數，就能立刻進行檢定這點也是常態分佈的魅力之一。

導入 ▶▶▶

例題 「重新開幕後，平均客單價真的會提昇？」

創業 50 年的商務旅館 B 公司為了因應外國觀光客的增加，打算重新裝潢各地的旅館。根據長年的經營得知，平均客單價為 7,800 元，標準差大概是 2,000 元左右。下圖是從重新裝潢後的旅館的業績篩選的 200 筆／人資料。除了住宿客之外，這些資料也包含使用旅館內設咖啡廳的 人，而且是以隨機取樣的方式篩選。目前已經知道重新開幕後的 200 筆資料的平均客單價為 8,003 元，比重新開幕之前的業績略為上升。業績真的成長了嗎？這次將顯著水準設定為 5%。

●重新開幕之後的營業額摘要：200 筆

	A	B	C	D	E
1	▽重新開幕之前			▽檢定前事前調查	
2	平均客單價	7,800		樣本平均值	8,003
3	標準差	2,000		樣本標準差	1,804
4				樣本大小	200
5	▽重新開幕之後				
6	No	營業額		▽假設檢定	
7	1	12,200		檢定統計量（Z值）	
8	2	8,620			
9	3	8,210		▽判斷基準	
10	4	5,460		顯著水準5%	
11	5	5,720			
12	6	6,320			
203	197	5,590			
204	198	8,740			

業績好像有所成長還是篩選的樣本太剛好？

▶ 利用常態分佈進行假設檢定

根據長年來的經驗或是其他因素得知母體平均值 μ 時，可利用常態分佈求出檢定統計量（隨機變數），再與顯著水準的隨機變數比較。這次的範例雖然連母體標準差 σ 都知道，但與推測的時候一樣，可在樣本大小 n 夠大時，以樣本標準差 s 代替母體標準差 σ。例題的虛無假設與對立假設如下。這次以 X 代表重新開幕後的平均客單價（樣本平均值）。

虛無假設：$\bar{X} = \mu$　平均客單價在重新開幕後，與重新開幕前相等

對立假設：$\bar{X} > \mu$　平均客單價在重新開幕後比重新開幕前上昇

此外，從母體篩選的樣本的樣本平均值遵循常態分佈 N(母體平均值 μ, 母體變異數 σ2 ／ n)。

假設檢定都是先接受虛無假設，所以當虛無假設成立時的常態分佈就是樣本平均值的分佈，所以樣本平均值的分佈為 N(7800,20002/200)。想在這個狀況下了解平均客單價是否上升可使用上方的單尾檢定。換言之就是判斷重新開幕後的平均客單價「8003 元」是否進入顯著水準 5% 的放棄區域。假設進入顯著水準 5% 的放棄區域，代表實際上發生了很罕見的情況，也就能斷言以重新開幕前後的平均客單價相等為基礎的虛無假設存在矛盾。

●檢定內容

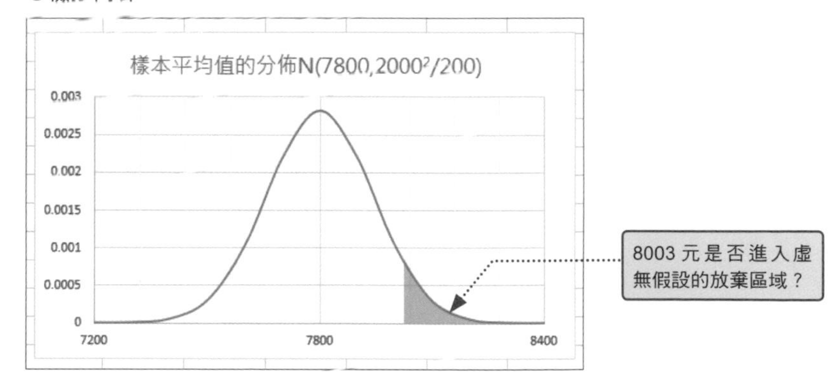

話說回來，每種資料都有無數個常態分佈，所以要轉換成什麼資料都能使用的標準常態分佈。樣本平均值 X 遵循的常態分佈 N(母體平均值 μ, 母體變異數 σ 2/ n) 轉換成 N(0,1) 時，樣本平均值 X 會轉換成標準化資料 Z。Z 值就是假設檢定裡的檢定統計量。

●於平均值檢定使用的假設檢定量「Z 值」

$$Z = \frac{\bar{X}-\mu}{\sigma/\sqrt{n}} \approx \frac{\bar{X}-\mu}{s/\sqrt{n}} \quad 0.85$$

▶標準常態分佈的上方 5% 點「1.64」、上方 2.5% 點「1.96」、上方 0.5% 點「2.58」是建議先背下來的隨機變數。

轉換成標準常態分佈的話，與上方單尾檢定的顯著水準 5% 對應的隨機變數為 1.64，所以只要

$$Z \geqq 1.64$$

的不等式成立，就能放棄虛無假設，採用對立假設。

●透過標準常態分佈的 Z 值檢定假設

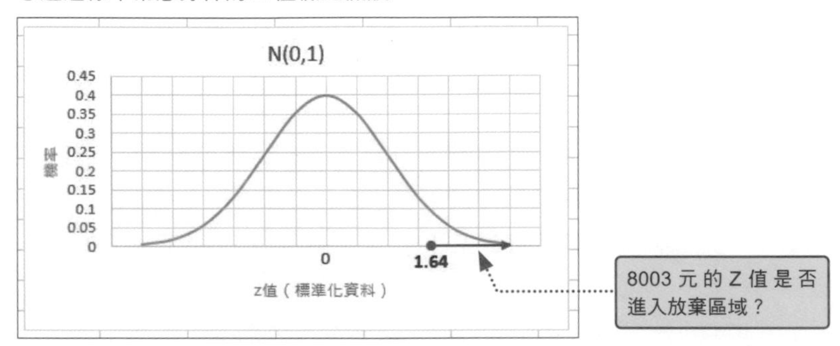

▶ Excel 的操作① ： 求出 Z 值， 在顯著水準 5% 之下驗證假設

範例 7-02

這次要代入公式算出 Z 值。此外，標準常態分佈的上方 5% 點雖然是 1.64，但還是利用 NORM.INV 函數確認一下。NORM.INV 函數會算出以下方為基準的隨機變數，所以上方 5% 點要換算成下方 95%。

動手做做看!

求出 Z 值與顯著水準 5% 的隨機變數

●在儲存格「E7」輸入的公式

E7	=(E2-B2)/(B3/SQRT(E4))	E10	=NORM.INV(95%,0,1)

Excel 2007
▶ NORM.INV 函數請換成 NORMINV 函數。

	A	B	C	D	E	F
1	▽重新開幕之前			▽檢定前事前調查		
2	平均客單價	7,800		樣本平均值	8,003	
3	標準差	2,000		樣本標準差	1,804	
4				樣本大小	200	
5	▽重新開幕之後					
6	No	營業額		▽假設檢定		
7	1	12,200		檢定統計量（Z值）	1.431891	
8	2	8,620				
9	3	8,210		▽判斷基準		
10	4	5,460		顯著水準5%	1.644854	
11	5	5,720				

❶ 在儲存格「E7」與「E10」輸入公式，算出檢定統計量與顯著水準 5% 的隨機變數。

▶ 判讀結果

求出的 Z 值為 1.43，沒超過 1.64，所以根據重新開幕後篩選的 200 筆業績資料求出的平均客單價 8003 元雖然比之前的平均客單價 7800 元還高，卻未達可以放棄虛無假設的地步。

假設在增加資料筆數之後，平均客單價仍維持一定，代表進入了放棄虛無假設的區域，也就能採用對立假設。

●在平均客單價保持一定，樣本大小增加的情況

	C	D	E	F	G	H
1		▿檢定前事前調查				
2		樣本平均值	8003			
3		樣本標準差	1804			
4		樣本大小	200			
5						
6		▿假設檢定（樣本大小增加，樣本平均值也維持不變的假設）				
7		樣本大小	200	300	400	
8		檢定統計量（z值）	1.4319	1.7537	2.86378	
9						
10						
11		▿判定基準				
12		顯著水準5%	1.64485			
13						

進入放棄虛無假設的區域。

● 樣本大小與假設檢定

樣本大小增加，檢定統計量就進入放棄虛無假設的區域這點，在某種程度上算是理所當然的事，只要回想一下推測的信賴區間就會知道為什麼。一如第 6 章 P.225 確認過的一樣，樣本大小增加，機率分佈的形狀就會變尖，信賴區間也會縮窄。信賴區間的寬度縮窄在假設檢定裡代表放棄區域變大。以例題而言，就是下圖所示的情況。

●遵循樣本平均值的常態分佈與放棄區域

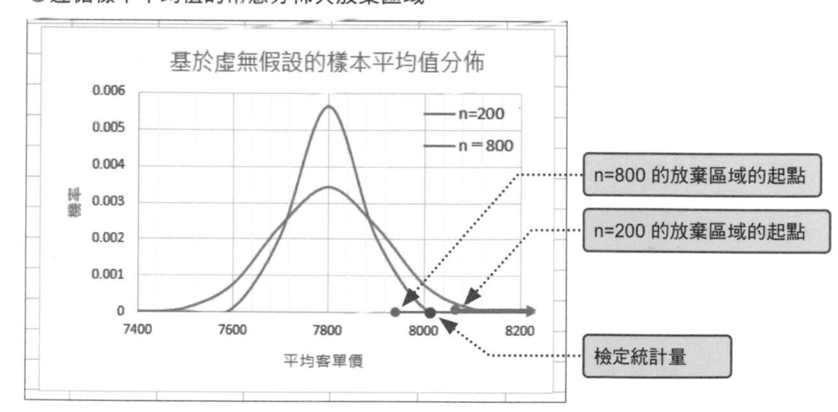

根據上圖，「n=200」的放棄區域比虛無假設的母體平均值「7,800」位於更遠的位置，但是當 n 等於 800，放棄區域就往虛無假設的區域接近，這代表放棄區域的幅度放大了接近量。到底哪一邊才真的代表客單價上昇呢？樣本大小較小卻能斷言有顯著傾向時，代表距離母體平均值越遠，越能有自信地說「客單價真的上升了」。

一般來說，樣本大小放大後，除了可讓第二型錯誤的機率 β 下滑，也會出現多數時候都可放棄虛無假設，只採用對立假設的傾向。現在已經是可以取得大量資料的時代，所以假設檢定的虛無假設也快要被拋棄了。

樣本大小夠大時，也有人覺得可以使用更嚴格的顯著水準，但是這種視情況將顯著水準設定為 5% 或 1% 的情況，代表假說檢定越來越不具意義。進行假設檢定時，從手邊的大量資料進行隨機取樣，試著降低樣本大小再檢定也是方法之一。

Column Z.TEST函數與Z值

Excel 內建了以機率檢定平均值的 Z.TEST（Excel 2007 為 ZTEST）。只要指定母體平均值與手邊的樣本資料，就能算出檢定值的機率。下列是使用 Z.TEST 函數的檢定值。由於機率 7.6% ＞顯著水準 5%，所以不到能放棄虛無假設的程度。不管是以機率還是隨機變數比較，結論都是相同。

▶由於母體標準差是已知的，所以也使用了儲存格「B3」，但如果不知道母體標準差，則可以省略。省略時，可利用樣本資料的樣本標準差代替。

▶右圖可於 7-02「ZTEST」工作表確認。

●使用 Z.TEST 函數檢驗假設

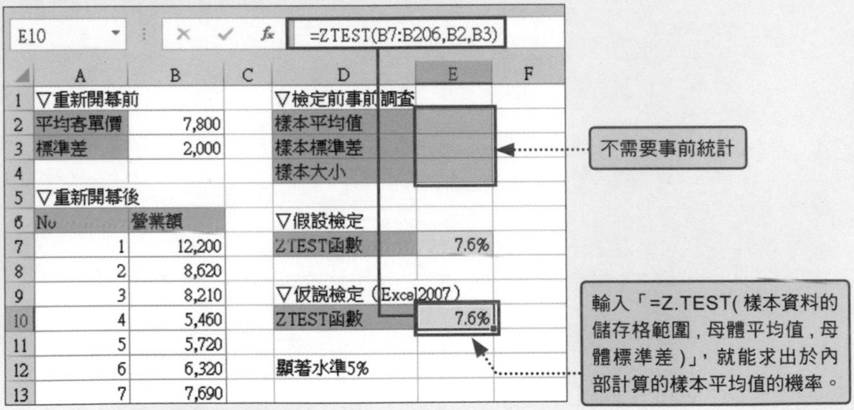

E10　=ZTEST(B7:B206,B2,B3)

	A	B	C	D	E	F
1	▽重新開幕前			▽檢定前事前調查		
2	平均客單價	7,800		樣本平均值		
3	標準差	2,000		樣本標準差		
4				樣本大小		
5	▽重新開幕後					
6	No	營業額		▽假設檢定		
7	1	12,200		ZTEST函數	7.6%	
8	2	8,620				
9	3	8,210		▽假說檢定（Excel2007）		
10	4	5,460		ZTEST函數	7.6%	
11	5	5,720				
12	6	6,320		顯著水準5%		
13	7	7,690				

不需要事前統計

輸入「=Z.TEST(樣本資料的儲存格範圍，母體平均值，母體標準差)」，就能求出於內部計算的樣本平均值的機率。

Z.TEST 函數會於內部計算樣本平均值與樣本標準差，然後再進一步算出樣本平均值的機率，所以不需要事先計算代表值。此外，比較的對象是顯著水準的機率，所以不需要利用 NORM.INV 函數計算隨機變數。

Z.TEST 函數看起來很方便吧，可是要使用 Z.TEST 函數就必須有 Excel。如果是 Z 值的話，只需要手邊電子計算機就能計算，有會議資料的數值就能立刻算出結果也是 Z 值的魅力。雖然還是得先記住放棄區域的隨機變數為「1.64」、「1.96」、「2.58」，但是如果只有三個也不想記的話，只需要與「2」比較，判斷應該就不會太失準。筆者很推薦使用「Z 值」，不過哪邊比較好用還是交由讀者自行判斷囉。

發展 ▶▶▶

▶ 檢定分散程度

例題的商務旅館除了重新裝演外，也試著重新制定收費標準，試著縮小標準差。其結果就如 P.270 所示，重新開幕前的標準差為「2,000 元」，重新開幕後的標準差為「1,804 元」，雖然只是根據樣本資料算出的結果，但真的很像縮小了。重新制定收費標準是否真能改善分散程度呢？讓我們以顯著水準 5% 檢定看看吧！

▶由於有 200 筆資料，所以也可利用費雪近似式計算卡方值。

提到「分散程度」，當然就會想到卡方分佈。遵循卡方分佈的隨機變數就是以推測求出的卡方值。這個卡方值是檢定分散程度時的檢定統計量。

●卡方值

$X = n \times \frac{S^2}{\sigma^2}$　または、$X = (n-1) \times \frac{s^2}{\sigma^2}$

S^2：樣本變異數　s^2：不偏變異數　σ^2：母體變異數　n：樣本大小

這次的虛無假設與對立假設如下。

虛無假設：$s^2 = \sigma^2$　重新開幕後的變異數與重新開幕前的變異數相等

對立假設：$s^2 < \sigma^2$　重新開幕後的變異數小於重新開幕前的變異數

根據對立假設，這次要實施的是遵循自由度 199 的卡方分佈下方單尾檢定，與顯著水準 5% 對應的隨機變數為自由度 199 的卡方分佈的下方 5% 點。

X ＜卡方分佈的下方 5% 點

假設這個不等式成立，就能放棄虛無假設，採用對立假設。

▶由於有 200 筆資料，所以卡方分佈的非對稱性就不那麼明顯。

●以自由度 199 的卡方分佈進行的假說檢定

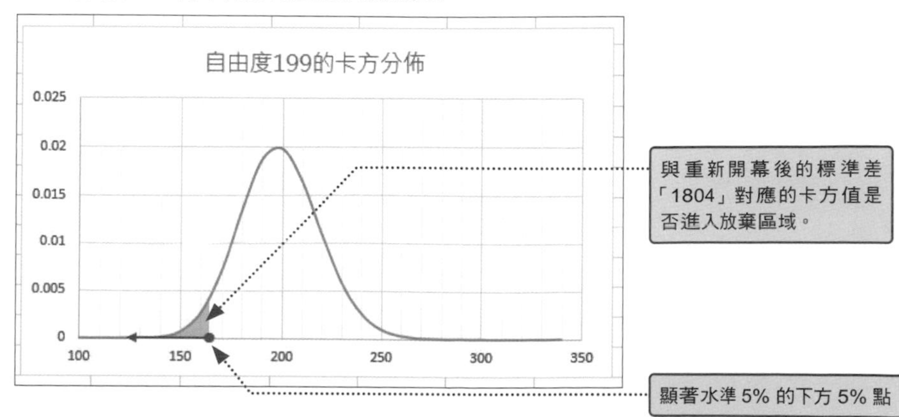

▶右圖可於 7-02「變異數的檢定」工作表確認。

●重新開幕前後的變異數檢定

E7 =(E4-1)*E3^2/B3^2

	A	B	C	D	E
1	▽重新開幕前			▽檢定前事前調查	
2	平均客單價	7,800		樣本平均值	8,003
3	標準差	2,000		樣本標準差	1,804
4				樣本大小	200
5	▽重新開幕後				
6	No	營業額		▽假設檢定	
7	1	12,200		檢定統計量（X值	161.8317
8	2	8,620			
9	3	8,210		▽判斷基準	
10	4	5,460		顯著水準5%	167.361
11	5	5,720			
12	6	6,320			
13	7	7,690			
14	8	7,690			
15	9	4,000			
16	10	7,390			
17	11	8,630			
18	12	9,220			
19	13	11,780			

輸入「=(E4-1)*E3^2/B3^2」，算出重新開幕後的標準差的卡方值。

輸入「=CHISQ.INV.RT(95%,199)」算出下方 5% 點。

與重新開幕後的樣本標準差對應的卡方值「161.8」比卡方分佈的下方 5% 點的「167.8」還低，所以可放棄虛無假說，根據顯著水準 5% 的前提採用對立假設，這代表在重新裝潢之際重新制定收費標準是有效果的。

發展 ▶▶▶

▶ 以較小的樣本大小檢定

樣本大小較小時，可使用 t 分佈進行檢定。用來代替 Z 值的 T 值與推測的情況相同。此時大寫的「S」代表樣本變異數的平方根，小寫的「s」代表樣本標準差。

$$T = \frac{\overline{X} - \mu}{S \times \sqrt{\frac{1}{n-1}}} \quad 或是、\quad \frac{\overline{X} - \mu}{s \times \sqrt{\frac{1}{n}}}$$

假設重新開幕後的資料數只有 10 筆，虛無假設與對立假設的內容仍然不變，取而代之的是將判斷的方法改成 t 分佈與 T 值。

T ≧自由度 9 的 t 分佈的上方 5% 點（兩側 10% 點）

t 檢定的結果如下。10 筆資料是從例題的 200 筆樣本資料隨機取樣。

▶右圖可於 7-02「t 檢定」工作表確認。

●重新開幕後的資料數為 10 筆時的平均值假設檢定

E10 =T.INV.2T(10%,9)

	A	B	C	D	E	F
1	▽重新開幕前			▽檢定前事前調查		
2	平均客單價	7,800		樣本平均值	8,520	
3	標準差	2,000		樣本標準差	1,836	
4				樣本大小	10	
5	▽重新開幕後					
6	No	營業額		▽假設檢定		
7	1	7,810		檢定統計量（T值	1.240204	
8	2	9,500				
9	3	5,890		▽判斷基準		
10	4	8,230		顯著水準5%	1.833113	
11	5	5,830				
12	6	10,730				
13	7	7,740				
14	8	11,080				
15	9	10,110				
16	10	8,280				
17						

輸入「=(E2-B2)/(E3/SQRT(E4))」

要注意的是「=T.INV.2T(10%,9)」的 T.INV.2T 函數需指定為兩側機率。

重新開幕後的 10 筆平均客單價為 8520 元雖比重新開幕前的 7800 元大幅提昇，但是經過檢定後，得到「T 值＜顯著水準 5% 的隨機變數」的結果，代表無法放棄虛無假設，等於是空歡喜一場。

話說回來，這次是利用 T.INV.2T 函數求出顯著水準 5% 的隨機變數，但在前一個情況計算檢定統計量時，卻做出無法放棄虛無假設的判斷。

t 分佈雖然是近似常態分佈的分佈，但是比常態分佈還扁平，尾部也較為寬闊。一如 P.273 所示，一旦分佈變得扁平，放棄區域也會變遠，所以 t 分佈的判斷基準才會比常態分佈來得嚴格。

上圖的 T 值「1.24」比常態分佈的隨機變數「1.64」（上方 5% 點）還下滑得多之外，常態分佈的判斷基準也比 t 分佈來得寬鬆。

只要記住常態分佈的隨機變數「1.64」、「1.96」、「2.58」，就不一定需要特地帶著 Excel 出門，也不需要使用 T.INV.2T 這種有點小麻煩的函數。

03 內容量的變動是否有差距

在不同工廠製造同一種商品時，要維持穩定的品質，不會因生產場所不同而影響品質的管理是非常重要的，這次要檢定的是從兩個母體篩選的樣本的變異數。

聽到變異數，大家或許就會想到卡方分佈，但要比較來自兩個母體的變異數，必須使用由兩個卡方分佈組成的 F 分佈。

導入 ▶▶▶

例題 「在A工廠與B工廠生產的內容量是否有差異？」

A 工廠與 B 工廠生產的是相同的商品，商品的內容量為 50 公克。一般來說，每處工廠都會針對每批商品進行抽樣檢查，藉此實施品質管理。下列的表格是從抽樣檢查累積的資料隨機取樣的內容量資料。從 A 工廠取得了 40 筆資料，從 B 工廠則取得了 60 筆資料。調查各工廠的變異數之後，看起來似乎有差異。到底這兩間工廠生產的商品的內容量是否真的有差異？這次將顯著水準設定為 5%。

● A 工廠與 B 工廠的內容量樣本資料

I3 =COUNT(A2:B21)

	A	B	C	D	E	F	G	H	I	J	K
1	▿A工廠			▿B工廠				▿檢定前事前調查			
2	49.99	50.24		50.19	50.16	50.19			A工廠	B工廠	
3	50.26	50.13		50.23	50.07	50.17		樣本大小	40	60	
4	50.18	50.06		50.25	50.22	50.25		不偏變異數	0.0117	0.0075	
5	50.24	50.11		49.98	49.98	50.01					
6	50.29	50.29		50.15	50.00	50.19		▿檢定統計量			
7	50.17	50.16		50.18	50.16	50.02		變異數比（F值）		(A/B)	
8	49.98	50.11		50.20	50.07	50.24					
9	50.22	50.26		50.25	50.00	50.10		▿判斷基準			
10	50.13	49.96		50.03	49.99	50.15		顯著水準5%			
11	50.06	50.04		50.00	49.99	50.17					

兩處工廠的變異數看起來似乎有差異，但到底是純屬偶然還是屬於統計上的顯著差異呢？

▶ 利用 F 分佈檢驗假說

從兩個母體分別取得樣本 A、B 之後，兩個樣本的變異數差異可利用比求出。以 A ／ B 求得變異數比之後，樣本 A 與 B 的變異數若相等，變異數比就會等於

1，但兩者絕不可能完全一致。即使數字看起來有落差，但只要不屬於顯著水準裡的顯著差異，就不能宣稱兩者的變異數有落差。

遵循變異數比的隨機變數就是 F 分佈。根據 P.210 的說法，當兩個彼此獨立的自由度 k_1 與自由度 k_2 的兩個卡方分佈存在時，分別遵循這兩個卡方分佈的隨機變數 X_1 與 X_2 的比就是 F 分佈。這裡將自由度 k_1 與 k_2 以樣本 A 與 B 的樣本大小 n_1 與 n_2 置換成 n_1-1 與 n_2-2。

●遵循 F 分佈的隨機變數

$$F=\frac{\frac{X_1}{k_1}}{\frac{X_2}{k_2}}=\frac{\frac{X_1}{n_1-1}}{\frac{X_2}{n_2-1}}$$

●遵循自由度 n_1-1 與 n_2-1 的卡方分佈的隨機變數

$$X_1=(n_1-1)\times\frac{s_1^2}{\sigma^2}\quad 以及、X_2=(n_2-1)\times\frac{s_2^2}{\sigma^2}$$

X_1 與 X_2 代入以「F=」為首的公式，再如下約分，遵循 F 分佈的隨機變數 F 值就會是兩個樣本的變異數比。變異數比的 F 值就是假說檢定裡的檢定統計量。

●遵循 F 分佈的隨機變數「F 值」

$$F=\frac{s_1^2}{s_2^2}$$

有關 A 工廠與 B 工廠的變異數比的虛無假設與對立假設如下。

虛無假設：$s_1^2=s_2^2$　A 工廠與 B 工廠的變異數相同

對立假設：$s_1^2\neq s_2^2$　A 工廠與 B 工廠的變異數有差距

檢定的內容是變異數比是否進入顯著水準 5% 的放棄區域。由於對立假設使用了「≠」運算子，所以是雙尾檢定。在 F 檢定的部分，變異數比會有兩種，所以變異數比＞ 1 時，就設定為雙邊 5%，上方 2.5% 點為判斷基準，變異數＜ 1 時，則以下方 2.5% 點為判斷基準。要以哪邊為判斷基準必須由變異數比的值決定。例題的 A 工廠的樣本大小為 40，B 工廠的樣本大小為 60，所以用於檢定的 F 分佈的自由度為 (39,59)。

所以，當下列的不等式成立時，可放棄虛無假設。

變異數比（F 值）＞ 1 時，$F\geqq F(39,59)$ 的上方 2.5% 點

變異數比（F 值）＜ 1 時，$F\leqq F(39,59)$ 的下方 2.5% 點

●檢定內容

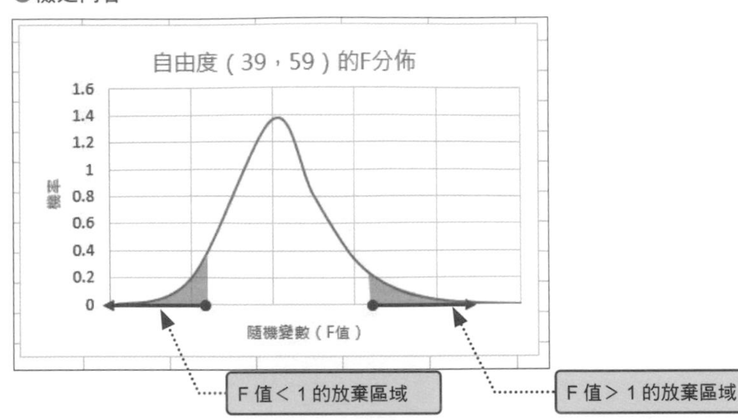

▶ Excel 的操作①：製作 F 分佈表

範例
7-03「F 分佈表」工作表

一如之前介紹的標準常態分佈表與卡方分佈表，F 分佈也有 F 分佈表。接下來要計算各種自由度的上方 2.5% 的隨機變數，藉此完成 F 分佈表。

要計算隨機變數可使用 F.INV.RT 函數（Excel 2007 為 FINV 函數）。

F.INV.RT函數 ➡ 針對遵循自由度n-1的F分佈，計算上方機率的隨機變數

格 式	=F.INV.RT(機率 , 自由度 1, 自由度 2)
解 說	機率參數可指定為上方機率。自由度可指定為樣本大小 n 減 1。此時的自由度 1 為變異數比分子的自由度，自由度 2 為變異數比分母的自由度。
補 充	下方機率可利用機率的總和為 1 換算。舉例來說，下方 5% 點可換算為上方 95%。

動手做做看！

計算各種自由度組成的上方 2.5% 點

●在「F分佈表」工作表的儲存格「B4」輸入的公式

B4	=F.INV.RT(2.5%,$A4,B$3)

▿上方2.5%點的F分佈表

自由度1 \ 自由度2	1	5	10	15	20	25	30	35	39	45	50	55	59	60
1	647.79	10.007	6.9367	6.1995	5.8715	5.6864	5.5675	5.4848	5.4348	5.3773	5.3403	5.3104	5.2902	5.2856
5	[illegible]	7.1464	4.2361	3.5764	3.2891	3.1287	3.0265	2.9557	2.913	2.864	2.8327	2.8073	2.7902	[illegible]
10	[illegible]	6.6192	3.7168	3.0602	2.7737	2.6135	2.5112	2.4403	2.3974	2.3483	2.3168	2.2913	2.2741	2.2702
15	984.87	6.4277	3.5217	2.8621	2.5731	2.411	2.3072	2.235	2.1914	2.1412	2.109	2.0829	2.0653	2.0613
20	993.1	6.3286	3.4185	2.7559	2.4645	2.3005	2.1952	2.1218	2.0774	2.0262	1.9933	1.9666	1.9486	1.9445
25	998.08	6.2679	[illegible]	[illegible]	[illegible]	[illegible]	[illegible]	[illegible]	2.0042	1.9521	1.9186	1.8913	1.8729	1.8687
30	1001.4	6.2269	[illegible]	[illegible]	[illegible]	[illegible]	[illegible]	[illegible]	1.9529	1.9	1.8659	1.8382	1.8195	1.8152
35	1003.8	6.1973	[illegible]	[illegible]	[illegible]	[illegible]	[illegible]	[illegible]	1.9148	1.8613	1.8267	1.7986	1.7795	1.7752
39	1005.3	6.1791	[illegible]	[illegible]	[illegible]	[illegible]	[illegible]	[illegible]	1.8907	1.8367	1.8018	1.7734	1.7541	1.7497
40	1005.6	6.175	[illegible]	[illegible]	[illegible]	[illegible]	[illegible]	[illegible]	1.8854	1.8313	1.7963	1.7678	[illegible]	1.744
45	1007	6.1576	[illegible]	[illegible]	[illegible]	[illegible]	[illegible]	1.909	1.8619	1.8073	1.7719	1.7431	1.7235	1.7191
50	1008.1	6.1436	[illegible]	[illegible]	[illegible]	[illegible]	[illegible]	[illegible]	1.8427	1.7876	1.752	1.7228	1.7031	1.6985
59	1009.7	6.1243	3.2004	2.5263	2.2256	2.054	1.9424	1.8638	1.8158	1.76	1.7238	1.6942	1.6741	1.6695

❶ 在儲存格「B4」輸入公式，再利用自動填滿功能將公式複製到儲存格「O16」為止，算出各種自由度組合而成的上方 2.5% 點。

A 工廠的變異數／B 工廠的變異數的 F 值。

Excel 2007
▶ F.INV.RT 函數請換成 FINV 函數。

▶若是「B 工廠的變異數／A 工廠的變異數」，請改成自由度 (59,39)，上方 5% 點的 F 值則為「1.8158」(儲存格「J16」)。

範例 7-03「操作」工作表

▶ Excel 的操作②：計算 F 值，以顯著水準 5% 驗證假設

這次要以 A 工廠為變異數比的分子，B 工廠為分母計算 F 值。根據例題的說明，A 工廠的變異數＞ B 工廠的變異數，所以與兩邊的顯著水準 5% 對應的隨機變數為上方 2.5% 點。根據 F 分佈表的內容，這個值為「1.7541」。

計算 F 值與顯著水準 5% 的隨機變數

● 在「操作」工作表的儲存格「I7」、「I10」輸入的公式

I7	=I4/J4
I10	=F.INV.RT(2.5%,I3-1,J3-1) 或是 =F 分佈表完成 !N12

	G	H	I	J	K
1		▿檢定前事前調查			
2			A工廠	B工廠	
3		樣本大小	40	60	
4		不偏變異數	0.011671	0.0075	
5					
6		▿檢定統計量			
7		變異數比（F值）	1.5475	(A/B)	
8					
9		▿判斷基準			
10		顯著水準5%	1.754119		
11					

❶ 在儲存格「I7」、「I10」輸入公式，算出變異數比與顯著水準的上方 5% 點。

▶ 判讀結果

F 值為 1.5475，未超過 1.7541。因此無法放棄針對 A 工廠與 B 工廠的變異數建立的虛無假設。表面上的數字不同，所以無法斷言變異數沒有差異，但就這次的檢定而言，F 值未到達能斷然放棄虛無假設的程度。

Column 使用F.TEST函數

使用 F.TEST 函數就能只指定兩個樣本資料的儲存格範圍，算出檢定統計量的機率，也就能直接與顯著水準的機率比較。

▶ 右圖可於 7-03「FTEST」工作表確認。

●使用 F.TEST 函數進行假設檢定

	A	B	C	D	E	F	G	H	I	J
1	▿A工廠			▿B工廠				▿檢定前事前調查		
2	49.99	50.24		50.19	50.16	50.19			A工廠	B工廠
3	50.26	50.13		50.23	50.07	50.17		樣本大小		
4	50.18	50.06		50.25	50.22	50.25		不偏變異數		
5	50.24	50.11		49.98	49.98	50.01				
6	50.29	50.29		50.15	50.00	50.19		▿檢定統計量		
7	50.17	50.16		50.18	50.16	50.02		F值的機率	12.7%	
8	49.98	50.11		50.20	50.07	50.24				
9	50.22	50.26		50.25	50.00	50.10		▿判斷基準		
10	50.13	49.96		50.03	49.99	50.15		顯著水準5%(兩側)		
11	50.06	50.04		50.00	49.99	50.17				

不需要事先算出代表值

輸入「=F.TEST(A2:B21,D2:F21)」，指定 A 工廠與 B 工廠的樣本資料，就能算出檢定所需的機率。

發展 ▶▶▶

▶ 迴歸分析與 F 檢定

第 3 章的迴歸分析可從乍看之下毫無關聯的資料之間找出關聯性，也能繪製迴歸曲線。使用分析工具「迴歸」之後會輸出各種值，其中有一個能判斷迴歸曲線是否可用的值，就是所謂的「顯著值」。

下圖是第 3 章 P.88 對商品 A 的銷售與銷售數量進行的單元迴歸分析。這次重新以分析工具進行迴歸分析與輸出各種值。

●分析工具「迴歸」的分析結果

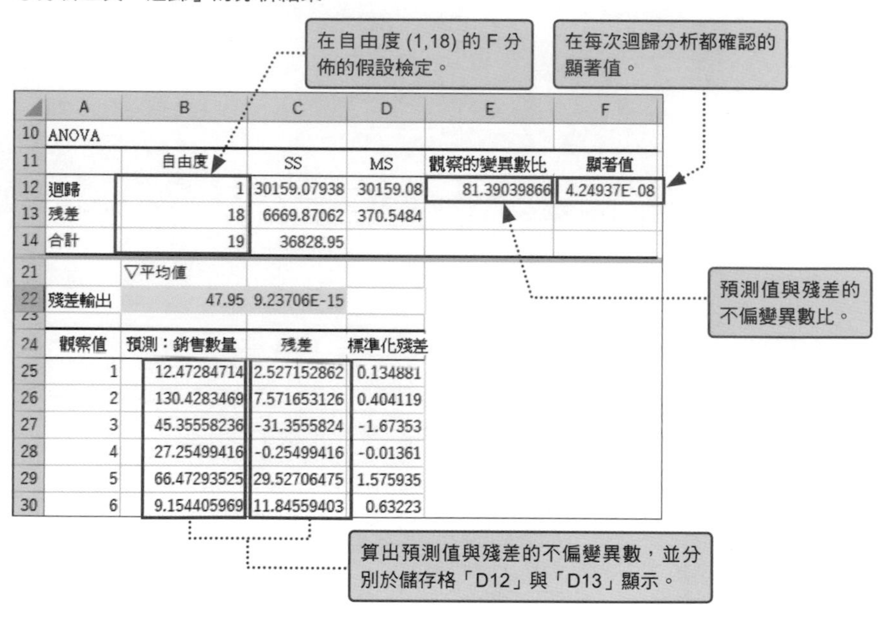

	A	B	C	D	E	F
10	ANOVA					
11		自由度	SS	MS	觀察的變異數比	顯著值
12	迴歸	1	30159.07938	30159.08	81.39039866	4.24937E-08
13	殘差	18	6669.87062	370.5484		
14	合計	19	36828.95			
21		▽平均值				
22	殘差輸出	47.95	9.23706E-15			
23						
24	觀察值	預測：銷售數量	殘差	標準化殘差		
25	1	12.47284714	2.527152862	0.134881		
26	2	130.4283469	7.571653126	0.404119		
27	3	45.35558236	-31.3555824	-1.67353		
28	4	27.25499416	-0.25499416	-0.01361		
29	5	66.47293525	29.52706475	1.575935		
30	6	9.154405969	11.84559403	0.63223		

上表的「迴歸」的變異數是根據迴歸曲線的迴歸公式針對預測值算出的變異數。迴歸曲線是為了讓殘差（實測值與迴歸曲線之間的距離）縮至最小，嚴格來說就是讓殘差的偏差平方和縮至最小所繪製的線條。一提到偏差平方和，就會想到變動，變動的平均值就是變異數。只要是能用於預測的迴歸曲線，殘差的變異數就是越小越好，所以下列的關係最為理想。

迴歸曲線的變異數＞殘差的變異數

如此一來，下列的假設檢定就會成立。

虛無假設：迴歸曲線的變異數 = 殘差的變異數

對立假設：迴歸曲線的變異數＞殘差的變異數

根據上表，檢定統計量的變異數比（F 值）約為「81.4」，比 1 大，所以若要在顯著水準 5% 表示迴歸曲線的顯著性，可讓上方 5% 點作為判斷基準。話說回來，以解釋變數的個數與資料筆數決定的自由度則於儲存格「B12」與「B13」顯示。因此比較遵循自由度 (1,18) 的 F 分佈的上方 5% 點的隨機變數與變異數比之後，假設變異數比＞隨機變數，代表可以放棄虛無假設。

輸入「=F.INV.RT(5%,1,18)」之後，計算所得的上方 5% 點的隨機變數約為「4.41」。根據 81.4 ＞ 4.41 這點可放棄虛無假設，同時在顯著水準 5% 的前提下可採用對立假設，所以可做出迴歸曲線「可用於預測」的判斷。此外，每次進行迴歸分析都會確認的「顯著值」是與變異數比「81.4」對應的 F 分佈的機率。這個機率與顯著水準 5% 相較之後，假設小於顯著水準 5%，則可做出「可用於預測」的結論。到目前為止都是機械性地觀察是否低於 5%，但今後就知道這個顯著值是「迴歸曲線的變異數＞殘差的變異數」的指標。此外，這個不等式成立就是迴歸曲線能正確地解釋實測值的證據。

下圖是在空白的儲存格計算上述說明內容的結果。不偏變異數是以自由度除以偏差平方和所得的值，但是若使用 VAR.S 函數，就會變成以指定範圍的「儲存格範圍 -1」除之，所以這個函數派不上用場。一步一腳印地算出平均值與偏差的平方，然後加總兩者算出變動，再以自由度除之，才是正確的計算過程。

●計算結果

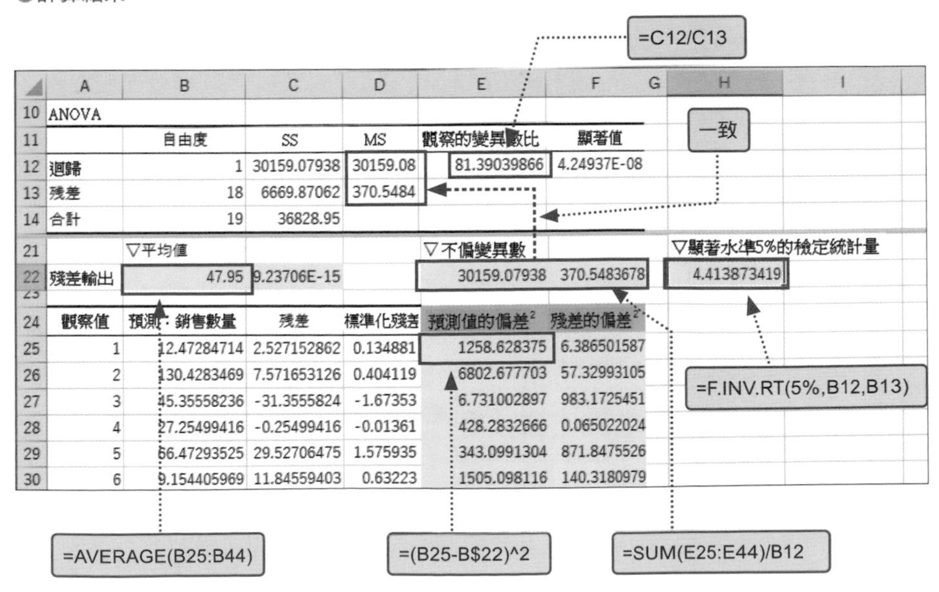

	A	B	C	D	E	F	G	H	I
10	ANOVA								
11		自由度	SS	MS	觀察的變異數比	顯著值			
12	迴歸	1	30159.07938	30159.08	81.39039866	4.24937E-08			
13	殘差	18	6669.87062	370.5484					
14	合計	19	36828.95						
21		▽平均值			▽不偏變異數			▽顯著水準5%的檢定統計量	
22	殘差輸出	47.95	9.23706E-15		30159.07938	370.5483678		4.413873419	
24	觀察值	預測：銷售數量	殘差	標準化殘差	預測值的偏差^2	殘差的偏差^2			
25	1	12.47284714	2.527152862	0.134881	1258.628375	6.386501587			
26	2	130.4283469	7.571653126	0.404119	6802.677703	57.32993105			
27	3	45.35558236	-31.3555824	-1.67353	6.731002897	983.1725451			
28	4	27.25499416	-0.25499416	-0.01361	428.2832666	0.065022024			
29	5	66.47293525	29.52706475	1.575935	343.0991304	871.8475526			
30	6	9.154405969	11.84559403	0.63223	1505.098116	140.3180979			

CHAPTER 01 CHAPTER 02 CHAPTER 03 CHAPTER 04 CHAPTER 05 CHAPTER 06 CHAPTER 07

04 平均值是否有差距

這次要根據來自兩個母體的樣本檢驗母體平均值是否有差距。從母體篩選的樣本會出現各種平均值與共數，所以在檢定母體平均值的差之前，必須先確定樣本的變異數是否一致。因此，在檢定平均值的差之前，要先實施 F 檢定。

導入 ▶▶▶

例題 **「秋田與甲府的平均日照量有無差異？」**

日照量是太陽能發電不可或缺的要素，太陽能發電的發電量與日照量呈正比。下載了秋田縣的「秋田」以及山梨縣的「甲府」的全年日照量資料，也整理了資料的格式。

從日照量平均值來看，秋田每平方公尺日照量約為「12.4」百萬焦耳，甲府約為「15.1」百萬焦耳，感覺上似乎有點差距。

這樣的差距在統計裡是否為顯著的差異？請以顯著水準 5% 檢定平均日照量的差。

●秋田與甲府的全年日照量資料

	A	B	C	D	E	F	G
1	合計全天日照量(MJ/m²)				▿檢定前事前調查		
2	年月日	秋田	甲府			秋田	甲府
3	2015/1/1	2.32	5.61		樣本大小	365	365
4	2015/1/2	3.59	9.61		樣本平均值	12.393	15.06
5	2015/1/3	3.47	11.42		不偏變異數	64.816	55.344
6	2015/1/4	5.15	10.56				
7	2015/1/5	4.48	10.91		▿F檢定		
8	2015/1/6	1.19	2.92		變異數比		
9	2015/1/7	2.45	11.61				
10	2015/1/8	1.64	11.52		▿F檢定判斷基準		
11	2015/1/9	4.34	11.94		顯著水準5%		
12	2015/1/10	2.67	12.03				

就平均值而言似乎有差異，但這是偶然，還是統計上的顯著差異呢？

▶ 先 F 檢定再決檢定平均值差距的方法

從 2 個母體分別篩選出樣本 A、B 之後，要檢定母體平均值的差，必須先以 F 檢定調查樣本的變異數是否不一致。

● 從兩個母體取出的樣本

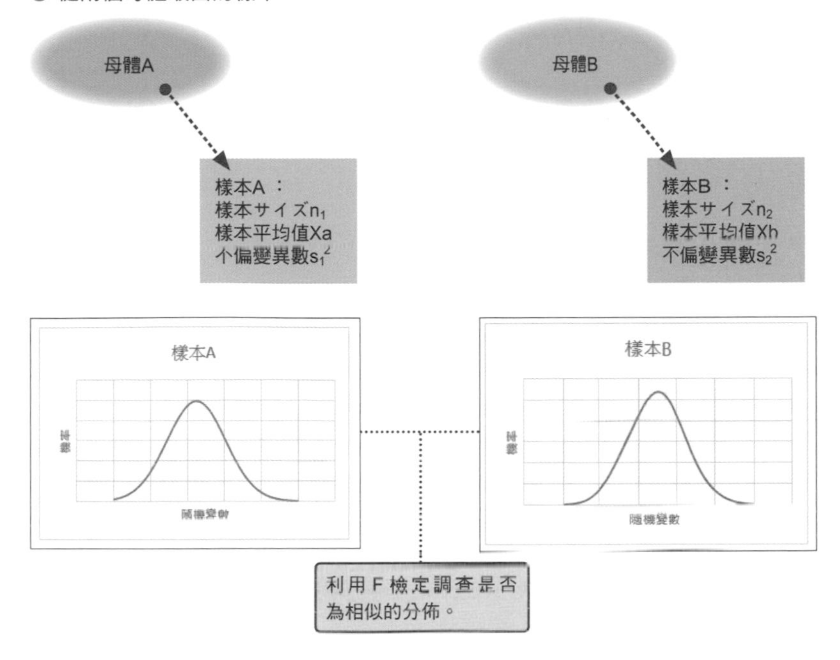

在 F 檢定顯著水準下，變異數沒有差異時，進行假設等分散性的 t 檢定，如果變異數有差異，就進行假設變異數不同質的 t 檢定。

F 檢定的虛無假設與對立假設如下。

虛無假設：$s_1^2 = s_2^2$　母體 A 的樣本 A 與母體 B 的樣本 B 的變異數相等

對立假設：$s_1^2 \neq s_2^2$　母體 A 的樣本 A 與母體 B 的樣本 B 的變異數不一致

放棄虛無假設的條件如下。

變異數比（F 值）> 1 時，F 值≧自由度 (N1,N2) 的 F 分佈的上方 2.5% 點

▶ 檢定的方法

這次要根據來自兩個母體的樣本檢定母體平均值的差。虛無假設與對立假設如下。這次的對立假設使用「≠」運算子，所以是執行雙尾檢定。

虛無假設：母體 A 的母體平均值 μ_a = 母體 B 的母體平均值 μ_b

對立假設：母體 A 的母體平均值 $\mu_a \neq$ 母體 B 的母體平均值 μ_b

接下來要利用分析工具的 t 檢定驗證假設。

▶ Excel 的操作①：進行 F 檢定

範例 7-04

根據秋田與甲府的日照量不偏變異數計算 F 值，再以雙尾檢定的方式檢驗在顯著水準 5% 底下，變異數是否有差異。從秋田的不偏變異數＞甲府的不偏變異數來看，秋田的不偏變異數／甲府的不偏變異數的變異數比會大於 1，所以將 F 分佈的上方 2.5% 點當成判斷基準。

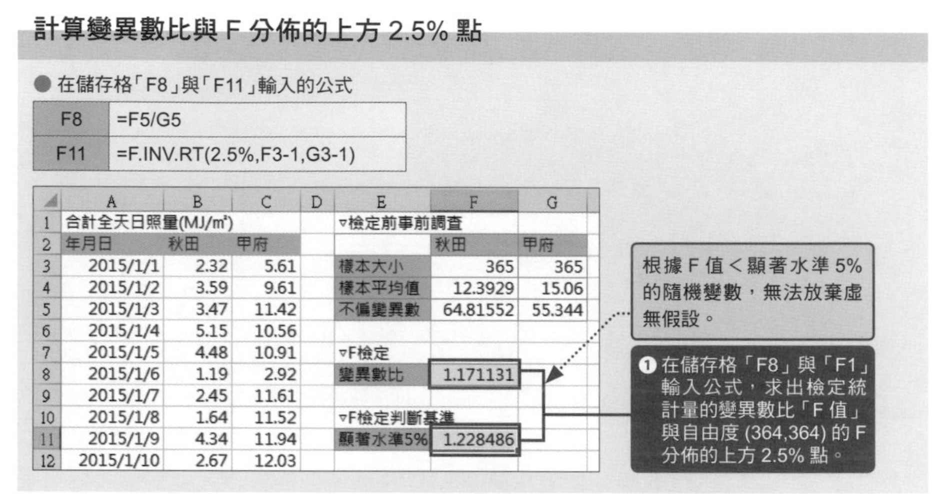

計算變異數比與 F 分佈的上方 2.5% 點

● 在儲存格「F8」與「F11」輸入的公式

F8	=F5/G5
F11	=F.INV.RT(2.5%,F3-1,G3-1)

	A	B	C	D	E	F	G
1	合計全天日照量(MJ/m²)				▿檢定前事前調查		
2	年月日	秋田	甲府			秋田	甲府
3	2015/1/1	2.32	5.61		樣本大小	365	365
4	2015/1/2	3.59	9.61		樣本平均值	12.3929	15.06
5	2015/1/3	3.47	11.42		不偏變異數	64.81552	55.344
6	2015/1/4	5.15	10.56				
7	2015/1/5	4.48	10.91		▿F檢定		
8	2015/1/6	1.19	2.92		變異數比	1.171131	
9	2015/1/7	2.45	11.61				
10	2015/1/8	1.64	11.52		▿F檢定判斷基準		
11	2015/1/9	4.34	11.94		顯著水準5%	1.228486	
12	2015/1/10	2.67	12.03				

Excel 2007
▶ F.INV.RT 函數可換成 FINV 函數。

▶ Excel 的操作②：根據 F 檢定的結果實施 t 檢定

F 檢定的結果也就是變異數比（F 值）比顯著水準 5% 的隨機變數還小，所以無法放棄虛無假設，也代表從母體 A 與母體 B 篩選的樣本 A 與樣本 B 的變異數沒有差異，所以要利用分析工具實施假設等分散性的 t 檢定。

利用分析工具實施 t 檢定

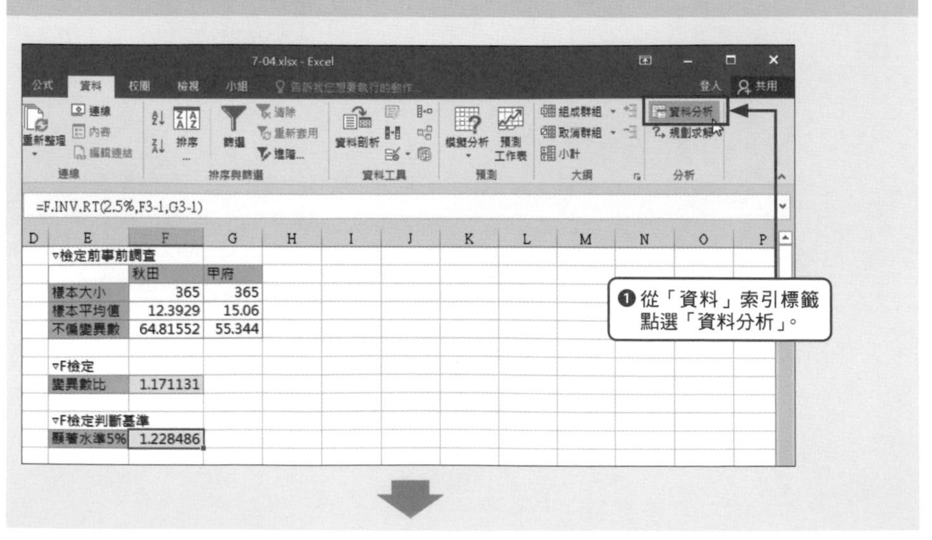

▶在無法假設變異數相等時，請選擇「t 檢定：兩個母體平均數差的檢定，假設變異數不相等」。

▶輸出結果將於「判讀結果」公佈。

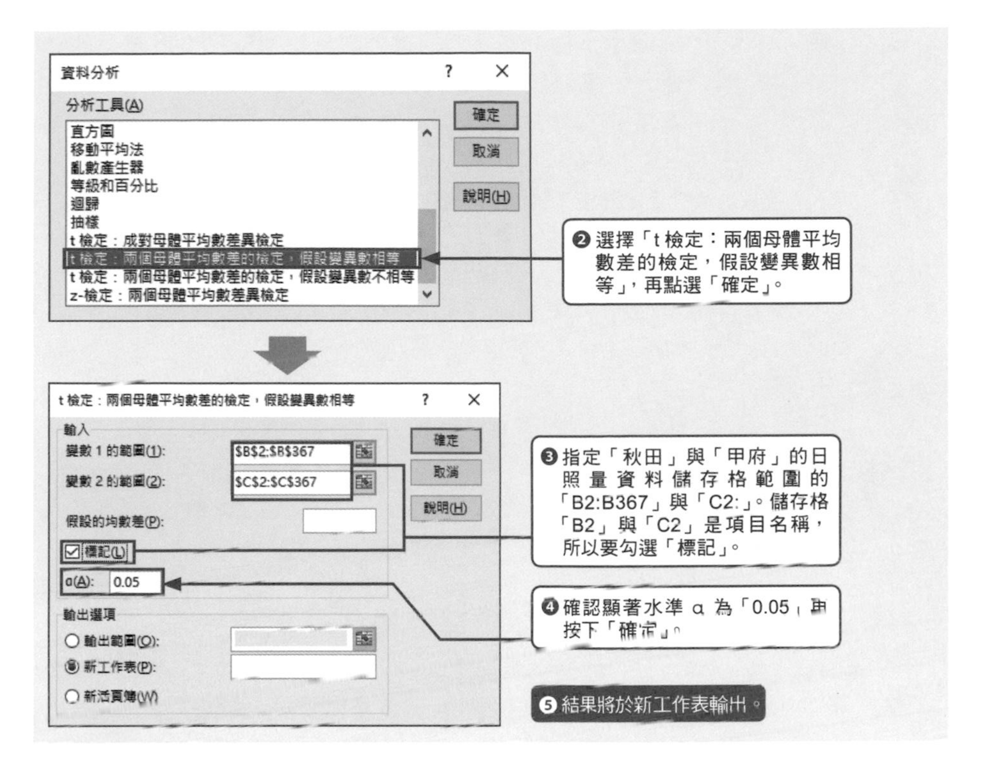

▶ 判讀結果

利用分析工具進行「假設變異數相等的 t 檢定」的結果如下。

▶輸出的結果的欄位可適當地拉寬，以便閱讀。

●假設變異數相等的 t 檢定結果

	A	B	C	D
1	t 檢定：兩個母體平均數差的檢定，假設變異數相等			
2				
3		秋田	甲府	
4	平均數	12.3929041	15.0597	
5	變異數	64.8155157	55.3444	
6	觀察值個數	365	365	
7	Pooled 變異數	60.0799574		
8	假設的均數差	0		
9	自由度	728		
10	t 統計	-4.6478936		
11	P(T<=t) 單尾	1.9905E-06		
12	臨界值：單尾	1.6469494		
13	P(T<=t) 雙尾	3.9809E-06		
14	臨界值：雙尾	1.96322793		
15				

檢定統計量「T 值」

顯著水準 5% 的隨機變數（只顯示上方的）。

檢定統計量 T 值約為「-4.65」。顯著水準 5% 的隨機變數約為「1.96」，但是 t 分佈的形狀為左右對稱，所以輸出結果只顯示上方 2.5% 點，所以這裡可解讀成「-1.96」。

下圖顯示了檢定結果的隨機變數的相對位置。根據「-4.65 ＜ -1.96」的關係，T 值進入了虛無假設的放棄區域，因此在顯著水準 5% 之下，可採用對立假設，也可判斷秋田與山梨的平均日照量出現顯著差異。

●檢定統計量 T 值與顯著水準 5% 的隨機變數的相對位置

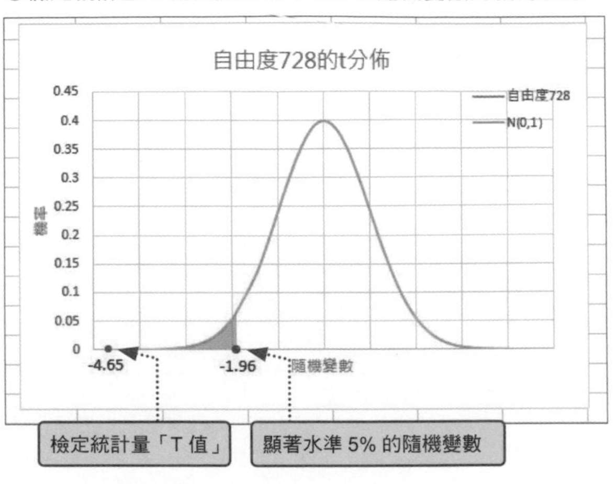

聽起來雖然有點像是開玩笑，不過將日照量的單位「MJ ／ m2」換算成一般電力的單位「kWh ／ m2」，秋田與山梨的每日平均日照量的差異約為「0.74kWh/m2」。如果乘上 30 天，換算成一個月的差距，就是「22.2kWh/m2」將設置在一般家庭的屋頂的太陽能面板設定為 20m2，再換算成一個月的發電量，就是「444kWh」的差異。與大家一個月的電力消耗量相比如何？當然，太陽能發電的發電量會出現各種損耗，所以發電量不一定完全由日照量決定，但還是可以當作參考基準。

比較秋田與甲府的平均日照量之後，將結論說成約有 444kWh ／月的顯著差異，應該比較容易想像吧！

Column T.TEST函數的應用

可使用 T.TEST 函數（Excel 2007 為 TTEST 函數）計算檢定統計量的機率。使用 T.TEST 函數的話，不能只指定樣本的儲存格範圍，還必須指定雙尾與單尾的區別以及根據 F 檢定的結果指定檢定種類。

T.TEST函數 ➡ 計算t檢定使用的機率

格　式	=T.TEST(陣列 1, 陣列 2, 指定的檢定 , 檢定的種類)
解　說	將兩個樣本的儲存格範圍分別指定給陣列 1、陣列 2。指定的檢定在單尾檢定時指定為 1，雙尾檢定時指定為 2，檢定的種類則在成對母體平均數差異檢定時指定為 1，假設變異數相等時指定為 2，假設變異數不相等時指定為 3。

●使用 T.TEST 函數驗證假設

F11 　 =T.TEST(B3:B367,C3:C367,2,2)

	B	C	D	E	F	G	H
1	量(MJ/㎡)			▽検定前事前調査			
2	秋田	甲府			秋田	甲府	
3	2.32	5.61		標本サイズ	365	365	
4	3.59	9.61		標本平均値	12.3929	15.0597	
5	3.47	11.42		不偏分散	64.81552	55.3444	
6	5.15	10.56					
7	4.48	10.91		▽F検定と判定基準			
8	1.19	2.92		分散比	1.171131		
9	2.45	11.61		有意水準5%	1.228486	→等分散を仮定	
10	1.64	11.52					
11	4.34	11.94		t検定用の確率	3.98E-06		
12	2.67	12.03					

進行的是雙尾檢定，所以指定的檢定為「2」，也因為假設變異數相同，所以檢定的種類指定為「2」。

機率幾乎接近 0，遠遠小於顯著水準 5%，所以可放棄虛無假設。

發展 ▶▶▶

▶ 檢定平均值差距所需的 T 值與 t 值遵循的機率分佈

檢定平均值差距所需的檢定統計量的 T 值可利用下列的公式代表。原本的 T 值 (→ P.276) 是兩個樣本合成後的統計量。此外，一如判讀結果的 t 分佈圖所示，這次篩選的樣本雖然有兩種，但是檢定所用的機率分佈是樣本一個的 t 分佈。即使只有一個樣本還是進行合成，且 T 值遵循的 t 分佈的自由度可利用下列的公式計算。

●檢定母體平均值差距所使用的檢定統計量

$$T = \frac{X_a - X_b}{\sqrt{\frac{s_1^2}{n_1} + \frac{s_2^2}{n_2}}}$$

●檢定母體平均值差距所使用的 t 分佈的自由度

$$\text{自由度} = \frac{\left(\frac{s_1^2}{n_1} + \frac{s_2^2}{n_2}\right)^2}{\frac{\left(\frac{s_1^2}{n_1}\right)^2}{n_1 - 1} + \frac{\left(\frac{s_2^2}{n_2}\right)^2}{n_2 - 1}}$$

姑且不論檢定統計量的 T 值，自由度的公式光看就叫人討厭，完全讓人提不起勁去計算。不過，例題的氣象觀測資料除了有過去 30 年的全年平均值，也不太會出現超乎常年的變化，所以可視為「母體變異數已知」。若能假設母體變異數已知，檢定統計量 T 就可假設為遵循標準常態分佈 N(0,1)。

雖然有點事後諸葛，不過看了分析工具的輸出結果「臨界值：雙尾」的「1.96」或許有些讀者已經知道怎麼一回事了，那就是能以 N(0,1) 逼近，就代表能將兩側 1% 的臨界值設定為「±2.58」。例題的檢定統計量為「-4.65」，所以即使設定為雙尾檢定 1% 的程度，一樣可以放棄虛無假設。

05 市佔率是否會增加

只要是沒動過手腳的骰子，1 ～ 6 點的出現機率應該都是 1/6，但這點大概要一直丟，丟到覺得很煩很煩了，才會有「對啦，真的是 1/6 吧」的感覺。一般的做法都是丟到還不太累的程度就停手。在還不太累的程度時，每一點的出現次數會不太一樣，與預期的 1/6 機率也有落差。這次要利用卡方分佈針對期望值與實際值的差距進行假設檢定。

導入 ▶▶▶

例題 「商品的市佔率是否真的成長了？」

自家的商品 X 有四間競爭公司，自家商品的市佔率為第 3 名的「15%」。努力促銷後，透過本次的樣本調查得到下列的結果。銷售量結構比成長至「20%」。但業績真的成長了嗎？我們將以顯著水準 5% 進行檢定。

●商品 X 的舊市佔率與最近的樣本調查結果

	A	B	C	D	E	F
1	▿商品X的市佔率			▿樣本調查所得的銷售數量		
2	公司名稱	市佔率		公司名稱	銷售數量	銷售量結構比
3	自社	15%		自社	48	20.0%
4	A社	10%		A社	25	10.4%
5	B社	45%		B社	92	38.3%
6	C社	25%		C社	60	25.0%
7	D社	5%		D社	15	6.3%
8				合計	240	100.0%

與之前相比，業績結構比雖然上升了，但會不會是這次的調查太剛好？這樣的數字是否真能證明市佔率提昇了？

▶ 利用卡方分佈進行假設檢定

實驗所得的實測值與理論值通常會不同，也會有誤差。誤差太大時，就會懷疑理論值有問題。這是接受了「理論上，應該會是〇〇」的虛無假設，但實際取樣後，發現取樣的結果與理論實在有差距，所以才會建立現實的值與理論不同的對立假設與進行假說檢定。

思考實際的值，換言之就是從樣本得到的值與理論值的誤差時，實際的值有可能大於或小於理論值。就算想計算誤差的代表值而將所有誤差加起來，也只會得到

「0」的結果。想必大家已經知道接下來要怎麼做了，要避免算出「代表值為 0」的結果，可先讓誤差乘以平方再加總。提到平方和就會想到變動，變動也是分散程度的指標之一。提到分散，分散的機率分佈就是卡方分佈。

因此，要檢定實測值與理論值的差距可使用卡方分佈。檢定統計量 X2 如下。此外，聽到理論值，總讓人有種太過正式的印象，而那些依照經驗法則應該是〇〇值的值就是我們知道的「期望值」，所以檢定統計量也寫成期望值，n 則是樣本大小。

●檢定統計量 χ^2

$$\chi^2 = \sum_{n=1}^{n} \frac{(\text{實測值}_n - \text{期望值}_n)^2}{\text{期望值}_n}$$

卡方檢定的虛無假設與對立假設如下。

虛無假設：實測值 = 期望值　市佔率與過去相同
對立假設：實測值 > 期望值　市佔率比過去成長

放棄虛無假設的條件如下。自由度可將五間公司的銷售數量當成樣本設定，但最後一個會自動決定為銷售數量的合計，所以減掉一個剩四個。

χ^2 值 ≧ 自由度 4 的卡方分佈的上方 5% 點

▶ Excel 的操作①：計算卡方值

範例 7-05

要求出卡方值，必須先求出期望值。期望值就是根據舊市佔率計算的銷售數量。

在自家公司加競爭對手 240 個銷售數量之中，15% 是原本的市佔率，所以「240×15%」就是期望值。算出期望值之後，可將期望值代入公式，算出卡方值。

計算期望值

●在儲存格「G3」輸入的公式

F8	=$E$8*B3

	A	B	C	D	E	F	G	H	I
1	▿商品X的市佔率			▿樣本調查所得的銷售數量					
2	公司名稱	市佔率		公司名稱	銷售數量	銷售量結構比	期望值	與期望值的差	差的平方
3	自社	15%		自社	48	20.0%	36		
4	A社	10%		A社	25	10.4%	24		
5	B社	45%		B社	92	38.3%	108		
6	C社	25%		C社	60	25.0%	60		
7	D社	5%		D社	15	6.3%	12		
8				合計	240	100.0%			
9									

❶ 在儲存格「G3」輸入公式，再以自動填滿功能將公式複製到儲存格「G7」為止，算出每間公司的銷售數量的期望值。

求出卡方值

●在儲存格「H3」～「I3」輸入的公式

H3	=E3-G3	I3	=H3^2	J3	=I3/G3

	A	B	C	D	E	F	G	H	I	J	K	
1	▿商品X的市佔率			▿樣本調查所得的銷售數量								
2	公司名稱	市佔率		公司名稱	銷售數量	銷售量結構比	期望值	與期望值的差	差的平方	差的平方／期望值		▿檢
3	自社	15%		自社	48	20.0%	36	12	144	4		檢定
4	A社	10%		A社	25	10.4%	24	1	1	0.04167		
5	B社	45%		B社	92	38.3%	108	-16	256	2.37037		▿顯
6	C社	25%		C社	60	25.0%	60	0	0	0		上方
7	D社	5%		D社	15	6.3%	12	3	9	0.75		
8				合計	240	100.0%						
9												

❶ 在儲存格「H3」～「J3」輸入公式，再將儲存格範圍「H3:J3」的公式以自動填滿功能複製到第 7 列為止。

●在儲存格「J8」與「M3」輸入的公式

J8	=SUM(J3:J7)	M3	=J8

	A	B	C	D	E	F	G	H	I	J	K	L	M
1	▿商品X的市佔率			▿樣本調查所得的銷售數量									
2	公司名稱	市佔率		公司名稱	銷售數量	銷售量結構比	期望值	與期望值的差	差的平方	差的平方／期望值		▿檢定統計量	
3	自社	15%		自社	48	20.0%	36	12	144	4		檢定統計量（T）	7.162037
4	A社	10%		A社	25	10.4%	24	1	1	0.0416667			
5	B社	45%		B社	92	38.3%	108	-16	256	2.3703704		▿顯著水準的隨機變數	
6	C社	25%		C社	60	25.0%	60	0	0	0		上方5%點	
7	D社	5%		D社	15	6.3%	12	3	9	0.75			
8				合計	240	100.0%		0		7.162037			
9													

❷ 為了方便與顯著水準比較，這裡可參照儲存格「J8」。

❸ 在儲存格「J8」輸入 SUM 函數，加總以期望值除以差的平方值的結果，算出卡方值。

▶ Excel 的操作② ： 計算顯著水準的隨機變數

接著要計算自由度 4 的卡方分佈的上方 5% 點。CHISQ.INV.RT 函數可算出上方機率，所以可直接指定 5%。

求出自由度 4 的卡方分佈上側 5% 點

●在儲存格「M6」輸入的公式

M6	=CHISQ.INV.RT(5%,4)

F	G	H	I	J	K	L	M
售數量							
銷售量結構比	期望值	與期望值的差	差的平方	差的平方／期望值		▿檢定統計量	
20.0%	36	12	144	4		檢定統計量（T）	7.162037
10.4%	24	1	1	0.0416667			
38.3%	108	-16	256	2.3703704		▿顯著水準的隨機變數	
25.0%	60	0	0	0		上方5%點	9.487729
6.3%	12	3	9	0.75			
100.0%		0		7.162037			

❶ 在儲存格「M6」輸入公式，求出自由度 4 的卡方分佈的上方 5% 點。

Excel 2007
▶ CHISQ.INV.RT 函數可換成「CHIINV」函數。

▶ 判讀結果

從樣本求出的銷售數量的銷售結構比為 20%，看起來比之前的 15% 還要高，但以假設檢定的結果來看，卡方值未進入顯著水準的放棄區域，所以不能斷言市佔率的結構有變化。

卡方值「7.16」＜顯著水準 5% 的隨機變數「9.49」

話說回來，卡方值是平方和，所以對於當成樣本篩選出來的資料量很敏感。接著說明將銷售數量從「240」增加至 1.5 倍的「360」以及增加至 2 倍的「480」的例子。銷售結構比雖然沒有變化，但是檢定統計量卻隨著銷售數量的放大呈正比增加，最後也能放棄虛無假設，採用對立假設。這與 P.273 頁樣本大小增加，放棄區域放大，變得更容易放棄虛無假設的情況一樣。常態分佈與樣本大小的平方根息息相關。樣本大小雖然從 200 件增加至 800 件，但檢定統計量並未增加 4 倍，而是 4 的平方根的 2 倍。不過，卡方值會與資料量等比例放大，以高於常態分佈的 2 倍速進入放棄區域。進行卡方檢定時，請大家務必記得資料量越多就越容易進入放棄區域這點。

●銷售數量大小「360」的情況

	A	D	C	D	E	F	G	H	I	J	K	L	M
1	▿商品X的市佔率			▿樣本調查所得的銷售數量									
2	公司名稱	市佔率		公司名稱	銷售數量	銷售量結構比	期望值	與期望值的差	差的平方	差的平方／期望值		▿檢定統計量	
3	自社	15%		自社	72	20.0%	54	18	324	6		檢定統計量（T）	10.972222
4	A社	10%		A社	37	10.3%	36	1	1	0.0277778			
5	B社	45%		B社	138	38.3%	162	-24	576	3.5555556		▿顯著水準的隨機變數	
6	C社	25%		C社	90	25.0%	90	0	0	0		上方5%點	9.487729
7	D社	5%		D社	23	6.4%	18	5	25	1.3888889			
8				合計	360	100.0%		0		10.972222			
9													

可放棄虛無假設，以顯著水準採用對立假設。

●銷售數量大小「480」的情況

	A	B	C	D	E	F	G	H	I	J	K	L	M
1	▿商品X的市佔率			▿樣本調查所得的銷售數量									
2	公司名稱	市佔率		公司名稱	銷售數量	銷售量結構比	期望值	與期望值的差	差的平方	差的平方／期望值		▿檢定統計量	
3	自社	15%		自社	96	20.0%	72	24	576	8		檢定統計量（T）	14.324074
4	A社	10%		A社	50	10.4%	48	2	4	0.0833333			
5	B社	45%		B社	184	38.3%	216	-32	1024	4.7407407		▿顯著水準的隨機變數	
6	C社	25%		C社	120	25.0%	120	0	0	0		上方5%點	9.487729
7	D社	5%		D社	30	6.3%	24	6	36	1.5			
8				合計	480	100.0%		0		14.324074			
9													

銷售數量是 240 個的 2 倍

▶ 類似的分析範例

驗證實測值與期望值差距的檢定同時也是實測值與期望值有多麼吻合的檢定。例題的卡方檢定也可說是適合度檢定。適合度檢定常出現下列的例子，思考邏輯與例題相同。

● 問卷回答的差距

可檢定透過好／普通／不好這類問卷答案得到的各評價頻率與預測的各評價頻率的差距。

	A	B	C	D	E
1	問卷結果				
2	▿請教您對商品A的滿意度				
3	滿意度	問卷數	期望值	與期望值的差距的平方	差距的平方／期望值
4	很滿意	30	20	100	5
5	無所謂	12	20	64	3.2
6	不滿意	18	20	4	0.2
7	合計	60			8.4
8					
9				▿自由度2的卡方平方的上側5%點	
10				顯著水準5%	5.991464547
11					
12	根據檢定結果：8.4 > 5.99，在顯著水準5%之下，問卷的結果有顯著差異				
13					

● 年齡層的變化

以之前的顧客年齡層資料對消費者的年齡進行抽樣調查之後，若發現 30 ～ 40 幾歲的比例變高，就能利用檢定驗證顧客的年齡層是否出現變化。假設要對 30 ～ 40 幾歲的顧客進一步宣傳，那麼只要年齡層出現變化，宣傳活動就會有效果。

	A	B	C	D	E	F	G	H
1	▿過去的顧客年齡層			▿購買族群的年齡層				
2	年齡層	組成比例		年齡層	人數	組成比例	期望值	與期望值的差距的平方／期望值
3	10～20歲	25%		10～20歲	9	15.0%	15	2.4
4	30～40歲	55%		30～40歲	42	70.0%	33	2.454545455
5	50～60歲	15%		50～60歲	8	13.3%	9	0.111111111
6	70歲以上	5%		70歲以上	1	1.7%	3	1.333333333
7				合計	60	100.0%		6.298989899
8								
9				▿自由度3的卡方平方的上側5%點				
10				顯著水準5%	7.81473			
11								
12	根據檢定結果：6.3 < 7.8，在顯著水準5%之下，無法判定購買族群的年齡層產生變化							
13								

06 薪水是否上漲了

這一節與前一節一樣，要利用卡方檢定驗證實際值與期望值是否真的出現差距。前一節只有「市佔率」這個變數，這一節則要使用「調查時期」與「答案」這兩種變數。因此這次製作的表格是同時有直欄與橫欄的交叉統計表，也要以這張 2×2 的表格進行卡方檢定。

導入 ▶▶▶

例題

「薪水真的上漲了嗎？」

市調公司 R 公司針對薪水實施問卷調查後，得到下列的結果。今次調查與前次調查相較之後，對「薪水是否上漲」的這道題目回答「是」的比率上升，回答「否」的比率下降，所以是否能根據今次調查結果提出每個人的薪水都上漲的結論呢？這次將以顯著水準 5% 進行檢定。

● 問卷統計表：薪水是否上漲？

	A	B	C	D	E
1	▿問卷統計表				▿期
2	答案	是	否	合計問卷數	
3	前次調查	490	135	625	前
4	今次調查	1015	230	1245	今
5	合計問卷數	1505	365	1870	合計
6					
7	▿回答比率				▿求
8	答案	是	否		
9	前次調查	78.4%	21.6%		前
10	今次調查	81.5%	18.5%		今
11	成長率	4.0%	-14.5%		
12					

在今次調查裡，回答「是」的比例明顯增加，但這樣是否就能斷言薪水上漲了呢？

▶ 以卡方分佈檢定假設

驗證交叉分析表的直欄項目與橫欄項目是否有關聯性的檢定稱為獨立性檢定，以例題而言，如果把前次調查的答案視為與今次調查的答案毫無關聯的話，結果就是這次回答「是」的人剛好比前次多，相反的，如果設定答案在前次到這次的時間裡產生變化的話，代表的確有較多的人回答「是」，而不只是錯覺。

這類調查結果常會附上解釋，實際情況到底如何呢？表格的內容雖然是一種事實，但也不能盲目的接受這個結論，所以這節要仿照前一節計算期望值，針對實際的回答與期望值進行卡方檢定，看看兩者之間是否真的有落差。檢定統計量與 P291 相同。

卡方檢定的虛無假設與對立假設如下。在統計的世界裡，毫無關聯的項目稱為彼此獨立的項目。

虛無假設：交叉分析表的直欄項目與橫欄項目毫無關聯，彼此獨立。

對立假設：交叉分析表的直欄項目與橫欄項目互有關聯。

放棄虛無假設的條件如下。

χ^2 值 ≧ 自由度 1 的卡方分佈的上方 5% 點

▶自由度的邏輯 → P.300

交叉分析表的自由度是「直欄項目數 -1」×「橫欄項目數 -1」，所以這次卡方分佈的自由度為 1。

▶ 期望值的計算方式

要利用交叉分析表求出期望值，可建立直欄項目與橫欄項目毫無關聯的虛無假設。答案的「是」、「否」與「前次調查」以及「今次調查」應該是毫無關聯，所以「是」的期望值比例就是所有回答裡的「是」的比例。

「是」的期望值的比例 =「是」的答案數「1505」／所有答案數「1870」

●忽略橫欄項目

	A	B	C	D
1	▿問卷統計表			
2	答案	是	否	合計問卷數
5	合計問卷數	1505	365	1870
6				

若與列的橫欄項目沒有關聯，「1505／1870」與「365／1870」就是「是」與「否」的期望值的比例。

同樣的，假設調查時期的「前次調查」、「今次調查」與答案的「是」、「否」毫無關聯，「前次調查」的期望值的比例就是所有回答的「前次調查」的比例。

「前次調查」的期望值的比例 =「前次調查」的所有答案數「625」／所有答案數「1870」

●忽略垂直項目

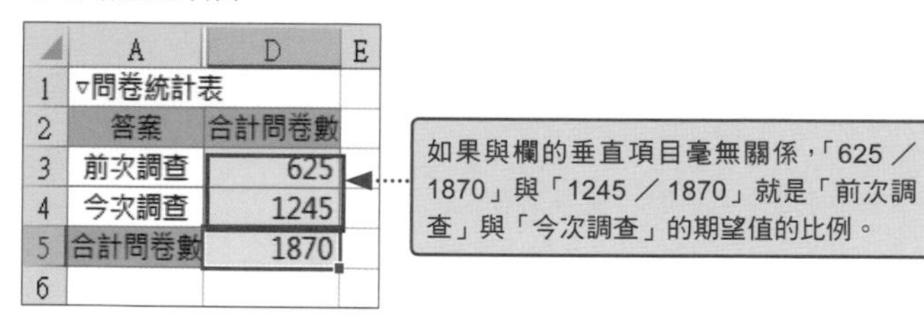

	A	D	E
1	▿問卷統計表		
2	答案	合計問卷數	
3	前次調查	625	
4	今次調查	1245	
5	合計問卷數	1870	
6			

基於上述，「前次調查」×「是」的期望值如下。

「前次調查」×「是」的期望值

＝「前次調查」的期望值的比例 ×「是」的期望值的比例 × 所有回答數

其他項目也以相同的方式計算。

▶ Excel 的操作① ： 求出卡方值

範例 7-06

要求出卡方值就必須算出期望值。算出期望值後，可將期望值代入 P.292 的公式算出卡方值。

計算期望值

●在儲存格「G3」輸入的公式

G3	=$D$5*(B$5/$D$5)*$D3/$D$5

▶期望值的垂直加總與水平加總會與問卷統計表的合計值一致。

	A	D	E	F	G	H	I	J
1	▿問卷統計表			▿期待值				
2	答案	合計問卷數		答案	是	否	合計問卷數	
3	前次調查	625		前次調查	503.008	121.992	625	
4	今次調查	1245		今次調查	1001.99	243.008	1245	
5	合計問卷數	1870		合計問卷數	1505	365	1870	
6								
7	▿回答比率			▿求出檢定統計量（卡方值）				
8	答案			答案	是	否		
9	前次調查			前次調查				
10	今次調查			今次調查				
11	成長率							
12								

❶ 在儲存格「G3」輸入公式，再利用自動填滿功能將公式複製到儲存格「H4」為止，求出直交的 4 個期望值。

求出卡方值

●在儲存格「G9」輸入的公式

G9	=(B3-G3)^2/G3

	A	D	E	F	G	H	I	J
1	▿問卷統計表			▿期待值				
2	答案	合計問卷數		答案	是	否	合計問卷數	
3	前次調查	625		前次調查	503.008	121.992	625	
4	今次調查	1245		今次調查	1001.99	243.008	1245	
5	合計問卷數	1870		合計問卷數	1505	365	1870	
6								
7	▿回答比率			▿求出檢定統計量（卡方值）				
8	答案			答案	是	否		
9	前次調查			前次調查	0.33639	1.38705		
10	今次調查			今次調查	0.16887	0.69631		
11	成長率							
12								

❶ 在儲存格「G9」輸入以期望值除以差的平方的公式，再以自動填滿功能將公式複製到儲存格「H10」為止。

●在儲存格「L8」輸入的公式

L8	=SUM(G9:H10)

	E	F	G	H	I	J	K	L
1		▿期待值						
2		答案	是	否	合計問卷數			
3		前次調查	503.008	121.992	625			
4		今次調查	1001.99	243.008	1245			
5		合計問卷數	1505	365	1870			
6								
7		▿求出檢定統計量（卡方值）					▿檢定統計量	
8		答案	是	否			卡方值	2.588622
9		前次調查	0.33639	1.38705				
10		今次調查	0.16887	0.69631			▿顯著水準的隨機變數	
11							上方5%點	
12								

❷ 在儲存格「L8」輸入加總儲存格範圍「G9:H10」的公式，算出卡方值。

▶ Excel 的操作②：求出顯著水準的隨機變數

接著要計算自由度 1 的卡方分佈的上方 5% 點。CHISQ.INV.RT 函數可算出上方機率，所以可直接指定為 5%。

動手做做看！

求出自由度 1 的卡方分佈的上方 5% 點

●在儲存格「L11」輸入的公式

L11	=CHISQ.INV.RT(5%,1)

Excel 2007
▶ CHISQ.INV.RT 函數可換成「CHIINV 函數」

	E	F	G	H	I	J	K	L	M
1		▿期待值							
2		答案	是	否	合計問卷數				
3		前次調查	503.008	121.992	625				
4		今次調查	1001.99	243.008	1245				
5		合計問卷數	1505	365	1870				
6									
7		▿求出檢定統計量（卡方值）					▿檢定統計量		
8		答案	是	否			卡方值	2.588622	
9		前次調查	0.33639	1.38705					
10		今次調查	0.16887	0.69631			▿顯著水準的隨機變數		
11							上方5%點	3.841459	
12									

❶ 在儲存格「L11」輸入公式，求出自由度 1 的卡方分佈的上方 5% 點。

▶ 判讀結果

或許是因為今次調查的絕對數增加，對「薪水上漲」回答「是」的人好像增加不少，但在實際檢定後，得到無法放棄虛無假設的結果。這代表時間與答案的內容無關，也無法放棄回答「是」的人剛好變多，回答「否」的人剛好變少的假設。

卡方值「2.59」＜顯著水準 5% 的隨機變數「3.84」

Column 使用CHISQ.TEST函數

CHISQ.TEST 函數（Excel 2007 為 CHITEST 函數）在指定實測值與期望值之後，就能算出檢定統計量的機率。因此需要先求出期望值。

● 需要求出期望值

依需要求出期望值

	A	B	C	D	E	F	G	H	I	J
1	▿問卷統計表					▿期待值				
2	答案	是	否	合計問卷數		答案	是	否	合計問卷數	
3	前次調查	490	135	625		前次調查	503.008	121.992	625	
4	今次調查	1015	230	1245		今次調查	1001.99	243.008	1245	
5	合計問卷數	1505	365	1870		合計問卷數	1505	365	1870	
6										
7	▿回答比率					▿檢定統計量				
8	答案	是	否			卡方值的機率	10.8%			
9	前次調查	78.4%	21.6%							
10	今次調查	81.5%	18.5%							
11	成長率	4.0%	-14.5%							
12										

輸入「=CHISQ.TEST(B3:C4,B3:H4)」，即可算出檢定所需的機率。

發展 ▶▶▶

▶ 以 m×n 的交叉表驗證假設

例題以 2×2 的表格檢定了獨立性，但 m 欄 n 列的分析表一樣能進行檢定，思考邏輯也與例題一樣。

● 研修與業績的3欄4列的交叉分析表

下圖是將 205 位業務員分成四組，分別實施研修 A ～ D 的課程，再將研修後的業績分成 3 階段，然後計算各階段人數的表格。水平合計是參加研修的人數，垂直合計是各種成績的人數。

	A	B	C	D	E	F
1	▿研修與業績					
2		上昇	持平	下降	合計	
3	研修A	26	14	15	55	
4	研修B	25	12	13	50	
5	研修C	13	19	25	57	
6	研修D	18	13	12	43	
7	合計	82	58	65	205	
8						

上方表格的虛無假設與對立假設如下。

虛無假設：研修與業績無關？接受研修課程，業績也不會上昇

對立假設：研修與業績有關？接受研修課程有助於提昇業績

期望值的計算方法與例題相同。若忘了怎麼計算，可先隱藏列與欄。

▶要隱藏列或欄時，可先選取要隱藏的列或欄，然後按下滑鼠右鍵點選「隱藏」。如果要重新顯示，可先連同隱藏的列或欄的旁邊一併選取，然後按下滑鼠右鍵點選「取消隱藏」。

●忽略直欄項目

	A	B	C	D	E	F
1	▿研修與業績					
2		上昇	持平	下降	合計	
7	合計	82	58	65	205	
8						

「上昇」的期望值的比例是「82／205」。

●忽略橫欄項目

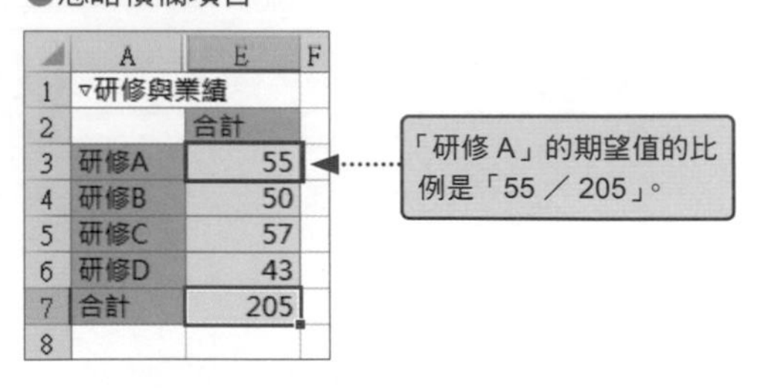

	A	E	F
1	▿研修與業績		
2		合計	
3	研修A	55	
4	研修B	50	
5	研修C	57	
6	研修D	43	
7	合計	205	
8			

● 自由度的邏輯

自由度就是能自由選取的資料數。以交叉分析表而言，只要知道水平合計與垂直合計，就能在沒有資料的狀態下，算出業績的「下降」與「研修 D」的結果。

●交叉分析表的自由度

	A	B	C	D	E	F
1	▿研修與業績					
2		上昇	持平	下降	合計	
3	研修A	26	14		55	
4	研修B	25	12		50	
5	研修C	13	19		57	
6	研修D				43	
7	合計	82	58	65	205	
8						

由水平合計的「參加人數合計」減掉「上昇＋持平」算出。

由整體人數減掉其他儲存格的合計算出。

由垂直合計的「各項成績合計」減掉「研修 A+ 研修 B+ 研修 C」算出。

上圖有輸入數值的部分為「3 欄 -1」×「4 列 -1」=6 個，所以自由度為 6，這裡也是參考 P.296 介紹的「m 欄 -1」×「n 列 -1」的方式算出自由度。不過要以自由度就是能自由選擇的資料數這個觀點稍微做點補充。

原本應該是 4×3=12 筆資料，但是「下降」欄位的「4 個」儲存格與研修 D 的一列的「3 個」儲存格都是由其他數字決定內容。由於「下降」×「研修 D」會多減一次，所以可加回一個，因此自由度可利用下列的方式算出。

自由度 ＝ 12 個 － 4 個 － 3 個 ＋ 1 個 ＝ 6 個

試著整理成一般化的公式。

自由度 = (m 欄 ×n 列) 個 – n 個 – m 個 +1 個（加回多減的一次）

上述公式經過因數分解後，會成為「(m 欄 -1)×(n 列 -1)」的公式。

卡方檢定

知道自由度之後，操作的步驟就與例題相同。假設的檢定結果如下。很可惜的是無法放棄虛無假設，代表無法斷言研修課程與業績之間有關係。

▶右圖可於 7-06「發展」工作表確認。

3 欄 4 列的分析表的卡方檢定結果

	F	G	H	I	J	K	L	M
1		▿期望值						
2			上昇	持平	下降	合計		
3		研修A	22	15.561	17.439	55		
4		研修B	20	14.146	15.854	50		
5		研修C	22.8	16.127	18.073	57		
6		研修D	17.2	12.166	13.634	43		
7		合計	64.8	45.834	51.366	205		
8								
9		▿求出檢定統計量（卡方值）					▿檢定統計量	
10			上昇	持平	下降		卡方值	10.98354
11		研修A	0.7273	0.1566	0.3411			
12		研修B	1.25	0.3257	0.5137		▿顯著水準的隨機變數	
13		研修C	4.2123	0.5119	2.6548		自由度	6
14		研修D	0.0372	0.0572	0.1959		上方5%點	12.59159
15								

放棄虛無假設，根據顯著水準採用對立假設。

練習問題

問題❶ 實施方案後，平均詢問件數是否減少？

目前已知之前的平均詢問件數與標準差。為了減少詢問件數而改善了說明內容與購買之前的需知事項，也從實施方案之後的詢問件數隨機取樣 30 筆資料。實施方案之後的詢問件數是否比實施之前減少呢？

範例
練習：07-renshu
完成：07-kansei

●實施對策之後的詢問件數的樣本資料

	A	B	C	D	E
1	▿實施方案前的詢問件數			▿檢定前調查	
2	平均件數	334		樣本平均值	
3	標準差	64		樣本大小	
4					
5	▿實施對策後的詢問件數			▿Z檢定	
6	No	件数		檢定統計量（Z值）	
7	1	282			
8	2	325		▿顯著水準5%的隨機變數	
9	3	318			
10	4	263			
11	5	326		虛無假設：	
12	6	283		對立假設：	
13	7	308			
14	8	283		▿檢定結果	
15	9	292			

開啟「Z 檢定」工作表

①請建立虛無假設與對立假設。

②請求出檢定統計量。此外，假設樣本平均值的分佈遵循常態分佈。

③以顯著水準 5% 進行檢定。請算出顯著水準的隨機變數的機率。此時請在儲存格「D9」輸入是計算上方還是下方的百分比點的隨機變數。

④請判讀檢定結果。

問題❷ 每個星期的來客數結構是否產生變化

來客數集中於週末的門市發送平日限定的優惠券之後，得到下列的來客數。想知道優惠券是否真的有助於平日來客數的增加。

虛無假設：與之前每個星期別的來客數結構一致

對立假設：每個星期別的來客數結構產生變化，平日來客數比以前增加。

●來客數的樣本資料

	A	B	C	D	E	F	G	H	I	J	K	L
1	▿向來的來客數結構			▿來客數資料						▿檢定統計量		
2	星期	人數組成比率		星期	人數	組成比率	期望值	差的平方 / 期望值		卡方值		
3	日	18%		日	27.5	16.2%						
4	一	3.5%		一	14	8.2%				▿顯著水準的隨機變數		
5	二	3.5%		二	11.5	6.8%				上方5%点		
6	三	12%		三	20	11.8%						
7	四	10%		四	17.5	10.3%				▿檢定結果		
8	五	22%		五	38.5	22.6%						
9	六	31%		六	41	24.1%						
10				合計	170	100%						
11												
12		虛無假設：		向來的來客數結構與現在的來客數結構相同								
13		對立假設：		現在的平日來客數 > 向來的平日來客數								
14												

開啟「適合度檢定」工作表。

①求出期望值。

②求出檢定統計量的卡方值。

③以顯著水準 5% 檢定。求出顯著水準 5% 的隨機變數。

④判讀檢定結果。

■ 數值・英文字母

■ 函數

■ 二劃

■ 三劃

■ 十二劃

■ 十三劃

■ 十四劃

■ 十五劃

■ 十六劃

■ 十七劃

■ 十八劃

■ 二十三劃

寫給上班族的 Excel 商用統計分析入門

作　　者：日花弘了
譯　　者：許郁文
企劃編輯：莊吳行世
文字編輯：詹祐甯
設計裝幀：張寶莉
發 行 人：廖文良

發 行 所：碁峰資訊股份有限公司
地　　址：台北市南港區三重路 66 號 7 樓之 6
電　　話：(02)2788-2408
傳　　真：(02)8192-4433
網　　站：www.gotop.com.tw
書　　號：ACI029500
版　　次：2018 年 01 月初版
建議售價：NT$480

國家圖書館出版品預行編目資料

寫給上班族的 Excel 商用統計分析入門 / 日花弘子原著；許郁文譯.
-- 初版. -- 臺北市：碁峰資訊, 2018.01
面；　公分
ISBN 978-986-476-684-0(平裝)
1.經營分析　2.EXCEL(電腦程式)
497.73029　　106023297

讀者服務

- 感謝您購買碁峰圖書，如果您對本書的內容或表達上有不清楚的地方或其他建議，請至碁峰網站：「聯絡我們」\「圖書問題」留下您所購買之書籍及問題。（請註明購買書籍之書號及書名，以及問題頁數，以便能儘快為您處理）
http://www.gotop.com.tw
- 售後服務僅限書籍本身內容，若是軟、硬體問題，請您直接與軟體廠商聯絡。
- 若於購買書籍後發現有破損、缺頁、裝訂錯誤之問題，請直接將書寄回更換，並註明您的姓名、連絡電話及地址，將有專人與您連絡補寄商品。
- 歡迎至碁峰購物網
http://shopping.gotop.com.tw
選購所需產品。